建筑工程施工与安全及质量管理技术研究

王天江　贺尔富　徐成勇　主编

汕頭大學出版社

图书在版编目（CIP）数据

建筑工程施工与安全及质量管理技术研究 / 王天江，贺尔富，徐成勇主编． -- 汕头 : 汕头大学出版社，2023.6

ISBN 978-7-5658-5090-5

Ⅰ．①建⋯ Ⅱ．①王⋯ ②贺⋯ ③徐⋯ Ⅲ．①建筑工程－工程施工－安全管理－研究②建筑工程－工程质量－质量管理－研究 Ⅳ．① TU714 ② TU712.3

中国国家版本馆 CIP 数据核字（2023）第 126135 号

建筑工程施工与安全及质量管理技术研究

JIANZHU GONGCHENG SHIGONG YU ANQUAN JI ZHILIANG GUANLI JISHU YANJIU

主　　编：王天江　贺尔富　徐成勇
责任编辑：邹　峰
责任技编：黄东生
封面设计：皓　月
出版发行：汕头大学出版社
　　　　　广东省汕头市大学路 243 号汕头大学校园内　邮政编码：515063
电　　话：0754-82904613
印　　刷：廊坊市海涛印刷有限公司
开　　本：710mm×1000mm　1/16
印　　张：24.25
字　　数：447 千字
版　　次：2023 年 6 月第 1 版
印　　次：2023 年 7 月第 1 次印刷
定　　价：88.00 元
ISBN 978-7-5658-5090-5

版权所有，翻版必究

如发现印装质量问题，请与承印厂联系退换

编 委 会

作　者	署名位置	工作单位
王天江	第一主编	兴义市住房和城乡建设局质安站
贺尔富	第二主编	贵州创星项目管理咨询有限公司
徐成勇	第三主编	贵州建工集团第五建筑工程有限责任公司
梁天柱	编　委	黔西南州住房和城乡建设局
罗亚雄	编　委	贵州锐方科技有限公司
付平林	编　委	贵州诚信项目管理咨询有限责任公司
黄富江	编　委	天邦建设项目管理有限公司
陈宣池	编　委	黔西南布依族苗族自治州设计院有限公司

前　言

伴随着科学技术水平的飞快发展，建筑工程中的相关技术也在不断地改进与完善，尤其是近些年来，施工过程中不断涌现的新技术、新工艺给传统的施工技术造成了很大的冲击，随着一系列新技术、新工艺的出现，不仅使得过去传统施工技术无法实现的技术瓶颈得以突破，从而也使得新技术、新工艺、新材料、新设备这"四新技术"得到了很好的推广及发展，同时新的施工技术也使得施工效率得以飞速提高，从而某种程度上来看，一方面使得工程总成本、工程作业时间得以降低，另一方面使得工程施工的安全可靠度增强，最终为整个施工项目的良好发展打下了坚实的基础。

一个工程之所以能够顺利地完成，不仅仅要依靠良好而先进的技术，同时还应注重安全、质量等方面的重要管理手段及方法。

在目前的建筑工程施工过程中，施工的安全性是极为重要的一个环节，然而施工安全性的保障则需要实现施工安全管理，这也是建筑工程施工中的必要任务及要求。所以，在建筑工程施工过程中，相关施工管理工作人员应该格外地注重安全管理的重要性，与此同时，还应选择有效的方法及措施开展施工安全管理，从而确保施工安全得以落实，最终促使建筑施工得以更好的进行及发展。

在我国经济结构中建筑工程占据的位置尤为重要，建筑工程质量还与人们的日常生活是密不可分的。质量良好的建筑对于人们的生命及财产的安全具有重要的保障。所以，我们应将提高建筑工程质量作为首要任务，安全和稳定地进行建筑工程施工能够为我国经济夯实基础。我们还应及时发现建筑工程施工质量管理中所存在的问题，同时吸取国外先进的管理经验及方法，尽可能地对建筑工程施工质量进行改善，最终将我国建筑工程施工质量管理体系不得进行完善，促使我国建筑行业良好发展。

为了满足广大建筑工程施工与安全及质量管理技术研究和工作人员的实际要求，作者翻阅大量建筑工程施工与安全及质量管理的相关文献，并结合自己多年的实践经验编写了此书。

　　本书在编写过程中参考了大量的国内外专家和学者的专著以及报刊文献、网络资料，以及建筑工程施工与安全及质量管理的有关内容，借鉴了部分国内外专家、学者的研究成果，在此对相关专家、学者表示衷心的感谢。

目 录

第一章 土方与基坑工程施工

第一节 基坑支护与排水、降水

一、土方边坡

在开挖基坑、沟槽或填筑路堤时，为了防止塌方，保证施工安全及边坡稳定，其边沿应考虑放坡。放坡坡度以坡度系数 m 来表示，坡度系数等于放坡宽度 B 与放坡高度 h 之比（图 1–1）。

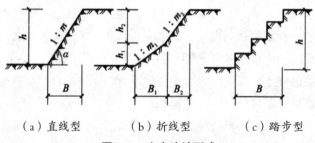

（a）直线型　　　（b）折线型　　　（c）踏步型

图1-1　土方边坡形式

当基坑放坡高度较大，施工期和暴露时间较长，或岩土质较差，易于风化、疏松或滑坍，为防止基坑边坡因气温变化，或失水过多而风化或松散，或防止坡面受雨水冲刷而产生溜坡现象，应根据土质情况和实际条件采取边坡保护措施，以保护基坑边坡稳定。常用基坑坡面保护方法见表 1–1：

表1-1　常用基坑坡面的保护方法

方法	具体操作
挂网或挂网抹面法	对基础施工期短，土质较差的临时性基坑边坡，可在垂直坡面楔入直径 10～12mm、长 40～60cm 的插筋，纵横间距 1m，上铺 20 号铁丝网，上下用草袋或聚丙烯扁丝编织袋装土或砂压住，或再在铁丝网上抹 2.5～3.5cm 厚的 M5 水泥砂浆配合比为水泥：白灰膏：砂子 =1：1：1.5），在坡顶、坡脚设排水沟

方法	具体操作
喷射混凝土或混凝土护面法	对邻近有建筑物的深基坑边坡，可在坡面垂直楔入直径10～12mm、长40～50cm的插筋，纵横间距1m，上铺20号铁丝网，在表面喷射40～60mm厚的C15细石混凝土直到坡顶和坡脚；亦可不铺铁丝网，而坡面铺直径4～6mm、间距250～300mm的钢筋网片，浇筑50～60mm厚的细石混凝土，表面抹光
薄膜覆盖或砂浆覆盖法	对基础施工期较短的临时性基坑边坡，可在边坡上铺塑料薄膜，在坡顶及坡脚用草袋或编织袋装土压住或用砖压住；或在边坡上抹2～2.5cm厚水泥砂浆。为防止薄膜脱落，在上部及底部的搭盖宽度不少于80cm，同时在土中插适当锚筋连接，在坡脚设排水沟
土袋或砌石压坡法	对深度在5m以内的临时性基坑边坡，可在边坡下部用草袋或聚丙烯扁丝编织袋装土堆砌或砌石压住坡脚。边坡高在3m以内，可采用单排顶砌法；边坡高在5m以内，水位较高，用二排顶砌或一排一顶构筑法，保持坡脚稳定。在坡顶设挡水土堤或排水沟，防止雨水冲刷坡面；在底部做排水沟，防止冲坏坡脚

二、基坑支护

（一）深层搅拌水泥土桩墙

深层搅拌水泥土桩墙是采用水泥作为固化剂，通过特制的深层搅拌机械，在地基深处就地将软土和水泥强制搅拌形成水泥土，利用水泥和软土之间所产生的一系列物理 – 化学反应，使软土硬化成整体性的并有一定强度的挡土、防渗墙。

水泥土桩墙的优点：施工时无振动、无噪声、无污染；具有挡土、挡水的双重功能，隔水性能好，基坑外不需人工降水；开挖时不需设支撑和拉锚，便于机械化快速挖土；适用于开挖4～8m深的基坑，由于其水泥用量少，一般比较经济。

水泥土桩墙截面呈格栅形，相邻桩搭接长宽不小于200mm，墙体宽度一般取基坑深度的0.6～0.8倍，以500mm进位，即2.7m、3.2m、3.7m、4.2m等；插入基坑底面以下深度为基坑深度的0.8～1.2倍，前后排的插入深度可稍有不同。

水泥土加固体的强度取决于水泥掺入比（水泥质量与加固土体质量的比值），常用的水泥掺入比为12%～14%。水泥土桩墙的强度以龄期1个月的无侧限抗压强度为标准，应不低于0.8MPa。水泥土桩墙的强度未达到设计强度前不得开挖基坑。

水泥土的施工质量对围护墙性能有较大影响。要保证设计规定的水泥掺合量，要严格控制桩位和桩身垂直度；要控制水泥浆的水灰比≤0.45，否则桩身强度难以保证；要搅拌均匀，采用二次搅拌工艺，喷浆搅拌时控制好钻头的提升或下沉速度；要限制相邻桩的施工间歇时间，以保证搭接成整体。

水泥土桩墙搅拌桩成桩工艺可采用"一次喷浆，二次搅拌"或"二次喷浆，三次搅拌"工艺，主要依据水泥掺入比及土质情况而定。一般水泥掺量较小，土质较松时，可用前者，反之可用后者。一般的施工工艺流程见表1-2。

表1-2　一般的施工工艺流程

步骤	具体操作
①定位	深层搅拌桩机开行达到指定桩位、对中。当地面起伏不平时应注意调整机架的垂直度
②预搅下沉	深层搅拌桩机运转正常后，启动搅拌机电机，放松起重机钢丝绳，使搅拌机沿导向架切土搅拌下沉，下沉速度控制在0.8m/min左右，可由电机的电流监测表控制，工作电流不应大于10A。如遇硬黏土等下沉速度太慢，可以通过输浆系统适当补给清水以利于钻进
③制备水泥浆	深层搅拌桩机预搅下沉到一定深度后，开始拌制水泥浆，待压浆时倾入集料斗中
④提升喷浆搅拌	深层搅拌桩机下沉到达设计深度后，开启灰浆泵将水泥浆压入地基土中，此后边喷浆、边旋转、边提升深层搅拌机，直至设计桩顶标高。此时应注意喷浆速率与提升速度相协调，以确保水泥浆沿桩长均匀分布，并使提升至桩顶后集料斗中的水泥浆正好排空。搅拌提升速度一般应控制在0.5m/min
⑤沉钻复搅	再次沉钻进行复搅，复搅下沉速度可控制在0.5～0.8m/min。如果水泥掺入比较大或因土质较密在提升时不能将应喷入土中的水泥浆全部喷完时，可在重复下沉搅拌时予以补喷，即采用"二次喷浆，三次搅拌"工艺，但此时仍应注意喷浆的均匀性。第二次喷浆量不宜过少，可控制在单桩总喷浆量的30%～40%，因为过少的水泥浆很难做到沿全桩均匀分布
⑥重复提升搅拌	边旋转、边提升，重复搅拌至桩顶标高，并将钻头提出地面，以便移机施工新的桩体。至此，完成一根桩的施工
⑦移位	开行深层搅拌桩机（履带式机架也可进行转向、变幅等作业）至新的桩位，重复①～⑥步骤，进行下一根桩的施工
⑧清洗	当一施工段成桩完成后，应即时进行清洗。清洗时向集料斗中注入适量清水，开启灰浆泵，将全部管道中的残存水泥浆冲洗干净并将附于搅拌头上的土清洗干净

（二）钢板桩

1. 钢板桩打设

首先确定打入方式，打入方式包括单独打入法和屏风式打入法。

（1）单独打入法：这种方法是从板桩墙的一角开始，逐块或两块为一组打设，直至工程结束。这种打入方法简便、迅速，不需要其他辅助支架，但是易使板桩向一侧倾斜，且误差积累后不易纠正。为此，这种方法只适用于板桩墙要求不高且板桩长度较小（如小于10m）的情况。

（2）屏风式打入法：这种方法是将10～20根钢板桩成排插入导架内，呈屏风状，然后再分批施打。这种打桩方法的优点是可以减少倾斜误差积累，防止过大的倾斜，而且易于实现封闭合拢，能保证板桩墙的施工质量。其缺点是插桩的自立高度较大，要注意插桩的稳定和施工安全。一般情况下多用这种方法打设板桩墙，它耗费的辅助材料不多，能保证质量。

先用吊车将钢板桩吊至插桩点处进行插桩，插桩时锁口要对准，每插入一块即套上桩帽轻轻加以锤击。在打桩过程中，为保证钢板桩的垂直度，用两台经纬仪在两个方向加以控制。为防止锁口中心线平面位移，可在打桩进行方向的钢板桩锁口处设卡板，阻止板桩位移。同时在围檩上预先算出每块板块的位置，以便随时检查校正。

打桩时，开始打设的第一、二块钢板桩的打入位置和方向要确保精度，它可以起样板导向作用，一般每打入1m应测量1次。

钢板桩打设允许误差：桩顶标尚士100mm；板桩轴线偏差±100mm；板桩垂直度偏差1%。

2. 钢板桩拔出

在进行基坑回填土时，要拔出钢板桩，以便修整后重复使用。拔出前要研究钢板桩拔出顺序、拔出时间及桩孔处理方法。

钢板桩的拔出，应从克服板桩的阻力着手。根据所用拔桩机械的不同，拔桩方法有静力拔桩、振动拔桩和冲击拔桩。

静力拔桩主要用卷扬机或液压千斤顶，但该法效率低，有时难以顺利拔出，较少应用。

振动拔桩是利用机械的振动激起钢板桩振动，以克服和削弱板桩拔出阻力，将板桩拔出。

此法效率高，用大功率的振动拔桩机，可将多根板桩一起拔出。目前该法应用较多。

冲击拔桩是以高压空气、蒸汽为动力，利用打桩机给予钢板桩以向上的冲击力，同时利用卷扬机将板桩拔出。

（三）钢筋混凝土灌注桩排桩挡墙

灌注桩排桩挡墙刚度较大，抗弯能力强，变形相对较小，有利于保护周围环境，价格较低，经济效益较好。宜用于开挖深度7～12m的基坑。排桩主要有钻孔灌注桩和人工挖孔桩等桩型。因为灌注桩为间隔排列，因此它不具备挡水功能，需另做挡水帷幕，目前我国应用较多的是厚1.2m的水泥土搅拌桩作为挡水帷幕。

桩的间距、埋入深度和配筋由设计人员根据结构受力和基坑底部稳定性计算确定，桩径一般为600～1100mm，密排式灌注桩间距为100～150mm（常用），间隔式灌注桩间距1m左右（适用于黏土、砂土和地下水较低的土层）。施工时应采取间隔施工的方法，避免由于土体扰动对已浇注桩带来影响；排桩顶部一般需做一道锁口梁，加强桩的整体受力。

（四）地下连续墙

地下连续墙是于基坑开挖之前，用特殊挖槽设备在泥浆护壁之下开挖深槽，然后下钢筋笼、浇筑混凝土形成的地下土中的混凝土墙。

我国于20世纪70年代后期开始出现壁板式地下连续墙，用于深基坑支护结构。目前常用的厚度为600mm、800mm、1000mm，多用于深度12m以下的深基坑。

地下连续墙用作围护墙的优点是：施工时对周围环境影响小，能紧邻建（构）筑物等进行施工；刚度大、整体性好，变形小，能用于深基坑；处理好接头能较好地抗渗止水；如用逆作法施工，可实现两墙合一，降低成本。

地下连续墙如单纯用作围护墙，只为施工挖土服务则成本较高；泥浆需妥善处理，否则影响环境。

（五）加筋水泥土桩墙SMW工法

加筋水泥土桩墙是在水泥土搅拌桩内插入H型钢（水泥土硬凝之前），形成的型钢与水泥土的复合墙体（图1-2）。可在黏性土、粉土、砂砾土中使用，目前国内主要在软土地区有成功应用，适用于开挖深度15m以下的基坑。该方法的优点：施工时对邻近土体扰动较少，具有可靠的止水性；成墙厚度可低至550mm，故围护结构占地和施工占地大大减少；废土外运量少，施工时无振动、无噪声、无泥浆污染；工程造价较常用的钻孔灌注桩排桩墙的方法节省20%～30%。

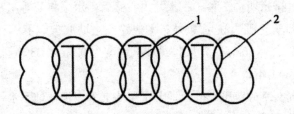

图1-2　SMW工法围护墙

1—插在水泥土桩中的H型钢；2—水泥土桩

　　加筋水泥土桩法施工机械应为三根搅拌轴的深层搅拌机，全断面搅拌，H 型钢靠自重可顺利下插至设计标高。

　　加筋水泥土桩法围护墙的水泥掺入比达 20%，因此水泥土的强度较高，与 H 型钢黏结好，能共同作用。

（六）土钉墙

　　土钉墙是一种边坡稳定式的支护，其作用与被动起挡土作用的上述围护墙不同，它是起主动嵌固作用，增加边坡的稳定性，使基坑开挖后坡面保持稳定。

　　施工时，每挖深 1.5m 左右，挂细钢筋网，喷射细石混凝土面层（厚 50 ~ 100mm），然后钻孔插入钢筋（长 10 ~ 15m，纵、横间距 1.5m×1.5m 左右），加垫板并灌浆，依次进行直至坑底。基坑坡面有较陡的坡度。

　　土钉墙宜用于基坑侧壁安全等级为二、三级的非软土场地；基坑深度不宜大于12m；当地下水位高于基坑底面时，应采取降水或截水措施。目前在软土场地亦有应用。

　　钻孔机具一般宜选用体积较小、质量较轻、装拆移动方便的机具。常用的有如下几类：锚杆钻机、地质钻机和洛阳铲。其中洛阳铲是传统的土层人工造孔工具，它机动灵活、操作简便，一旦遇到地下管线等障碍物能迅速反应，改变角度或孔位重新造孔。并且可用多个洛阳铲同时造孔，每个洛阳铲由 2 ~ 3 人操作。洛阳铲造孔直径为 80 ~ 150mm，水平方向造孔深度可达 15m。

三、排水、降水

（一）集水井排水

　　当基坑开挖深度不是很大，基坑涌水量不大时，集水井排水法是应用最广泛，亦是最简单、经济的方法。

　　集水井排水即是在基坑的两侧或四周设置排水明沟，隔段设置集水井，使基坑渗出的地下水通过排水明沟汇集于集水井内，然后用水泵将其排出基坑外。排水明沟宜布置在拟建建筑基础边 0.4m 以外，沟边缘离边坡坡脚应不小于 0.3m。排水沟宽 0.2 ~ 0.3m，深 0.3 ~ 0.6m，沟底设纵坡，坡度为 02% ~ 05%。排水明沟的底面应比挖土面低 0.3 ~ 0.4m。

　　集水井应设置在基础范围以外，地下水流的上游。根据地下水量大小、基坑平面形状及水泵能力，集水井每隔 20 ~ 40m 设置 1 个。其直径或宽度一般为 0.6 ~ 0.8m，集水坑底面应低于排水沟底面 0.5m 以上。应铺设碎石滤水层（0.3m 厚）以免由于抽水时间过长而将泥砂抽出，并防止坑底土被扰动。

当基坑开挖的土层由多种土组成，中部夹有透水性能的砂类土，基坑侧壁出现分层渗水时，可在基坑边坡上按不同高程分层设置明沟和集水井，构成明排水系统，分层阻截和排除上部土层中的地下水，避免上层地下水冲刷基坑下部边坡造成塌方。

集水井排水是用水泵从集水井中排水。常用的水泵有潜水泵、离心式水泵和泥浆泵。

（二）井点降水

井点降水就是在基坑开挖前，预先在基坑四周埋设一定数量的滤水管（井）。在基坑开挖前和开挖过程中，利用真空原理，不断抽出地下水，使地下水位降低到坑底以下。

井点降水的作用主要有以下几方面：防止地下水涌入坑内；防止边坡由于地下水的渗流而引起塌方；使坑底的土层消除了地下水位差引起的压力，因此，可防止坑底的管涌；降水后，使板桩减少横向荷载；消除了地下水的渗流，防止流砂现象；降低地下水位后，还能使土壤固结，增加地基土的承载能力。

降水井点有两大类：轻型井点和管井类井点。降水井点的类型一般根据土的渗透系数、降水深度、设备条件及经济比较等因素确定，可参照表1-3选择。各种降水井点中轻型井点应用最为广泛，下面重点介绍轻型井点降水的设计和施工。

表1-3 各种井点的适用范围

降水井点类型	适用范围	
	土的渗透系数（cm/s）	可能降低的水位深度（m）
一级轻型井点	$10^{-5} \sim 10^{-2}$	3 ~ 6
多级轻型井点	$10^{-5} \sim 10^{-2}$	6 ~ 12
喷射井点	$10^{-6} \sim 10^{-3}$	8 ~ 20
电渗井点	$< 10^{-6}$	宜配合其他形式降水使用
深井井管	$\geq 10^{-5}$	> 10

1. 轻型井点降水设备

轻型井点降水设备一般由管路系统和抽水设备组成。管路系统包括滤管、井点管、弯联管及总管；抽水设备常用的有干式真空泵、射流泵等。

（1）滤管：是井点设备的一个重要部分，其构造是否合理，对抽水效果影响较大。通常采用长 1.0 ~ 1.5m、直径38mm或51mm的无缝钢管，管壁钻有直径为12 ~ 19mm的按梅花状排列的滤孔，滤孔面积为滤管表面积的20% ~ 25%。滤管外包两层滤网，内层细滤网采用每平方厘米 30 ~ 40 眼的铜丝布或尼龙丝布，外层粗滤网采用每平方厘米 5 ~ 10 眼的塑料纱布。为使水流畅通，避免滤孔淤塞时影响水流进入滤管，在管壁与滤网间用小塑料管（或铁丝）绕成螺旋形隔开。滤网的外面用带孔的薄铁管或粗铁丝网保护。滤管的上端与井点管连接，下端为一铸铁头。

（2）井点管：为直径 38mm 或 51mm、长 5 ~ 7m 的钢管。可整根或分节组成。井点管的上端用弯联管与总管相连。弯联管宜用透明塑料管（能随时看到井点管的工作情况）或用橡胶软管。

（3）集水总管：为直径 100 ~ 127mm 的无缝钢管，每段长 4m，其上端有井点管连接的短接头，间距 0.8m 或 1.2m。

（4）抽水设备：常用的有干式真空泵、射流泵等。干式真空泵是由真空泵、离心泵和水气分离器（又叫集水箱）等组成，常用的 W5、W6 型干式真空泵，其最大负荷长度分别为 80m 和 100m，有效负荷长度分别为 60m 和 80m。

2. 轻型井点降水布置

（1）平面布置

当基坑或沟槽宽度小于 6m，且降水深度不超过 5m 时，一般可采用单排线状井点，布置在地下水流的上游一侧，其两端的延伸长度一般以不小于坑（槽）宽为宜。如基坑宽度大于 6m 或土质不良，则宜采用双排井点。当基坑面积较大时，宜采用环形井点。有时为了施工需要，也可留出一段（地下水流下游方向）不封闭，即采用 U 形井点。井点管距离基坑壁一般不宜小于 0.7 ~ 1.0m，以防局部发生漏气。井点管间距应根据土质、降水深度、工程性质等按计算或经验确定，一般采用 0.8 ~ 1.6m。靠近河流处与总管四角部位，井点应适当加密。

（2）高程布置

高程布置是确定井点管埋深，即滤管上口至总管埋设面的距离，主要考虑降低后的地下水位应控制在基坑底面标高以下，保证坑底干燥。高程布置可按下式计算（图 1-3）：

$$H \geqslant H_1 + h + iL$$

式中：H——井点管埋深；

H_1——总管埋设面至基底的距离；

h——基底至降低后的地下水位线的距离；

i——水力坡度。对单排布置的井点，取 1/5 ~ 1/4；对双排布置的井点，取 1/7；对 U 形或环形布置的井点，取 1/10。

L——井点管至水井中心的水平距离，当井点管为单排布置时，L 为井点管至对边坡角的水平距离。

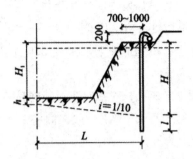

图1-3　井点高程布置计算示意图

井点管的埋深应满足水泵的抽吸能力，当水泵的最大抽吸深度不能达到井点管的埋置深度时，应考虑降低总管埋设位置或采用两级井点降水。如采用降低总管埋置高度的方法，可以在总管埋置的位置处设置集水井降水。但总管不宜放在地下水位以下过深的位置，否则，总管以上的土方开挖也往往会发生涌水现象而影响土方施工。

3. 轻型井点降水施工

轻型井点降水施工工艺：放线定位→铺设总管→冲孔→安装井点管→填砂砾滤料、上部填黏土密封→用弯联管将井点管与总管接通→安装抽水设备→开动设备试抽水→测量观测井中地下水位变化。

（1）井点管埋设。井点管的埋设一般采用水冲法进行，借助于高压水冲刷土体，用冲管扰动土体助冲，将土层冲成圆孔后埋设井点管。整个过程可分为冲孔与埋管两个施工过程。冲孔的直径一般为300mm，以保证井管四周有一定厚度的砂滤层；冲孔深度宜比滤管底深0.5m左右，以防冲管拔出时部分土颗粒沉于底部而触及滤管底部。

井孔冲成后，立即拔出冲管，插入井点管，并在井点管与孔壁之间迅速填灌砂滤层，以防孔壁塌土。砂滤层的填灌质量是保证轻型井点顺利抽水的关键。一般宜选用干净粗砂，填灌均匀，并填至滤管顶上1～1.5m处，以保证水流畅通。井点填砂后，须用黏土封口，以防漏气。

每根井点管埋设后，应及时检验渗水性能。井点管与孔壁之间填砂滤料时，管口应有泥浆水冒出，或向管内灌水时，能很快下渗方为合格。

（2）布设集水总管之前，必须对集水总管进行清洗，并对其他部件进行检查清洗。井点管与集水总管之间用橡胶软管连接，确保其密闭性。

（3）井点系统安装完毕后，必须及时试抽，并全面检查管路接头质量、井点出水状况和抽水机械运转情况等，如发现漏气和死井，应立即处理。每套机组所能带动的集水管总长度必须严格按机组功率及试抽后结果确定。

（4）试抽合格后，井点孔口到地面下 1.0m 的深度范围内，用黏性土填塞严密，以防漏气。

（5）开始抽水后一般不应停抽，时抽时止，滤网易堵塞，也易抽出土粒，并引起附近建筑物由于土粒流失而沉降开裂。一般在抽水 3 ~ 5d 后水位降落漏斗基本趋于稳定。

正常出水规律是"先大后小，先混后清"。如不上水，或水一直较混，或出现清后又混等情况，应立即检查纠正。

（6）为确保水位降至设计标高，宜设一个水位监测孔，派人 24h 值班监测水位，发现情况及时上报。

（7）井点降水施工队应派人 24h 值班，定时观测流量及水位降低情况并做好"轻型井点降水记录"，同时施工人员在井点施工时，亦应做好"井点施工记录"。

第二节 土方开挖

一、浅基坑、槽和管沟开挖

（一）浅基坑、槽和管沟开挖的施工要点

基坑开挖程序一般如下：确定开挖顺序和坡度→沿灰线切出槽边轮廓线→分层开挖→修整槽边→清底。

（1）确定开挖顺序和坡度：根据基础类型、土质、现场出土条件等合理确定开挖顺序，然后再分段分层平均下挖，相邻基坑开挖时，应遵循先深后浅或同时进行的施工程序。根据开挖深度、土质、地下水等情况确定开挖宽度，主要考虑放坡、工作面、临时支撑和排水沟等的宽度。一般土质较好，开挖深度在 1 ~ 2m，可直立开挖不加支护。否则应根据土质和施工具体情况进行放坡或采用临时性支撑加固。

（2）分层开挖：挖土应自上而下水平分段分层进行，每层 0.6m 左右，每层应通过控制点拉线检查坑底宽度及坡度，不够时及时修整，每隔 3m 左右做一条边坡坡度控制线，以此参照修坡。接近设计标高 1m 左右，引测基底设计标高上 50cm 水平桩（间距一般取 3m）作为基准点，控制开挖深度，为避免对地基土的扰动，应预留

15 ~ 30cm 厚层土不挖，待下道工序开始前再挖至设计标高。

（3）修整槽边、清底：组织验槽前，通过控制线检查基坑宽度并进行修整，根据标高控制点把预留土层挖到设计标高，并进行清底，要求坑底凹凸不超过 2.0cm。验槽后立即浇筑混凝土垫层进行覆盖。

（4）其他：

①在地下水位以下挖土，应在基坑（槽）四侧或两侧挖好临时排水沟和集水井，或采用井点降水，将水位降低至坑（槽）底以下 500mm，以利于挖方进行。降水工作应持续到基础（包括地下水位下回填土）施工完成。

②雨季施工时，基坑槽应分段开挖，挖好一段浇筑一段垫层，并在基槽两侧堆砌土堤或挖排水沟，以防地面雨水流入基坑槽，同时应经常检查边坡和支撑情况，以防止坑壁受水浸泡造成塌方。

③人工挖土，前后操作人员间距离不应小于 2m，堆土在 1m 以外并且高度不得超过 1.5m。

（二）浅基坑、基坑槽和管沟的支撑方法

基坑槽和管沟的支撑方法见表 1-4，一般浅基坑的支撑方法见表 1-5。

表 1-4　基坑槽和管沟的支撑方法

支撑方式	支撑方法及适用条件
间断式水平支撑	两侧挡土板水平放置，用工具式横撑或木横撑借木楔顶紧，挖一层土，支顶一层。 适于能保持立壁的干土或天然湿度的黏土类土，地下水很少、深度在 2m 以内
断续式水平支撑	挡土板水平放置，中间留出间隔，并在两侧同时对称立竖楞木，再用工具式横撑或木横撑上、下顶紧。 适于能保持立臂的干土或天然湿度的黏土类土，地下水很少、深度在 3m 以内
连续式水平支撑	挡土板水平连续放置，不留间隙，然后两侧同时对称立竖竖楞木，上、下各项一根撑木，端头架木楔顶紧。 适于较松散的干土或天然湿度的黏土类土，地下水很少、深度为 3 ~ 5m
连续或间续式垂直支撑	挡土板垂直放置，可连续或留适当间隙，然后每侧上、下各水平顶一根横楞木，再用横撑顶紧。 适于土质较松散或湿度很大的土，地下水较少、深度不限
水平垂直混合式支撑	沟槽上部设连续式水平支撑，下部设连续式垂直支撑。 适于沟槽深度较大，下部含有水土层的情况

表1-5　一般浅基坑的支撑方法

支撑方式	支撑方法及适用条件
斜柱支撑	水平挡土板钉在柱桩内侧，柱桩外侧用斜撑支顶，斜撑底端支在木桩上，在挡土板内侧回填土。 适于开挖较大型、深度不大的基坑或使用机械挖土时使用
锚拉支撑	水平挡土板支在柱桩的内侧，柱桩一端打入土中，另一端用拉杆与锚桩拉紧，在挡土板内侧回填土。 适于开挖较大型、深度不大的基坑或使用机械挖土，不能在安设横撑时使用
型钢桩横挡板支撑	沿挡土位置预先打入钢轨、工字钢或H型钢桩，间距1.0～1.5m，然后边挖方，边将3～6cm厚的挡土板塞进钢桩之间挡土，并在横向挡板与型钢桩之间打上楔子，使横板与土体紧密接触。 适于地下水位较低、深度不很大的一般黏性或砂土层中使用
短桩横隔板支撑	打入小短木桩，部分打入土中，部分露出地面，钉上水平挡土板，在背面填土、夯实。 适于开挖宽度大的基坑，当部分地段下部放坡不够时使用
临时挡土墙支撑	沿坡脚用砖、石叠砌或用装水泥的聚丙烯扁丝编织袋，草袋装土、砂堆砌，使坡脚保持稳定。 适于开挖宽度大的基坑，当部分地段下部放坡不够时使用
挡土灌注桩支护	在开挖基坑的周围，用钻机或洛阳铲成孔，桩径400～500mm，现场灌注钢筋混凝土桩，桩间距为1.0～1.5m，将桩间土挖成外拱形使之起土拱作用。 适于开挖较大、较浅（＜5m）基坑，邻近有建筑物，不允许背面地基有下沉、位移时采用
叠袋式挡墙支护	采用编织袋或草袋装碎石（砂砾石或土）堆砌成重力式挡墙作为基坑的支护，在墙下部砌500mm厚块石基础，墙底宽1500～2000mm，墙顶宽500～1200mm，顶部适当放坡卸土1.0～1.5m宽，表面抹砂浆保护。 适用于一般黏性土、面积大、开挖深度应在5m以内的浅基坑支护

（三）土方开挖施工中应注意的质量问题

（1）基底超挖：开挖的基坑（槽）或管沟均不得超过基底标高。遇超挖时，不得用松土回填，应用砂、碎石或低强度等级混凝土填压（夯）实到设计标高；当地基局部存在软弱土层，不符合设计要求时，应与勘察单位、设计单位、建设单位共同提出方案进行处理。

（2）软土地区桩基挖土应防止桩基位移：在密集群桩上开挖基坑时，应在打桩完成后，间隔一段时间，再对称挖土；在密集桩附近开挖基坑（槽）时，应事先确定防桩基位移的措施。

（3）基底未保护：基坑（槽）开挖后应尽量减少对基土的扰动。如基础不能及时施工，可在基底标高以上留出0.3m厚土层，待做基础时再挖掉。

（4）施工顺序不合理：土方开挖宜先从低处进行，分层分段依次开挖，形成一定坡度，以利于排水。

（5）开挖尺寸不足：基坑（槽）或管沟底部的开挖宽度，除结构宽度外，应根据施工需要增加工作面宽度。如排水设施、支撑结构所需的宽度，在开挖前均应考虑。

（6）基坑（槽）或管沟边坡不直不平，基底不平：应加强检查，随挖随修，并要认真验收。

（四）基础钎探

（1）探钎用直径22～25mm的钢筋制成，钎头呈60°尖锥形状，钎长1.8～2.0m。

（2）根据设计图纸绘制钎探孔位平面布置图。

（3）将钎尖对准孔位，一人扶正钢钎，一人站在操作凳子上，用大锤（8～10kg）打钢钎的顶端；锤举高度一般为50～70cm，将钎垂直打入土层中。注意记录锤击数和孔深。

二、深基坑开挖

（一）放坡挖土

放坡开挖是最经济的挖土方案。当基坑开挖深度不大（软土地区挖深不超过4m；地下水位低、土质较好地区挖深亦可较大）、周围环境又允许时，经验算能确保土坡的稳定性时，均可采用放坡开挖。

开挖深度较大的基坑，当采用放坡挖土时，宜设置多级平台分层开挖，每级平台的宽度不宜小于1.5m。

对土质较差且施工工期较长的基坑，对边坡宜采用钢丝网水泥喷浆或用高分子聚合材料覆盖等措施进行护坡。

坑顶不宜堆土或存在堆载（材料或设备），遇有不可避免的附加荷载时，在进行边坡稳定性验算时，应计入附加荷载的影响。

在地下水位较高的软土地区，应在降水达到要求后再进行土方开挖，宜采用分层开挖的方式进行开挖。分层挖土厚度不宜超过2.5m。挖土时要注意保护工程桩，防止碰撞或因挖土过快、高差过大使工程桩受侧压力而倾斜。

如有地下水，放坡开挖应采取有效措施降低坑内水位和排出地表水，严防地表水或坑内排出的水渗入基坑。

基坑采用机械挖土，坑底应保留 200～300mm 厚基土，用人工清理整平，防止坑底土扰动。待挖至设计标高后，应清除浮土，经验槽合格后，及时进行垫层施工。

（二）中心岛墩式挖土

中心岛（墩）式挖土，宜用于大型基坑，支护结构的支撑形式为角撑、环梁式或边桁（框）架式，中间具有较大空间，此时可利用中间的土墩作为支点搭设栈桥。

挖土机可利用栈桥下到基坑挖土，运土的汽车亦可利用栈桥进入基坑运土。这样可以加快挖土和运土的速度。

中心岛（墩）式挖土，中间土墩的留土高度、边坡的坡度、挖土层次与高差都要经过仔细研究确定。由于在雨季遇有大雨时土墩边坡易滑坡，必要时对边坡加固。

挖土亦分层开挖，多数是先全面挖去第一层，然后中间部分留置土墩，周围部分分层开挖。开挖多用反铲挖土机，如基坑深度大则用向上逐级传递的方式进行装车外运。整个的土方开挖顺序，必须与支护结构的设计工况严格一致。要遵循开槽支撑、先撑后挖、分层开挖、严禁超挖的原则。

挖土时，除支护结构设计允许外，挖土机和运土车辆不得直接在支撑上行走和操作。

为减少时间效应的影响，挖土时应尽量缩短围护墙无支撑的暴露时间。一般对一、二级基坑，每一工况挖至规定标高后，钢支撑的安装周期不宜超过一昼夜，混凝土支撑的完成时间不宜超过两昼夜。

对面积较大的基坑，为减少空间效应的影响，基坑土方宜分层、分块、对称、限时进行开挖，土方开挖顺序要为尽可能早地安装支撑创造条件。

土方挖至设计标高后，对有钻孔灌注桩的工程，宜边破桩头边浇筑垫层，尽可能早一些浇筑垫层，以便利用垫层（必要时可加厚作配筋垫层）对围护墙起支撑作用，以减少围护墙的变形。

挖土机挖土时严禁碰撞工程桩、支撑、立柱和降水的井点管。分层挖土时，层高不宜过大，以免土方侧压力过大使工程桩变形倾斜，在软土地区尤为重要。

同一基坑内当深浅不同时，土方开挖宜先从基坑较浅处开始，如条件允许可待基坑较浅处底板浇筑后，再挖基坑较深处的土方。

如两个深浅不同的基坑同时挖土，土方开挖宜先从较深基坑开始，待较深基坑底板浇筑后，再挖较浅基坑的土方。

如基坑底部有局部加深的电梯井、水池等，如深度较大宜先对其边坡进行加固处理后再进行开挖。

墩式挖土，对于加快土方外运和提高挖土速度是有利的，但对于支护结构受力不利，由于首先挖去基坑四周的土，支护结构受荷时间长，在软黏土中时间效应软黏土的蠕变）显著，有可能增大支护结构的变形量。

（三）盆式挖土

盆式挖土是先开挖基坑中间部分的土，周围四边留土坡，土坡最后挖除。这种挖土方式的优点是周边的土坡对围护墙有支撑作用，有利于减少围护墙的变形。其缺点是大量的土方不能直接外运，需集中提升后装车外运。

盆式挖土周边留置的土坡，其宽度、高度和坡度大小均应通过稳定性验算确定。如留得过小，对围护墙支撑作用不明显，失去盆式挖土的意义。如坡度太陡，边坡不稳定，在挖土过程中可能失稳滑动，不但失去对围护墙的支撑作用，影响施工，而且有损于工程桩的质量。采用盆式挖土时需设法提高土方上运的速度，才能对加速基坑开挖起很大作用。

第三节　土方回填

一、压实的一般要求

（一）含水量控制

含水量过小，夯压（碾压）不实；含水量过大，则易成橡皮土。各种土的最优含水量和最大干密度参考数值见表1-6。黏性土料施工含水量与最优含水量之差可控制在 -4% ~ +2% 范围内。

表1-6　土的最优含水量和最大干密度参考

土的种类	变动范围	
	最优含水量（质量比）（%）	最大干密度（t/m³）
砂土	8 ~ 12	1.80 ~ 1.88
黏土	19 ~ 23	1.58 ~ 1.70
粉质黏土	12 ~ 15	1.85 ~ 1.95
粉土	16 ~ 22	1.61 ~ 1.80

土料含水量一般以"手握成团，落地开花"为宜。当含水量过大，应采取翻松、晾干、风干、换土回填、掺入干土或其他吸水性材料等措施；如土料过干，则应预

先洒水润湿。

（二）铺土厚度和压实遍数

填土每层铺土厚度和压实遍数视土的性质、设计要求的压实系数和使用的压实机具性能而定，一般应进行现场碾（夯）压试验确定。表1-7为不同压实机具的每层铺土厚度与所需的压实遍数的参考数值，如无试验依据，可参考应用。

表1-7 填土施工时的铺土厚度及压实遍数

压实机具	铺土厚度（mm）	每层压实遍数
平碾	250 ~ 300	6 ~ 8
振动压实机	250 ~ 350	3 ~ 4
柴油打夯机	200 ~ 250	3 ~ 4
人工打夯	不大于200	3 ~ 4

二、填土压（夯）实方法

（一）一般要求

（1）填土应尽量采用同类土填筑，并宜控制土的含水量在最优含水量范围内。当采用不同的土填筑时，应按土类有规则地分层铺填，将透水性较大的土层置于透水性较小的土层之下，不得混杂使用，边坡不得用透水性较小的土封闭，以利于水分排除和基土稳定，并避免在填方内形成水囊和产生滑动现象。

（2）填土应从最低处开始，由下向上整个宽度分层铺填碾压或夯实。

（3）在地形起伏之处，应做好接槎，修筑1∶2阶梯形边坡，每台阶高可取50cm，宽100cm。

分段填筑时每层接缝处应做成大于1∶1.5的斜坡，碾迹重叠0.5 ~ 1.0m，上下层错缝距离不应小于1m。接缝部位不得在基础、墙角、柱墩等重要部位。

（4）填土应预留一定的下沉高度，以备在行车、堆重或干湿交替等自然因素作用下，土体逐渐沉落密实。预留沉降量根据工程性质、填方高度、填料种类、压实系数和地基情况等因素确定。当土方用机械分层夯实时，其预留下沉高度（以填方高度的百分数计）：对砂土为1.5%；对粉质黏土为3% ~ 3.5%。

（二）人工夯实方法

（1）人力打夯前应将填土初步整平，打夯要按一定方向进行，一夯压半夯，夯夯相接，行行相连，两遍纵横交叉，分层夯打。夯实基槽及地坪时，行夯路线应由四周开始，然后再夯向中间。

（2）用柴油打夯机等小型机具夯实时，一般填土厚度不宜大于25cm，打夯之前应对填土初步平整，打夯机依次夯打，均匀分布，不留间隙。

（3）基坑（槽）回填应在相对两侧或四周同时进行回填与夯实。

（4）回填管沟时，应用人工先在管道周围填土夯实，并应从管道两边同时进行，直至矩管顶0.5m以上。在不损坏管道的情况下，方可采用机械填土回填夯实。

（三）机械压实方法

（1）为保证填土压实的均匀性及密实度，避免碾轮下陷，提高碾压效率，在碾压机械碾压之前，宜先用轻型推土机、拖拉机推平，低速预压4～5遍，使表面平实；采用振动平碾压实爆破石渣或碎石类土，应先静压，而后振压。

（2）碾压机械压实填方时，应控制行驶速度，一般平碾、振动碾不超过2km/h；并要控制压实遍数。碾压机械与基础或管道应保持一定的距离，防止将基础或管道压坏。

（3）用压路机进行填方压实，应采用"薄填、慢驶、多次"的方法，填土厚度不应超过25～30cm；碾压方向应从两边逐渐压向中间，碾轮每次重叠宽度为15～25cm，避免漏压。运行中碾轮边距填方边缘应大于500mm，以防发生溜坡倾倒。边角、边坡边缘压不到之处，应辅以人工或小型夯实机具夯实。压实密实度，除另有规定外，应以压至轮子下沉量不超过1～2cm为度。

（4）平碾碾压一层完后，应用人工或推土机将表面拉毛。土层表面太干时，应洒水湿润后继续回填，以保证上、下层接合良好。

（5）用铲运机及运土工具进行压实，铲运机及运土工具须均匀运作整个填筑层，逐次卸土碾压。

（四）压实排水要求

（1）填土层如有地下水或滞水时，应在四周设置排水沟和集水井，将水位降低。

（2）已填好的土如遭水浸，把稀泥铲除后方能进行下一道工序。

（3）填土区应保持一定横坡，或中间稍高两边稍低，以利于排水。当天填土，应在当天压实。

第四节 土方工程机械化施工

一、土方机械基本作业方法和特点

（一）推土机

推土机是土方工程施工的主要机械之一，是在履带式拖拉机上安装推土铲刀等工作装置而成的机械。常用的是液压式推土机，铲刀强制切入土中，切入深度较大，同时铲刀还可以调整角度，具有更大的灵活性，多用于挖土深度不大的场地平整，开挖深度不大于 1.5m 的基坑，回填基坑和沟槽等施工。

1. 作业方法

推土机开挖的基本作业是铲土、运土和卸土 3 个工作行程和空载回驶行程。铲土时应根据土质情况，尽量采用最大切土深度并在最短距离（6 ~ 10m）内完成，以便缩短低速运行时间，然后直接推运到预定地点。回填土和填沟渠时，铲刀不得超出土坡边沿。上下坡坡度不得超过 35°，横坡不得超过 10°。几台推土机同时作业时，前后距离应大于 8m。

2. 提高生产率的方法

（1）下坡推土法。在斜坡上，推土机顺下坡方向切土与堆运，借机械向下的重力作用切土，增大切土深度和运土数量，可提高生产率 30% ~ 40%，但坡度不宜超过 15°，避免后退时爬坡困难。

（2）槽形挖土法。推土机重复多次在一条作业线上切土和推土，使地面逐渐形成一条浅槽再反复在沟槽中进行推土，以减少土从铲刀两侧漏散，可增加 10% ~ 30% 的推土量。槽的深度以 1m 左右为宜，槽与槽之间的土坑宽约 50m。适于运距较远，土层较厚时使用。

（3）并列推土法。用 2 ~ 3 台推土机并列作业，以减少土体漏失量。铲刀相距 15 ~ 30cm，一般采用两机并列推土，可增大推土量 15% ~ 30%。适于大面积场地平整及运送土时采用。

（4）分堆集中，一次推送法。在硬质土中，切土深度不大，可将土先积聚在一个或数个中间点，然后再整批推送到卸土区，使铲刀前保持满载。堆积距离不宜大于 30m，推土高度以 2m 内为宜。本法能提高生产效率 15% 左右。适于运送距离较远，而土质又比较坚硬的土，或长距离分段送土时采用。

（5）铲刀附加侧板法。运送疏松土壤，且运距较大时，可在铲刀两边加装侧板，增加铲刀前的土方体积，减少推土漏失量。

（二）挖掘机

1．正铲挖掘机

正铲挖掘机适用于开挖停机面以上的土方，且需与汽车配合完成整个挖运工作。正铲挖掘机挖掘力大，适用于开挖含水量较小的一类土和经爆破的岩石及冻土。一般用于大型基坑工程，也可用于场地平整施工。

正铲挖掘机的挖土特点是"前进向上，强制切土"。根据开挖路线与运输汽车相对位置的不同，正铲挖掘机的开挖方式一般有以下两种：

（1）正向开挖，侧向装土法。正铲向前进方向挖土，汽车位于正铲的侧向装车。本法铲臂卸土回转角度较小（＜90°）。装车方便，循环时间短，生产效率高。此法适用于开挖工作面较大、深度不大的边坡、基坑（槽）、沟渠和路堑等。

（2）正向开挖，后方装土法。正铲向前进方向挖土，汽车停在正铲的后面。本法开挖工作面较大，但铲臂卸土回转角度也较大（在180°左右），且汽车要侧向行车，增加工作循环时间，生产效率降低回转角度180°，效率约降低23%。回转角度130°，效率约降低13%）。此法适用于开挖工作面较小，且较深的基坑（槽）、管沟和路堑等。

2．反铲挖掘机

反铲挖掘机的挖土特点是"后退向下，强制切土"。能开挖停机面以下的一至三类土，适用于一次开挖深度在4m左右的基坑、基槽、管沟，亦可用于地下水位较高的土方开挖；在深基坑开挖中，可采取通过下坡道、台阶式接力等方式进行开挖。反铲挖掘机可以与自卸汽车配合，装土运走，也可弃土于坑槽附近。根据挖掘机的开挖路线与运输汽车的相对位置不同，其开挖法一般有表1-8中的几种方法：

表1-8　反铲挖掘机的开挖方法

方法	具体操作
沟侧开挖法	反铲挖掘机停于沟侧沿沟边开挖，汽车停在机旁装土或往沟一侧卸土。此法铲臂回转角度小，能将土弃于距沟边较远的地方，但挖土宽度比挖掘半径小，边坡不好控制，同时机身靠沟边停放，稳定性较差。此法适于横挖土体和需将土方甩到距沟边较远的地方时使用
沟角开挖法	反铲挖掘机位于沟前端的边角上，随着沟槽的掘进，机身沿着沟边往后做"之"字形移动。臂杆回转角度平均在45°左右，机身稳定性好，可挖较硬的土体，并能挖出一定的坡度。此法适用于开挖土质较硬、宽度较小的沟槽（坑）

续表

方法	具体操作
沟端开挖法	反铲挖掘机停于沟端，后退挖土，同时往沟一侧弃土或装汽车运走。挖掘宽度可不受机械最大挖掘半径的限制，臂杆回转角度仅45°～90°，同时可挖到最大深度。此法适于一次成沟后退挖土，挖出土方随即运走时采用，或就地取土填筑路基或修筑堤坝等
多层接力开挖法	用两台或多台挖土机设在不同作业高度上同时挖土，边挖土，边将土传递到上层，地表挖土机既挖土也装土；上部可用大型反铲，中、下层用大型或小型反铲，进行挖土和装土，均衡连续作业。一般两层挖土可挖深1m，三层挖土可挖深15m。本法开挖较深基坑，可一次开挖到设计标高，避免汽车在坑下装运作业，提高生产效率，且不必设专用垫道，适用于开挖土质较好、深10m以上的大型基坑、沟槽和渠道

3. 抓铲挖掘机

抓铲挖掘机是在挖土机臂端用钢丝绳吊装一个抓斗。其挖土特点是"直上直下，自重切土"。其挖掘力较小，能开挖停机面以下的一至二类土。抓铲挖掘机适用于开挖软土地基基坑，特别是窄而深的基坑、深槽、深井；还可用于疏通旧有渠道以及挖取水中淤泥等，或用于装卸碎石、矿渣等松散材料。

4. 拉铲挖掘机

拉铲挖掘机的土斗用钢丝绳悬挂在挖掘机长臂上，挖土时土斗在自重作用下落到地面切入土中。其挖土特点是"后退向下，自重切土"。其挖土深度和挖土半径均较大，能开挖停机面以下的一至二类土，但不如反铲挖掘机动作灵活、准确。适用于开挖较深、较大的基坑（槽）、沟渠，挖取水中泥土以及填筑路基、修筑堤坝等。拉铲挖掘机的开挖方式与反铲挖掘机的开挖方式相似，可沟侧开挖，也可沟端开挖。

二 土方机械施工要点

（1）土方开挖前应绘制土方开挖图（图1-4），确定开挖路线、顺序、范围、基底标高、边坡坡度、排水沟和集水井位置以及挖出的土方堆放地点等。绘制土方开挖图时应尽可能使机械多挖，减少机械超挖和人工挖方。

（2）大面积基础群基坑底标高不一，机械开挖次序一般采取先整片挖至平均标高，然后再挖个别较深部位。当一次开挖深度超过挖掘机最大挖掘深度（5m以上）时，宜分2～3层开挖，并修筑10%～15%坡道，以便挖土及运输车辆进出。

（3）基坑边角部位，机械开挖不到之处，应用少量人工配合清坡，将松土清至机械作业半径范围内，再用机械掏取运走。人工清土所占比例一般为1.5%～4%，修坡以厘米为单位限制误差。大基坑宜另配一台推土机清土、送土、运土。

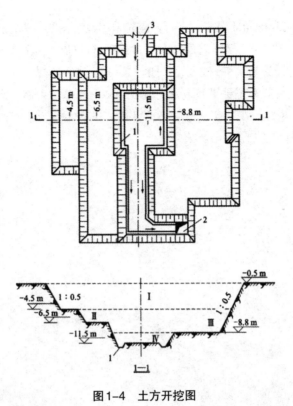

图1-4　土方开挖图

1—排水沟；2—集水井；3—土方机械进出口；Ⅰ，Ⅱ，Ⅲ，Ⅳ—开挖次序

（4）挖掘机、运土汽车进出基坑的道路，应尽量利用两侧相邻的基础（以后需开挖的）部位，或利用提前挖除土方后的地下设施部位，以减少挖土量。

（5）机械开挖应由深而浅，基底及边坡应预留一层150～300mm厚土层用人工清底、修坡、找平，以保证基底标高和边坡坡度正确，避免超挖和土层遭受扰动。

（6）做好机械的表面清洁和运输道路的清理工作，以提高挖土和运输效率。

（7）基坑土方开挖可能影响邻近建筑物、管线安全使用时，必须有可靠的保护措施。

（8）机械开挖施工时，应保护井点、支撑等不受碰撞或损坏，同时应对平面控制桩、水准点、基坑平面位置、水平标高、边坡坡度等定期进行复测检查。

（9）雨期开挖土方，工作面不宜过大，应逐段分期完成。如为软土地基，进入基坑行走需铺垫钢板或铺路基箱垫道。坑面、坑底排水系统应保持良好；汛期应有防洪措施，防止雨水浸入基坑。冬期开挖基坑，如挖完土隔一段时间施工基础需预留适当厚度的松土，以防基土遭受冻结。

（10）当基坑开挖局部遇露头岩石，应先采用控制爆破方法，将基岩松动、爆破成碎块，碎块宽度应小于铲斗宽的 2/3，再用挖土机挖出，可避免破坏邻近基础和地基；对大面积、较深的基坑，宜采用打竖井的方法进行松爆，使一次基本达到要求深度。此项工作一般在工程平整场地时预先完成。在基坑内爆破，宜采用打眼放炮的方法，采用多炮眼，少装药，分层松动爆破，分层清渣，每层厚 1.2m 左右。

第二章 桩基础工程施工

第一节 钢筋混凝土预制桩施工

一、桩的制作

钢筋混凝土预制桩在工程中应用较多的是实心方桩和预应力混凝土管桩两种。

（一）实心方桩

实心方桩的截面尺寸一般为200mm×200mm、250mm×250mm、300mm×300mm、350mm×350mm、400mm×400mm、450mm×450mm、500mm×500mm等规格。

混凝土单根桩的最大长度或多节桩的单节预制长度，应根据桩架的有效高度、制作场地条件、运输与装卸能力、接桩点的竖向位置而定。如在工厂制作，长度不宜超过12m；如在现场制作，长度不宜超过30m。

现场预制方桩多采用重叠法施工，重叠的层数应根据地面承载力和施工要求来确定，一般不超过4层。相邻两层桩之间要做好隔离层，以免起吊时互相黏结。混凝土浇筑时应由桩顶向桩尖连续浇筑，上层桩或邻桩的混凝土浇筑，应在下层或邻桩的混凝土强度达到设计强度的30%以上时才可进行。预制完成后，应洒水养护不少于7d，并在每根桩上标明编号和制作日期；如不埋设吊钩，应标明绑扎点位置。

钢筋混凝土预制方桩的制作允许偏差见表2-1。

表2-1 钢筋混凝土预制方桩制作允许偏差

序号	项目	允许偏差（mm）
1	横截面边长	±5
2	桩顶对角线长度之差	≤10
3	保护层厚度	±5
4	桩身弯曲矢高	≤1‰ L，且≤20

序号	项目	允许偏差（mm）
5	桩尖偏心	≤ 10
6	桩顶平面对桩中心线的倾斜	≤ 0.005
7	桩节长度	± 20

（二）预应力混凝土管桩

预应力混凝土管桩是一种细长的空心等截面预制混凝土构件，是在工厂经先张预应力、离心成型、高压蒸汽养护等工艺生产而成。

管桩按照桩身混凝土强度等级分为预应力混凝土管桩（代号 PC，混凝土强度为 C60、C70）和预应力高强混凝土管桩（代号 PHC，混凝土强度为 C80）；按照高强混凝土有效预压应力值分为 A 型、AB 型、B 型和 C 型。外径尺寸有 300mm、400mm、500mm、600mm、700mm、800mm、1000mm、1200mm 等规格，壁厚一般为 70 ~ 150mm；常用节长为 7 ~ 12m，特殊节长为 4 ~ 5m。

预应力混凝土管桩的制作质量应符合《先张法预应力混凝土管桩》及相关生产工艺技术规程的规定，其制作允许偏差见表 2-2。

表 2-2　钢筋混凝土管桩制作允许偏差

序号	项目		允许偏差（mm）
1	直径	300 ~ 700mm	+5，–2
		800 ~ 1400mm	+7，–4
2	长度		± 5‰ L
3	管壁厚度		≤ 20
4	保护层厚度		≤ 5
5	桩身弯曲（度）矢高	L ≤ 15m	≤ 1‰ L
		15m < L ≤ 30m	≤ 2‰ L
6	桩尖偏心		≤ 10
7	桩头板平整度		≤ 0.5
8	桩头板偏心		≤ 2

二、桩的起吊、运输和堆放

（一）桩的起吊

预制桩混凝土的强度达到设计强度的 70% 以上时才可以起吊。如需要提前起吊，则必须做强度和抗裂度验算。起吊时，吊点位置必须严格按设计位置绑扎，如无吊环，应按如图 2-1 所示的位置起吊，当吊点多于 3 个时，其位置应该按照反力相等的原则计算确定。在吊索与桩间应加衬垫，起吊应平稳提升，采取措施保护桩身质量，防止撞击和振动。

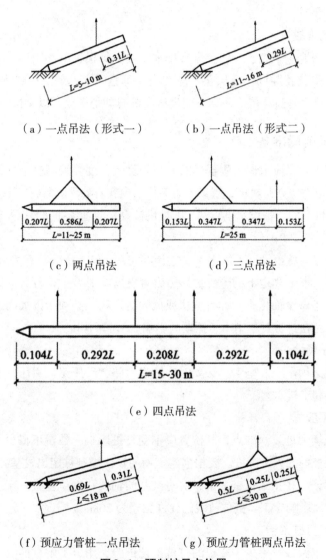

（a）一点吊法（形式一）　　（b）一点吊法（形式二）

（c）两点吊法　　（d）三点吊法

（e）四点吊法

（f）预应力管桩一点吊法　　（g）预应力管桩两点吊法

图2-1　预制桩吊点位置

（二）桩的运输

桩的运输通常可分为预制厂运输、场外运输、施工现场运输。

预制桩混凝土的强度达到设计强度的 100% 时方可运输。运桩前，应按照验收规范要求，检查桩的混凝土质量、尺寸、预埋件、桩靴或桩帽的牢固性以及打桩中使用的标志是否备全等。水平运输时，应做到桩身平稳放置，严禁在场地上直接拖拉桩体。运至施工现场时应进行检查验收，严禁使用质量不合格及在吊运过程中产生裂缝的桩。

（三）桩的堆放

桩的堆放场地应平整、夯实，设有排水设施。每根桩下都用垫木架空，垫木位置应与桩的吊点位置相同。各层垫木应在同一垂直线上，最下层垫木应适当加宽。堆放层数一般不宜超过 4 层，而且不同规格的桩应分别堆放，以免搞错。

三、打桩前的准备工作

桩基础施工前，应根据工程规模的大小和复杂程度来编制整个分部工程施工组织设计或施工方案。在打桩前，现场准备工作的内容有处理障碍物、平整场地、抄平放线、进行打桩试验、铺设水电管网、沉桩机械设备的进场和安装以及桩的供应等。

（一）处理障碍物

打桩前，宜向城市管理、供水、供电、煤气、电信、房管等有关单位提出要求，认真处理高空、地上和地下的障碍物，然后对现场周围（一般为 10m 以内）的建筑物、地下管线等做全面检查，如有危房或危险构筑物，必须予以加固或采取隔振措施或拆除，以免在打桩过程中由于振动的影响而引起倒塌。

（二）平整场地

打桩场地必须平整、坚实，必要时宜铺设道路，经压路机碾压密实，场地四周应挖排水沟以利于排水。

（三）抄平放线

在打桩现场附近设水准点，其位置应不受打桩影响，数量不得少于 2 个，用以抄平场地和检查桩的入土深度。要根据建筑物的轴线控制桩定出桩基础的每个桩位，可用小木桩标记。在正式打桩之前，应对桩基的轴线和桩位复查一次，以免因小木桩挪动、丢失而影响施工。桩位放线的允许偏差为 20mm。

（四）进行打桩试验

施工前，应做数量不少于 2 根的打桩工艺试验，用以了解桩的沉入时间、最终沉入度、持力层的强度、桩的承载力以及施工过程中可能出现的各种问题和反常情况等，以便于检验所选的打桩设备和施工工艺，确定是否符合设计要求。

四、锤击沉莅施工

（一）打桩设备及选择

打桩所选用的机具设备主要包括桩锤、桩架及动力装置三部分。桩锤的作用是对桩施加冲击力，将桩打入土中。桩架的作用是支撑桩身和桩锤，将桩吊到打桩位置，并在打入过程中引导桩的方向，保证桩锤沿着所要求的方向冲击。动力装置包括启动桩锤所用的动力设施，如卷扬机、锅炉、空气压缩机等。

1. 桩锤选择

桩锤是把桩打入土中的主要机具，有落锤、单动汽锤、双动汽锤、柴油桩锤、振动桩锤等。桩锤类型的选择应该依据施工现场的情况、机具设备条件及工作方式、工作效率等条件来确定。不同桩锤的优缺点和适用范围见表2-3。

表2-3　桩锤适用范围参考表

桩锤种类	优缺点	适用范围
落锤（一般由铸铁制成，质量一般为0.5～1.5t。用人力或卷扬机拉起桩锤，然后自由下落，利用锤重夯击桩顶使桩入土）	构造简单，使用方便，冲击力大，能随意调整落距，但锤击速度慢（6～12次/min），效率不高，贯入能力低，对桩的损伤较大	（1）适于打细长尺寸的混凝土桩； （2）在一般土层及黏土、含有砾石的土层中均可使用
单动汽锤（锤重0.5～15t，是利用高压蒸汽或压缩空气的压力将锤头上举，然后自由下落冲击桩顶）	结构简单，落距小，不易损坏设备和桩头，打桩速度及冲击力较落锤大，效率较高，每分钟锤击60～80次	（1）适于各种桩在各类土中施工； （2）最适于套管法灌注混凝土桩
双动汽锤（锤重0.6～6.0t，利用高压蒸汽或压缩空气的压力将锤头上举及下冲，增加夯击能量）	打桩速度快，冲击频率高，每分钟达100～120次，但设备笨重，移动较困难	（1）一般打桩工程都可使用，并能用于打钢板桩、斜桩； （2）使用压缩空气时，可用于水下打桩； （3）可用于拔桩，吊锤打桩
柴油桩锤（目前应用较广的一种桩锤，锤重0.6～7.0t，利用燃油爆炸，推动活塞，引起锤头跳动夯击桩顶）	附有桩架、动力等设备，不需要外部能源，机架轻，移动便利，打桩快（40～80次/min），燃料消耗少，但桩架高度低，遇硬或软土不宜使用	（1）最适于打钢板桩、木桩； （2）在软弱地基上打12m以下的混凝土桩

桩锤种类	优缺点	适用范围
振动桩锤（利用偏心轮引起激振，通过刚性连接的桩帽传到桩上）	沉桩速度快，适用性强，施工操作简易、安全，能打各种桩，并能帮助卷扬机拔桩，但不适于打斜桩	（1）适于打钢板桩、钢管桩、长度在15m以内的打入式灌注桩； （2）适于粉质黏土、松散砂土、黄土和软土，不宜用于岩石、砾石和密实的黏性土地基

关于锤重的选择，在做功相同且锤重与落距乘积相等的情况下，宜选用重锤低击，这样可以使桩锤动量大而冲击回弹能量小。如果桩锤过重，所需动力设备大，能源消耗大，不经济；如果桩锤过轻，在施打时必定增大落距，使桩身产生回弹，桩不易沉入土中，常常打坏桩头，或使混凝土保护层脱落。轻锤高击所产生的应力，还会使距桩顶 1/3 桩长范围内的薄弱处产生水平裂缝，甚至使桩身断裂。因此，选择稍重的锤，用重锤低击和重锤快击的方法效果好，一般可根据地质条件、桩型、桩的密集程度、单桩竖向承载力及现有施工条件等决定。

2. 桩架的选择

桩架是支持桩身和桩锤，在打桩过程中引导桩的方向及维持桩的稳定，并保证桩锤沿着所要求的方向冲击的设备。桩架一般由底盘、导向杆、起吊设备、撑杆等组成。根据桩的长度、桩锤的高度及施工条件等选择桩架和确定桩架高度，桩架高度 = 桩长 + 桩锤高度 + 滑轮组高度 + 桩帽高度 + 起锤工作高度（1 ~ 2m）。

桩架的形式多种多样，常用的桩架有三种基本形式：滚筒式桩架、多功能桩架和履带式桩架。滚筒式桩架靠两根钢滚筒在垫木上滚动，优点是结构简单，制作容易，但在平面转弯、调头方面不够灵活，操作人员较多，适用于预制桩和灌注桩施工。

多功能桩架由立柱、斜撑、回转工作台、底盘及传动机构组成。多功能桩架的机动性和适应性很强，在水平方向可做 360°回转，导架可以伸缩和前、后倾斜，底座下装有铁轮，底盘在轨道上行走。这种桩架可适用于各种预制桩及灌注桩施工，其缺点是机构较庞大，现场组装和拆卸比较麻烦。

履带式桩架以履带式起重机为底盘，增加导杆和斜撑组成，用以打桩。它操作灵活、移动方便，适用于各种预制桩和灌注桩的施工。

3. 动力装置

打桩机械的动力装置是根据所选择的桩锤而定。

（二）确定打桩顺序

打桩顺序直接影响到桩基础的质量和施工速度，应根据桩的密集程度、桩的规格、桩的长短、桩的设计标高、工作面布置、工期要求等综合考虑，合理确定打桩顺序。根据桩的密集程度，打桩顺序一般分为逐排打设、自两侧向中间打设、自中间向四周打设和自中间向两侧打设 4 种，如图 2-2 所示。当桩的中心距不大于桩直径或边长的 4 倍时，应由中间向两侧对称施打，或由中间向四周施打；当桩的中心距大于桩直径或边长的 4 倍时，可采用自两侧向中间施打，或逐段单向施打。

根据基础的设计标高和桩的规格，宜按先深后浅、先大后小、先长后短的顺序进行打桩。

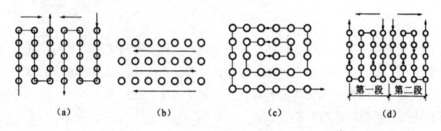

图2-2　打桩顺序

（a）从两侧向中间打设；（b）逐排打设；（c）自中间向四周打设；（d）自中间向两侧打设

（三）打桩施工工艺

1. 吊桩就位

按既定的打桩顺序，先将桩架移动至桩位处并用缆风绳拉牢，然后将桩运至桩架下，利用桩架上的滑轮组，由卷扬机提升桩。当桩提升至直立状态后，即可将桩送入桩架的龙门导管内，同时把桩尖准确地安放到桩位上，并与桩架导管相连接，以保证打桩过程中不发生倾斜或移动。桩插入时的垂直偏差不得超过 0.5%。桩就位后，为防止击碎桩顶，在桩锤与桩帽、桩帽与桩顶之间应放上硬木、粗草纸或麻袋等桩垫作为缓冲层，桩帽与桩顶四周应留 5 ~ 10mm 的间隙，然后进行检查，使桩身、桩帽和桩锤在同一轴线上，即可开始打桩。

2. 打桩

打桩时用"重锤低击"可取得良好效果，因为这样桩锤对桩头的冲击小，回弹也小，桩头不易损坏，大部分能量都用于克服桩身与土的摩阻力和桩尖阻力上，桩就能较快地沉入土中。

初打时地层软、沉降量较大，宜"低锤轻打"，随着沉桩加深（1～2m），速度减慢，再酌情增加起锤高度，要控制锤击应力。打桩时应观察桩锤回弹的情况，如果经常回弹较大，则说明锤太轻，不能使桩下沉，应及时更换。至于桩锤的落距以多大为宜，应根据实践经验确定。在一般情况下，单动汽锤以 0.6m 左右为宜，柴油锤以不超过 1.5m 为宜，落锤以不超过 1.0m 为宜。打桩时要随时注意贯入度的变化情况，当贯入度骤减，桩锤有较大回弹时，表示桩尖遇到障碍物，此时应使桩锤落距减小，加快锤击。如果上述情况仍存在，则应停止锤击，查明原因再进行处理。

在打桩过程中，如果突然出现桩锤回弹，贯入度突增，锤击时桩弯曲、倾斜、颤动，桩顶破坏加剧等情况，则表明桩身可能已破坏。打桩最后阶段，当沉降太小时，要避免硬打；如果难沉下，要检查桩垫、桩帽是否适宜，需要时可更换或补充软垫。

3. 接桩

在预制桩施工中，由于受到场地、运输及桩机设备等的限制，常将长桩分为多节进行制作，分节打入，在现场接桩。接桩时要注意新接桩节与原桩节的轴线应一致。目前预制桩的接桩工艺主要有浆锚法、焊接和法兰螺栓连接三种。前一种适用于软松土层，后两种适用于各类土层。

当采用焊接接桩时，如图 2-3 所示，必须对准下节桩并垂直无误后，用点焊将拼接角钢连接固定，再次检查位置正确后进行焊接。施焊时，应两人同时对称地进行，以防止节点变形不匀而引起桩身歪斜，焊缝要连续饱满。

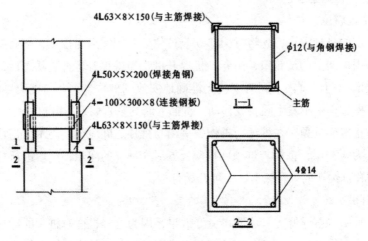

图 2-3　焊接接桩节点构造

当采用浆锚法接桩时，如图2-4所示，首先将上节桩对准下节桩，使4根锚筋插入锚筋孔中（直径为锚筋直径的2.5倍），下落压梁并套住上节桩顶，然后将桩和压梁同时上升约200mm（以4根锚筋不脱离锚筋孔为宜）。此时，安装好施工夹箍（由4块木板，内侧用人造革包裹40mm厚的树脂海绵块而成），将熔化的硫黄胶泥注满锚筋孔内和接头平面上，然后将上节桩和压梁同时下落，当硫黄胶泥冷却并拆除施工夹箍后，即可继续加荷施压。

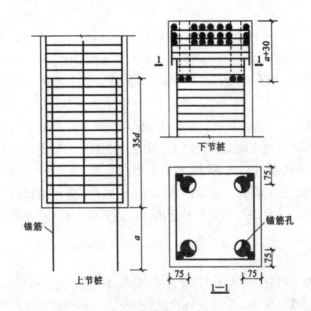

图2-4 浆锚法接桩节点构造（单位：mm）

为保证锚接桩质量，应做到以下几点：①锚筋应清刷干净并调直；②锚筋孔内应有完好螺纹，无积水、杂物和油污；③接桩时接点的平面和锚筋孔内应灌满胶泥，灌注时间不得超过2min；④灌注后停歇时间应满足有关规定；⑤胶泥试块每班不得少于一组。

4．送桩

当桩顶设计标高在地面以下，或由于桩架导杆结构及桩机平台高程等原因而无法将桩直接打至设计标高时，需要使用送桩。锤击送桩应符合下列规定：

（1）送桩深度不宜大于2.0m；

（2）当桩顶打至接近地面，应测出桩的垂直度并检查桩顶质量，合格后应及时送桩；

（3）送桩的最后贯入度应参考相同条件下不送桩时的最后贯入度并修正；

（4）送桩后遗留的桩孔应立即回填或覆盖；

（5）当送桩深度超过 2.0m 且不大于 6.0m 时，打桩机应为三点支撑履带自行式或步履式柴油打桩机；桩帽和桩锤之间应用竖纹硬木或盘圆层叠的钢丝绳做"锤垫"，其厚度宜取 150 ~ 200mm。

5. 桩终止锤击控制标准

在锤击法沉桩施工过程中，如何确定沉桩已符合设计要求是施工中必须解决的首要问题。

在沉桩施工中，停止施打的控制指标有两种，即设计预定的"桩端标高控制"和"最后贯入度控制"。采用单一的桩的"最后贯入度控制"或"桩端标高控制"是不恰当的，也是不合理的，有时甚至是不可能的。桩终止锤击的控制应符合下列规定：

（1）当桩端位于一般土层时，应以桩端标高控制为主，贯入度控制为辅；

（2）桩端达到坚硬、硬塑的黏性土、中密以上粉土、砂土、碎石类土及风化岩时，应以贯入度控制为主，桩端标高控制为辅；

（3）贯入度已达到设计要求而桩端标高未达到时，应继续锤击 3 阵，并按每阵10 击的贯入度不应大于设计规定的数值确认，必要时，施工控制贯入度应通过试验确定。

6. 桩头的处理

在打完各种预制桩开挖基坑时，按设计要求的桩顶标高将桩头多余的部分截去。截桩头时，不能破坏桩身，要保证桩身的主筋伸入承台，长度应符合要求。当桩顶标高在设计标高以下时，在桩位上挖成喇叭口，凿掉桩头混凝土，剥出主筋并焊接接长至设计要求长度，与承台钢筋绑扎在一起，用桩身同强度等级的混凝土将桩与承台一起浇筑接长桩身，如图 2-5 所示。

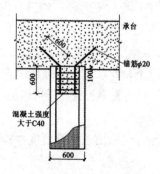

图2-5　桩头的处理（单位：mm）

五、静力压莅施工

静压法沉桩是通过静力压桩机的压桩机构，以压桩机自重和桩机上的配重作为反作用力而将预制钢筋混凝土桩分节压入地基土层中成桩。其特点是：桩机全部采用液压装置驱动，压力大，自动化程度高，纵横移动方便，运转灵活；桩定位精确，不易产生偏心，可提高桩基施工质量；施工无噪声、无振动、无污染沉桩采用全液压夹持桩身向下施加压力，可避免锤击应力打碎桩头，桩截面可以减小，混凝土强度等级可降低 1 ~ 2 级，配筋比锤击法可省 40%；效率高，施工速度快，压桩速度每分钟可达 2m，正常情况下每台班可压 15 根，比锤击法可缩短工期 1/3；压桩力能自动记录，可预估和验证单桩承载力，施工安全、可靠，便于拆装维修、运输等。但存在压桩设备较笨重，要求边桩中心到已有建筑物间距较大，压桩力受一定限制，挤土效应仍然存在等问题。

静压法适合在软土、填土及一般黏性土层中应用，特别适合于居民稠密地区、危房附近及其他环境保护要求严格的地区沉桩，但不宜用于地下有较多孤石、障碍物或有 4m 以上硬隔离层的情况。

（一）静压法沉桩机理

在桩压入过程中，是以桩机本身的重量（包括配重）作为反作用力，克服压桩过程中的桩侧摩阻力和桩端阻力。当预制桩在竖向静压力作用下沉入土中时，桩周围土体受到急速而激烈的挤压，土中孔隙水压力急剧上升，土的抗剪强度大大降低，从而使桩身很快下沉。

（二）压桩机具设备

静力压桩机分机械式和液压式两种。前者由桩架、卷扬机、加压钢丝绳、滑轮组和活动压梁等部件组成，施压部分在桩顶端面，施加静压力为 600 ~ 2000kN，这种桩机设备高大、笨重，行走移动不便，压桩速度较慢，但装配费用较低，只有少数还有这种设备的地区还在应用；后者由压拔装置、行走机构及起吊装置等组成，采用液压操作，自动化程度高，结构紧凑，行走方便、快速，施压部分不在桩顶面，而在桩身侧面，它是当前国内较广泛采用的一种压桩机械。近年引进的 WYJ-200 型和 WYJ-400 型压桩机是液压操作的先进设备，静压力有 2000kN 和 4000kN 两种。

（三）压桩顺序

压桩顺序宜根据场地工程地质条件确定，并应符合下列规定：

（1）当场地地层中局部含砂、碎石、卵石时，宜先对该区域进行压桩；

（2）当持力层埋深或桩的入土深度差别较大时，宜先施压长桩后施压短桩。

（四）压桩施工工艺

静压预制桩的施工，一般都采取分段压入，逐段接长的方法。其施工程序为：测量定位→压桩机就位、桩身对中、调直→静压沉桩→接桩→再静压沉桩→送桩→终止压桩→切割桩头。静压预制桩施工前的准备工作、桩的制作、起吊、运输、堆放、施工流水、测量放线、定位等均同锤击沉桩。

1. 测量定位

通常在桩位中心打 1 根短钢筋，如在较软的场地施工，由于桩机的行走会挤走预定短钢筋，故当桩机大体就位之后要重新测定桩位。

2. 桩尖就位、对中、调直

对于 YZY 型压桩机，通过启动纵向和横向行走油缸，将桩尖对准桩位；开动压桩油缸将桩压入土中 1.0m 左右后停止压桩，调正桩在两个方向的垂直度。第一节桩是否垂直，是保证桩身质量的关键。

3. 压桩

通过夹持油缸将桩夹紧，然后使压桩油缸压桩。在压桩过程中要认真记录桩入土深度和压力表读数的关系，以判断桩的质量及承载力。

4. 接桩

桩的单节长度应根据设备条件和施工工艺确定。当桩贯穿的土层中夹有薄层砂土时，确定单节桩的长度时应避免桩端停在砂土层中进行接桩。当下一节桩压到露出地面 0.8 ~ 1.0m，便可接上一节桩。

5. 送桩或截桩

如果桩顶接近地面，而压桩力尚未达到规定值，可以送桩。如果桩顶高出地面一段距离，而压桩力已达到规定值时则要截桩，以便压桩机移位。

6. 压桩结束

当压力表读数达到预先规定值时，便可停止压桩。

（五）终止压桩的控制原则

静压法沉桩时，终止压桩（简称"终压"）的控制原则与压桩机大小、桩型、桩长、桩周土灵敏性、桩端土特性、布桩密度、复压次数以及单桩竖向设计极限承载力等因素有关。终压条件应符合下列规定：

（1）静压桩应以标高为主，压力为辅。

（2）静压桩的终压标准可结合现场试验结果确定。

（3）终压连续复压次数应根据桩长及地质条件等因素确定。对于入土深度大于或等于 8m 的桩，复压次数可为 2 ~ 3 次；对于入土深度小于 8m 的桩，复压次数可为 3 ~ 5 次。

（4）稳压压桩力不得小于终压力，稳定压桩的时间宜为 5 ~ 10s。

六、其他沉桩方法

水冲沉桩法是锤击沉桩的一种辅助方法，它是利用高压水流经过桩侧面或空心桩内部的射水管冲击桩尖附近的土层，减小桩与土层之间的摩擦力及桩尖下土层的阻力，使桩在自重和锤击的作用下能迅速沉入土中。一般是边冲水边打桩，当沉桩至最后剩 1 ~ 2m 时停止冲水，

用锤击至规定标高。水冲沉桩法适用于砂土和碎石土，有时对于特别长的预制桩，单靠锤击有一定的困难，亦可用水冲沉桩法辅助。

振动沉桩法与锤击沉桩的施工方法基本相同，振动沉桩法是借助固定于桩顶的振动器产生的振动力，减小桩与土层之间的摩擦阻力，使桩在自重和振动力的作用下沉入土中。振动沉桩法在砂石、黄土、软土中的运用效果较好，对黏土地区效果较差。

钻孔锤击法是钻孔与锤击相结合的一种沉桩方法。当遇到土层坚硬，采用锤击法沉桩较困难时，可以先在桩位上钻孔，再在孔内插桩，然后锤击沉桩。当钻孔深度距持力层为 1 ~ 2m 时停止钻孔，提钻时注入泥浆以防止塌孔，泥浆的作用是护壁。钻孔直径应小于桩径。钻孔完成后吊桩，插入桩孔锤击至持力层深度。

第二节　钢筋混凝土灌注桩施工

一、钻孔灌注桩

钻孔灌注桩是指利用钻孔机械钻出桩孔，并在孔中浇筑混凝土或先在孔中吊放钢筋笼）而成的桩。根据钻孔机械的钻头是否在土壤的含水层中施工，分为泥浆护壁成孔灌注桩和干作业成孔灌注桩。

（一）泥浆护壁成孔灌注桩

泥浆护壁成孔灌注桩是利用原土自然造浆或人工造浆进行护壁，通过循环泥浆或掏渣筒将被钻头切下的土块、碎屑等携带排出孔外成孔，然后安装绑扎好的钢筋笼，水下灌注混凝土而成的桩。此种灌注桩适用于地下水位较高的黏性土、粉土、砂土、填土、碎石土及风化岩层，也适用于地质情况复杂、夹层较多、风化不均、软硬变化较大的岩层，但在岩溶发育地区要慎用，如果要采用，应适当加密勘察

钻孔。

泥浆护壁成孔灌注桩按照钻孔机械的不同，可以分为冲击钻成孔灌注桩、冲抓锥成孔灌注桩、回转钻（又称正反循环钻）成孔灌注桩、潜水电钻成孔灌注桩、旋挖钻成孔灌注桩等，在此主要以冲击钻成孔灌注桩为例进行介绍。

1. 施工设备

主要施工设备为 CZ-22 型、CZ-30 型冲击钻机，亦可用简易冲击钻机。它由简易钻架、冲锤、转向装置、护筒、掏渣筒以及 3 ~ 5t 双筒卷扬机（带离合器）等组成。

冲击钻头按形状分，常用的有十字钻头和三翼钻头两种，前者专用于砾石层和岩层，后者适用于土层。钻头重 1. ~ 1.6t，钻头直径 0.6 ~ 1.5m，钻头和钻机用钢丝绳连接，在钻头锥顶与提升钢丝绳间设有自动转向装置，冲击锤每冲击一次转动一个角度，从而保证桩孔冲成圆形。

掏渣筒用于掏取泥浆及孔底沉渣，一般用钢板制成。

2. 工艺原理

冲击钻成孔灌注桩是用冲击钻机或卷扬机悬吊一定重量的冲击钻头（又称冲锤）上下往复冲击，将硬质土或岩层破碎成孔，部分碎渣和泥浆挤入孔壁中，大部分成为泥渣，用掏渣筒掏出成孔，然后再灌注混凝土成桩。

3. 工艺流程

冲击钻成孔灌注桩施工工艺流程如图 2-6 所示。

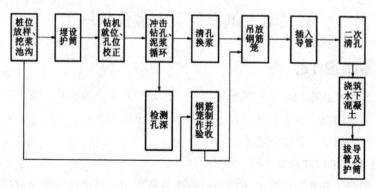

图2-6　冲击钻成孔灌注桩施工工艺流程

4. 主要施工方法

（1）桩位放样、挖浆池沟

按桩位设计图纸要求，测设桩位轴线、定桩位点，并做好标记。同时，在桩位附近开挖浆池沟。

（2）制备泥浆

制备泥浆的方法如下：在黏性土中成孔时，可在孔中注入清水，当钻机钻进时，切削土屑与水搅拌，用原土造浆，泥浆相对密度应控制在 1.1 ~ 1.2；在其他土中成孔时，泥浆制备应选用高塑性黏土或膨润土；在砂土和较厚的夹砂层中成孔时，泥浆相对密度应控制在 1.1 ~ 1.3。施工中应经常测定泥浆相对密度，并定期测定黏度、含砂率和胶体率等指标。对施工中废弃的泥浆、土石渣，应按环境保护的有关规定处理。

泥浆的作用是：

①泥浆有防止孔壁坍塌的功能。在天然状态下，若竖直向下挖掘处于稳定状态的地基土，就会破坏土体的平衡状态，孔壁往往有发生坍塌的危险，泥浆则有防止发生这种坍塌的作用。主要表现在：

a. 泥浆的静侧压力可抵抗作用在孔壁上的土压力和水压力，并防止地下水的渗入。

b. 泥浆在孔壁上形成不透水的泥皮，从而使泥浆的静压力有效地作用在孔壁上，同时防止孔壁的剥落。

c. 泥浆从孔壁表面向地层内渗透到一定的范围就粘附在土颗粒上，通过这种粘附作用可降低孔壁坍塌性和透水性。

②泥浆有排出悬浮土渣的功能。在成孔过程中，土渣混在泥浆中，合理的泥浆密度能够将悬浮于泥浆当中的土渣，通过泥浆循环排至泥浆池沉淀。

③泥浆有冷却施工机械的功能。钻进成孔时，钻具会同地基土作用产生很大热量，泥浆循环能够排出热量，延长施工机具的使用寿命。

（3）埋设护筒

护筒是用 4 ~ 8mm 厚的钢板制作成的圆筒，其内径应比钻头直径大 200mm，上部宜开设 1 ~ 2 个溢浆孔。

在埋设护筒时，先挖去桩孔处的表面土，将护筒埋入土中，保证其准确、稳定。护筒中心与桩位中心的偏差不得大于 50mm，护筒与坑壁之间用黏土填实，以防漏水。护筒的埋设深度规定如下：在黏性土中不宜小于 1.0m，在砂土中不宜小于 1.5m。护筒顶面应该高于地面 0.4 ~ 0.6m，并应保持孔内泥浆高出地下水位 1.0m 以上，在受水位涨落影响时，泥浆面应该高出最高水位 1.5m 以上。

护筒的作用是固定桩孔的位置，防止地面水流入，保护孔口，增高桩孔内水压力，防止塌孔，在成孔时引导钻头的方向。

（4）钻孔

冲击钻机就位后，校正冲锤中心对准护筒中心，要求偏差不大于 ±20mm，开始低锤（小冲程）密击，并及时加块石与黏土泥浆护壁，使孔壁挤压密实，直至孔深达护筒下 3 ～ 4m 后，才加快速度，加大冲程，将锤提高至 1.5 ～ 2.0m 以上，转入正常连续冲击，在冲孔时要随时测定、控制泥浆相对密度并及时将孔内残渣排出孔外，以免孔内残渣太多，出现埋钻现象。

在各种不同的土层、岩层中成孔时，可以按照表 2-4 的操作要点进行。

表2-4　冲击成孔操作要点

项目	操作要点
在护筒刃脚以下 2m 范围内	小冲程1m左右，泥浆相对密度1.2 ～ 1.5，软弱土层投入黏土块夹小片石
黏性土层	中、小冲程 1 ～ 2m，泵入清水或稀泥浆，经常清除钻头上的泥块
粉砂或中粗砂层	中冲程 2 ～ 3m，泥浆相对密度 1.2 ～ 1.5，投入黏土块，勤冲、勤掏渣
砂卵石层	中高冲程3 ～ 4m，泥浆相对密度1.3左右，勤掏渣
软弱土层或塌孔回填重钻	小冲程反复冲击，加黏土块夹小片石，泥浆相对密度1.3 ～ 1.5

施工中，应经常检查钢丝绳的损坏情况，卡机的松紧程度和转向装置是否灵活，以免掉钻。如果冲孔发生倾斜，应回填片石后重新冲孔。

（5）排渣

冲孔过程中，每冲击 1 ～ 2m 应排渣一次，并定时补浆。排渣方法有泥浆循环法和抽渣筒法两种。前者是将输浆管插入孔底，泥浆在孔内向上流动，将残渣带出孔外，此法造孔工效高，护壁效果好，泥浆较易处理，但是对于比较深的孔，循环泥浆的压力和流量要求高，较难实施，故只适于在浅孔应用。抽渣筒法，是用一个下部带活门的钢筒，将其放到孔底，做上下来回活动，提升高度在 2m 左右，当抽筒向下活动时，活门打开，残渣进入筒内；向上运动时，活门关闭，可将孔内残渣抽出孔外。排渣时，必须及时向孔内补充泥浆，以防亏浆造成孔内坍塌。

（6）清孔

成孔后，必须保证桩孔进入持力层的深度达到设计要求。当孔达到设计要求后，即进行验孔和清孔。验孔是用探测器检查桩位、直径、深度和孔道情况；清孔即清除孔底沉渣、淤泥浮土，以减少桩基的沉降量，提高承载能力。

清孔时，对于土质较好、不易坍塌的桩孔，可用空气吸泥机清孔，气压为0.5MPa，可使管内形成强大的高压气流向上涌，同时不断地补充清水，被搅动的泥渣随气流上涌从喷口排出，直至喷出清水为止。对于稳定性较差的孔壁，应采用泥浆循环法清孔或抽渣筒排渣，清孔后灌注混凝土之前的泥浆指标：孔底500mm以内的泥浆相对密度应小于1.25；含砂率不得大于8%；黏度不得大于28Pas。

此外，清孔时，孔内泥浆面应高出地下水位1.0m以上，在受水位涨落影响时，泥浆面应高出最高水位1.5m以上。

钻孔达到设计深度，灌注混凝土前，孔底沉渣允许厚度应符合下列规定：

①对端承型桩，不应大于50mm；

②对摩擦型桩，不应大于100mm；

③对抗拔、抗水平力桩，不应大于200mm。

（7）安放钢筋骨架

清孔符合要求后，应立即吊放钢筋骨架。吊放时，要防止扭转、弯曲和碰撞，要吊直扶稳，缓缓下落，避免碰撞孔壁。钢筋骨架下放到设计位置后应立即固定，一般是固定在孔口钢护筒上，使其在灌注混凝土过程中不向上浮起，也不下沉。

钢筋骨架吊装完毕后，应安置导管或气泵管二次清孔，沉渣厚度经检验满足规范要求后应立即灌注混凝土。

（8）水下浇筑混凝土

泥浆护壁成孔灌注桩混凝土的浇筑是在泥浆中进行的，故称为水下浇筑混凝土。混凝土要具备良好的和易性，配合比应通过试验确定；坍落度宜为180～220mm；水泥用量不应少于360kg/m³（当掺入粉煤灰时，水泥用量可不受此限制）；含砂率宜为40%～50%，宜选中粗砂；骨料的最大粒径应小于40mm；为改善和易性，宜掺外加剂。

水下浇筑混凝土常用导管法。导管壁厚不宜小于3mm，直径为200～250mm，直径制作偏差不超过2mm。导管分节的长度视具体情况而定，一般为3～4m，底管长度不宜小于4m，接头宜采用法兰或双螺纹方扣快速接头，接口要严密，不漏水、不漏浆。导管使用前应试拼装、试压，试水压力可取为0.6～1.0MPa，每次浇筑混凝土后应对导管内外进行清洗。

浇筑混凝土前，先将导管吊入桩孔内，导管顶部高于泥浆面3～4m，并连接漏斗，导管底部距离孔底0.3～0.5m。导管内设置隔水栓，用细钢丝悬吊在导管口，隔水栓可用预制混凝土四周加橡胶封圈、橡胶球胆或软木球制成。

浇筑混凝土时，先在漏斗内灌入足够量的混凝土，保证下落后能将导管下端埋入混凝土 1.0 ~ 1.5m，然后剪断钢丝，隔水栓下落，混凝土在自重的作用下，随隔水栓冲出导管下口，并将导管底部埋入混凝土内，然后连续浇筑混凝土，边浇筑，边拔管，边拆除上部导管。在拔管过程中，应保证导管埋入混凝土 2.0 ~ 6.0m，这样连续浇筑，直到桩顶为止。

灌注桩水下浇筑混凝土，应控制最后一次灌注量，超灌高度宜为 0.8 ~ 1.0 度后必须保证暴露的桩顶混凝土强度达到设计强度。

（二）干作业成孔灌注桩

干作业成孔灌注桩是依托岩土体自稳性能维持孔壁稳定，通过钻孔机械成孔，然后安装绑扎好的钢筋笼，灌注混凝土而成的桩；适用于地下水位以上的黏性土、粉土、填土、中等密实以上的砂土、风化岩层；采用的成孔设备主要有螺旋钻机、旋挖钻机、机动或人工洛阳铲等。在此主要以近年来应用越来越广泛的旋挖钻机为例进行介绍。

1. 施工设备

旋挖钻机由主机、钻杆和钻头三部分组成。主机有履带式、步履式和车装式底盘。

对于一般土层选用锅底式钻头；对于卵石或者密实的砂砾层则用多刃切削式钻头；对于虽被多刃切削式钻头破碎但还进不了钻头中的卵石、孤石等，可采用抓斗抓取上来；为取出大孤石就要用锁定式钻头。

2. 工艺流程

干作业旋挖成孔灌注桩施工工艺流程，如图 2-7 所示。

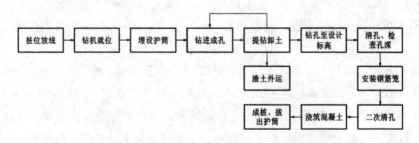

图2-7 干作业旋挖成孔灌注桩施工工艺流程

3. 主要施工方法

（1）桩位放线

按桩位设计图纸要求，测设桩位轴线、定桩位点，并做好标记。

（2）钻机就位

安装旋挖钻机，成孔设备就位后，必须平正、稳固，确保在施工过程中不发生倾斜、移动。使用双向吊锤球校正、调整钻杆垂直度，必要时可使用经纬仪校正钻杆垂直度。为准确控制钻孔深度，应及时用测绳量测孔深以校核钻机操作室内所显示成孔深度，同时也便于在施工中进行观测、记录。旋挖钻机施工时，应保证机械稳定、安全作业。

（3）埋设护筒

旋挖钻干作业成孔时，应在易塌孔口设置护筒或者护壁，埋设深度应该根据地质情况确定，一般为 2 ~ 4m，并且高出地面 0.3m。

孔口护筒宜选用厚度不小于 10mm 的钢板制作，护筒内径宜大于钻头直径 200 ~ 300mm，钢护筒的直径误差应小于 10mm。护筒下端宜设置刃脚。

护筒埋设时，应确定钢护筒的中心位置。护筒的中心与桩位中心偏差不得大于 50mm，护筒倾斜度不得大于 0.5%。护筒就位后，应在四周对称、均匀地回填黏土，并分层夯实，夯填时应防止护筒偏斜、移位。

（4）钻孔及清孔

旋挖钻机成孔应采用跳挖方式，钻斗倒出的土距桩孔口的最小距离应大于 6m，并应及时清除。钻孔时钻杆应保持垂直、稳固，钻进速度应根据地层变化情况及时调整；钻进过程中，应随时清理孔口积土，遇到地下水、塌孔、缩孔等异常情况时，应及时处理。

终孔前应根据地勘报告核对桩基持力层位置，达到设计深度时，应用清孔钻头及时清孔。

（5）钢筋笼的运输与安装

运输和安装钢筋笼时，应采取有效措施防止钢筋笼变形，安放时应对准孔位中心，避免碰撞孔壁。钢筋笼安装时，宜采用吊车吊装，并缓慢垂直自由下放。分段制作的钢筋笼在孔口对接安装时，应从两个垂直方向校正钢筋笼垂直度。钢筋笼安装就位后应立即固定。

（6）浇筑混凝土

钢筋笼吊装完成后，浇筑混凝土前应进行孔底沉渣厚度检查，不满足要求时应进行二次清孔，合格后立即浇筑混凝土。

浇筑桩身混凝土应采用导管，导管下口距孔底的距离不宜大于 2.0m。浇筑桩顶以下 5.0m 范围内的混凝土时，应使用插入式振捣器振实，每次浇筑高度不得大于 1.5m。桩顶宜超灌混凝土 0.5m 以上。

混凝土浇筑结束后，即可拔出护筒，并将浇筑设备机具清洗干净，堆放整齐。干作业成孔也可采用加入清水搅拌剩余残渣，并采用水下混凝土浇筑方式。

二、人工挖孔灌注桩

（一）构造要求

人工挖孔灌注桩的孔径 d（以不含护壁）不得小于 0.8m，且不宜大于 2.5m；桩埋置深度桩长）一般在 20m 左右，不宜大于 30m。当要求增大承载力、底部扩底时，扩底直径一般为（1.3 ~ 3.0）d。扩底直径大小按（d_1–d）/2: h=l: 4 进行控制 [图 2-8（a）和（b）]。一般采用一柱一桩，如采用一柱两桩时，两桩中心距不应小于 3d，两桩扩大头净距不小于 1m[图 2-8（c）]，扩大头上下设置时净距不小于 0.5m[图 2-8（d）]，桩底宜挖成锅底形，锅底中心比四周低 200mm，根据试验，它比平底桩可提高承载力 20% 以上。

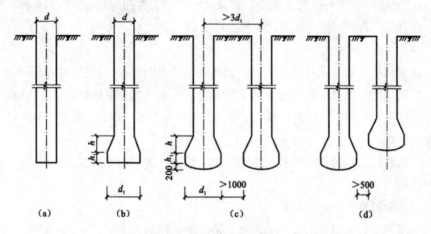

图 2-8　人工挖孔灌注桩

（a）圆柱桩；（b）扩底桩；（c），（d）底桩群布置

（二）施工设备

施工设备一般可根据孔径、孔深和现场具体情况加以选用，常用的有：电动葫芦或卷扬机、提土桶、潜水泵、鼓风机和输风管、镐、锹、土筐、照明灯、对讲机及电铃等。

（三）工艺流程

人工挖孔灌注桩的施工工艺流程，如图 2-9 所示。

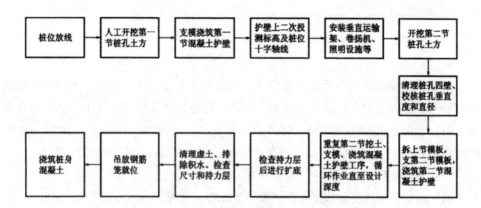

图2-9　人工挖孔灌注桩施工工艺流程

（四）施工要点

1. 桩位放线

按桩位设计图纸要求，测设桩位轴线、定桩位点，并做好标记。

2. 开挖桩孔土方

施工时采取分段开挖，每段高度决定于土壁保持直立状态而不塌方的能力，一般取 0.5 ～ 1.0m 为一施工段。开挖面积的范围为设计桩径加护壁厚度。挖土由人工从上到下逐段进行，同一施工段内，挖土顺序先中间后周边；扩底部分采取先挖桩身圆柱体，再按扩底尺寸从上到下削土修成扩底形。在地下水位以下施工时，要及时用吊桶将泥水吊出；当遇大量渗水时，在孔底一侧挖集水坑，用高扬程潜水泵将水排出。

人工挖孔桩的桩净距小于 2.5m 时，应采用间隔开挖和间隔灌注，且相邻排桩最小施工净距不应小于 5.0m。

3. 混凝土护壁施工

混凝土护壁起着防止土壁坍塌和防水的双重作用，是人工挖孔灌注桩成孔的关键。大量人工挖孔桩事故，大都是在浇筑护壁混凝土时发生的，顺利地将护壁混凝土浇筑完成，人工挖孔灌注桩的成孔也就完成了。

混凝土护壁一般采用内齿式。护壁的厚度不应小于 100mm，混凝土强度等级不应低于桩身混凝土强度等级，并应振捣密实；护壁应配置直径不小于 8mm 的构造钢筋，竖向筋应上下搭接或拉结。

采用混凝土护壁时，第一节护壁应符合下列规定：

①孔圈中心线与设计轴线的偏差不应大于 20mm；

②顶面应高于场地地面 150 ~ 200mm ；

③壁厚应较下面护壁增厚 100 ~ 150mm。

4. 桩身混凝土浇筑

挖至设计标高，终孔后应清除护壁上的泥土和孔底残渣、积水，并应进行隐蔽工程验收。验收合格后，应立即封底、吊装钢筋笼、浇筑桩身混凝土。浇筑桩身混凝土时，混凝土必须通过溜槽；当落距超过 3m 时，应采用串筒，串筒末端距孔底的高度不宜大于 2m，也可采用导管泵送；混凝土宜采用插入式振捣器振实。

（五）安全措施

对人工挖孔灌注桩的施工安全措施应予以特别重视。

（1）孔内必须设置应急软爬梯供人员上下；使用的电动葫芦、吊笼等应安全、可靠，并配有自动卡紧保险装置，不得使用麻绳和尼龙绳吊挂或脚踏护壁凸缘上下。电动葫芦宜用按钮式开关，使用前必须检验其安全起吊能力。

（2）每日开工前必须检测井下的有毒、有害气体，并应有足够的安全防范措施。当桩孔开挖深度超过 10m 时，应有专门向井下送风的设备，风量不宜小于 25L/s。

（3）孔口四周必须设置护栏，护栏高度宜为 0.8m。

（4）挖出的土石方应及时运离孔口，不得堆放在孔口周边 1.0m 范围内，机动车辆的通行不得对护壁的安全造成影响。

（5）施工现场的一切电源、电路的安装和拆除必须遵守现行行业标准《施工现场临时用电安全技术规范》的规定。

三、沉管灌注桩

（一）锤击沉管灌注桩

1. 施工设备

主要设备为一般锤击打桩机，如落锤、柴油锤、蒸汽锤等。打桩机由桩架、桩锤、卷扬机、桩管等组成。桩管直径为 270 ~ 370mm，长 8 ~ 15m。

2. 工艺流程

锤击沉管灌注桩的施工工艺流程为：放线定位→桩机就位→锤击沉管→浇筑混凝土→边拔管、边锤击、边浇筑混凝土→下放钢筋笼，继续浇筑混凝土→成桩。

3. 施工要点

（1）成桩施工顺序

锤击沉管灌注桩施工时，成桩施工顺序一般从中间开始，向两侧边或四周进行，对于群桩基础或桩的中心距小于或等于 3.5d（d 为桩径）时，应间隔施打，中间空出的桩，须待邻桩混凝土强度达到设计强度的 50% 后，方可施打。群桩基础的基桩施工，应根据土质、布桩情况，采取消减挤土效应不利影响的技术措施，确保成桩质量。

（2）桩机就位及套管连接

打（沉）桩机就位时，应垂直、平稳架设在打（沉）桩部位，桩锤应对准工程桩位，同时在桩架或套管上标出控制深度标记，以便在施工中进行套管深度观测。

沉桩所用的桩管、混凝土预制桩尖或钢桩尖的加工质量和埋设位置应与设计相符，桩管与桩尖的接触应有良好的密封性。采用活瓣式桩尖时，应先将桩尖活瓣用麻绳或铁丝捆紧合拢，活瓣间隙应紧密，当桩尖对准桩基中心，并核查套管垂直度后，利用锤击及套管自重将桩尖压入土中；采用预制混凝土桩尖时，应先在桩基中心预埋好桩尖，桩机就位后吊起桩管，对准预先埋好的预制钢筋混凝土桩尖，同时在套管下端与桩尖接触处放置麻（草）绳，以作缓冲层和防地下水进入，然后缓慢放下桩管，套入桩尖，核查确定套管、桩尖、桩锤在一条垂直线上后，利用锤重及套管自重将桩尖压入土中。

（3）锤击沉管

开始沉管时应轻击。锤击沉管时，可用收紧钢绳加压或加配重的方法提高沉管速率。当水或泥浆有可能进入桩管时，应事先在管内灌入 1.5m 左右的封底混凝土。应按设计要求和试桩情况，严格控制沉管最后贯入度。锤击沉管应测量最后两阵十击的贯入度。

在沉管过程中，如出现套管快速下沉或套管沉不下去的情况，应及时分析原因，进行处理。如快速下沉是因桩尖穿过硬土层进入软土层引起的，则应继续沉管作业。如沉不下去是因桩尖顶住孤石或遇到硬土层引起的，则应放慢沉管速度（轻锤低击），待越过障碍后再正常沉管。如仍沉不下去或沉管过深，最后贯入度不能满足设计要求，则应核对地质资料，会同勘察单位、设计单位、建设单位、监理单位等研究处理。

（4）浇筑混凝土

沉管至设计标高后，应立即检查和处理桩管内的进泥、进水和吞桩尖等情况，并立即浇筑混凝土。当桩身配置局部长度钢筋笼时，第一次浇筑混凝土应先浇至笼底标高，然后放置钢筋笼，再浇至桩顶标高。第一次拔管高度应以能容纳第二次浇入的混凝土量为限，不应拔得过高，以后始终保持管内混凝土面略高于地面。在拔管过程中应采用测锤或浮标检测混凝土面的下降情况。成桩后的桩身混凝土顶面应高于桩顶设计标高 500mm 以内。

沉管灌注桩桩身配有钢筋时，混凝土的坍落度宜采用 80 ~ 100mm，素混凝土桩的混凝土坍落度宜为 70 ~ 80mm。

锤击沉管灌注桩在边拔管、边锤击、边浇筑混凝土时，拔管速度应保持均匀，对一般土层拔管速度宜为 1.0m/min，在软弱土层和软硬土层交界处拔管速度宜控制在 0.3 ~ 0.8m/min。

沉管灌注桩施工应根据土质情况和荷载要求，分别选用单打法、复打法或反插法。单打法是指连续浇筑混凝土至设计标高，一次成桩；复打法是指在第一次单打法施工完毕并拔出桩管后，清除桩管外壁上和桩孔周围地面上的污泥，立即在原桩位上再次安放桩尖，再做第二次沉管，使未凝固的混凝土向四周挤压扩大桩径，然后浇筑第二次混凝土，拔管方法与第一次相同；反插法是指拔管过程中，提升一定高度套管后再向下（反插一定深度反插深度一般小于拔管高度），然后继续锤击拔管，如此反复进行，直至桩管全部拔出地面。

沉管灌注桩，在全长复打施工时应符合下列规定：

①第一次浇筑混凝土应达到自然地面；

②拔管过程中应及时清除粘在管壁上和散落在地面上的混凝土；

③初打与复打的桩轴线应重合；

④桩管入土深度宜接近原桩长；

⑤复打施工必须在第一次浇筑的混凝土初凝之前完成。

（二）振动沉管灌注桩

1. 施工设备

主要设备包括：DZ60 或 DZ90 型振动锤、DJB25 型步履式桩架、卷扬机、加压装置、桩管、桩尖或钢筋混凝土预制桩靴等，如图 2-25 所示。桩管直径为 220 ~ 370mm，长 10 ~ 28m。

2. 工艺流程

振动沉管灌注桩的施工工艺流程为：放线定位→桩机就位→振动沉管→浇筑混凝土→边拔管、边振动、边浇筑混凝土→下放钢筋笼，继续浇筑混凝土→成桩。

3. 施工要点

（1）施工顺序、桩机就位及桩管连接、混凝土坍落度要求同锤击沉管灌注桩。

（2）振动沉管灌注桩应根据土质情况和荷载要求，分别选用单打法、复打法、反插法等。单打法可用于含水量较小的土层，且宜采用预制桩尖；反插法及复打法可用于饱和土层。

（3）振动沉管灌注桩单打法施工的质量控制应符合下列规定：

①必须严格控制最后 30s 的电流、电压值，其值按设计要求或根据试桩和当地经验确定。

②桩管内浇满混凝土后，应先振动 5 ~ 10s，再开始拔管，应边振边拔，每拔出 0.5 ~ 1.0m，停拔，振动 5 ~ 10s。如此反复，直至桩管全部拔出。

③在一般土层内，拔管速度宜为 1.2 ~ 1.5m/min，用活瓣桩尖时宜慢，用预制桩尖时可适当加快；在软弱土层中宜控制在 0.6 ~ 0.8m/min。

（4）振动沉管灌注桩反插法施工的质量控制应符合下列规定：

①桩管灌满混凝土后，先振动再拔管，每次拔管高度 0.5 ~ 1.0m，反插深度 0.3 ~ 0.5m；在拔管过程中，应分段添加混凝土，保持管内混凝土面始终不低于地表面或高于地下水位 1.0 ~ 1.5m，拔管速度应小于 0.5m/min。

②在距桩尖处 1.5m 范围内，宜多次反插以扩大桩端部断面。

③穿过淤泥夹层时，应减慢拔管速度，并减少拔管高度和反插深度，在流动性淤泥中不宜使用反插法。

（5）复打法的施工要求同锤击沉管灌注桩。

第三章　砌筑工程施工

第一节　脚手架工程

一、外脚手架

外脚手架是指搭设在建筑物外围的支架，其主要形式有多立杆式（如扣件式钢管脚手架、碗扣式钢管脚手架、盘扣式钢管脚手架等）、门式、悬挑式等，目前多立杆式应用最为广泛。

（一）扣件式钢管脚手架

扣件式钢管脚手架是属于多立杆式脚手架的一种，其特点是：每步架的高度可以根据施工需要灵活布置，搭拆方便，利于施工操作，搭设的高度大，坚固耐用。

1. 扣件式钢管脚手架的组成

扣件式钢管脚手架是由钢管、扣件、脚手板、安全网、底座等组成。

钢管一般采用外径 48.3mm、壁厚 3.6mm 的无缝钢管。用于立杆、纵向水平杆（也称大横杆）、剪刀撑和斜杆的钢管最大长度为 4.0 ~ 6.5m，每根钢管的最大质量不应大于 25.8kg，以便适合工人操作；横向水平杆（也称小横杆）的长度宜在 1.8 ~ 2.2m 之间，以适应脚手架宽度的要求。

扣件用于钢管之间的连接，有对接扣件、旋转扣件、直角扣件三种基本形式。对接扣件用于两根钢管的对接连接；旋转扣件用于两根钢管呈任意角度交叉的连接；直角扣件用于两根钢管呈垂直交叉的连接。

脚手板是便于工人在其上方行走、转运材料和施工作业的一种临时周转使用的建筑材料，可用钢、木、竹材料制作。木脚手板采用杉木或松木制作，厚度不应小于 50mm，板长度为 3.0 ~ 6.0m，宽度为 200 ~ 250mm；冲压钢脚手板由厚度为 2mm 的钢板压制而成，每块板宽 250mm，板长度为 2 ~ 4m，表面有防滑措施；竹脚手板采用毛竹或楠竹制作。

安全网是用来防止人、物坠落或用来避免、减轻坠落及物击伤害的网具，分为平网和立网两类。

底座用于承受脚手架立柱传递下来的荷载，底座一般采用厚 8mm、边长 150 ~ 200mm 的钢板制成，上焊 150mm 高的钢管，包括固定底座和可调底座。

2. 构造形式

扣件式钢管脚手架分为双排和单排两种形式。双排脚手架是沿着墙体的外侧设置两排立杆，横向水平杆的两端支撑在纵向水平杆上。单排脚手架是沿着墙体外侧仅设置一排立杆，其横向水平杆一端与纵向水平杆连接，另一端支撑在墙体上，仅适用于荷载较小，高度较低，墙体具有一定强度的多层房屋。

单排脚手架搭设高度不应超过 24m；双排脚手架搭设高度不宜超过 50m，高度超过 50m 的双排脚手架，应采用分段搭设措施。

3. 承力结构

脚手架的承力结构可分为作业层、横向构架、纵向构架三部分。

（1）作业层：直接承受施工荷载。荷载由脚手板传给小横杆，再传给大横杆和立柱。

（2）横向构架：由立杆和横向水平杆组成，是脚手架直接承受和传递垂直荷载的部分。

（3）纵向构架：由各榀横向构架通过纵向水平杆相互连成的一个整体，它一般沿房屋的四周形成一个连续封闭的结构。

脚手架传力路径：荷载→脚手板→横向水平杆→纵向水平杆→立杆→基础。

4. 支撑体系

脚手架的支撑体系包括剪刀撑（纵向支撑）、横向斜撑和水平支撑。设置支撑体系的目的是使脚手架成为一个几何稳定的构架。加强整体刚度，增大抵抗侧向力的能力，避免出现节点的可变状态和过大的位移。

（1）剪刀撑。它设置在脚手架外侧面，用旋转扣件与立杆连接，形成与墙面平行的十字交叉斜杆。每道剪刀撑的宽度不应小于 4 跨，且不应小于 6m，斜杆与地面成 45° ~ 60° 夹角。高度在 24m 及以上的双排脚手架应在外侧立面连续设置剪刀撑；高度在 24m 以下的单、双排脚手架，均必须在外侧立面两端、转角及中间间隔不超过 15m 的立面上，各设置一道剪刀撑，并应由底至顶连续设置，且每片架子不少于 3 道。

（2）横向斜撑。在同一节间由底至顶层呈 "之" 字形连续布置。高度在 24m 以下的封闭型双排脚手架可不设横向斜撑；高度在 24m 以上的封闭型脚手架，除拐角应设置横向斜撑外，中间应每隔 6 跨设置一道横向斜撑。开口型双排脚手架的两端均必须设置横向斜撑。

（3）水平支撑。水平支撑是指在设置连墙拉结杆件的所在平面内连续设置的水平斜杆。可根据需要设置，如在承力较大的结构脚手架中或在承受偏心荷载较大的承托架、防护棚、悬挑水平安全网等部位设置，以加强其水平刚度。

5. 搭设要求

（1）立杆。每根立杆底部宜设置底座或垫板与地基相接触。地基面层土质应夯实、整平，其上浇筑厚度 ≥ 150mm 的 C15 素混凝土垫层，做好地面排水；当采用垫板代替混凝土垫层时，垫板宜采用厚度不小于 50mm、宽度不小于 200mm、长度不少于 2 跨的木垫板。

单排、双排与满堂脚手架立杆接长除顶层顶步外，其余各层各步接头必须采用对接扣件连接。脚手架立杆对接、搭接应符合下列规定：当立杆采用对接接长时，立杆的对接扣件应交错布置，两根相邻立杆的接头不应设置在同步内，同步内隔一根立杆的两个相隔接头在高度方向错开的距离不宜小于 500mm，各接头中心至最近主节点的距离不宜大于步距的 1/3；当立杆采用搭接接长时，搭接长度不应小于 1m，并应采用不少于 2 个旋转扣件固定，端部扣件盖板的边缘至搭接立杆杆端的距离不应小于 100mm；脚手架立杆顶端栏杆宜高出女儿墙上端 1m，宜高出檐口上端 1.5m。

（2）纵向水平杆（大横杆）。纵向水平杆应设置在立杆内侧，单根杆长度不应小于 3 跨；纵向水平杆接长应采用对接扣件连接或搭接，并应符合下列规定：两根相邻纵向水平杆的接头不应设置在同步或同跨内；不同步或不同跨两个相邻接头在水平方向错开的距离不应小于 500mm，各接头中心至最近主节点的距离不应大于纵距的 1/3；搭接长度不应小于 1m，应等间距设置 3 个旋转扣件固定，端部扣件盖板边缘至搭接纵向水平杆杆端的距离不应小于 100mm。

（3）横向水平杆（小横杆）。主节点处必须设置一根横向水平杆，用直角扣件扣接且严禁拆除。作业层上非主节点处的横向水平杆，宜根据支承脚手板的需要等间距设置，最大间距不应大于纵距的 1/2；双排脚手架横向水平杆靠墙的一端应离开墙面 50 ~ 150mm。

（4）连墙杆。设置一定数量的连墙杆，主要是保证脚手架不发生倾覆，但要求与连墙杆连接的墙体本身要有足够的刚度，所以连墙杆在水平方向应设置在框架梁或楼板附近，竖直方向应设置在框架柱或横隔墙附近。连墙杆应靠近脚手架主节点设置，偏离主节点的距离不应大于 300mm；应从底层第一步纵向水平杆处开始设置，当该处设置有困难时，应采用其他可靠措施固定；应优先采用菱形布置，或采用方形、矩形布置。

脚手架连墙杆数量的设置除应满足计算要求外，还应符合表 3-1 的规定。

表 3-1　连墙杆设置最大间距

搭设方法	高度（m）	最大竖向间距	最大水平间距	每根连墙杆覆盖面积（m²）
双排落地	≤ 50	3h	3l_a	≤ 40
双排悬挑	> 50	2h	3l_a	≤ 27
单排	≤ 24	3h	3l_a	≤ 40

注：h—步距；l_a—纵距。

（5）纵向扫地杆。它是连接立杆下端的纵向水平杆，作用是约束立杆底端，防止纵向发生位移，纵向扫地杆应采用直角扣件固定在距钢管底端不大于 200mm 处的立杆上。

（6）横向扫地杆。它是连接立杆下端的横向水平杆，作用是约束立杆底端，防止横向发生位移。横向扫地杆应采用直角扣件固定在紧靠纵向扫地杆下方的立杆上。

（7）脚手板。作业层脚手板应铺满、铺稳、铺实。冲压钢脚手板、木脚手板、竹串片脚手板等，应设置在三根横向水平杆上。当脚手板长度小于 2m 时，可采用两根横向水平杆支撑，但应将脚手板两端与其可靠固定，严防倾翻。脚手板的铺设应采用对接平铺或搭接铺设。脚手板对接平铺时，接头处必须设两根横向水平杆，脚手板外伸长度应取 130 ～ 150mm，两块脚手板外伸长度的和不应大于 300mm；脚手板搭接铺设时，接头必须支在横向水平杆上，搭接长度不应小于 200mm，其伸出横向水平杆的长度不应小于 100mm。

6. 搭设工艺流程

扣件式钢管脚手架搭设工艺流程：夯实平整场地→材料准备→设置垫板与底座→纵向扫地杆→搭设立杆→横向扫地杆→搭设纵向水平杆→搭设横向水平杆→搭设剪刀撑→固定连墙杆→搭设防护栏杆→铺设脚手板→绑扎安全网。

7. 扣件式钢管脚手架的拆除

脚手架拆除时，应画出工作区标志，禁止行人进入；严格遵守拆除顺序；由上而下，后搭的先拆。一般先拆栏杆、脚手板、剪刀撑，后拆小横杆、大横杆、立杆等；统一指挥，上下呼应，动作协调；材料、工具要用滑轮或者绳索运送，不得向下乱扔。分段拆除时，高差不应大于 2 步架高度，否则应按照开口脚手架进行加固。当拆至脚手架下部最后一节立杆时，应先架设临时抛撑加固，然后拆除连墙杆。

（二）碗扣式钢管脚手架

碗扣式钢管脚手架立杆和水平杆靠特制的碗扣接头连接。碗扣分上碗扣和下碗扣，下碗扣焊接在钢管上，上碗扣对应地套在钢管上，其销槽对准焊在钢管上的限位销，即能上下滑动。连接时，只需将横杆接头插入下碗扣内，将上碗扣沿着限位销扣下，并顺时针旋转，靠上碗扣螺旋面使之与限位销顶紧，从而将横杆和立杆牢固地连在一起，形成框架结构。碗扣式接头可同时连接 4 根横杆，横杆可以组成各种角度，因而可以搭设各种形式脚手架，特别适合扇形表面及高层建筑施工和装修两用外脚手架，还可作为模板的支撑。

碗扣式钢管脚手架的支撑形式、构造及搭设要求与扣件式钢管脚手架类似，具体施工时可以参照《建筑施工碗扣式钢管脚手架安全技术规范》执行。

（三）门式脚手架

1. 基本组成

门式脚手架又称框式脚手架，是一种工厂生产、现场搭设的脚手架，是目前国际上应用最普遍的脚手架类型之一。它不仅可以作为外脚手架，而且可以作为内脚手架或满堂脚手架。

门式脚手架由门式框架、剪刀撑、水平梁架、螺栓基脚组成基本单元。将基本单元相互连接并增加梯子、栏杆及脚手板等部件即形成整片脚手架。

门式脚手架构件规格统一，其宽度有 1.2m、1.5m、1.6m 等规格，高度有 1.3m、1.7m、1.8m、2.0m 等规格，施工时可根据不同要求进行组合。

2. 搭设要求

门式脚手架一般只要按照产品目录所列的使用荷载和搭设规定进行施工，不必再进行验算。如果实际使用情况与规定有出入时，应采取相应的加固措施或进行验算。通常门式脚手架搭设高度限制在 45m 以内，采取一定措施后可以达到 80m 左右。

门式脚手架的搭设要点如下：搭设门式脚手架时，地基必须夯实抄平，铺可调底座，以免发生塌陷和不均匀沉降；首层门式脚手架垂直度（门架竖管轴线的偏移）偏差不大于 2mm，水平度（门架平面方向和水平方向）偏差不大于 5mm。门架的顶部和底部用纵向水平杆和扫地杆固定。门架之间必须设置剪刀撑和水平梁架（或脚手板），其连接应可靠，以确保脚手架的整体刚度。整片脚手架必须适当设置纵向水平杆，前三层要每层设置，三层以上则每隔三层设一道。在门架外侧设置长剪刀撑，其高度和宽度为 3 或 4 个步距和柱距，与地面夹角为 45° ~ 60°，相邻长剪刀撑之间相隔 3 ~ 5 个柱距，沿全高设置。连墙点的最大间距，在垂直方向为 6m，在水平方向为 8m。高层脚手架应增加连墙点布设密度，脚手架在转角处必须做好连接和与墙拉结，并利用钢管和旋转扣件把处于相交方向的门架连接起来。

3.脚手架拆除

门式脚手架的拆除要点如下：拆除门架时应自上而下进行，部件拆除顺序与安装顺序相反。不允许将拆除的部件直接从高空抛下，应将拆下的部件按品种分类捆绑后，使用垂直吊运设备将其运至地面，集中堆放保管。

二、里脚手架

里脚手架搭设于建筑物内部，每砌完一层墙后，即将其转移到上一层楼面，进行新的一层墙体砌筑，它可用于内外墙的砌筑和室内装饰施工。里脚手架用料少，但装拆频繁，故要求轻便灵活，装拆方便。

里脚手架的类型很多，按照其构造形式可以分为折叠式、支柱式、门架式、马凳式等多种。

（一）折叠式

折叠式里脚手架适用于民用建筑的内墙砌筑和内粉刷，也可用于砖围墙、砖平房的外墙砌筑和粉刷。根据材料不同，分为角钢、钢管和钢筋折叠式里脚手架。角钢折叠式里脚手架如图 3-1 所示，其架设间距要求是：砌墙时宜为 1.0 ~ 2.0m，粉刷时宜为 2.2 ~ 2.5m。可以搭设两步脚手架，第一步高约 1.0m，第二步高约 1.65m。钢管和钢筋折叠式里脚手架的架设间距要求是：砌墙时不超过 1.8m，粉刷时不超过 2.2m。

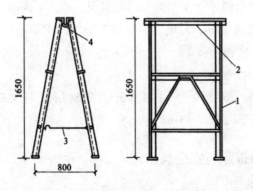

图 3-1　角钢折叠式里脚手架

1—立柱；2—横楞；3—挂钩；4—铰链

（二）支柱式

支柱式里脚手架由若干个支柱和横杆组成。适用于砌墙和内粉刷。其搭设间距要求是：砌墙时不超过 2.0m，粉刷时不超过 2.5m。支柱式里脚手架的支柱有套管式和承插式两种形式。套管式支柱如图 3-2 所示，它是将插管插入立管中，以销孔间距调节高度，在插管顶端的凹形支托内搁置方木横杆，横杆上铺设脚手板。架设高度为 1.50 ~ 2.10m。

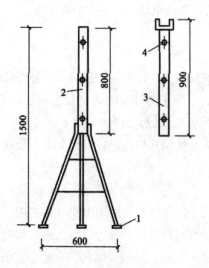

图3-2　套管式支柱

1—支脚；2—立管；3—插管；4—销孔

（三）门架式

门架式里脚手架由两片 A 形支架与门架组成，适用于砌墙和粉刷。支架间距的要求是：砌墙时不超过 2.2m，粉刷时不超过 2.5m。按支架与门架的不同结合方式，分为套管式和承插式两种。

（四）马凳式

马凳式里脚手架一般由竹子、木材或钢材制作而成。马凳式里脚手架的间距一般不大于 1.5m，上铺脚手板。

三、脚手架的拆除与安全技术

（一）脚手架的拆除

（1）脚手架拆除应按专项方案施工，拆除前应做好下列准备工作：应全面检查脚手架的扣件连接、连墙件、支撑体系等是否符合构造要求；应根据检查结果补充完善施工脚手架专项方案中的拆除顺序和措施，经审批后方可实施。

（2）单、双排脚手架拆除作业必须由上而下逐层进行，严禁上下同时作业。连墙件必须随脚手架逐层拆除，严禁先将连墙件整层或数层拆除后再拆脚手架。

（3）当单、双排脚手架拆至下部最后一根长立杆的高度（约 6.5m）时，应先在适当位置搭设临时抛撑加固后，再拆除连墙杆。当单、双排脚手架采取分段、分立面拆除时，对不拆除的脚手架两端，应先按相关规范规定设置连墙杆和横向支撑加固。

（4）不准将拆除的构配件从高空抛至地面。

（二）脚手架的安全技术

（1）钢管脚手架安装与拆除人员必须是经考核合格的专业架子工。架子工应持证上岗。

（2）搭拆脚手架人员必须戴安全帽、系安全带、穿防滑鞋。

（3）作业层上的施工荷载应符合设计要求，不得超载。不得将模板支架、缆风绳、泵送混凝土和砂浆的输送管等固定在架体上。严禁悬挂起重设备，严禁拆除或移动架体上的安全防护设施。

（4）操作层脚手板应铺设牢固、严实，并应用安全平网双层兜底，施工层以下每隔 10m 应设安全平网封闭。

（5）单、双排脚手架，悬挑式脚手架沿墙体外围应用密目式安全网全封闭，密目式安全网宜设置在脚手架外立杆的内侧，并应与架体绑扎牢固。

（6）在脚手架使用期间，严禁拆除下列杆件：主节点处的纵、横向水平杆，纵、横向扫地杆、连墙杆等。

（7）临街搭设脚手架时，外侧应有防止坠物伤人的防护措施。

（8）在脚手架上进行电、气焊作业时，应有防火措施和专人看守。

（9）工地临时用电线路的架设及脚手架接地、避雷措施等，应按现行行业标准的有关规定执行。

（10）脚手架与支模架要分开搭设，不能将两者混搭在一起，脚手架不能当支模架使用。

第二节　垂直运输设施

一、常用垂直运输设施

目前砌筑工程中常用的垂直运输设施有塔式起重机、井架、龙门架、施工电梯、灰浆泵等。

（一）塔式起重机

塔式起重机具有提升、回转、水平运输等功能，不仅是重要的吊装设备，而且也是重要的垂直运输设备，尤其是在吊运长、大、重的物料时有明显的优势，故在可能的条件下宜优先选用。

1. 塔式起重机的分类和特点

按照架设方式、变幅方式、回转方式、起重量大小，塔式起重机可以分为多种类型，其分类和相应的特点见表3–2。

表3–2　塔式起重机的分类和特点

分类方法	类型	特点
按架设方式分类	轨道行走式	底部设行走机构，可沿轨道两侧进行吊装，作业范围大，非生产时间少，并可替代履带式和汽车式等起重机。 需铺设专用轨道，路基工作量大，占用施工场地大
	固定式	无行走机构，底座固定，能增加标准节，塔身可随施工进度逐渐提高。 缺点是不能行走，作业半径较小，覆盖范围有限
	附着自升式	需将起重机固定，每隔16～36m设置一道锚固装置与建筑结构连接，保证塔身稳定性。其特点是可自行升高，起重高度大，占地面积小。 需增设附墙架，对建筑结构会产生附加力，必须进行相关验算并采取相应的施工措施
	内爬式	特点是塔身长度不变，底座通过附墙架支承在建筑物内部（如电梯井等），借助爬升系统随着结构的升高而升高，一般每隔1～3层爬升一次。 优点是节约大量塔身，体积小，既不需要铺设轨道，又不占用施工场地；缺点是对建筑物产生较大的附加力，附着所需的支承架及相应的预埋件有一定的用钢量；工程完成后，拆机下楼需要辅助起重设备
按变幅方式分类	动臂式	当塔式起重机运转受周围环境的限制，如邻近的建筑物、高压电线的影响以及群塔作业条件下，塔式起重机运转空间比较狭窄时，应尽量采用动臂式塔式起重机，起重灵活性增强。 吊臂设计采用"杆"结构，相对于平臂"梁"结构稳定性更好。因此，常规大型动臂式塔式起重机起重能力都能够达到30～100t。有效解决了大起重力的要求
	平臂式	变幅式的起重小车在臂架下弦杆上移动，变幅就位快，可同时进行变幅、起吊、旋转三个作业。 由于臂架平直，与变幅形式相比，起重高度的利用范围受到限制
按回转方式分类	上回转式	回转机构位于塔身顶部，驾驶室位于回转台上部，驾驶人员视野广。 均采用液压顶升接高（自升）、平臂小车变幅装置。 通过更换辅助装置，可以改成固定式、轨道行走式、附着自升式、内爬式等，实现一机多用

续表

分类方法	类型	特点
按回转 方式分类	下回 转式	回转机构在塔身下部，塔身与起重臂同时旋转。 重心低，运转灵活，伸缩塔身可自行架设，采用整体搬运，转移方便
按起重量 分类	轻型	起重量0.5 ~ 3t
	中型	起重量3 ~ 5t
	重型	起重量15 ~ 40t

2. 塔式起重机的选型

塔式起重机的选型一般参照表3-3确定。

表3-3　塔式起重机的选型

结构形式	常用塔式 起重机类型	说明
普通建筑	固定式	因不能行走，作业半径较小，故用于高度及跨度都不大的普通建筑施工
大跨度 场馆	轨道行走式	因可行走，作业范围大，故常用于大跨度体育场馆及长度较大的单层工业厂房的钢结构施工
高层建筑	附着自升式	因通过增加塔身标准节的方式可自行升高，故常用于高度在100m左右的高层建筑施工。国内附着自升式塔式起重机多采用平臂式设计
超高层建筑	内爬式	常规的附着自升式塔式起重机，塔身最大高度只能达到200m。 　内爬式因塔身高度固定，依赖爬升框固定于结构，与结构交替上升。特别适用于施工现场狭窄的200m以上的超高层建筑施工。 　与附着自升式相比，内爬式不占用建筑外立面空间，使得幕墙等围护结构的施工不受干扰。 　国内内爬式起重机多采用平臂式设计，国外产品多为动臂式

（二）井架、龙门架

井架是施工中最常用的，也是最为简便的垂直运输设施。井架的特点是稳定性好，运输量大，施工现场一般使用型钢或钢管加工的定型井架。

井架多为单孔井架，但也可构成两孔或多孔井架。井架通常带一个起重臂和吊盘，起重臂起重能力为5 ~ 10kN，在其外部工作范围内也可以做小距离的水平运输。吊盘起重量为10 ~ 15kN，其中可以放置运料的手推车或其他散装材料。搭设高度可达40m，需要设置缆风绳保持井架的稳定。

龙门架是由两立柱及天轮梁（横梁）构成。立柱是由若干个格构柱用螺栓拼装而成，而格构柱是用角钢及钢管焊接而成或直接用厚壁钢管构成门架。龙门架设有滑轮、导轨、吊盘、安全装置以及起重索、缆风绳等。可以进行材料、机具和小型预制构件的垂直运输，适用于中小型工程。

（三）施工电梯

多数施工电梯为人货两用，少数为供货用。电梯按照其驱动方式可以分为齿条驱动和绳轮驱动两种。齿条驱动电梯又有单吊箱（笼）式和双吊箱（笼）式两种，并装有可靠的限速装置，适用于 20 层以上建筑工程使用。绳索驱动电梯为单吊箱（笼）式，无限速装置，轻巧便宜，适用于 20 层以下建筑工程使用。

施工电梯可以载重货物 1.0 ~ 1.2t，或可以容纳 12 ~ 15 人。其高度随着建筑物主体结构施工而接高，可达 100m。它特别适用于高层建筑，也可用于高大建筑、多层厂房和一般楼房施工中的垂直运输。

（四）灰浆泵

灰浆泵是一种可以在垂直和水平两个方向连续输送灰浆的机械，目前常用的有活塞式和挤压式两种。活塞式灰浆泵按照其构造又分为直接作用式和隔膜式两类。

二、垂直运输设施的设置要求

垂直运输设施的设置一般应根据现场施工条件满足以下基本要求。

（一）覆盖面和供应面

塔吊的覆盖面是指以塔吊的起重幅度为半径的圆形吊运覆盖面积。垂直运输设施的供应面是指借助于水平运输手段（手推车等）所能达到的供应范围。建筑工程的全部的作业面应处于垂直运输设施的覆盖面和供应面的范围之内。

（二）供应能力

塔吊的供应能力等于吊次乘以吊量（每次吊运材料的体积、质量或件数）；其他垂直运输设施的供应能力等于运次乘以运量，运次应取垂直运输设施和与其配合的水平运输机具中的值。另外，还需要乘以 0.5 ~ 0.75 的折减系数，以考虑由于难以避免的因素对供应能力的影响（如机械设备故障等）。垂直运输设备的供应能力应能满足高峰工作量的需要。

（三）提升高度

设备能提升的高度应比实际需要的升运高度高，其高出程度不少于 3m，以确保安全。

（四）水平运输方式

在考虑垂直运输设施时，必须同时考虑与其配合的水平运输方式。

（五）装设条件

垂直运输设施装设的位置应具有相适应的装设条件，如具有可靠的基础、牢固的结构拉结和便捷的水平运输通道等。

（六）设备效能的发挥

必须同时考虑满足施工需要和充分发挥设备效能的问题。当各施工阶段的垂直运输量相差悬殊时，应分阶段设置和调整垂直运输设备，及时拆除已经不需要的设备。

（七）设备拥有的条件和今后利用问题

充分利用现有设备，必要时添置或加工新的设备。在添置或加工新的设备时应考虑今后利用的前景。

（八）安全保障

安全保障是使用垂直运输设施中的首要问题，必须引起高度重视。所有垂直运输设施都要严格按照有关规定操作使用。

第三节　砌体施工的准备工作

一、砌材的准备

（一）砖

砖是指砌筑用的人造小型块材，外形主要为直角六面体，其长度不超过365mm，宽度不超过240mm，高度不超过115mm。

1. 砖的类型

（1）按照砖的孔洞的多少，砖可以分为：

①实心砖：无孔洞或孔洞率小于25%的砖。规格尺寸为240mm×115mm×53mm的实心砖称为普通砖。

②多孔砖：孔洞率不小于25%，孔的尺寸小而数量多的砖。

③空心砖：孔洞率不小于40%，孔的尺寸大而数量少的砖。

（2）按照砖的原材料、制作工艺等，砖可以分为：

①烧结砖：以黏土、页岩、煤矸石、粉煤灰等为主要原材料，经成型和焙烧而成的砖。烧结砖按照砖的孔洞的多少又可以分为：

a.烧结普通砖,主要用于建筑物承重部位。公称尺寸为:长 240mm、宽 115mm、高 53mm。强度等级为:MU30、MU25、MU20、MU15、MU10。

b.烧结多孔砖,主要用于承重结构。规格尺寸有:290mm、240mm、190mm、180mm、140mm、115mm、90mm。强度等级为:MU30、MU25、MU20、MU15、MU10。

c.烧结空心砖,用于非承重结构。规格尺寸要求:长度为 390mm、290mm、240mm、190mm、180(175)mm、140mm, 宽度为 190mm、180(175)mm、140mm、115mm,高度为 180(175)mm、140mm、115mm、90mm。强度等级为:MU10.0、MU7.5、MU5.0、MU3.5。

②混凝土砖:以水泥、骨料和水等为主要原材料,可掺入外加剂及其他材料,经配料、搅拌、成型、养护而制成的砖。混凝土砖按照砖的孔洞的多少又可以分为:

a.混凝土实心砖,主要用于建筑物承重部位,代号为 SCB。主规格尺寸为:240mm×115mm×53mm。 强度等级为:MU40、MU35、MU30、MU25、MU20、MU15。

b.承重混凝土多孔砖,用于承重结构,代号为 LPB。规格尺寸为:长度为 360mm、290mm、240mm、190mm、140mm, 宽度为 240mm、190mm、115mm、90mm,高度为 115mm、90mmo 强度等级为:MU15、MU20、MU25。

C.非承重混凝土空心砖,用于非承重结构部位,代号为 NHB。规格尺寸为:长度为 360mm、290mm、240mm、190mm、140mm,宽度为 240mm、190mm、115mm、90mm,高度为 115mm、90mm。强度等级为:MU5、MU7.5、MU10。

③蒸压灰砂砖:以石灰和砂为主要原材料,允许掺入颜料和外加剂,经坯料制备、压制成型、蒸压养护而成的实心砖。其公称尺寸为:长 240mm、宽 115mm、高 53mm。强度等级为:MU25、MU20、MU15、MU10。

④蒸压粉煤灰砖:以粉煤灰、生石灰为主要原料,可掺加适量石膏等外加剂和其他集料,经坯料制备、压制成型、高压蒸汽养护而制成的砖。蒸压粉煤灰砖按照砖的孔洞的多少又可以分为:

a.蒸压粉煤灰实心砖,产品代号为 AFB。公称尺寸为:长 240mm、宽 115mm、高 53mm。强度等级为:MU30、MU25、MU20、MU15、MU10。

b.蒸压粉煤灰多孔砖,产品代号为 AFPB。规格尺寸为:长度为 360mm、330mm、290mm、240mm、190mm、140mm, 宽度为 240mm、190mm、115mm、90mm,高度为 115mm、90mm。强度等级为:MU15、MU20、MU25。

c.蒸压粉煤灰空心砖,用于非承重结构,产品代号为 AFHI。主规格尺寸为:

240mm×190mm×90mm。强度等级为：MU3.5、MU5.0、MU7.5。

目前工程上常用的砖有烧结普通砖、烧结多孔砖、蒸压灰砂砖、蒸压粉煤灰砖等。

2. 砖的要求

砖的品种、强度等级必须符合设计要求及国家现行标准《烧结普通砖》《烧结多孔砖和多孔砌块》《蒸压灰砂砖》《蒸压粉煤灰砖》《蒸压粉煤灰多孔砖》《烧结空心砖和空心砌块》《混凝土实心砖》《承重混凝土多孔砖》《非承重混凝土空心砖》《蒸压粉煤灰空心砖和空心砌块》的规定。

砌体结构工程用砖不得采用非蒸压粉煤灰砖及未掺加水泥的各类非蒸压砖。用于清水墙、柱表面的砖，应边角整齐、色泽均匀。

（二）砌块

砌块是建筑用的人造块材，外形主要为直角六面体，主规格的长度、宽度和高度至少一项分别大于365mm、240mm和115mm，且高度不大于长度或宽度的6倍，长度不超过高度的3倍。

1. 砌块的类型

（1）按照砌块尺寸的大小，可以分为：

①小型砌块：系列中主规格的高度大于115mm而又小于380mm的砌块，简称小砌块。

②中型砌块：系列中主规格的高度为380～980mm的砌块，简称中砌块。

③大型砌块：系列中主规格的高度大于980mm的砌块，简称大砌块。

（2）按照砌块的原材料、制作工艺等又可以分为：

①普通混凝土小型砌块：以水泥、矿物掺合料、砂、石、水等为原材料，经搅拌、振动成型、养护等工艺制成的小型砌块。按照空心率分为空心砌块（空心率不小于25%，代号H）和实心砌块（空心率小于25%，代号S）。其规格尺寸为：长度为390mm，宽度为90mm、120mm、140mm、190mm、240mm、290mm，高度为90mm、140mm、190mm。普通混凝土小型砌块的强度见表3-4。

表3-4 普通混凝土小型砌块的强度（MPa）

砌块种类	承重砌块（L）	非承重砌块（N）
空心砌块（H）	7.5、10.0、15.0、20.0、25.0	5.0、7.5、10.0
实心砌块（S）	15.0、20.0、25.0、30.0、35.0、40.0	10.0、15.0、20.0

②轻集料混凝土小型空心砌块：以水泥、矿物掺合料、轻集料或部分轻集料）、水等为原材料，经搅拌、压振成型、养护等工艺制成的主规格尺寸为390mm×190mm×190mm，空心率不小于25%的小型砌块。轻集料混凝土小型空心砌块的强度等级为：MU2.5、MU3.5、MU5.0、MU7.5、MU10.0。

③粉煤灰混凝土小型空心砌块：以粉煤灰、水泥、各种轻重骨料、水等为原材料，经搅拌、压振成型、养护等工艺制成的主规格尺寸为390mm×190mm×190mm，空心率不小于25%的小型砌块，代号为FHB。其中粉煤灰的用量不应低于原材料质量的20%，水泥用量不应低于原材料质量的10%。其强度等级为：MU3.5、MU5、MU7.5、MU10、MU15、MU20。

④蒸压加气混凝土砌块：以硅质材料和钙质材料为主要原材料，掺加发气剂，经加水搅拌发泡、浇筑成型、预养切割、蒸压养护等工艺制成的含泡沫状孔的砌块。蒸压加气混凝土砌块的代号为ACB。其规格尺寸：长度为600mm，宽度为100mm、120mm、125mm、150mm、180mm、200mm、240mm、250mm、300mm，高度为200mm、240mm、250mm、300mm。其强度等级为：A1.0、A2.0、A2.5、A3.5、A5.0、A7.5、A10。

除此之外，还有其他类型的砌块，如蒸压粉煤灰空心砌块、装饰混凝土砌块、石膏砌块等。

工程中常用的砌块是普通混凝土小型空心砌块、轻集料混凝土小型空心砌块、蒸压加气混凝土砌块。

2. 砌块的要求

工程使用的小砌块，应符合设计要求及现行国家标准《普通混凝土小型砌块》《轻集料混凝土小型空心砌块》《粉煤灰混凝土小型空心砌块》《蒸压加气混凝土砌块》的规定。

对于砖或小砌块，在运输装卸过程中，不得倾倒和抛掷，进场后应按强度等级分类堆放整齐，堆置高度不宜超过2m。加气混凝土砌块在运输、装卸及堆放过程中应防止雨淋。

（三）石材

石材根据其形状和加工程度分为毛石和料石（六面体）两大类，料石又分为细料石、半细料石、粗料石和毛料石。

石材的强度等级有：MU100、MU80、MU60、MU50、MU40、MU30、MU20。

工程使用的石材，应符合设计要求及现行国家标准《建筑材料放射性核素限量》的规定。石砌体所用的石材应质地坚实、无风化剥落和裂纹，且石材表面应无水锈和杂物。

二、砂浆的准备

（一）砂浆的分类

砂浆按照制作方式的不同可以分为现场搅拌砂浆和预拌砂浆。为了保证砌筑工程质量，现大部分地区都在推广、应用预拌砂浆。

1．预拌砂浆

预拌砂浆是指专业生产厂生产的湿拌砂浆和干混砂浆。

（1）湿拌砂浆

湿拌砂浆是指用水泥、细集料、矿物掺合料、外加剂、添加剂和水，按一定比例，在搅拌站经计量、拌制后，采用运输车运至使用地点，放入专用容器储存，并在规定时间内使用的拌合物。

湿拌砂浆根据用途的不同，可以分为湿拌砌筑砂浆、湿拌抹灰砂浆、湿拌地面砂浆和湿拌防水砂浆，见表3-5。

表3-5　湿拌砂浆分类

项目 类别	湿拌砌筑砂浆	湿拌抹灰砂浆	湿拌地面砂浆	湿拌防水砂浆
代号	WM	WP	WS	WW
强度等级	M5、M7.5、M10、M15、M20、M25、M30	M5、M10、M15、M20	M15、M20、M25	M10、M15、M20
抗渗等级	—	—	—	P6、P8、P10
稠度（mm）	50、70、90	70、90、110	50	50、70、90
凝结时间（h）	≥8、≥12、≥24	≥8、≥12、≥24	≥4、≥8	≥8、≥12、≥24

（2）干混砂浆

干混砂浆是用水泥、干燥集料或粉料、添加剂以及根据性能确定的其他组分，按一定比例，在专业生产厂经计量、混合而成的混合物，在使用地点按规定比例加水或配套组分拌和使用的拌合物。

干混砂浆按用途分类及其代号见表3-6。

表3-6　干混砂装代号

品种	干混砌筑砂浆	干混抹灰砂浆	干混地面砂浆	干混普通防水砂浆	干混陶瓷砖黏结砂浆	干混界面砂浆
代号	DM	DP	DS	DW	DTA	DIT
品种	干混保温板黏结砂浆	干混保温板抹面砂浆	干混聚合物水泥防水砂浆	干混自流平砂浆	干混耐磨地坪砂浆	干混饰面砂浆
代号	DEA	DBI	DWS	DSL	DFH	DDR

干混砌筑砂浆、干混抹灰砂浆、干混地面砂浆和干混普通防水砂浆的强度等级、抗渗等级应符合表3-7的规定。

表3-7　干混砂浆强度等级和抗渗等级

项目	干混砌筑砂浆		干混抹灰砂浆		干混地面砂浆	干混普通防水砂浆
	普通砌筑砂浆	砌筑薄层砂浆	普通抹灰砂浆	薄层抹灰砂浆		
强度等级	M5、M7.5、M10、M15、M20、M25、M30	M5、M10	M5、M10、M15.M20	M5、M10	M15、M20、M25	M10、M15、M20
抗渗等级	—	—	—	—	—	P6、P8、P10

2．现场搅拌砂浆

（1）水泥砂浆

水泥砂浆是指以水泥、细集料和水为主要原材料（也可以根据需要加入矿物掺合料等）配制而成的砂浆。水泥砂浆具有较高的强度和耐久性，但和易性差。其多用于高强度和潮湿环境的砌体中。

（2）水泥混合砂浆

水泥混合砂浆是指以水泥、细集料和水为主要原材料，并加入石灰膏、电石膏、黏土膏中的一种或多种（也可根据需要加入矿物掺合料等）配制而成的砂浆。水泥混合砂浆具有一定的强度和耐久性，且和易性和保水性好。其多用于一般墙体中。

（3）非水泥砂浆

非水泥砂浆是指不含有水泥的砂浆，如白灰砂浆、黏土砂浆等，强度低且耐久性差，可用于简易或临时建筑的砌体中。

（二）砂浆的配制和技术条件

1. 主要原材料的要求

（1）水泥

砌筑砂浆所用水泥宜采用通用硅酸盐水泥或者砌筑水泥，且应符合现行国家标准《通用硅酸盐水泥》和《砌筑水泥》的规定。水泥强度等级应根据砂浆品种以及强度等级的要求进行选择，M15 及以下强度等级的砌筑砂浆宜选用 32.5 级的通用硅酸盐水泥或砌筑水泥；M15 以上强度等级的砌筑砂浆宜选用 42.5 级的普通硅酸盐水泥。

水泥进场时应对其品种、等级、包装或散装仓号、出厂日期等进行检查，并应对其强度、安定性进行复验，其质量必须符合现行国家标准《通用硅酸盐水泥》的有关规定。

当在使用中对水泥质量有怀疑或水泥出厂超过三个月（快硬硅酸盐水泥超过一个月）时，应复查试验，并按复验结果使用。

水泥质量抽检数量的要求是：按同一生产厂家、同品种、同等级、同批号连续进场的水泥，袋装水泥不超过 200t 为一批，散装水泥不超过 500t 为一批，每批抽样不少于一次。

不同品种的水泥，不得混合使用。水泥应按品种、强度等级、出厂日期分别堆放，应设防潮垫层，并应保持干燥。

（2）砂

砂浆用砂宜采用过筛中砂，不应混有草根、树叶等杂物。砂中含泥量、泥块含量、石粉含量、云母、轻物质、有机物、硫化物、硫酸盐及氯盐含量（配筋砌体砌筑用砂）等应符合现行行业标准《普通混凝土用砂、石质量及检验方法标准》的有关规定。水泥砂浆和强度等级不小于 M5 的水泥混合砂浆，砂中含泥量不应超过 5%；强度等级小于 M5 的水泥混合砂浆，砂中含泥量不应超过 10%。

砂子进场时应按不同品种、规格分别堆放，不得混杂。

（3）石灰、石灰膏

砌体结构工程中使用的生石灰及磨细生石灰粉应符合现行行业标准《建筑生石灰》的有关规定。

建筑生石灰、建筑生石灰粉制作石灰膏应符合下列规定：建筑生石灰熟化成石灰膏时，应采用孔径不大于 3mm×3mm 的网过滤，熟化时间不得少于 7d；建筑生石灰粉的熟化时间不得少于 2d；沉淀池中储存的石灰膏，应防止干燥、冻结和污染，严禁使用脱水硬化的石灰膏；消石灰粉不得直接用于砂浆中。

建筑生石灰及建筑生石灰粉保管时应分类、分等级存放在干燥的仓库内，且不宜长期储存。

（4）水

拌制砂浆用水的水质，应符合现行行业标准《混凝土用水标准》的有关规定。

（5）其他材料

为了改善砂浆在砌筑时的和易性和其他性能，可以掺入砂浆增塑剂和外加剂，砌体砂浆中使用的增塑剂、早强剂、缓凝剂、防水剂、防冻剂等外加剂，应符合国家现行标准《混凝土外加剂》《混凝土外加剂应用技术规范》和《砌筑砂浆增塑剂》的规定，并应根据设计要求与现场施工条件进行试配。

2. 主要技术条件

砂浆的配合比应事先通过计算和试配确定，当砌筑砂浆的组成材料有变更时，其配合比应重新确定。配制砌筑砂浆时，各组分材料应采用质量计量，水泥及各种外加剂配料的允许偏差为 ±2%；砂、粉煤灰、石灰膏等配料的允许偏差为 ±5%。

砂浆的强度等级是以边长为 70.7mm×70.7mm×70.7mm 的立方体试块，在温度为（20±2）℃[试件制作后应在温度为（20±5）℃的环境下静置（24±2）h]，相对湿度为90%以上的标准养护室中养护28d（从搅拌加水开始计时）的抗压强度值确定。根据《砌筑砂浆配合比设计规程》的规定：水泥砂浆及预拌砌筑砂浆的强度等级可以分为 M5、M7.5、M10、Ml5、M20、M25、M30 七个等级；水泥混合砂浆的强度等级可以分为 M5、M7.5、M10、M15 四个等级。

砌筑砂浆中的水泥和石灰膏、电石膏等材料的用量可按表 3-8 选用。

表3-8　砌筑砂浆的材料用量（kg/m³）

砂浆种类	材料用量
水泥砂浆	≥200
水泥混合砂浆	≥350
预拌砌筑砂浆	≥200

砌筑砂浆施工时的稠度应符合表 3-9 的规定。

表3-9　砂浆稠度要求

砌体种类	砂浆稠度（mm）
烧结普通砖砌体 蒸压粉煤灰砖砌体	70～90

续表

砌体种类	砂浆稠度（mm）
混凝土实心砖、混凝土多孔砖砌体 普通混凝土小型空心砌块砌体 蒸压灰砂砖砌体	50 ~ 70
烧结多孔砖、空心砖砌体 轻集料小型空心砌块砌体 蒸压加气混凝土砌块砌体	60 ~ 80
石砌体	30 ~ 50

现场拌制砌筑砂浆时，应采用机械搅拌，搅拌时间自投料完毕起算，应符合下列规定：

（1）水泥砂浆和水泥混合砂浆不应少于120s。

（2）水泥粉煤灰砂浆和掺用外加剂的砂浆不应少于180s。

（3）掺液体增塑剂的砂浆，应先将水泥、砂干拌混合均匀后，将混有增塑剂的拌合水倒入干混砂浆中继续搅拌；掺固体增塑剂的砂浆，应先将水泥、砂和增塑剂干拌混合均匀后，将拌合水倒入其中继续搅拌。从加水开始，搅拌时间不应少于210s。

（4）预拌砂浆及加气混凝土砌块专用砂浆的搅拌时间应符合有关技术标准或产品说明书的要求。

现场搅拌的砂浆应随拌随用，拌制的砂浆应在3h内使用完毕；当施工期间最高气温超过30℃时，应在2h内使用完毕。对掺用缓凝剂的砂浆，其使用时间可根据其缓凝时间的试验结果确定。

三、施工机具的准备

砌筑前，一般应按施工组织设计要求组织垂直和水平运输机械、砂浆搅拌机械的进场、安装、调试等工作。垂直运输多采用扣件及钢管搭设的井架，或人货两用施工电梯，或塔式起重机；而水平运输多采用手推车或机动翻斗车。对多、高层建筑，还可以用灰浆泵输送浆。同时，还要准备脚手架、砌筑工具（如皮数杆、拖线板）等。

第四节　砌体工程施工

一、砖砌体施工

（一）普通砖砌体

1. 组砌形式

普通砖墙根据其厚度不同，可采用全顺、两平一侧、全丁、一顺一丁、梅花丁或三顺一丁的砌筑形式，工程中宜采用一顺一丁、三顺一丁、梅花丁。

全顺：各皮砖均顺砌，上下皮垂直灰缝相互错开 1/2 砖长（120mm）。适合砌半砖厚（115mm）墙。

两平一侧：两皮平砌砖与一皮侧砌的顺砖相隔砌成。当墙厚为 3/4 砖长（180mm）时，平砌砖均为顺砖，上下皮平砌顺砖间竖缝相互错开 1/2 砖长（120mm），上下皮平砌顺砖与侧砌顺砖间竖缝相互错开 1/2 砖长（120mm）；当墙厚为 5/4 砖长（300mm）时，上下皮平砌顺砖与侧砌顺砖间竖缝相互错开 1/2 砖长（120mm），上下皮平砌丁砖与侧砌顺砖间竖缝相互错开 1/4 砖长（60mm）。适合砌 3/4 砖墙（180mm）及 5/4 砖墙（300mm）。

全丁：各皮砖均丁砌，上下皮垂直灰缝相互错开 1/4 砖长（60mm）。适合砌一砖墙（240mm）。

一顺一丁：一皮全部顺砖与一皮全部丁砖相间，上下皮垂直灰缝相互错开 1/4 砖长（60mm）。适合砌厚度为一砖及一砖以上墙。

梅花丁：同皮中顺砖与丁砖相间，丁砖的上下均为顺砖，并位于顺砖中间，上下皮垂直灰缝相互错开 1/4 砖长（60mm）。适合砌一砖墙。

三顺一丁：三皮顺砖与一皮丁砖相间，顺砖与顺砖上下皮垂直灰缝相互错开 1/2 砖长（120mm），顺砖与丁砖上下皮垂直灰缝相互错开 1/4 砖长（60mm）。适合砌一砖及一砖以上墙。

砖墙的转角处、交接处，为错缝需要加砌配砖。当采用一顺一丁组砌一砖墙（240mm）时，配砖为 3/4 砖（俗称七分头砖），在转角处七分头的顺面方向依次砌顺砖，丁面方向依次砌丁砖；在丁字交接处，应分皮相互砌通，内角相交处的竖缝应错开 1/4 砖长，并在横墙端头处加砌七分头砖；砖墙的十字交接处，应分皮相互砌通，交角处的竖缝相互错开 1/4 砖长。

2. 砌筑工艺

（1）抄平

砌墙前应在基础防潮层或楼面上按照标准的水准点定出各层标高，厚度不大于20mm 时用 1 ：3（体积比）水泥砂浆找平，厚度大于 20mm 时一般用 C15 细石混凝土找平，使各段砖墙底部标高符合设计要求。

（2）放线

根据龙门板上给定的轴线及图纸上标注的墙体尺寸，在基础顶面或楼面上用墨线弹出墙的轴线和墙的宽度线，并定出门窗洞口位置线。二楼以上墙的轴线可以用经纬仪或垂球将轴线引测上去。

（3）摆砖

摆砖又称摆脚，是指在放线的基面上按选定的组砌方式用干砖试摆。摆砖的目的是核对所放的墨线在门窗洞口、附墙垛等处是否符合砖的模数，以尽可能减少砍砖，并使砌体灰缝均匀，组砌得当。摆砖由一个大角摆到另一个大角，砖与砖之间留约 10mm 的缝隙。

（4）立皮数杆

皮数杆是指在其上画有每皮砖和砖缝厚度以及门窗洞口、过梁、楼板、梁底、预埋件等标高位置的一种木制标杆。砌筑时用来控制墙体竖向尺寸及各部位构件的竖向标高，并保证灰缝厚度的均匀性。

皮数杆一般设置在房屋的四个大角以及纵横墙的交接处，如墙面过长时，应每隔 10 ~ 15m 立一根。皮数杆需要用水准仪统一竖立，砌筑第一层时，皮数杆上的 ± 0.000 与建筑物的 ± 0.000 相吻合。

（5）盘角、挂线

砌筑墙身前，应先在墙角砌上几皮，称为盘角；在盘角之间拉上准线，称为挂线。墙角是控制墙面横平竖直的主要依据，所以，一般砌筑时应先砌筑墙角，墙角砖层高度必须与皮数杆相符合，做到"三皮一吊，五皮一靠"，墙角必须双向垂直。

墙角砌好后，即可挂线，作为砌筑中间墙体的依据，以保证墙面平整。一般情况下，厚度 240mm 及以下墙体可单面挂线砌筑；厚度为 370mm 及以上的墙体宜双面挂线砌筑；夹心复合墙应双面挂线砌筑。

（6）砌砖、勾缝

砌砖的操作方法各地不一，但应保证砌筑质量要求。工程上常用的方法有"铺浆法"和"三一"砌筑法。铺浆法即先用砖刀或者小方铲在墙上铺 500 ~ 700mm 长的砂浆，用砖刀调整好砂浆的厚度，再将砖沿着砂浆面向接缝处推进并揉压，使竖向灰缝有 2/3 高的砂浆，再用砖刀将砖调平，达到下齐边、上齐线、横平竖直的要求。这种砌法可以连续挤砌几块砖，减少烦琐的动作，灰缝饱满，效率高，保证砌筑质量。采用铺浆法砌筑砌体，铺浆长度不得超过 750mm，当施工期间气温超过 30℃时，铺浆长度不得超过 500mm。"三一"砌筑法即一铲灰、一块砖、一挤揉，并随手将挤出的砂浆刮去的砌筑方法。这两种砌法的优点是灰缝容易饱满、黏结力好、墙面整洁。根据《砌体结构工程施工规范》的要求，砌砖工程宜采用"三一"砌筑法。

勾缝是砌清水墙的最后一道工序，可以用砂浆随砌随勾缝，叫作原浆勾缝。也可以砌完墙后再用 1：1.5 水泥砂浆或加色砂浆勾缝，称为加浆勾缝。勾缝具有保护墙面和增加墙面美观的作用，为了确保勾缝质量，勾缝前应清除墙面黏结的砂浆和杂物，并洒水润湿，灰缝可勾成凹、平、斜或凸形状。勾缝完毕后，应进行墙面、柱面和落地灰的清理。

3. 施工要点

（1）当砌筑烧结普通砖、蒸压灰砂砖和蒸压粉煤灰砖砌体时，砖应提前 1～2d 适度湿润，不得采用干砖或吸水饱和状态的砖砌筑。砖湿润程度宜符合下列规定：烧结类砖的相对含水率宜为 60%～70%；混凝土实心砖不宜浇水湿润，但在气候干燥炎热的情况下，宜在砌筑前对其浇水湿润；其他非烧结类砖的相对含水率宜为 40%～50%。

（2）全部砖墙应平行砌筑，砖层必须水平，砖层正确位置用皮数杆控制，基础和每楼层砌完后必须校对一次水平、轴线和标高，确保其位置在允许偏差范围内，其偏差值应在基础或楼板顶面调整。

（3）砖砌体的灰缝应横平竖直，厚薄均匀。水平灰缝厚度和竖向灰缝宽度宜为 10mm，但不应小于 8mm，且不应大于 12mm。砌体灰缝的砂浆应密实饱满，砖墙水平灰缝的砂浆饱满度不得小于 80%，竖向灰缝宜采用挤浆或加浆方法，使其砂浆饱满，不得用水冲浆灌缝。

（4）砖砌体的转角处和交接处应同时砌筑。在抗震设防烈度 8 度及以上地区，对不能同时砌筑的临时间断处应砌成斜槎，其中普通砖砌体的斜槎水平投影长度不应小于高度的 2/3，多孔砖砌体的斜槎长高比不应小于 1/2。斜槎高度不得超过一步脚手架高度。

砖砌体的转角处和交接处对非抗震设防及在抗震设防烈度为 6 度、7 度地区的临时间断处，当不能留斜槎时，除转角处外，可留直槎，但应做成凸槎。留直槎处应加设拉结钢筋，拉结钢筋的设置要求如下：钢筋数量为每 120mm 墙厚应设置

1φ6 拉结钢筋，当墙厚为 120mm 时，应设置 2φ6 拉结钢筋；间距沿着墙高不应超过 500mm，且竖向间距偏差不应超过 100mm；埋入长度从留槎处算起每边均不应小于 500mm，对抗震设防烈度 6 度、7 度的地区，不应小于 1000mm；拉结钢筋末端应设置 90°弯钩。

（5）砖墙接槎时，必须将接槎处的表面清理干净，浇水润湿，并应填实砂浆，保持灰缝平直。

（6）砖砌体在下列部位应使用丁砌层砌筑，且应使用整砖：

①每层承重墙的最上一皮砖；

②楼板、梁、柱及屋架的支撑处；

③砖砌体的台阶水平面上；

④挑出层。

（7）砖墙中留置临时施工洞口，其侧边离交接处墙面不应小于 500mm，洞口净宽度不应超过 1.0m。抗震设防烈度为 9 度地区建筑物的临时施工洞口位置，应会同设计单位确定。临时施工洞口应做好补砌。

（8）砌体结构工程施工段的分段位置宜设在结构缝、构造柱或门窗洞口处。相邻施工段的砌筑高度差不得超过一个楼层的高度，也不宜大于 4m。砌体临时间断处的高度差，不得超过一步脚手架的高度。

（9）正常施工条件下，砖砌体每日砌筑高度宜控制在 1.5m 或一步脚手架高度内。

（10）钢筋混凝土构造柱施工。构造柱施工时，先按照设计图纸与规范要求绑扎构造柱钢筋，然后砌筑墙体，最后浇筑构造柱混凝土。砖砌体与构造柱连接处应砌成马牙槎，从每层柱脚开始，马牙槎应先退后进，每个马牙槎沿高度方向的尺寸不宜超过 300mm，凹凸尺寸宜为 60mm。砌筑时，砌体与构造柱间应沿墙高每 500mm 设置拉结钢筋，钢筋数量及伸入墙内长度应满足设计和规范要求。浇筑构造柱混凝土之前，必须将砖墙和模板浇水润湿（若为钢模板，不浇水，但是需要涂刷隔离剂），并将模板内落地灰、砖渣和其他杂物清理干净。浇筑混凝土可分段施工，每段高度不宜大于 2m，或每个楼层分两次浇筑，应用插入式振捣器，分层捣实。

（11）施工脚手眼不得设置在下列墙体或部位：

① 120mm 厚墙、清水墙、料石墙、独立柱和附墙柱；

②过梁上部与过梁成 60°角的三角形范围及过梁净跨度 1/2 的高度范围内；

③宽度小于 1m 的窗间墙；

④门窗洞口两侧石砌体 300mm，其他砌体 200mm 范围内；转角处石砌体 600mm，其他砌体 450mm 范围内；

⑤梁或梁垫下及其左右 500mm 范围内；

⑥轻质墙体；

⑦夹心复合墙外叶墙；

⑧设计不允许设置脚手眼的部位。

（12）设计要求的洞口、沟槽或管道应在砌筑时预留或预埋，并应符合设计规定。未经设计单位同意，不得随意在墙体上开凿水平沟槽。对宽度大于 300mm 的洞口上部，应设置过梁。

（二）多孔砖砌体

砌筑清水墙的多孔砖，应边角整齐、色泽均匀。

在常温状态下，烧结多孔砖应提前 1～2d 浇水湿润，不得采用干砖或吸水饱和状态的砖砌筑，烧结多孔砖的相对含水率宜为 60%～70%；混凝土多孔砖不宜浇水润湿，但在气候干燥炎热的情况下，宜在砌筑前浇水润湿。

对抗震设防地区的多孔砖墙应采用"三一"砌砖法砌筑；对非抗震设防地区的多孔砖墙可采用铺浆法砌筑，铺浆长度不得超过 750mm；当施工期间最高气温高于 30℃时，铺浆长度不得超过 500mm。

对于多孔砖，多孔砖的孔洞应垂直于受压面砌筑，方形多孔砖一般采用全顺砌法，多孔砖中手抓孔应平行于墙面，上下皮垂直灰缝相互错开半砖长；矩形多孔砖宜采用一顺一丁或梅花丁的砌筑形式，上下皮垂直灰缝相互错开 1/4 砖长。

方形多孔砖墙的转角处，应加砌配砖（半砖），配砖位于砖墙外角；方形多孔砖墙的交接处，应隔皮加砌配砖（半砖），配砖位于砖墙交接处外侧。

矩形多孔砖墙的转角处和交接处砌法同普通砖墙转角处和交接处相应砌法。

烧结多孔砖、混凝土多孔砖砌体的其他要求参见普通砖砌体。

（三）空心砖砌体

烧结空心砖在运输、装卸过程中，严禁抛掷和倾倒；进场后应按照品种、规格堆放整齐，堆置高度不宜超过 2m。

烧结空心砖一般用于砌筑填充墙，砌筑时应提前 1～2d 浇水润湿，其相对含水率宜为 60%～70%。

空心砖墙应侧砌，其孔洞呈水平方向，上下皮垂直灰缝相互错开 1/2 砖长。空心砖墙底部宜砌 3 皮普通砖，且门窗洞口两侧一砖范围内应采用烧结普通砖砌筑。

烧结空心砖墙与普通砖墙交接处，应将普通砖墙引出不小于 240mm 长与空心砖墙相接，并每隔 2 皮空心砖高在交接处的水平灰缝中设置 2Φ6 钢筋作为拉结筋，拉结筋在空心砖墙中的长度不小于空心砖长加 240mm。

烧结空心砖墙的转角处，应用烧结普通砖砌筑，砌筑长度角边不小于 240mm。

在转角处、交接处，空心砖与普通砖应同时砌筑，不得留直槎，在留斜槎时，斜槎高度不宜大于 1.2m。

砌筑空心砖墙的水平灰缝厚度和竖向灰缝宽度宜为 10mm，且不应小于 8mm，也不应大于 12mm。竖缝应采用刮浆法，先抹砂浆再砌筑。

烧结空心砖墙中不得留置脚手眼，不得对烧结空心砖进行砍凿。

二、混凝土小型空心砌块砌体施工

（一）施工工艺

1. 抄平放线

砌筑前应先将基层表面清理干净，在基础防潮层或楼面上按照标准的水准点定出各层标高，用 1 : 2 水泥砂浆或 C15 细石混凝土（找平层厚度大于 20mm 时）找平，使各段墙体底部标高符合设计要求，然后在基础防潮层或楼面上定出各层的纵横轴线、墙体边线、门窗洞口位置线及其他尺寸线。

2. 校正芯柱钢筋位置、砌块预排

在开始正式砌筑以前，先校正芯柱钢筋位置，并按照砌块排列图的块型排列次序沿墙体位置线摆设第一皮砌块。摆放时，应从外墙转角处及纵横墙交接处开始摆放，在第一皮砌块全部摆放到位并检查无误后，再开始准备正式砌筑。

3. 砂浆拌制

按设计要求的砂浆品种、强度等级配制砂浆时，各种材料应按质量比计量配置。

砌筑砂浆应具有良好的保水性，其保水率不得小于 88%。砌筑普通小砌块砌体的砂浆稠度宜为 50 ~ 70mm；砌筑轻集料小砌块砌体的砂浆稠度宜为 60 ~ 90mm。砌筑砂浆应采用机械搅拌，拌和时间自投料完算起，不得少于 2min。当掺有外加剂时，不得少于 3min；当掺有机塑化剂时，应为 3 ~ 5min。砌筑砂浆应随拌随用，并应在 3h 内使用完毕；当施工期间最高气温超过 30℃时，应在 2h 内使用完毕。砂浆出现泌水现象时，应在砌筑前再次拌和。

4. 立皮数杆，砌筑墙体

皮数杆应竖立在墙体的转角和交接处，间距宜小于 15m。皮数杆需要用水准仪统一竖立，砌筑第一层时，皮数杆上的 ± 0.000 与建筑物的 ± 0.000 应相吻合。皮数杆上应画出各皮小砌块的高度及灰缝厚度，在皮数杆上延小砌块上边线拉准线，小砌块依准线砌筑。

小砌块砌筑应从房屋外墙转角定位处开始，内外墙同时砌筑，纵横墙交错搭接。

外墙转角处应使小砌块隔皮露端面；T字交接处应使横墙小砌块隔皮露端面，纵墙在交接处改砌两块辅助规格小砌块（尺寸为 290mm×190mm×190mm，一头开口），所有露端面用水泥砂浆抹平。

砌筑时应遵循反砌原则，即小砌块应将生产时的底面朝上反砌于墙上。小砌块砌筑形式应为每皮顺砌，砌筑时灰缝应横平竖直。水平灰缝用坐浆法铺浆，铺浆长度一般不超过 450mm，铺浆时只在砌块的两侧肋上铺浆。竖向灰缝采用平铺端面砂浆法，即将小砌块端面朝上，在灰口铺满砂浆，然后挤紧，用橡皮榔头敲实，砸平。

5. 清除坠灰

在墙体砌筑过程中，应及时清除芯柱孔洞内壁及孔道内掉落的砂浆等杂物，以保证芯柱孔洞上下贯通和芯柱的截面尺寸。

6. 勾缝

砌筑小砌块墙体时，对一般墙面，应及时用原浆勾缝，勾缝宜为凹缝，凹缝深度宜为 2mm；对装饰夹心复合墙体的墙面，应采用勾缝砂浆进行加浆勾缝，勾缝宜为凹圆或 V 形缝，凹缝深度宜为 4～5mm。灰缝平整密实，不得出现瞎缝、透缝。

7. 墙体验收

每道墙体砌筑完以后，在浇筑芯柱混凝土以前，对墙体的标高，轴线尺寸，平整度、垂直度、灰缝的饱满度，芯柱孔洞内清理情况等进行检查验收，合格后方可进行下道工序施工。

8. 芯柱施工

芯柱的设置应符合设计要求及相关规范标准的规定。每根芯柱的柱脚部位应采用带清扫口的 U 形、E 形或 C 形等异形小砌块砌筑。

在墙体验收合格后，开始进行芯柱插筋并绑扎。芯柱的纵向钢筋应采用带肋钢筋，并从每层墙（柱）顶向下穿入小砌块孔洞，通过清扫口与圈梁（基础圈梁、楼层圈梁）或连系梁伸出的竖向插筋绑扎搭接。搭接长度应符合设计要求。芯柱钢筋验收合格后，用模板封闭清扫口，同时做好防止混凝土漏浆的措施。

芯柱的混凝土应待墙体砌筑砂浆强度等级达到 1MPa 及以上时，方可浇筑。芯柱的混凝土坍落度不应小于 90mm；当采用泵送时，坍落度不宜小于 160mm。浇筑芯柱的混凝土前，应先浇筑 50mm 厚的与灌孔混凝土成分相同的不含粗骨料的水泥砂浆。芯柱的混凝土应按连续浇筑、分层捣实的原则进行操作，每浇筑 500mm 左右高度，应振捣一次，或边浇筑边用插入式振捣器捣实，直到浇至离该芯柱最上一皮小砌块顶面 50mm 止，不得留施工缝。振捣时，宜选用微型行星式高频振动棒。

（二）施工要点

（1）小砌块在厂内的自然养护龄期或蒸汽养护后的停放时间应不大于 28d。轻集料小砌块的厂内自然养护龄期宜延长至 45d。

（2）小砌块砌筑时的含水率，对普通混凝土小砌块，宜为自然含水率；当天气干燥炎热时，可提前对小砌块浇水润湿；对轻集料混凝土小砌块，宜提前 1 ~ 2d 浇水润湿。不得雨天施工，小砌块表面有浮水时，不得使用。

（3）小砌块砌体应对孔错缝搭砌。搭砌应符合下列规定：

①单排孔小砌块的搭接长度应为块体长度的 1/2，多排孔小砌块的搭接长度不宜小于砌块长度的 1/3；

②当个别部位不能满足搭砌要求时，应在此部位的水平灰缝中设置 4>4 钢筋网片，且网片两端与该位置的竖缝距离不得小于 400mm，或采用配块；

③墙体竖向通缝长度不得超过 2 皮小砌块，独立柱不得有竖向通缝。

（4）墙体转角处和纵横交接处应同时砌筑。临时间断处应砌成斜槎，斜槎水平投影长度不应小于斜槎高度。临时施工洞口可预留直槎，但在补砌洞口时，应在直槎上下搭砌的小砌块孔洞内用强度等级不低于 Cb20 或 C20 的混凝土灌实。

（5）砌体的水平灰缝厚度和竖向灰缝宽度宜为 10mm，但不应小于 8mm，也不应大于 12mm。砌体水平灰缝和竖向灰缝的砂浆饱满度，按照净面积计算不得低于 90%。

（6）砌块房屋所用的材料，除应满足承载力计算要求外，对地面以下或防潮层以下的砌体、潮湿房间的墙，所用材料的最低强度等级还应符合表 3–10 的要求。

表3–10　地面以下或防潮层以下的砌体、潮湿房间墙所用材料的最低强度等级

基土潮湿程度	混凝土小砌块	水泥砂浆
稍潮湿的	MU7.5	Mb5
很潮湿的	MU10	Mb7.5
含水饱和的	MU15	Mb10

（7）在墙体的下列部位，应采用 C20 混凝土灌实砌体的孔洞：

①底层室内地面以下或防潮层以下的砌体；

②无圈梁和混凝土垫块的檩条和钢筋混凝土楼板支承面下的一皮砌块；

③未设置圈梁和混凝土垫块的屋架、梁等构件支承处，灌实宽度不小于 600mm，高度不小于 600mm 的砌块；

4）挑梁支承面下，其支承部位的内外墙交接处，纵横各灌实 3 个孔洞，灌实高度不小于 3 皮砌块。

（8）小砌块墙与后砌隔墙交接处，应沿墙高每 400mm 在水平灰缝内设置不少于 2φ4，且间距不大于 200mm 的焊接钢筋网片。

（9）砌筑小砌块墙体应采用双排脚手架或工具式脚手架。当需在墙上设置脚手眼时，可采用辅助规格的小砌块侧砌，利用其孔洞做脚手眼，墙体完工后应采用强度等级不低于 Cb20 或 C20 的混凝土填实。

（10）正常施工条件下，小砌块砌体每日砌筑高度宜控制在 1.4m 或一步脚手架高度内。

三、填充墙砌体施工

（一）施工准备

1. 技术准备

（1）填充墙砌体应在主体结构及相关分部已经施工完毕，并经有关部门验收合格后进行。

（2）砌筑前，应认真熟悉图纸，核实门窗洞口位置及洞口尺寸，明确预埋件及预留位置，计算出窗台、过梁及水平连系梁等顶部标高，熟悉相关构造及材料要求。

（3）施工前，应结合设计图纸及实际情况，编制出专项施工方案和施工技术交底。

2. 材料要求

（1）砌块材料的品种、规格、强度等级必须符合图纸设计要求，规格尺寸应一致，质量等级必须符合现行国家标准的要求，并应有出厂合格证、试验报告单。轻集料混凝土小型空心砌块、蒸压加气混凝土砌块砌筑时，其产品龄期应大于 28d；蒸压加气混凝土砌块的含水率宜小于 30%。

（2）施工用水泥、水、砂子、石子、砂浆、混凝土、钢筋等材料应符合现行相关规范标准以及设计的规定。

3. 作业条件

（1）砌筑前，将楼、地面基层水泥浮浆及施工垃圾清理干净，弹出楼层轴线及墙身边线。

（2）根据标高控制线及窗台、窗顶标高，预排出砌块的皮数线，皮数线可画在框架柱上，同时标明拉结筋、圈梁、过梁、墙梁的尺寸、标高。

（3）根据最下面第一皮砌块的标高，拉通线检查，如底部找平层厚度超过

20mm，应用 C15 以上细石混凝土找平。严禁用砂浆或砂浆包碎砖找平，更不允许采用两侧砌砖，中间填芯找平。

（4）构造柱钢筋绑扎，隐蔽工程检验完毕。

（5）做好水电管线的预留、预埋工作。

（6）"三宝"（安全帽、安全带、安全网）配备齐全，"四口"（通道口、预留口、电梯井口、楼梯口）和临边做好防护。

（7）框架外墙施工时，外防护脚手架应随着楼层搭设完毕，墙体距外架间的间隙应设水平防护，防止高空坠物。内墙已准备好工具式脚手架。

（二）施工工艺及要求

1. 基层清理

在砌筑砌体前应对墙基层进行清理，将基层上的浮浆、灰尘清扫干净并浇水湿润。

2. 施工放线

放出楼层的轴线、墙身控制线和门窗洞的位置线。在框架柱上弹出标高控制线以控制门窗上的标高及窗台高度，施工放线完成，应经过验收合格后，方能进行墙体施工。

3. 墙体埋设拉结钢筋

墙体拉结钢筋有多种留置方式，目前主要采用植筋方式埋设拉结筋，这种方式埋设的拉结筋的位置较为准确，操作简单不伤结构，但应通过抗拔试验。

4. 构造柱钢筋

在填充墙施工前应先将构造柱钢筋绑扎完毕，构造柱竖向钢筋与原结构上预留插筋的搭接绑扎长度应满足设计及规范要求。

5. 立皮数杆、排砖

（1）在皮数杆上标出砌块的皮数及灰缝厚度，并标出窗、洞及墙梁等构造标高。

（2）根据要砌筑的墙体长度、高度试排砌块，摆出门、窗及孔洞的位置。

6. 填充墙砌筑

（1）采用普通砌筑砂浆砌筑填充墙时，烧结空心砖、吸水率较大的轻集料混凝土小型空心砌块应提前 1 ~ 2d 浇（喷）水湿润。蒸压加气混凝土砌块采用蒸压加气混凝土砌块砌筑砂浆或普通砌筑砂浆砌筑时，应在砌筑当天对砌块砌筑面喷水湿润。块体湿润程度宜符合下列规定：烧结空心砖的相对含水率为 60% ~ 70%；吸水率较大的轻集料混凝土小型空心砌块、蒸压加气混凝土砌块的相对含水率为 40% ~ 50%。

吸水率较小的轻集料混凝土小型空心砌块及采用薄灰砌筑法施工的蒸压加气混凝土砌块，砌筑前不应对其浇（喷）水湿润；在气候干燥炎热的情况下，对吸水率较小的轻集料混凝土小型空心砌块宜在砌筑前喷水湿润。

（2）在厨房、卫生间、浴室等处采用轻集料混凝土小型空心砌块、蒸压加气混凝土砌块砌筑墙体时，墙体底部宜现浇混凝土坎台，其高度宜为150mm。

（3）填充墙砌筑必须内外搭接、上下错缝、灰缝平直、砂浆饱满。操作过程中要经常进行自检，如有偏差，应随时纠正，严禁事后采用撞砖纠正。对于蒸压加气混凝土砌块，上下错缝搭接长度不宜小于砌块长度的1/3，且不应小于150mm；当不能满足时，在水平灰缝中应设置2ϕ6钢筋或4ϕ4钢筋网片加强，加强筋从砌块搭接的错缝部位起，每侧搭接长度不宜小于700mm。对于轻集料混凝土小型空心砌块上下错缝搭接长度不应小于90mm。

（4）填充墙砌筑时，除构造柱的部位外，墙体的转角处和交接处应同时砌筑，严禁无可靠措施的内外墙分砌施工。对于烧结空心砖砌体，转角及交接处应同时砌筑，不得留直槎，留斜槎时，斜槎高度不宜大于1.2m；对于轻集料混凝土小型空心砌块砌体，转角和交接处当不能同时砌筑时，应留成斜槎，斜槎水平投影长度不应小于高度的2/3。

（5）填充墙砌体的灰缝厚度和宽度应正确。烧结空心砖、轻集料混凝土小型空心砌块砌体的灰缝应为8～12mm；蒸压加气混凝土砌块砌体当采用水泥砂浆、水泥混合砂浆或蒸压加气混凝土砌块砌筑砂浆时，水平灰缝厚度和竖向灰缝宽度不应超过15mm；当蒸压加气混凝土砌块砌体采用蒸压加气混凝土砌块黏结砂浆时，水平灰缝厚度和竖向灰缝宽度宜为3～4mm。

（6）填充墙砌至梁、板底时，应留一定空隙，待填充墙砌筑完并应至少间隔14d后，再将其补砌挤紧。

（7）木砖预埋：木砖经防腐处理，木纹应与钉子垂直，埋设数量按洞口高度确定：洞口高度≤2m，每边放2块；高度在2～3m时，每边放3～4块。预埋木砖的部位一般在洞口上下四皮砖处开始，中间均匀分布或按设计预埋。

（8）设计墙体上有预埋、预留的构造，应随砌随留、随复核，确保位置正确、构造合理。不得在已砌筑好的墙体中打洞；墙体砌筑中，不得搁置脚手架。

（9）凡穿过砌块的水管，应严格防止渗水、漏水。在墙体内敷设暗管时，只能垂直埋设，不得水平开槽，敷设应在墙体砂浆达到强度后进行。混凝土空心砌块预埋管应提前专门做有预埋槽的砌块，不得墙上开槽。

（10）加气混凝土砌块切锯时应用专用工具，不得用斧子或瓦刀任意砍劈，洞口两侧应选用规则、整齐的砌块砌筑。

第五节　砌筑工程的质量及安全技术

一、砌筑工程的质量要求

（1）砌体施工质量控制等级分为三级，其标准应符合表3-11的要求。

表3-11　砌体施工质量控制等级

项目	施工质量控制等级		
	A	B	C
现场质量管理	监督检查制度健全，并严格执行；施工方有在岗专业技术管理人员，人员齐全，并持证上岗	监督检查制度基本健全，并能执行；施工方有在岗专业技术管理人员，人员齐全，并持证上岗	有监督检查制度；施工方有在岗专业技术管理人员
砂浆、混凝土强度	试块按规定制作，强度满足验收规定，离散性小	试块按规定制作，强度满足验收规定，离散性较小	试块按规定制作，强度满足验收规定，离散性大
砂浆拌和	机械拌和；配合比计量控制严格	机械拌和；配合比计量控制一般	机械或人工拌和；配合比计量控制较差
砌筑工人	中级工以上，其中，高级工不少于30%	高、中级工不少于70%	初级工以上

（2）砌体结构工程检验批验收时，其主控项目应全部符合《砌体结构工程施工质量验收规范》的规定；一般项目应有80%及以上的抽检处符合规范的规定；有允许偏差的项目，最大超差值为允许偏差值的1.5倍。

（3）砌体结构工程所用的材料应有产品的合格证书、产品性能型式检测报告，质量应符合国家现行有关标准的要求。块体、水泥、钢筋、外加剂尚应有相应主要性能的进场复验报告，并应符合设计要求。严禁使用国家明令淘汰的材料。

（4）砌筑砂浆试块强度验收时，其强度合格标准应符合下列规定：

①同一验收批砂浆试块强度平均值应大于或等于设计强度等级值的1.10倍；

②同一验收批砂浆试块抗压强度的最小一组平均值应大于或等于设计强度等级值的85%。

（5）砌体应灰缝横平竖直、砂浆饱满、厚薄均匀，砌块应上下错缝，内外搭砌，接槎牢固。

（6）砖砌体、小砌块砌体的尺寸、位置的允许偏差及检验方法应符合表3-12的规定。

表3-12 砖砌体、小砌块砌体的尺寸、位置的允许偏差及检验方法

项次	项目			允许偏差（mm）	检验方法	抽检数量
1	轴线位移			10	用经纬仪和尺或用其他测量仪器检查	承重墙、柱全数检查
2	基础、墙、柱顶面标高			±15	用水准仪和尺检查	不应少于5处
3	墙面垂直度	每层		5	用2m托线板检查	不应少于5处
		全高	≤10m	10	用经纬仪、吊线和尺或其他测量仪器检查	外墙全部阳角
			>10m	20		
4	表面平整度	清水墙、柱		5	用2m靠尺和楔形塞尺检查	不应少于5处
		混水墙、柱		8		
5	水平灰缝平直度	清水墙		7	拉5m线和尺检查	不应少于5处
		混水墙		10		
6	门窗洞口高、宽后塞口）			±10	用尺检查	不应少于5处
7	外墙上、下窗口偏移			20	以底层窗口为准，用经纬仪或吊线检查	不应少于5处
8	清水墙游丁走缝			20	以每层第一皮砖为准，用吊线和尺检查	不应少于5处

（7）填充墙砌体尺寸、位置的允许偏差及检验方法应符合表3-13的规定。

表3-13 填充墙砌体尺寸、位置的允许偏差及检验方法

项次	项目		允许偏差（mm）	检验方法
1	轴线位移		10	用尺检查
2	垂直度（每层）	≤3m	5	用2m托线板或吊线、尺检查
		>3m	10	
3	表面平整度		8	用2m靠尺和楔形尺检查
4	门窗洞口高、宽（后塞口）		±10	用尺检查
5	外墙上、下窗口偏移		20	用经纬仪或吊线检查

（8）填充墙砌体的砂浆饱满度及检验方法应符合表 3–14 的规定。

表3–14　填充墙砌体的砂浆饱满度及检验方法

砌体分类	灰缝	饱满度及要求	检验方法
空心砖砌体	水平	≥80%	采用百格网检查块体底面或侧面砂浆的黏结痕迹面积
	垂直	填满砂浆，不得有透明缝、瞎缝、假缝	
蒸压加气混凝土砌块、轻集料混凝土小型空心砌块砌体	水平	≥80%	
	垂直	≥80%	

二、砌筑工程的安全与防护措施

（1）在砌筑操作之前，必须检查施工现场各项准备工作是否符合安全要求，如道路是否畅通，机具是否完好牢固，安全设施和防护用品是否齐全，经检查符合要求后方可施工。

（2）砌墙的高度超过地坪 1.2m 以上时，应搭设脚手架。在一层以上或高度超过 4m 时，采用里脚手架必须支搭安全网；采用外脚手架应护身栏杆和挡脚板后方可砌筑。脚手架上堆料量不得超过规定荷载，堆砖高度不得超过 3 皮侧砖，同一块脚手板上的操作人员不应超过 2 人。

（3）不准站在墙顶上进行画线、刮缝及清扫墙面或检查大角垂直等工作。不准用不稳固的工具或物体在脚手板面垫高操作，更不准在未经过加固的情况下，在一层脚手架上随意再叠加一层。

（4）砍砖时应面向墙面，防止碎砖跳出伤人。工作完毕应将脚手板和砖墙上的碎砖、灰浆等清扫干净，防止掉落伤人。

（5）雨天或每天下班时，要做好防雨措施，以防雨水冲走砂浆，致使砌体倒塌。冬期施工时，脚手板上如有冰霜、积雪，应先清除后才能上架子进行操作。

（6）在同一垂直面内上下交叉作业时，必须设置安全隔板，下方操作人员必须佩戴安全帽。

（7）不准勉强在超过胸部以上的墙体上进行砌筑，以免将墙体碰撞倒塌或上料时失手掉下砖头等造成安全事故。

（8）已经就位的砌块，必须立即进行竖缝灌浆；对稳定性较差的窗间墙、独立柱和挑出墙面较多的部位，应加临时稳定支撑，以保证其稳定性。

（9）对有部分破裂和脱落危险的砌块，严禁起吊；起吊砌块时，严禁将砌块停留在操作人员的上空或在空中整修；砌块吊装时，不得在下一层楼面上进行其他任何工作；卸下砌块时应避免冲击，砌块堆放应尽量靠近楼板两端，不得超过楼板的承重能力；砌块吊装就位时，应待砌块放稳后，方可松开夹具。

（10）凡脚手架、井架、门架搭设好后，须经专人验收合格后方准使用。

第四章　钢筋混凝土工程施工

第一节　模板工程

一、模板的构造与安装

（一）胶合板模板

1. 基础模板的安装

（1）阶梯形基础模板

阶梯形基础模板由四块侧板拼钉而成，其中两块侧板的尺寸与相应的台阶侧面尺寸相等，另外两块侧板的长度应比相应的台阶侧面长度大 150 ~ 200mm，高度与其相等。

安装顺序：放线→安底阶模板→安底阶支撑→安上阶模板→安上阶围箍和支撑→搭设模板吊架→检查、校正→验收。

根据图纸尺寸制作每一阶模板，支模顺序为由下至上、逐层向上，先安装底阶模板，用斜撑和水平撑钉稳撑牢；核对模板上的墨线位置及标高，配合绑扎钢筋及混凝土（或砂浆）垫块，再进行上一阶模板安装，重新核对各部位的墨线位置和标高，并把斜撑、水平支撑以及拉杆加以钉紧、撑牢，最后检查斜撑及拉杆是否稳固，校核基础模板几何尺寸、标高及轴线位置。安装时要保证上、下模板不发生相对位移。

（2）杯形基础模板

杯形基础模板与阶梯形基础模板基本相似，在模板的顶部中间装杯芯模板。

安装顺序：放线→安底阶模板→安底阶支撑→安上阶模板→安上阶围箍和支撑→搭设模板吊架安杯芯模板）→检查、校正→验收。

杯芯模板分为整体式和装配式，尺寸较小者一般采用整体式。

（3）条形基础模板

根据土质分为两种情况：土质较好时，下半段利用原土削铲平整不支设模板，仅上半段采用吊模；土质较差时，其上、下两段均支设模板。侧板和端头板制成后，应先在基础底弹出基础边线和中心线，再把侧板和端头板对准边线和中心线，用水平尺校正侧板顶面水平，经检测无误差后，用斜撑、水平撑及拉撑钉牢。最后校核基础模板几何尺寸及轴线位置。

（4）基础模板安装的施工要点

①安装模板前先复查基础垫层标高及中心线位置，弹出基础边线。基础模板板面标高应符合设计要求。

②基础下段土质良好，可直接利用作为土模时，开挖基坑和基槽尺寸必须准确。

③采用木板拼装的杯芯模板，应采用竖向直板拼钉，不宜采用横板，以免拔出困难。

④脚手板不能搭设在基础模板上。

2. 柱模板的安装

柱模板一般由两块相对的内拼板、两块相对的外拼板、竖楞和柱箍组成。拼板上端应根据实际情况开有与梁模板连接的缺口，底部开有清理孔，沿高度每隔2m开有浇筑孔。

安装过程及要求：

（1）弹线定位：先将基础顶面或楼面清理干净，并弹出柱子的轴线及边线，同一柱列则先弹出两端柱，再拉通线弹中间柱的轴线和边线。

（2）安装压脚板：根据柱子边线的位置，在柱子底部安装压脚板，压脚板的安装位置应按照柱边线向外延伸模板厚度确定。压脚板一般为50mm宽、板边切直的18mm厚胶合板，用水泥钉间隔200mm将其固定在楼板面上，压脚板之间不得重叠。

（3）安装柱侧模：根据柱子边线及压脚板的位置，安装柱侧模，并用铁丝临时固定，也可事先组装好，用塔吊直接吊装。柱模中竖愣木的断面尺寸、间距应在模板设计中计算确定。

（4）安装柱箍：柱箍可用角钢、钢管等制成，柱箍的间距应根据柱模的尺寸、侧压力的大小在模板设计中计算确定，一般情况下，下部的间距应小些，往上可逐渐增大间距。当柱截面尺寸较大时，应考虑在柱模内设置对拉螺栓。

（5）安装柱模的拉杆或斜撑，调整柱模垂直度：柱模每边设2根拉杆，固定于事先预埋在楼板内的钢筋环上，用经纬仪控制，用花篮螺栓调节校正模板垂直度，拉杆与地面夹角宜为45°。

（6）检查验收：将柱模内清理干净，封闭清扫口，进行柱模板检查、验收，并形成相关验收资料。

3．墙体模板的安装

墙体模板常规的支模方法是：胶合板面板外侧的次愣木（又称立档）用 50mm×100mm 方木，主愣木（又称横档、牵杠）可用 φ48×3.5 脚手钢管或方木（一般为边长 100mm 方木），两侧胶合板模板用穿墙螺栓拉结。

墙体钢筋绑扎完毕并经过验收后，进行墙模板安装时，根据边线先立一侧模板，临时用支撑撑住，用线垂校正模板的垂直度，然后固定牵杠，再用斜撑固定。大块侧模组拼时，上下竖向拼缝要互相错开先立两端，后立中间部分，然后再按照同样的方法安装另外一侧模板及斜撑等。

为了保证墙体的厚度正确，在两侧模板之间可用小方木撑头（小方木长度等于墙厚），小方木要随着浇筑混凝土逐个取出。为了防止浇筑混凝土时墙身鼓胀，可用直径 12～16mm 螺栓拉结两侧模板，间距不大于 1m。螺栓要纵横排列，并可增加穿墙螺栓套管，以便在混凝土凝结后取出。如墙体不高，厚度不大，亦可在两侧模板上口钉上搭头木。

4．梁模板的安装

梁的特点是跨度大而宽度不大，梁底一般是架空的，其模板主要由底模、侧模及支架系统组成。

梁模板施工过程如下：

（1）在楼面或柱子上弹出梁的轴线和边线，同时在柱子上弹出水平线，以控制层高和梁的位置。

（2）搭设梁模板底部的支架。支架所用的材料、规格以及搭设方案必须经模板设计计算确定并符合相关规范要求。

（3）安装梁的底模板。对跨度不小于 4m 的梁，其梁底模板需要起拱，起拱的高度宜为梁跨度的 1/1000～3/1000。梁的底模板经验收合格后，用钢管扣件固定好。

（4）安装梁的侧模板。梁的钢筋绑扎好后，清除杂物，开始安装梁侧模板并初步固定。梁侧模板上口要拉线找直，用梁内支撑固定。

（5）安装完成后，进一步校正梁底模位置、侧模垂直度和梁截面尺寸并加以固定。

5．楼板模板的安装

楼板的特点是面积大而厚度比较薄，侧向压力小。楼板模板及其支架系统，主要承受钢筋、混凝土的自重及其施工荷载，要具有可靠的强度、刚度和稳定性。

楼板模板施工过程如下：

（1）先在梁模板的两侧板外侧弹水平线，水平线的标高为楼板底标高减去楼板模板厚度及楼板次龙骨高度。此水平线作为铺设楼面模板的依据，便于控制顶板模板的标高。

（2）支设楼板模板的支架。支架所用的材料、规格以及搭设方案必须经模板设计计算确定并符合相关规范要求。

（3）按照水平控制线调整柱头U形托的支撑高度，安放主龙骨、次龙骨。主、次龙骨的间距按不同板厚由计算决定，主龙骨沿房间短向铺设，次龙骨沿房间长向铺设，接头相互错开。楼板支模的房间跨度不小于4m时，楼板的模板应按要求起拱，起拱高度宜为板跨度的1/1000～3/1000。起拱方法为主龙骨调平，主次龙骨之间用小木片垫高。

（4）在次龙骨上铺钉胶合板。板拼接时，拼缝必须在次龙骨上，板与板之间应事先在板端次愣上粘贴海绵条，以防止接缝处漏浆。

（5）楼板模板铺好后应进行模板顶面标高、平整度的检查验收，并将梁内及板面清扫干净。

6. 胶合板模板的配制方法和要求

（1）胶合板模板的配制方法

①按设计图纸尺寸直接配制模板

形体简单的结构构件，可根据结构施工图纸直接按尺寸列出模板规格和数量进行配制。模板厚度、横档及楞木的断面和间距，以及支撑系统的配置，都可按支撑要求通过计算选用。

②采用放大样方法配制模板

形体复杂的结构构件，如楼梯、圆形水池等，可在平整的地坪上，按结构图的尺寸画出结构构件的实样，量出各部分模板的准确尺寸或套制样板，同时确定模板及其安装的节点构造，进行模板的制作。

③用计算方法配制模板

形体复杂的结构构件不易采用放大样方法，但有一定几何形体规律的构件，可用计算方法结合放大样的方法，进行模板的配制。

④采用结构表面展开法配制模板

一些形体复杂且又由各种不同形体组成的复杂体型结构构件，如设备基础，其模板的配制，可采用先画出模板平面图和展开图，再进行配模设计和模板制作。

（2）胶合板模板的配制要求

①应整张直接使用，尽量减少随意锯截，造成胶合板浪费。

②木胶合板常用厚度一般为12mm或18mm，竹胶合板常用厚度一般为12mm，

内、外愣的间距，可随胶合板的厚度，通过设计计算进行调整。

③支撑系统可以选用扣件式钢管脚手架，也可以采用碗扣式钢管脚手架，严禁钢木混撑。

采用扣件式钢管脚手架时，顶部支撑必须采用可调托座进行受力，不得采用扣件受力；采用碗扣式钢管脚手架时，板支撑立杆应全部连接成整体，遇梁不得断开。扣件式钢管脚手架及碗扣式钢管脚手架搭设应符合《建筑施工模板安全技术规范》《建筑施工碗扣式钢管脚手架安全技术规范》《建筑施工扣件式钢管脚手架安全技术规范》中相关规定要求。

④柱、墙等竖向模板及梁底模板宜采用方钢管作为愣木，不得使用胶合板材、原木以及腐朽、不成规格、脆性、严重扭曲和受潮容易变形的木材作为楞木。柱、梁构件不得使用角钢包角代替次愣。同种材料的主楞木规格不应小于次楞木。

⑤钉子长度应为胶合板厚度的 1.5 ~ 2.5 倍，每块胶合板与木愣相叠处至少钉 2 个钉子。

第二块板的钉子要朝第一块模板方向斜钉，使拼缝严密，不得将铁钉固定于胶合板侧面，当采用方钢管作为楞木时应采用钢钉进行固定。

⑥配制好的模板应在反面编号并写明规格，分别堆放保管，以免错用。

⑦对于二次使用的模板应做好保护措施，避免搬运过程中受损，使用之前应涂刷水溶性脱模剂。

7. 胶合板模板的安装要求

（1）柱、墙模板安装施工应符合下列要求：

①柱模竖向次愣布置应贯穿整根柱长，在梁柱交接处，当梁净高 ≥ 600mm 时，柱头位置应加设对拉螺栓。方柱四角竖向次楞木应对称对顶。

②柱模第一道箍离柱底不应大于 150mm，最下两箍间距不应大于 500mm。当需设置穿柱对拉螺栓时，对拉螺栓沿柱高度方向的布置应与柱箍等距等量。

③柱、墙临空面的模板面板与次楞应从楼面起向下延伸 200mm，并在内模与楼面梁侧用 2mm 厚双面胶带封贴。非临边柱、墙根部应采用水泥砂浆进行塞缝。

④墙模第一道主愣离墙底不应大于 150mm，墙边第一行对拉螺栓与第二行螺栓间距不宜大于 500mm。墙模主次楞、对拉螺栓间距应满足设计计算要求。地下结构外墙及其他有防水要求的墙体，应采用止水型对拉螺栓。

⑤穿墙对拉螺栓直径不应小于 12mm，止水螺杆应有相应的合格证。

（2）梁模板安装施工应符合下列要求：

①梁侧模上口应设置纵向通长托木，下口应设置纵向通长夹木且不得兼做梁底

模主、次愣，托木与夹木间应设置竖向立档，其间距不应大于800mm。梁面板的对接处应紧密。

②高度大于400mm的梁，梁底模应设有主、次愣，不得随意取消次愣木而用纵向主愣木代替。

③梁净高≥600mm时，应设置穿梁对拉螺栓，对拉螺栓固定时应用两根并列通长的枋木或双肢 φ48×3.5钢管作支托，不得直接固定在梁侧面板上。

（3）楼板、楼梯板模板施工构造应符合下列要求：

①楼板底模应设有主、次愣，次愣木应采用100mm×100mm、50mm×100mm枋木或50mm×50mm、壁厚3.5mm的方钢管，主愣木应米用100mm×100mm枋木，其间距应符合设计计算要求。

②除跨度不大于1200mm的楼板外，楼板模板竖向支撑应独立。

③楼板与墙等构件交接处应设置通长封口托木。

④与楼梯踏步相连的墙体模板，应在踏步槽口上方增设一道斜愣木，并用穿墙对拉螺栓固定。

⑤踏步板接缝处需设置后插板。

（4）梁、板模板竖向支撑施工构造应符合下列要求：

①梁模板支架立杆横向布置应对称，其数量、间距应符合设计计算要求，且数量不得少于2根。

②梁、板模板支架的扫地杆距楼地面的高度，扣件式钢管脚手架应不大于200mm，碗扣式钢管脚手架应不大于350mm。立杆上端包括顶托可调螺杆在内，伸出顶层水平杆长度大于相关规范的规定时，应增设水平杆。

③整体楼板的梁、板模板支架立杆在水平方向应相互拉结。支撑高度大于3.5m的架体应按满堂架的要求设置竖向和水平剪刀撑。

④支架立杆严禁出现单根钢管支撑，立杆底部需设置垫块，垫块可采用方木、槽钢、钢板底托。

（二）通用组合式模板

通用组合式模板，是按模数制设计，工厂成型，有完整的、配套使用的通用配件，具有通用性强、装拆方便、周转次数多等特点，包括组合钢模板、钢框竹（木）胶合板模板、塑料模板、铝合金模板等。在现浇钢筋混凝土结构施工中，用它能事先按设计要求组拼成梁、柱、墙、楼板的大型模板，再整体吊装就位，也可采用散装、散拆方法。

本部分内容以55型组合钢模板为例进行介绍。

1. 组合钢模板的组成

组合钢模板主要由钢模板、连接件和支撑件三大部分组成。

（1）钢模板包括平板模板、阴角模板、阳角模板、连接角模等通用模板及倒棱模板、梁腋模板、柔性模板、搭接模板、可调模板、嵌补模板等专用模板，各种钢模板的材料。

（2）连接件包括 U 形卡、L 形插销、对拉螺栓、钩头螺栓、紧固螺栓、扣件，其材料。

（3）支撑件包括钢管支架、门式支架、碗扣式支架、盘销（扣）式脚手架、钢支柱、四管支柱、斜撑、调节托、钢楞、方木等。

2. 组合钢模板的特点及用途

（1）钢模板的用途

①平面模板可用于基础、墙体、梁、柱和板等各种结构的平面部位。它由面板、边框、纵横肋组成，为了便于连接，边框上有连接孔，边框的长向及短向的孔距均一致，以便横竖都能连接。

②阴角模板可用于墙体和各种构件的内角及凹角的转角部位。

③阳角模板可用于柱、梁及墙体等外角及凸角的转角部位。

④连接角模可用于柱、梁及墙体等外角及凸角的转角部位。

⑤倒棱模板可用于柱、梁及墙体等阳角的倒棱部位。倒棱模板有角棱模板和圆棱模板。

⑥梁腋模板可用于暗渠、明渠、沉箱及高架结构等梁腋部位。

⑦柔性模板可用于圆形筒壁、曲面墙体等结构部位。

⑧搭接模板可用于调节 50mm 以内的拼装模板尺寸。

⑧双曲可调模板可用于构筑物曲面部位。

⑩变角可调模板可用于展开面为扇形或梯形的构筑物的结构部位。

⑪嵌补模板可用于梁、板、墙、柱等结构的接头部位。

（2）连接件的用途

①U 形卡可用于钢模板纵横向自由拼接，是将相邻钢模板夹紧固定的主要连接件。

②L 形插销可增强钢模板纵向拼接刚度，保证接缝处板面平整。

③钩头螺栓可用于钢模板与内、外钢楞之间的连接固定。

④紧固螺栓可用于紧固内、外钢楞，增强拼接模板的整体刚度。

⑤对拉螺栓可用于拉结两竖向侧模板，保证两侧模板的间距，承受混凝土侧压

力和其他荷载，确保模板有足够的刚度和强度。

⑥边肋连接销可用于将相邻钢模板夹紧固定。

⑦扣件可用于钢楞与钢模板或钢楞之间的紧固连接，应与其他配件一起将钢模板拼装连接成整体，扣件应与相应的钢楞配套使用；可按钢楞的不同形状分别采用碟形扣件和"3"形扣件，扣件的刚度应与配套螺栓的强度相适应。

（3）支撑件的用途

①钢管脚手架

钢管脚手架主要用于层高较大的梁、板等水平构件模板的垂直支撑。目前常用的有扣件式钢管脚手架、碗扣式钢管脚手架、盘销（扣）式钢管脚手架等。

a. 扣件式钢管脚手架。一般采用外径 48mm、壁厚 3.5mm 的焊接钢管，长度有2.0m、3.0m、4.0m、5.0m、6.0m 几种，另外配有短钢管，供接长调距使用。

b. 碗扣式钢管脚手架。它是一种常规的承插式钢管脚手架，节点主要由上碗扣、下碗扣、横杆插头、限位销构成，立杆连接方式一般有外套管式和内接式。立杆型号主要为 LG–300、LG–240、LG–180、LG–120。

②门式脚手架

a. 基本结构和主要部件：门式脚手架由门式框架、交叉支撑（即斜拉杆）和水平架或脚手板构成基本单元。将基本单元相互连接，并增加梯子、栏杆等部件构成整片脚手架，并可通过上架（即接高门架）达到调整门式架高度、适应施工需要的目的。

b. 底座和托座：底座有可调底座、简易底座和带脚轮底座三种。可调底座的可调高度范围为 200 ~ 550mm，它主要用于支模架以适应不同支模高度的需要；简易底座只起支撑作用，无调高功能，使用时要求地面平整；带脚轮底座多用于操作平台，以满足移动的需要。

托座有平板和 L 形两种，置于门架竖杆的上端，带有丝杠以调节高度，主要用于支模架。

c. 其他部件：包括脚手板、梯子、扣墙器、栏杆、连接棒、锁臂和脚手板托架等。其中脚手板一般为钢脚手板，其两端带有挂扣，置于门架的横梁上并扣紧，脚手板也是加强门式架水平刚度的主要构件。

d. 门式架之间的连接构造：门式架连接不采用螺栓结构，而是用方便、可靠的自锚结构。主要形式包括制动片式、滑片式、弹片式和偏重片式。

③钢支柱

用于大梁、楼板等水平模板的垂直支撑，采用 Q235 钢管制作。单管支柱分

C-18 型、C-22 型和 C-27 型三种，其规格（长度）分别为 1812 ～ 3112mm、2212 ～ 3512mm 和 2712 ～ 4012mm。

④斜撑用于承受墙、柱等侧模板的侧向荷载和调整竖向支模的垂直度。

⑤调节托、早拆柱头

用于梁和楼板模板的支撑顶托。

⑥龙骨

龙骨包括钢楞、木楞及钢木组合楞。主要用于支撑模板并加强整体刚度。钢楞包括圆钢管、矩形钢管、轻型槽钢、内卷边槽钢以及轧制槽钢。木楞主要有 100mm×100mm、100mm×50mm 枋木。钢木组合楞是由枋木与冷弯薄壁型钢组成的可共同受力的模板背楞，它主要包括"U"形和"几"字形。

3．钢模板的施工设计

（1）施工前，应根据结构施工图、施工组织设计及施工现场实际情况，编制模板工程专项施工方案。模板工程专项施工方案应包括以下内容：

①工程概况：施工平面布置、施工要求和技术保证条件、结构形式、层高、主要构件截面尺寸等。

②编制依据：相关法律、法规、规范性文件、标准、规范及图纸（国标图集）、施工组织设计等。

③施工计划：包括施工进度计划、材料与设备计划。编制模板数量明细表，包括模板、构配件及支撑件的规格、品种；制订模板及配件的周转使用计划，编制分批进场计划。

④施工工艺技术：技术参数、工艺流程、施工方法、检查验收等。根据结构形式和施工条件，确定模板及支架类型、荷载，对模板和支撑系统等进行力学计算。

⑤施工安全保证措施：制定模板安装及拆模工艺，明确质量验收标准以及技术安全措施。

⑥劳动力计划：专职安全生产管理人员、特种作业人员等。

⑦计算书及相关图纸：绘制配板设计图、加固和支撑系统布置图，以及细部结构、异形和特殊部位的模板详图；模架荷载计算书。

（2）模板的强度和刚度验算，应按照下列要求进行：

①模板承受的荷载参见《混凝土结构工程施工规范》的有关规定进行计算。

②组成模板结构的钢模板、钢楞和支柱应采用组合荷载验算其刚度，其容许挠度应符合规范要求。

（3）配板设计和支撑系统的设计，应遵守以下规定：

①要保证构件的形状尺寸及相互位置的正确。

②要使模板具有足够的强度、刚度和稳定性，能够承受新浇混凝土的重量和侧压力，以及各种施工荷载。

③力求构造简单，装拆方便，不妨碍钢筋绑扎，保证混凝土浇筑时不漏浆。柱、梁、墙、板的各种模板面的交接部分，应采用连接简便、结构牢固的专用模板。

④配制的模板，应优先选用通用、大块模板，使其种类和块数最少，木模镶拼量最少。设置对拉螺栓的模板，为了减少钢模板的钻孔损耗，可在螺栓部位用100mm宽的钢模。

⑤相邻钢模板的边肋，都应用U形卡插卡牢固，U形卡的间距不应大于300mm，端头接缝上的卡孔，也应插上U形卡或L形插销。

⑥模板长向拼接宜采用错开布置，以增加模板的整体刚度。

⑦模板的支撑系统应根据模板的荷载和部件的刚度进行布置。

（4）配板步骤：

①根据施工组织设计对施工工期的安排，施工区段和流水段的划分，首先明确需要配制模板的层、段数量。

②根据工程情况和现场施工条件，决定模板的组装方法。

③根据已经确定配模的层、段数量，按照施工图纸中柱、墙、梁、板等构件尺寸，进行模板组配设计。

④确定支撑系统的类型，明确支撑系统的布置、连接和固定方法。

⑤进行夹箍和支撑件等的设计计算和选配工作。

⑥确定预埋件的固定方法、管线埋设方法以及特殊部位（如预留孔洞等）的处理方法。

⑦根据所需钢模板、连接件、支撑及架设工具等列出统计表，以便备料。

（三）大模板

大模板是一种现浇混凝土墙体的大型工具式模板，常用于剪力墙、筒体、桥墩的施工。一般配以相应的起重吊装机械，通过合理的施工组织安排，以机械化施工方式在现场浇筑混凝土竖向主要是墙等）结构构件。大模板由面板、加劲肋、竖愣、支撑桁架和稳定机构、操作平台、穿墙螺栓等组成。

1. 面板

面板是直接与混凝土接触的部分，要求平整、刚度好，通常采用钢面板和胶合板面板。钢面板由4～6mm厚的钢板制成，胶合板面板厚12～18mm。

2. 加劲肋

加劲肋的作用是固定面板，阻止其变形并把混凝土传来的侧压力传递到竖楞上，加劲肋可做成水平肋或垂直肋。加劲肋一般采用 6 号或 8 号槽钢，肋的间距一般为 300 ~ 500mm。

3. 竖楞

竖楞是与加劲肋相连接的竖直构件，其作用是加强大模板的整体刚度，承受模板传来的混凝土侧压力并作为穿墙螺栓的支点。竖楞一般采用 6 号或 8 号槽钢制作，间距一般为 1.0 ~ 1.2m。

4. 支撑桁架和稳定机构

支撑桁架用螺栓或焊接与竖楞连接在一起，其作用是承受风荷载等水平力，防止大模板倾覆。桁架上部可搭设操作平台。

稳定机构是在大模板两端桁架底部伸出的支腿上设置的可调整螺旋千斤顶。

5. 操作平台

操作平台是施工人员操作场所，有以下两种做法：

（1）将脚手板直接铺在支撑桁架的水平弦杆上形成操作平台，外侧设置栏杆。这种操作平台工作面较小，但投资少，装拆方便。

（2）在两道横墙之间的大模板的边框上用角钢连成格栅，在其上满铺脚手板。优点是施工安全，但是耗钢量大。

6. 穿墙螺栓

穿墙螺栓的作用是控制模板间距，承受新浇混凝土的侧压力，并能加强模板刚度。为了避免穿墙螺栓与混凝土黏结，在穿墙螺栓外边套一根硬塑料管。穿墙螺栓一般设置在大模板的上、中、下三个部位，上穿墙螺栓距模板顶部 250mm 左右，下穿墙螺栓距模板底部 200mm 左右。

（四）滑升模板

滑升模板（简称为滑模）是一种工具式模板，是在混凝土连续浇筑过程中，可使模板面紧贴混凝土面滑动的模板。采用滑模施工要比常规施工节约模板和脚手板等 70% 左右；可以节约劳动力 30% ~ 50%；采用滑模施工要比常规施工的工期短、速度快，可以缩短施工周期 30% ~ 50%；滑模施工的结构整体性好，抗震效果明显，适用于高层或超高层抗震建筑物和高耸构筑物施工。

1. 滑模装置的三个组成部分

（1）模板系统。包括模板、围圈、提升架等，它的作用主要是成型混凝土。

（2）操作平台系统。包括操作平台、辅助平台、内外吊脚手架等，是施工操作的场所。

（3）提升机具系统。包括支撑杆、千斤顶和提升操作装置等，是滑升的动力。

这三部分通过提升架连成整体，构成整套滑模装置。

2. 滑模施工特点

在建筑物或构筑物底部，沿墙、柱、梁等构件的周边组装高 1.2m 左右的模板，在模板内不断浇筑混凝土和不断向上绑扎钢筋的同时，利用一套提升设备，将模板装置不断向上提升，使混凝土连续成型，直到需要浇筑的高度。

滑模装置的全部荷载是通过提升架传递给千斤顶，再由千斤顶传递给支撑杆承受。

（五）早拆模板

1. 早拆模板基本构造

（1）支撑构件

早拆模板支撑可以采用插卡式、碗扣式、独立钢支撑、门式脚手架等多种形式，但是必须配置早拆装置，以便符合早拆的要求。

（2）早拆装置

早拆装置是实现模板和龙骨早拆的关键部件，它由支撑顶板、升降托架、可调节丝杆、支撑架立柱组成。支撑顶板平面尺寸不宜小于 $100mm \times 100mm$，厚度不应小于 8mm。早拆装置的加工应符合国家或者行业现行的材料加工标准及焊接标准。

（3）模板及龙骨

模板可根据工程需要及现场实际情况，选用组合钢模板、钢框竹木胶合板、塑料板模板等。龙骨可根据现场实际情况，选用专用型钢、方木、钢木复合龙骨等。

2. 早拆模板适用范围

早拆模板适用于工业与民用建筑现浇钢筋混凝土楼板施工，适用条件为：楼板厚度不小于 100mm，且混凝土强度等级不低于 C20；第一次拆除模架后保留的竖向支撑间距不小于 2.0m。早拆模板不适用于预应力楼板的施工。

3. 早拆模板施工设计原则

（1）早拆模板应根据施工图纸及施工组织设计，结合现场施工条件进行设计。

（2）模板及其支撑设计计算必须保证有足够的强度、刚度和稳定性，满足施工过程中承受浇筑混凝土的自重荷载和施工荷载的要求，确保安全。

（3）参照楼板厚度、混凝土设计强度等级及钢筋配置情况，确定最大施工荷载，进行受力分析，设计竖向支撑间距及早拆装置的布置。

（4）早拆模板设计应明确标注第一次拆除模架时保留的支撑，并应保证上下层支撑位置对应准确。

（5）根据楼层的净空高度，按照支撑杆件的规格，确定竖向支撑组合，根据竖向支撑结构受力分析确定横杆步距。

（6）确定需保留的横杆，保证支撑架体的空间稳定性。

（7）第一次拆除模架后保留的竖向支撑间距应≤2.0m。

（8）根据上述确定的控制数据（立杆最大间距及早拆装置的型号、横杆步距等），制定早拆模板支撑体系施工方案，明确模板的平面布置。

（9）根据早拆模板施工方案图及流水段的划分，对材料用量进行分析计算，明确周转材料的动态用量，并确定最大控制用量，以保证周转材料的及时供应及退场。

（10）安装上层楼板模架时，常温施工在施工层下应保留不少于两层支撑，特殊情况可经计算确定。

4. 早拆模板施工设计要点

（1）模板、龙骨提早拆除的目的是在下一个流水段施工中使用，实现这个目的要做到合理使用材料，以减少投入，便于操作，提高工效及利于文明施工与现场管理。同时，要保证模板、龙骨及早拆支架在新浇筑混凝土和施工操作等荷载作用下，具有足够的强度、刚度，确保早拆支架的稳定。

（2）早拆模板设计前，要备齐所需的各种资料，如有关结构施工图、施工组织设计或相关的施工技术方案等。

（3）根据现场情况，确定模板、龙骨所用材料，并备齐有关施工规范、设计规范及技术资料，以确定各种材料的力学性能指标，如弹性模量、强度指标及计算截面力学特性等。

（4）早拆模板施工方案编制时，应进行各种必要的设计计算（如模板体系的设计计算、拆模强度及时间的确定、后拆支撑配置层数的计算等），为模板施工图的绘制提供各种控制数据。

（5）根据结构施工平面图，对各房间的平面尺寸进行计算、分析、统计、归纳、编号，平面尺寸一样的房间编相同的号，并绘制出总平面图。

（6）根据计算确定的水平支撑格构及各房间的平面尺寸，绘制各不同编号的房间施工（支模）大样图及材料用量表。

（7）绘制竖向剖面结点大样，注明模板、龙骨及支架竖向、水平支撑的组合情况。

（8）绘制规范化竖向施工模式图，标明不同施工季节所需支撑层数及模板材料的施工流水。

（9）为了掌握资金的投入数额及材料总供应量，要进行动态用量分析计算，并编制出材料总用量供应表。

5. 早拆模板施工工艺流程

（1）模板安装：模板施工图设计→材料准备、技术交底→弹控制线→确定角立杆位置并与相邻的立杆支搭，形成稳定的四边形结构→按照设计展开支架搭设→整体支架搭设完毕→第一次拆除部分放入托架，保留部分放入早拆装置图→调整早拆托架和早拆装置标高→敷设主龙骨、敷设次龙骨→早拆装置顶板调整到位（模板底标高）→铺设模板→模板检查验收。

（2）模板拆除：楼板混凝土强度达到设计强度的50%，且上层墙体结构大模板吊出，施工层无过量堆积物时，拆除模板的顺序如下：

①调节支撑头螺母，使托架下降，模板与混凝土脱开，实现主次龙骨、模板及不保留支撑的拆除。

②保留早拆支撑头，继续支撑，进行混凝土养护。

③待混凝土的强度符合设计或规范规定的拆模要求时，拆除保留的立杆及早拆装置，垂直搬运到下一个施工层段。

6. 早拆模板施工要点

（1）施工准备

①施工前，要对工人进行早拆模板施工安全技术交底。熟悉早拆模板施工方案，掌握支、拆模板支架的操作技巧，保证模板支架支撑结构的方正及施工中的安全。

②操作人员配齐施工用的工具。

③对材料、构配件进行质量复检，不合格者不能用。

（2）支模施工中的操作要点

①支模板支架时，立杆位置要正确，立杆、横杆形成的支撑格构要方正。

②快拆装置的可调丝杠插入立杆孔内的安全长度不小于丝杠长度的1/3。

③主龙骨要平稳放在支撑上，两根龙骨悬臂搭接时，要用钢管、扣件及可调顶托或可调底座对悬臂端给予支顶。

④铺设模板前要将龙骨调平到设计标高，并放实。

⑤铺设模板时应从一边开始到另一边，或从中间向两侧铺设模板。早拆装置顶板标高应随铺设随调平，不能模板铺设完成后再调标高。

（3）模板、龙骨的拆除要点

①模板、龙骨第一次拆除要具备的条件：首先是混凝土强度达到设计强度50%及以上（同条件试块试压数据）；其次是上一层墙、柱模板（尤其是大模板）已拆除

并运走。

②要从一侧或一端按顺序轻轻敲击早拆装置，使模板、龙骨降落一定高度，而后可将模板、龙骨及不保留的杆部件同步拆除并从通风道或外脚手架上运到上一层。

③保留的立杆、横杆及早拆装置，待结构混凝土强度达到规范要求的拆模强度时再进行第二次拆除，拆除后运到正在支模的施工层。

二、模板拆除

（一）模板拆除的时间

（1）混凝土构件的侧模板，应在混凝土强度能保证其表面及棱角不因拆除模板而受损坏时，方可拆除。对于后张预应力混凝土结构构件，侧模宜在预应力筋张拉前拆除。

（2）底模及支架应在混凝土强度达到设计要求后再拆除；当设计无具体要求时，同条件养护的混凝土立方体试件抗压强度达到表4-1规定的强度时，方可拆除。

表4-1　底模及支架拆除时的混凝土强度要求

构件类型	构件跨度（m）	达到设计混凝土强度等级值的百分率（%）
板	≤2	≥50
	>2，≤8	≥75
	>8	≥100
梁、拱、壳	≤8	≥75
	>8	≥100
悬臂结构		≥100

对于后张预应力混凝土结构构件，底模及支架不应在结构构件建立预应力前拆除。

（二）模板拆除时的注意事项

（1）拆模时不要用力过猛，拆下来的模板要及时运走、整理、堆放以便再用。

（2）模板及其支架拆除的顺序及安全措施应按施工技术方案执行。模板拆除时，可采取先支的后拆、后支的先拆，先拆非承重模板、后拆承重模板的顺序，并应从上而下进行拆除。同时，为了保证拆模工作的顺利进行，一般是谁安谁拆，对于重大复杂模板的拆除，事先应制定拆模方案。

（3）拆除框架结构模板的顺序：首先是柱模板，然后是楼板底板、梁侧模板，最后是梁底模板。拆除跨度较大的梁下支柱时，应先从跨中开始，分别拆向两端。

（4）楼层板支柱的拆除，应按下列要求进行：上层楼板正在浇筑混凝土时，下一层楼板的模板支柱不得拆除，再下一层楼板模板的支柱，仅可拆除一部分；跨度4m及4m以上的梁下均应保留支柱，其间距不大于3m。

（5）在拆除模板过程中，如果发现混凝土有影响结构安全的质量问题时，应暂停拆除，经过处理后，方可继续拆除。

（6）已拆除模板及其支架的结构，应在混凝土强度达到设计强度后才允许承受全部计算荷载。当承受的施工荷载大于计算荷载时，必须经过计算，加设临时支撑。

（7）快拆支架体系的支架立杆间距不应大于2m。拆模时，应保留立杆并顶托支撑楼板，拆模时的混凝土强度可按表4-9中构件跨度为2m的规定确定。

（8）拆下的模板及支架杆件不得抛掷，应分散堆放在指定地点，并应及时清运。模板拆除后应将其表面清理干净，对变形和损伤部位应进行修复。

第二节 钢筋工程

一、钢筋的加工

钢筋加工前应将表面清理干净，表面有颗粒状、片状老锈或者有损伤的钢筋不得使用。钢筋的加工包括调直、除锈、切断、弯曲成型等工序。

（一）钢筋调直

对于局部曲折、弯曲或盘条钢筋（如 HPB300）在使用前应加以调直。钢筋宜采用机械设备进行调直，也可采用冷拉方法调直。当采用机械设备调直时，调直设备不应具有延伸功能。

当采用冷拉方法调直时，HPB300 光圆钢筋的冷拉率不宜大于 4%；HRB335、HRB400、HRB500、HRBF335、HRBF400、HRBF500 及 RRB400 带肋钢筋的冷拉率，不宜大于 1%。钢筋调直过程中，不应损伤带肋钢筋的横肋。调直后的钢筋应平直，不应有局部弯折。

（二）钢筋除锈

钢筋的表面应清洁，油渍、漆污和用锤敲击时能剥落的浮皮、铁锈等应在使用前清除干净。

钢筋的除锈，宜在钢筋冷拉或钢筋调直过程中进行，这对大量钢筋的除锈较为经济省工。用机械方法除锈，如采用电动除锈机除锈，对钢筋的局部除锈较为方便。手工除锈，如采用钢丝刷、砂盘、喷砂等除锈或酸洗除锈，由于费工费料，现在已经很少采用。

（三）钢筋切断

钢筋的切断有手工切断、机械切断、氧—乙炔焰（或电弧）切割三种方法。

手工切断的工具有断线钳（用于切断小直径钢筋）、手动液压切断器（用于切断直径为 16mm 以下的钢筋、直径 25mm 以下的钢绞线）。

机械切断一般采用钢筋切断机，常用的钢筋切断机可以切断最大公称直径为 40mm 的钢筋。

直径大于 40mm 的钢筋一般采用氧—乙炔焰或电弧切割，或者采用锯床锯断。

钢筋切断时，应将同规格的钢筋根据不同长度长短搭配，统筹排料；一般应先断长料，后断短料，以减少短头、接头和损耗。

（四）钢筋弯曲

钢筋下料之后，弯曲加工的顺序是画线、试弯、弯曲成型。画线是根据钢筋不同的弯曲角度在钢筋上标出弯折的部位，以便将钢筋准确地加工成设计的尺寸。钢筋弯曲成型一般用钢筋弯曲机（直径 6 ~ 40mm 的钢筋）或板钩弯曲（直径小于 25mm 的钢筋）。为了提高工效，工地也常常自制多头弯曲机（一个电动机带动几个钢筋弯曲盘）以弯曲细钢筋。

二、钢筋安装

（一）准备工作

（1）钢筋连接和安装前，应充分熟悉设计图纸，并根据设计图纸核对钢筋的牌号、规格，根据下料单核对钢筋的规格、尺寸、形状、数量等。

（2）准备好连接和安装的设备及工具，如钢筋绑扎钩、全自动绑扎机、钢筋焊接设备、钢筋机械连接设备等。

（3）准备好控制保护层厚度的砂浆垫块或者塑料垫块、塑料支架等。

砂浆垫块需要提前制作，以保证其有一定的抗压强度，防止使用时粉碎或者脱落。其大小一般为 50mm×50mm，厚度为设计保护层厚度。墙、柱或梁侧等竖向钢筋的保护层垫块在制作时需要埋入绑扎丝。

塑料垫块有两类，一类是梁、板等水平构件钢筋底部的垫块，另一类是墙、柱等竖向构件钢筋侧面保护层的垫块（支架）。

（4）绑扎墙、柱钢筋前，先搭设好脚手架。脚手架一是作为绑扎钢筋的操作平台，二是用于对钢筋的临时固定，防止钢筋倾斜。

（5）做好钢筋施工技术交底，确保钢筋施工的质量和操作工人的安全。

（二）钢筋安装的施工要点

（1）钢筋接头宜设置在受力较小处；有抗震设防要求的结构中，梁端、柱端箍筋加密区范围内不宜设置钢筋接头，且不应进行钢筋搭接。同一纵向受力钢筋不宜设置两个或两个以上接头。接头末端至钢筋弯起点的距离，不应小于钢筋直径的10倍。

（2）当纵向受力钢筋采用机械连接接头或焊接接头时，接头的设置应符合下列规定：

①同一构件内的接头宜分批错开。

②接头连接区段内的长度为 35d 且不应小于 500mm，凡接头中点位于该连接区段长度内的接头均应属于同一连接区段；其中 d 为相互连接两根钢筋中较小直径。

③同一连接区段内，纵向受力钢筋的接头面积百分率为该区段内有接头的纵向受力钢筋截面面积与全部纵向受力钢筋截面面积的比值；纵向受力钢筋的接头面积百分率应符合下列规定：

a. 受拉接头，不宜大于 50%；受压接头，可不受限制。

b. 墙、板、柱中受拉机械连接接头，可根据实际情况放宽；装配式混凝土结构构件连接处受拉接头，可根据实际情况放宽。

c. 直接承受动力荷载的结构构件中，不宜采用焊接；当采用机械连接时，不应超过 50%。

（3）当纵向受力钢筋采用绑扎搭接接头时，接头的设置应符合下列规定：

①同一构件内的接头宜分批错开。各接头的横向净距 s 不应小于钢筋直径，且不应小于 25mm。

②接头连接区段的长度为 1.3 倍搭接长度，凡搭接接头中点位于该连接区段长度内的接头均应属于同一连接区段；搭接长度可取相互连接两根钢筋中较小直径计算。纵向受力钢筋的最小搭接长度应符合规范的规定。

③同一连接区段内，纵向受力钢筋接头面积百分率为该区段内有接头的纵向受力钢筋截面面积与全部纵向受力钢筋截面面积的比值。纵向受压钢筋的接头面积百分率可不受限制；纵向受拉钢筋的接头面积百分率应符合下列规定：

a. 梁、板类及墙类构件，不宜超过 25%；基础筏板，不宜超过 50%。

b. 柱类构件，不宜超过 50%。

c. 当工程中确有必要增大接头面积百分率时，对梁类构件，不应大于 50%；

对其他构件，可根据实际情况适当放宽。

（4）在梁、柱类构件的纵向受力钢筋搭接长度范围内应按设计要求配置箍筋，并应符合下列规定：

①箍筋直径不应小于搭接钢筋较大直径的 25%；

②受拉搭接区段的箍筋间距不应大于搭接钢筋较小直径的 5 倍，且不应大于 100mm；

③受压搭接区段的箍筋间距不应大于搭接钢筋较小直径的 10 倍，且不应大于 200mm；

④当柱中纵向受力钢筋直径大于 25mm 时，应在搭接接头两个端面外 100mm 范围内各设置两个箍筋，其间距宜为 50mm。

（5）构件交接处的钢筋位置应符合设计要求。当设计无具体要求时，应保证主要受力构件和构件中主要受力方向的钢筋位置。框架节点处梁纵向受力钢筋宜放在柱纵向钢筋内侧；当主、次梁底部标高相同时，次梁下部钢筋应放在主梁下部钢筋之上；剪力墙中水平分布钢筋宜放在外侧，并宜在墙端弯折锚固。

（6）钢筋安装应采用定位件固定钢筋的位置，并宜采用专用定位件。定位件应具有足够的承载力、刚度、稳定性和耐久性。定位件的数量、间距和固定方式，应能保证钢筋的位置偏差符合国家现行有关标准的规定。混凝土框架梁、柱保护层内，不宜采用金属定位件。

（7）采用复合箍筋时，箍筋外围应封闭。梁类构件复合箍筋内部，宜选用封闭箍筋，奇数肢也可采用单肢箍筋；柱类构件复合箍筋内部可部分采用单肢箍筋。

（8）钢筋安装应采取防止钢筋受模板、模具内表面的脱模剂污染的措施。

三、钢筋植筋

（一）植筋施工工艺流程

植筋施工工艺流程为：弹线定位→钻孔→清孔→钢筋处理→注胶→植筋→固化养护→检测。

（二）施工要点

1. 弹线定位

按照设计图纸的要求，标出植筋钻孔的位置、型号，如果基体上存在受力钢筋，钻孔位置可以适当调整，避免钻孔时钻到原有钢筋；植筋宜植在箍筋内侧（对梁、柱）或分布筋内侧（对板、剪力墙）。

2. 钻孔

钻孔使用配套冲击电钻。钻孔直径比所植钢筋的直径大 4～10mm（小直径钢筋取低值，大直径钢筋取高值）；孔洞间距与孔洞深度应满足设计要求。

3. 清孔

钻孔完毕，检查孔深、孔径合格后先用吹气泵清除孔洞内粉尘等，再用清孔刷清孔，要经多次吹刷完成，直至孔内无灰尘，将孔口临时封闭。若有废孔，清净后用植筋胶填实或者用高强度无收缩砂浆填充密实。清孔时，不能用水冲洗，以免残留在孔中的水分削弱黏合剂的作用。

4. 钢筋处理

用角磨机或钢丝轮片将钢筋锚固长度范围的铁锈清除干净，并打磨出金属光泽。

5. 注胶

（1）植筋用胶的配制。植筋用胶黏剂是由两个不同化学组分在使用前按一定比例配制而成，配制比例必须严格按产品说明书中的比例。配胶宜采用机械搅拌，搅拌器可用电锤和搅拌齿组成，搅拌齿可采用电锤钻头端部焊接十字形 $\phi14$ 钢筋制成，也可用细钢筋人工搅拌。

（2）使用植筋注射器从孔底向外均匀地把适量胶黏剂填注孔内，从里到外渐渐填孔并排出空气，注胶量为孔深的 1/3～1/2 容量，以钢筋植入后有少许胶液溢出为宜。注意勿将空气封入孔内。

6. 植筋

按顺时针方向把钢筋平行于孔洞走向轻轻植入孔中，直至插入孔底，胶黏剂溢出。钢筋也可用手锤击打方式入孔，手锤击打时，一人应扶住钢筋，以避免回弹。

7. 固化养护

将钢筋外露端固定在模架上，使其不受外力作用，直至胶黏剂凝结，并派专人现场保护。

凝胶的化学反应时间一般为 15min，固化时间一般为 1h。植筋后夏季 12h 内（冬季 24h 内）不得扰动钢筋，若有较大扰动宜重新植。胶黏剂的固化时间与环境温度的关系按产品说明书确定。

8. 检测

植筋养护完成后，应采用专门的拉拔仪进行锚固承载力检验，植筋检测应符合《混凝土结构后锚固技术规程》的有关规定。

（三）注意事项

（1）包装桶内结构胶若有沉淀，使用前应搅拌均匀。

（2）锚固构造措施应满足《混凝土结构后锚固技术规程》和《混凝土结构加固设计规范》的有关规定。

（3）结构胶宜在阴凉处密闭保存，保存期应按使用说明执行。

（4）植筋施工时，基材表面温度和孔内表层含水率应符合设计和胶黏剂使用说明书要求，无明确要求时，基材表面温度不应低于15℃；植筋施工严禁在大风、雨雪天气露天进行。

（5）结构胶对皮肤有刺激性，施工时，施工人员应注意劳动保护，如配备安全帽、工作服、手套等。

第三节　混凝土工程

一、混凝土浇筑

（一）混凝土浇筑的准备工作

1. 制定施工方案

现浇混凝土结构的施工方案应包括下列内容：

（1）混凝土输送、浇筑、振捣、养护的方式和机具设备的选择；

（2）混凝土浇筑、振捣技术措施；

（3）施工缝、后浇带的留设；

（4）混凝土养护技术措施。

2. 现场具备浇筑的施工条件

（1）机具准备及检查

搅拌机、运输车、料斗、串筒、振动器等机具设备按需要准备充足，并应考虑发生故障时的修理时间。重要工程，应有备用的搅拌机和振动器。特别是采用泵送混凝土，一定要有备用泵。所用的机具均应在浇筑前进行检查和试运转，同时配有专职技工，随时检修。浇筑前，必须核实一次浇筑完毕或浇筑至某施工缝前的工程材料，以免停工待料。

（2）保证水电及原材料的供应

在混凝土浇筑期间，要保证水、电、照明不中断。为了防备临时停水停电，事先应在浇筑地点储备一定数量的原材料（如砂、石、水泥、水等）和人工拌和捣固用的工具，以防出现意外的施工停歇缝。

（3）掌握天气、季节变化情况

加强气象预测预报的联系工作。在混凝土施工阶段应掌握天气的变化情况，特别在雷雨台风季节和寒流突然袭击之际，更应注意，以保证混凝土连续浇筑顺利进行，确保混凝土质量。

根据工程需要和季节施工特点，应准备好在浇筑过程中所必需的抽水设备和防雨、防暑、防寒等物资。

（4）隐蔽工程验收，技术复核与交底

模板和隐蔽工程项目应分别进行预检和隐蔽验收，符合要求后，方可进行浇筑。检查时应注意以下几点：

①模板的标高、位置与构件的截面尺寸是否与设计符合，构件的预留拱度是否正确。

②所安装的支架是否稳定，支柱的支撑和模板的固定是否可靠。

③模板的紧密程度。

④钢筋与预埋件的规格、数量、安装位置及构件接点连接焊缝，是否与设计符合。

在浇筑混凝土前，模板内的垃圾、木片、刨花、锯屑、泥土和钢筋上的油污、掉落的铁皮等杂物，应清除干净。

木模板应浇水加以润湿，但不允许留有积水。湿润后，木模板中尚未密封的缝隙应贴严，以防漏浆。

金属模板中的缝隙和孔洞也应予以封闭，现场环境温度高于35℃时宜对金属模板进行洒水降温。

（5）其他

输送浇筑前应检查混凝土送料单，核对配合比，检查坍落度，必要时还应测定混凝土扩展度，在确认无误后方可进行混凝土浇筑。

（二）混凝土浇筑的基本要求

（1）混凝土浇筑应保证混凝土的均匀性和密实性。混凝土宜一次连续浇筑，当不能一次连续浇筑时，可根据设计和规范的要求留设施工缝或者后浇带分块浇筑。

（2）混凝土浇筑过程应分层浇筑，分层浇筑应符合表4-2的规定，上层混凝土应在下层混凝土初凝之前浇筑完毕。

表4-2　混凝土分层振捣的最大厚度

振捣方法	混凝土分层振捣最大厚度
振动棒	振动棒作用部分长度的1.25倍
平板振动器	200mm
附着振动器	根据设置方式，通过试验确定

（3）混凝土拌合物入模温度不应低于5℃，且不应高于35℃。

（4）混凝土运输、输送、浇筑过程中严禁加水；混凝土运输、输送、浇筑过程中散落的混凝土严禁用于结构构件的浇筑。

（5）混凝土运输、输送入模的过程应保证混凝土连续浇筑，从运输到输送入模的延续时间不宜超过表4-3的规定，且不应超过表4-4的限值规定。掺早强型减水剂、早强剂的混凝土，以及有特殊要求的混凝土，应根据设计及施工要求，通过试验确定允许时间。

表4-3　从运输到输送入模的延续时间（min）

条件	气温	
	≤ 25℃	> 25℃
不掺外加剂	90	60
掺外加剂	150	120

表4-4　运输、输送入模及其间歇总的时间限值（min）

条件	气温	
	≤ 25℃	> 25℃
不掺外加剂	180	150
掺外加剂	240	210

（6）混凝土浇筑的布料点宜接近浇筑位置，应采取减少混凝土下料冲击的措施，并应符合下列规定：

①宜先浇筑竖向结构构件，后浇筑水平结构构件；

②浇筑区域结构平面有高差时，宜先浇筑低区部分，再浇筑高区部分。

（7）混凝土浇筑高度应保证混凝土不发生离析。混凝土自高处倾落的自由高度不应大于2m；柱、墙模板内的混凝土倾落高度应符合表4-5的规定；当不能满足要求时，应加设串筒、溜管、溜槽等装置。

表4-5　柱、墙模板内混凝土浇筑倾落高度限值（m）

条件	浇筑倾落高度限值
粗骨料粒径大于25mm	≤3
粗骨料粒径小于或等于25mm	≤6

（8）混凝土浇筑过程中，应设专人对模板支架、钢筋、预埋件和预留孔洞的变形、移位进行观测，发现问题及时采取措施。

（9）混凝土浇筑后，在混凝土初凝前和终凝前，宜分别对混凝土裸露表面进行抹面处理。

（三）混凝土浇筑方法

混凝土的浇筑，应预先根据工程结构特点、平面形状和几何尺寸、混凝土制备设备和运输设备的供应能力、泵送设备的泵送能力、劳动力和管理能力以及周围场地大小、运输道路情况等条件，划分混凝土浇筑区域。并明确设备和人员的分工，以保证结构浇筑的整体性和按计划进行浇筑。

混凝土的浇筑宜按以下顺序进行：在采用混凝土输送管输送混凝土时，应由远而近浇筑；在同一区的混凝土，应按先竖向结构后水平结构的顺序，分层连续浇筑；当不允许留施工缝时，各区域之间、上下层之间的混凝土浇筑时间，不得超过混凝土初凝时间。混凝土泵送速度较快，框架结构的浇筑要很好地组织，要加强布料和捣实工作，对预埋件和钢筋太密的部位，要预先制定技术措施，确保顺利进行布料和振捣密实。

1. 混凝土施工缝和后浇带

施工缝是指设计要求或施工需要分段浇筑，先浇筑混凝土达到一定强度后继续浇筑混凝土所形成的接缝。当由于技术或者施工组织上的原因，不能对混凝土结构一次连续浇筑完毕，而必须停歇较长的时间，且其停歇时间已经超过混凝土的初凝时间，此时就必须留设施工缝。

施工缝按照接缝所在平面的方向可以分为水平施工缝和竖向施工缝。水平施工缝是指混凝土不能连续浇筑时，浇筑停顿时间有可能超过混凝土的初凝时间，在适当位置留置的水平方向的预留缝；竖向施工缝是指混凝土不能连续浇筑时，浇筑停顿时间有可能超过混凝土的初凝时间，在适当位置留置的垂直方向的预留缝。

后浇带是指为适应温度变化、混凝土收缩、结构不均匀沉降等因素的影响，在梁、板（包括基础底板）、墙等结构中预留的具有一定宽度且经过一定时间后再浇筑的混凝土带。

（1）施工缝和后浇带的留设位置

施工缝和后浇带的留设位置应在混凝土浇筑前确定。施工缝和后浇带宜留设在结构受剪力较小且便于施工的位置。受力复杂的结构构件或有防水、抗渗要求的结构构件，施工缝留设位置应经设计单位确认。

水平施工缝的留设位置应符合下列规定：

a. 柱、墙施工缝可留设在基础、楼层结构顶面，柱施工缝与结构上表面的距离宜为 0 ~ 100mm，墙施工缝与结构上表面的距离宜为 0 ~ 300mm。

b. 柱、墙施工缝也可留设在楼层结构底面，施工缝与结构下表面的距离宜为 0 ~ 50mm；当板下有梁托时，可留设在梁托下 0 ~ 20mm。

c. 高度较大的柱、墙、梁以及厚度较大的基础，可根据施工需要在其中部留设水平施工缝；当因施工缝留设改变受力状态而需要调整构件配筋时，应经设计单位确认。

d. 特殊结构部位留设水平施工缝应经设计单位确认。

竖向施工缝和后浇带的留设位置应符合下列规定：

a. 有主次梁的楼板施工缝应留设在次梁跨中 1/3 范围内。

b. 单向板施工缝应留设在与跨度方向平行的任何位置。

c. 楼梯梯段施工缝宜设置在梯段板跨度端部的 1/3 范围内。

d. 墙的施工缝宜设置在门洞口过梁跨中 1/3 范围内，也可留设在纵横墙交接处。

e. 后浇带留设位置应符合设计要求。

f. 特殊结构部位留设竖向施工缝应经设计单位确认。

设备基础含承受动力作用的设备基础）的施工缝留设应符合设计要求及《混凝土结构工程施工规范》的规定。

（2）施工缝和后浇带留设时的注意事项

①施工缝、后浇带留设界面，应垂直于结构构件和纵向受力钢筋。结构构件厚度或高度较大时，施工缝或后浇带界面宜采用专用材料封挡。

②混凝土浇筑过程中，因特殊原因需临时设置施工缝时，施工缝留设应规整，并宜垂直于构件表面，必要时可采取增加插筋、事后修凿等技术措施。

③施工缝和后浇带应采取钢筋防锈或阻锈等保护措施。

（3）施工缝和后浇带处混凝土浇筑的要求

施工缝或后浇带处浇筑混凝土时，应符合下列规定：

①结合面应为粗糙面；应清除浮浆、松动石子、软弱混凝土层。

②结合面处应洒水湿润，并不得有积水。

③施工缝处已浇筑混凝土的强度不应小于 1.2MPa。

④柱、墙水平施工缝水泥砂浆接浆层厚度不应大于 30mm，接浆层水泥砂浆应与混凝土浆液成分相同。

⑤后浇带混凝土强度等级及性能应符合设计要求；当设计无具体要求时，后浇带混凝土强度等级宜比两侧混凝土提高一级，并宜采用减少收缩的技术措施。后浇带的封闭时间宜滞后 45d 以上。

2. 柱、墙混凝土浇筑

（1）柱、墙混凝土设计强度比梁、板混凝土设计强度高一个等级时，柱、墙位置梁、板高度范围内的混凝土经设计单位确认，可采用与梁、板混凝土设计强度等级相同的混凝土进行浇筑。

（2）柱、墙混凝土设计强度比梁、板混凝土设计强度高两个等级及以上时，应在交界区域采取分隔措施。分隔位置应在低强度等级的构件中，且距高强度等级构件边缘不应小于 500mm。柱梁板结构分割方法如图 4-1 所示；墙梁板结构分割方法如图 4-2 所示。

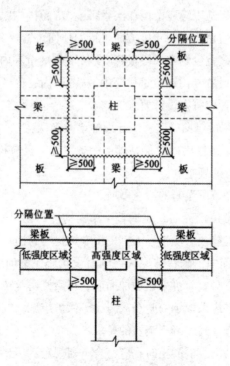

图 4-1 柱梁板结构分割方法

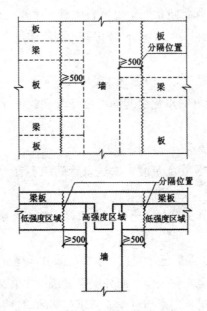

图4-2　墙梁板结构分割方法

（3）宜先浇筑高强度等级的混凝土，后浇筑低强度等级的混凝土。

（4）柱、墙浇筑前底部应先填 50～100mm 厚与混凝土配合比相同的水泥砂浆，混凝土宜一次浇筑完毕。

（5）浇筑一排柱的顺序应从两端同时开始，向中间推进，以免因浇筑混凝土后由于模板吸水膨胀，断面增大而产生横向推力，最后使柱发生弯曲变形。

3. 梁、板混凝土浇筑

（1）梁、板混凝土应同时浇筑，浇筑方法应由一端开始用"赶浆法"，即先浇筑梁，根据梁高分层浇筑成阶梯形，当达到板底位置时再与板的混凝土一起浇筑，随着阶梯形不断延伸，梁、板混凝土浇筑连续向前进行。

（2）和板连成整体高度大于 1.0m 的梁，允许单独浇筑，其施工缝应留在板底以下 2～3mm 处。浇捣时，浇筑与振捣必须紧密配合，第一层下料慢些，梁底充分振实后再下第二层料，用"赶浆法"保持水泥浆沿梁底包裹石子向前推进，每层均应振实后再下料，梁底及梁侧部位要注意振实，振捣时不得触动钢筋及预埋件。

（3）浇筑板混凝土的虚铺厚度应略大于板面，用平板振捣器沿垂直于浇筑方向来回振捣，厚板可用插入式振捣器顺浇筑方向振捣，并用铁插尺检查混凝土厚度，振捣完毕后用长木抹子抹平。施工缝处或有预埋件及插筋处用木抹子找平。

（4）当浇筑柱梁及主次梁交叉处的混凝土时，一般钢筋较密集，特别是上部负钢筋又粗又多，因此，既要防止混凝土下料困难，又要注意砂浆挡住石子下不去，此时钢筋工与混凝土工应共同协作，确保混凝土浇筑质量。

4. 大体积混凝土浇筑

大体积混凝土是指混凝土结构物实体最小尺寸不小于 1.0m 的大体量混凝土，或预计会因混凝土中胶凝材料水化引起的温度变化和收缩而导致有害裂缝产生的混凝土。

大体积混凝土结构浇筑应符合下列规定：

（1）采用多条输送泵管浇筑时，输送泵管间距不宜大于 10m，并宜由远及近浇筑。

（2）采用汽车布料杆浇筑时，应根据布料杆工作半径确定布料点数量，各布料点浇筑速度应保持均衡。

（3）对于大体积基础混凝土，宜先浇筑深坑部分再浇筑大面积基础部分。

（4）大体积混凝土浇筑宜采用斜面分层法浇筑；如果对混凝土流淌距离有特殊要求的工程，混凝土也可采用全面分层或分块分层的浇筑方法。斜面分层浇筑方法见图 4-3 所示；全面分层浇筑方法见图 4-4 所示；分块分层浇筑方法见图 4-5 所示。在保证各层混凝土连续浇筑的条件下，层与层之间的间歇时间应尽可能缩短，以保证整个混凝土浇筑过程连续。

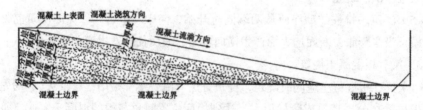

图4-3　大体积混凝土斜面分层浇筑方法示意

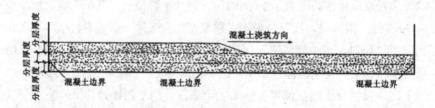

图4-4　大体积混凝土全面分层浇筑方法示意

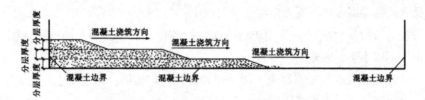

图4-5　大体积混凝土分块分层浇筑方法示意

（5）混凝土分层浇筑应采用自然流淌形成斜坡，并应沿高度均匀上升，分层厚度不宜大于500mm。

（6）混凝土浇筑完毕后，在混凝土初凝前和终凝前宜分别对混凝土裸露表面进行抹面处理，抹面次数宜适当增加。

（7）大体积混凝土施工由于采用流动性大的混凝土进行分层浇筑，上下层施工的间隔时间较长，经过振捣后上涌的泌水和浮浆易顺着混凝土坡面流到坑底，所以大体积混凝土结构浇筑应有排除积水或混凝土泌水的有效技术措施。可以在混凝土垫层施工时预先在横向做出20mm的坡度，在结构四周侧模的底部开设排水孔，使泌水及时从孔中自然流出。当混凝土大坡面的坡脚接近顶端时，应改变混凝土的浇筑方向，即从顶端往回浇筑，与原斜坡相交成一个集水坑，另外有意识地加强两侧模板处的混凝土浇筑强度，这样集水坑逐步在中间缩小成小水潭，然后用泵及时将泌水排除。这种方法适用于排除最后阶段的所有泌水。

二、混凝土振捣

混凝土浇筑入模后，内部还存在很多空隙，为了使混凝土充满模板内的每一角落，而且具有足够的密实度，必须对混凝土在初凝前进行捣实成型，使混凝土构件外形及尺寸正确、表面平整、强度和其他性能符合设计及使用要求。

混凝土的振捣方式分为人工振捣和机械振捣两种。人工振捣是利用捣锤或插钎等工具的冲击力来使混凝土密实成型，其效率低、效果差，只有在缺乏机械、工程量不大或者机械不便工作的部位采用；机械振捣是将振动器的振动力传给混凝土，使之发生强迫振动，提高拌合物的流动性，使混凝土密实成型，其效率高、效果好。

混凝土振动机械按其工作方式分为内部振动器、表面振动器、外部振动器和振动台等四种。

（一）内部振动器

内部振动器又称插入式振动器，通常用于竖向结构以及厚度较大的水平结构振捣，如梁、柱、墙等构件和大体积混凝土。

插入式振动器振捣混凝土应符合下列规定：

（1）应按分层浇筑厚度分别进行振捣，振动棒的前端应插入前一层混凝土中，插入深度不应小于50mm。

（2）振动棒应垂直于混凝土表面并快插慢拔均匀振捣；当混凝土表面无明显塌陷、有水泥浆出现、不再冒气泡时，可结束该部位振捣。

（3）振动棒与模板的距离不应大于振动棒作用半径的50%；振捣插点间距不应大于振动棒的作用半径的1.4倍。

（4）振动棒振捣混凝土应避免碰撞模板、钢筋、预埋件等。

（二）表面振动器

表面振动器又称平板振动器，是将电动机轴上装有左右两个偏心块的振动器固定在一块平板上而成，其振动作用可直接传递于混凝土面层上。通常可用于配合振动棒辅助振捣结构表面；对于厚度较小的水平结构或薄壁板式结构可单独采用平板振动器振捣，如楼板等。

平板振动器振捣混凝土应符合下列规定：

（1）平板振动器振捣应覆盖振捣平面边角。

（2）平板振动器移动间距应能覆盖已振实部分混凝土边缘为准。

（3）振动倾斜表面时，应由低处向高处进行振捣。

（三）外部振动器

外部振动器又称附着振动器，它是直接安装在模板上进行振捣，利用偏心块旋转时产生的振动力通过模板传给混凝土，达到振实的目的。附着振动器通常在装配式结构工程的预制构件中采用，在特殊现浇结构中也可采用。

附着振动器振捣混凝土应符合下列规定：

（1）附着振动器应与模板紧密连接，设置间距应通过试验确定。

（2）附着振动器应根据混凝土浇筑高度和浇筑速度，依次从下往上振捣。

（3）模板上同时使用多台附着振动器时，应使各振动器的频率一致，并应交错设置在相对面的模板上。

（四）振动台

振动台一般在预制厂用于振实干硬性混凝土和轻骨料混凝土。

三、混凝土养护

混凝土振捣密实后，逐渐凝固硬化，这个过程主要由水泥的水化作用来实现，而水化作用必须在适当的温度和湿度条件下才能完成。因此，为了保证混凝土有适宜的硬化条件，使其强度不断增长，必须对混凝土进行养护。

混凝土的养护可以采用洒水、覆盖、喷涂养护剂等方式，养护方式应根据现场条件、环境温湿度、构件特点、技术要求、施工操作等因素确定。

（一）洒水养护

当混凝土结构构件对养护环境温度没有特殊要求时，可以采用洒水养护方式。混凝土洒水养护应根据温度、湿度、风力情况、阳光直射条件等，通过观察不同结构混凝土表面，确定洒水次数，确保混凝土处于饱和湿润状态。

洒水养护应符合下列规定：

（1）洒水养护宜在混凝土裸露表面覆盖麻袋或草帘后进行，也可采用直接洒水、蓄水等养护方式；洒水养护应保证混凝土处于湿润状态。

（2）洒水养护用水应符合《混凝土用水标准》的规定。

（3）当日最低温度低于5℃时，不应采用洒水养护。当室外日平均气温连续5d稳定低于5℃时，应该按照冬期施工相关要求进行养护。

（4）应在混凝土浇筑完毕后的12h内进行覆盖浇水养护。

（二）覆盖养护

覆盖养护的原理是通过混凝土的自然升温在塑料薄膜内产生凝结水，从而达到湿润养护的目的。当结构构件对养护环境温度有特殊要求或洒水养护有困难时，可采用覆盖养护方式。

覆盖养护应符合下列规定：

（1）覆盖养护宜在混凝土裸露表面覆盖塑料薄膜、塑料薄膜加麻袋、塑料薄膜加草帘进行。

（2）塑料薄膜应紧贴混凝土裸露表面，塑料薄膜内应保持有凝结水。

（3）覆盖物应严密，覆盖物相互搭接长度不宜小于100mm，覆盖物的层数应按施工方案确定。

（三）喷涂养护剂养护

喷涂养护剂养护的原理是通过喷涂养护剂，使混凝土裸露表面形成致密的薄膜层，薄膜层能封住混凝土表面，阻止混凝土表面水分蒸发，达到混凝土养护的目的。养护剂在后期应能自行分解挥发，而不影响装修工程施工。当混凝土结构构件对养护环境温度没有特殊要求或洒水养护有困难时，可采用喷涂养护剂养护方式。

喷涂养护剂养护应符合下列规定：

（1）应在混凝土裸露表面喷涂覆盖致密的养护剂进行养护。

（2）养护剂应均匀喷涂在结构构件表面，不得漏喷；养护剂应具有可靠的保湿效果，保湿效果可通过试验检验。

（3）养护剂使用方法应符合产品说明书的有关要求。

（4）涂刷（喷洒）养护液的时间，应根据混凝土水分蒸发情况确定，一般在不见浮水、混凝土表面以手指轻按无指印时进行涂刷或喷洒。过早会影响薄膜与混凝土表面结合，容易过早脱落，过迟会影响混凝土强度。

（5）养护液涂刷（喷洒）用量以 2.5m²/kg 为宜，厚度要求均匀一致。

（6）养护液涂刷（喷洒）后很快就形成薄膜，为达到养护目的，必须加强保护薄膜完整性，要求不得有损坏破裂，发现有损坏时及时补刷（补喷）养护液。

（四）混凝土加热养护

1. 蒸汽养护

蒸汽养护是由轻便锅炉供应蒸汽，给混凝土提供一个高温高湿的硬化条件，加快混凝土的硬化速度，提高混凝土早期强度的一种方法。用蒸汽养护混凝土，可以提前拆模（通常 2d 即可拆模），缩短工期，大大节约模板。

为了防止混凝土收缩而影响质量，并能使强度继续增长，经过蒸汽养护后的混凝土，还要放在潮湿环境中继续养护，一般洒水 7 ~ 21d，使混凝土处于相对湿度在 80% ~ 90% 的潮湿环境中。为了防止水分蒸发过快，混凝土制品上面可遮盖草帘或其他覆盖物。

2. 太阳能养护

太阳能养护是直接利用太阳能加热养护棚（罩）内的空气，使内部混凝土能够在足够的温度和湿度下进行养护，提高早期强度。在混凝土成型、表面找平收面后，在其上覆盖一层黑色塑料薄膜（厚 0.12 ~ 0.14mm），再盖一层气垫薄膜（气泡朝下）。塑料薄膜应采用耐老化的，接缝应采用热黏合。覆盖时应紧贴四周，用砂袋或其他重物压紧盖严，防止被风吹开而影响养护效果。塑料薄膜若采用搭接时，其搭接长度不小于 300mm。

（五）混凝土养护的质量控制

（1）混凝土的养护时间应符合下列规定：

①采用硅酸盐水泥、普通硅酸盐水泥或矿渣硅酸盐水泥配制的混凝土，不应少于 7d；采用其他品种水泥时，养护时间应根据水泥性能确定。

②采用缓凝型外加剂、大掺量矿物掺合料配制的混凝土，不应少于 14d。

③抗渗混凝土、强度等级 C60 及以上的混凝土，不应少于 14d。

④后浇带混凝土的养护时间不应少于 14d。

⑤地下室底层墙、柱和上部结构首层墙、柱，宜适当增加养护时间。

⑥大体积混凝土养护时间应根据施工方案确定。

（2）基础大体积混凝土裸露表面应采用覆盖养护方式；当混凝土表面以内 40 ~ 100mm 位置的温度与环境温度的差值小于 25℃时，可结束覆盖养护。覆盖养护结束但尚未达到养护时间要求时，可采用洒水养护方式直至养护结束。

（3）柱、墙混凝土养护方法应符合下列规定：

①地下室底层和上部结构首层柱、墙混凝土带模养护时间，不应少于 3d；带模养护结束后，可采用洒水养护方式继续养护，也可采用覆盖养护或喷涂养护剂养护方式继续养护。

②其他部位柱、墙混凝土可采用洒水养护，也可采用覆盖养护或喷涂养护剂养护。

（4）混凝土强度达到 1.2MPa 前，不得在其上踩踏、堆放物料、安装模板及支架。

（5）同条件养护试件的养护条件应与实体结构部位养护条件相同，并应妥善保管。

（6）施工现场应具备混凝土标准试件制作条件，并应设置标准试件养护室或养护箱。标准试件养护应符合国家现行有关标准的规定。

第五章 预应力混凝土工程施工

第一节 预应力混凝土技术的概述

一、预应力混凝土的特点

与钢筋混凝土相比，预应力混凝土的优点有：由于采用了高强度钢材和高强度混凝土，预应力混凝土构件具有抗裂能力强、抗渗性能好、刚度大、强度高、抗剪能力和抗疲劳性能好的特点，对节约钢材（可节约钢材40%～50%、混凝土20%～40%）、减小结构截面尺寸、降低结构自重、防止开裂和减少挠度都十分有效，可以使结构设计得更为经济、轻巧与美观。

预应力混凝土的缺点有：预应力混凝土构件的生产工艺比钢筋混凝土构件复杂，技术要求高，需要有专门的张拉设备、灌浆机械和生产台座等以及专业的技术操作人员；预应力混凝土结构的开工费用较大，对构件数量少的工程成本较高；钢筋受热以后会变形，预应力会减小或消失，不能用于高温环境或遇火灾以后会被破坏。

二、预应力混凝土的分类

（1）预应力混凝土按预应力度大小分：全预应力混凝土和部分预应力混凝土。

（2）预应力混凝土按施工方式分：预制预应力混凝土、现浇预应力混凝土和叠合预应力混凝土等。

（3）预应力混凝土按预加应力的方法分：先张法预应力混凝土和后张法预应力混凝土含无黏结预应力（混凝土）。

三、预应力混凝土的材料

1. 对预应力混凝土的要求

（1）强度要高，要与高强度钢筋相适应，保证预应力钢筋充分发挥作用，并能有效地减小构件截面尺寸和减轻自重。预应力混凝土结构的混凝土强度等级不宜低于 C40，且不应低于 C30。

（2）收缩、徐变要小，以减小预应力的损失。

（3）快硬、早强，使能尽早施加预应力，加快施工进度，提高设备利用率。

2. 对预应力钢筋的要求

（1）强度要高。预应力钢筋的张拉应力在构件的整个制作和使用过程中会出现各种应力损失。这些损失的总和有时可达到 $200N/mm^2$ 以上，如果所用的钢筋强度不高，那么张拉时所建立应力甚至会损失殆尽。

（2）与混凝土要有较好的黏结力。特别在先张法中，预应力钢筋与混凝土之间必须有较高的黏结自锚强度。对一些高强度的光面钢丝就要经过"刻痕""压波"或"扭结"，使它形成刻痕钢丝、波形钢丝及扭结钢丝，增加黏结力。

（3）要有足够的塑性和良好的加工性能。钢材强度越高，其塑性越低。钢筋塑性太低时，特别当处于低温和冲击荷载条件下，就有可能发生脆性断裂。良好的加工性能是指焊接性能好，以及采用镦头锚板时，钢筋头部镦粗后不影响原有的力学性能等。

预应力混凝土结构中预应力筋宜采用预应力钢丝、钢绞线和预应力螺纹钢筋，也可采用纤维增强复合材料预应力筋。预应力钢丝、钢绞线和预应力螺纹钢筋的屈服强度标准值、极限强度标准值、抗拉强度设计值及抗压强度设计值应符合现行国家标准《混凝土结构设计规范》的有关规定。

四、预应力混凝土技术的发展

随着我国大跨度结构的发展，预应力混凝土技术有着无限的发展空间。目前国家正在推广以下技术：后张预应力结构孔道真空灌浆技术、无收缩预应力混凝土高性能灌浆材料技术、

现浇有黏结预应力楼盖技术、现浇无黏结预应力楼板技术、大开间预应力装配整体式及预制整体式楼板技术、预应力倒 T 形薄板叠合楼盖技术、复合预应力混凝土框架倒扁梁楼板技术。

第二节 先张法施工

一、先张法施工的流程

先张法施工流程，如图 5-1 所示。

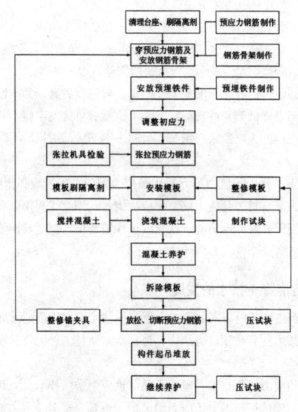

图 5-1 先张法施工流程图

二、先张法施工工艺

（一）预应力筋张拉

预应力筋张拉应根据设计要求，采用合适的张拉方法、张拉顺序、张拉设备及张拉程序进行，并应有可靠的保证质量措施和安全技术措施。预应力筋的张拉可采用单根张拉或多根同时张拉。当预应力筋数量不多，张拉设备拉力有限时，常采用单根张拉。当预应力筋数量较多，且张拉设备拉力较大时，则可采用多根同时张拉。在确定预应力筋的张拉顺序时，应考虑尽可能减小倾覆力矩和偏心力，应先张拉靠近台座截面重心处的预应力筋，再轮流对称张拉两侧的预应力筋。

1. 张拉控制应力

预应力筋的张拉工作是预应力施工中的关键工序，应严格按设计要求进行。预应力筋张拉控制应力的大小直接影响预应力效果，影响到构件的抗裂度和刚度，因而控制应力不能过低。但是，控制应力也不能过高，不允许超过其屈服强度，以使预应力筋处于弹性工作状态。

否则会使构件出现裂缝的荷载与破坏荷载很接近，这是很危险的。过大的超张拉会造成反拱过大，在预拉区出现裂缝，也是不利的。预应力筋的张拉控制应力应符合设计要求。当施工中预应力筋需要超张拉时，可比设计要求提高5%，但其最大张拉控制应力不得超过表5–1的规定。

表5–1　最大张拉控制应力允许值（N/mm^2）

钢筋种类	张拉方法	
	先张法	后张法
光圆钢丝、刻痕钢丝、钢绞线	0.80f$_{ptk}$	0.75f$_{ptk}$
冷拔低碳钢丝、热处理钢筋	0.75f$_{ptk}$	0.70f$_{ptk}$
冷拉热轧钢筋	0.95f$_{ptk}$	0.90f$_{ptk}$

钢丝、钢绞线属于硬钢，冷拉热轧钢筋属于软钢。硬钢和软钢可根据它们是否存在屈服点划分，由于硬钢无明显屈服点，塑性较软钢差，所以，其控制应力系数较软钢低。

2. 张拉程序

预应力筋张拉程序有以下两种：

（1）$0 \rightarrow 105\% \sigma_{con} \xrightarrow{\text{持荷2 min}} \sigma_{con}$；

（2）$0 \rightarrow 103\% \sigma_{con}$。

以上两种张拉程序是等效的，施工中可根据构件设计标明的张拉力大小、预应力筋与锚具品种、施工速度等选用。预应力筋进行超张拉（103% ~ 105%控制应力）主要是为了减少松弛引起的应力损失值。所谓应力松弛，是指钢材在常温高应力作用下，由于塑性变形而使应力随时间延续而降低的现象。这种现象在张拉后的头几分钟内发展得特别快，往后则趋于缓慢。例如，超张拉 5% 并持荷 2min，再回到控制应力，松弛已完成 50% 以上。

3. 张拉力

预应力筋的张拉力根据设计的张拉控制应力与钢筋截面面积及超张拉系数之积而定。

$$N = m\sigma_{con}A_y$$

式中：N——预应力筋张拉力（N）；

m——超张拉系数，1.03 ~ 1.05；

σ_{con}——预应力筋张拉控制应力（N/mm^2）；

Ay——预应力筋的截面面积（mm^2）。

预应力筋张拉锚固后实际应力值与工程设计规定检验值的相对允许偏差为 ±5%。预应力钢丝的应力可利用 2CN–1 型钢丝测力计或半导体频率测力计测量，如图 5–2 所示。2CN–1 型钢丝测力计工作时，先用挂钩 2 钩住钢丝，旋转螺钉 9 使测头与钢丝接触，此时测挠度百分表 4 和测力百分表 5 读数均为零，继续旋转螺钉 9，使测挠度百分表 4 的读数达到 2mm 时，从测力百分表 5 的读数便可知道钢丝的拉力值 N。一根钢筋要反复测定 4 次，取后 3 次的平均值为钢丝的拉力值。2CN–1 型钢丝测力计精度为 2%。半导体频率测力计是根据钢丝应力 σ 与钢丝振动频率 w 的关系制成的，σ 与 w 的关系式如下：

$$w = \frac{1}{2l}\sqrt{\frac{\sigma}{p}}$$

式中：l——钢丝的自由振动长度（mm）；

p——钢丝的密度（g/cm^3）。

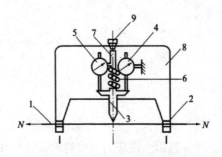

图5–2　2CN–1型钢丝测力计

1—钢丝；2—挂钩；3—测头；4—测挠度百分表；
5—测力百分表；6—弹簧；7—推架；8—表架；9—螺钉

4. 张拉伸长值校核

采用应力控制方法张拉时，应校核预应力筋的伸长值，如实际伸长值比计算伸长值大 10% 或小 5%，应暂停张拉，在查明原因、采取措施予以调整后，方可继续张拉。预应力筋的计算伸长值 △ l（mm）可按下式计算：

$$\Delta l = \frac{F_p l}{A_p E_s}$$

式中：F_p——预应力筋的平均张拉力（kN），直线筋取张拉端的拉力；两端张拉的曲线筋，取张拉端的拉力与跨中扣除孔道摩阻损失后拉力的平均值；

A_p——预应力筋的截面面积（mm^2）；

l——预应力筋的长度（mm）；

E_s——预应力筋的弹性模量（kN/mm^2）。

预应力筋的实际伸长值，宜在初应力为张拉控制应力 10% 左右时开始量测，但必须加上初应力以下的计算伸长值；对后张法，还应扣除混凝土构件在张拉过程中的弹性压缩值。

（二）混凝土浇筑和养护

钢筋张拉、绑扎及立模工作完毕后，即应浇筑混凝土，且应一次浇筑完毕。混凝土的强度等级不得小于 C30。构件应避开台面的温度缝，当不可能避开时，在温度缝上可先铺薄钢板或垫油毡，然后再浇筑混凝土。为保证钢丝与混凝土有良好的黏结，浇筑时振动器不应碰撞钢丝，混凝土未达到一定强度前，也不允许碰撞或踩动钢丝。混凝土的用水量和水泥用量必须严格控制，混凝土必须振捣密实，以减少混凝土由于收缩徐变而引起的预应力损失。采用重叠法生产构件时，应待下层构件的混凝土强度达到 5MPa 后，方可浇筑上层构件的混凝土。一般当平均温度高于 20℃时，每两天可叠捣一层。气温较低时，可采用早强措施，以缩短养护时间，加速台座周转，提高生产率。混凝土可采用自然养护或湿热养护。但须注意，用湿热养护时，温度升高后，预应力筋膨胀而台座的长度并无变化，因而引起预应力筋应力减小。如果在这种情况下，混凝土逐渐硬结，则在混凝土硬化前，预应力筋由于温度升高而引起的应力降低，将永远不能恢复。这就是温差引起的预应力损失。为了减少温差应力损失，必须保证在混凝土达到一定强度前，温差不能太大（一般不超过 20℃）。故采用湿热养护时，应先按设计允许的温差加热，待混凝土强度达 7.5MPa（粗钢筋配筋）或 10MPa（钢丝、钢绞线配筋）以上后，再按一般升温制度养护。这种养护制度又称为"二次升温养护"。在采用机组流水法用钢模制作、湿热养护时，由于钢模和预应力筋同时伸缩，不存在因温差而引起的预应力损失，因此，可采用一般湿热养护制度。

（三）预应力筋放张

预应力筋放张过程是预应力的传递过程，是先张法构件能否获得良好质量的一个重要生产过程。应根据放张要求，确定合适的放张顺序、放张方法及相应的技术措施。

1. 放张要求

先张法施工的预应力放张时，预应力混凝土构件的强度必须符合设计要求。设计无要求时，其强度不应低于设计的混凝土强度标准值的 75%。过早放张会引起较大的预应力损失或预应力钢丝产生滑动。对于薄板等预应力较低的构件，预应力筋放张时混凝土的强度可适当降低。预应力混凝土构件在预应力筋放张前要对同条件养护试块进行试压。

预应力混凝土构件的预应力筋为钢丝时，放张前，应根据预应力钢丝的应力传递长度，计算出预应力钢丝在混凝土内的回缩值，以检查预应力钢丝与混凝土黏结的效果。若实测的回缩值小于计算的回缩值，则预应力钢丝与混凝土的黏结效果满足要求，可进行预应力钢丝的放张。

预应力钢丝理论回缩值，可按下式进行计算：

$$a = \frac{1}{2}\frac{\sigma_{y1}}{E_s}l_s$$

式中：a——预应力钢丝的理论回缩值（mm）；

σ_{y1}——第一批损失后，预应力钢丝建立起的有效预应力值（N/mm^2）；

E_s——预应力钢丝的弹性模量（N/mm^2）；

l_s——预应力钢丝的传递长度（mm）。

预应力钢丝实测的回缩值，必须在预应力钢丝的应力接近 σ_{y1} 时进行测定。

2. 放张方法

可采用千斤顶、楔块、螺杆或砂箱等工具进行放张，如图 5-3 所示。

对于预应力混凝土构件，为避免预应力筋一次放张时对构件产生过大的冲击力，可利用楔块或砂箱装置进行缓慢的放张。楔块装置放置在台座与横梁之间，放张预应力筋时，旋转螺母使螺杆向上运动，带动楔块向上移动，横梁向台座方向移动，预应力筋得到放松。砂箱装置放置在台座与横梁之间。砂箱装置由钢制的套箱和活塞组成，内装石英砂或铁砂。预应力筋放张时，将出砂口打开，砂缓慢流出，从而使预应力筋慢慢地放张。

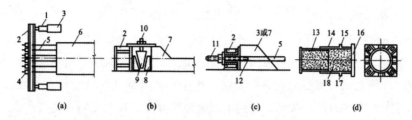

图5-3 预应力筋（钢丝）的放张方法

（a）千斤顶放张；（b）楔块放张；（c）螺杆放张；（d）砂箱放张

1—千斤顶；2—横梁；3—承力支架；4—夹具；5—预应力筋（钢丝）；6—构件；
7—台座；8—钢块；9—钢楔块；10—螺杆；11—螺栓端杆；12—对焊接头；
13—活塞；14—钢箱套；15—进砂口；16—箱套底板；17—出砂口；18—砂子

第三节 后张法施工

一、有黏结预应力施工

有黏结预应力施工过程为：混凝土构件或结构制作时，在预应力筋部位预先留设孔道，然后浇筑混凝土并进行养护；制作预应力筋并将其穿入孔道；待混凝土达到设计要求的强度后，张拉预应力筋并用锚具锚固；最后，进行孔道灌浆与封锚。这种施工方法通过孔道灌浆，使预应力筋与混凝土相互黏结，减轻了锚具传递预应力作用，提高了锚固可靠性与耐久性，广泛用于主要承重构件或结构。

有黏结预应力施工工艺流程，如图5-4所示。

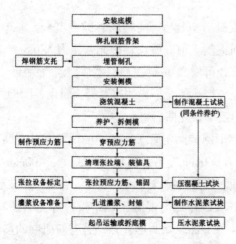

图5-4 后张法有黏结预应力施工工艺流程

（一）预留孔道

构件预留孔道的直径、长度、形状由设计确定，如无规定时，孔道直径应比预应力筋直径的对焊接头处外径或需穿过孔道的锚具或连接器的外径大 10 ~ 15mm；钢丝或钢绞线孔道的直径应比预应力筋（束）外径或锚具外径大 5 ~ 10mm，且孔道面积应大于预应力筋的两倍，以利于预应力筋穿入，孔道之间净距和孔道至构件边缘的净距均不应小于 25mm。管芯材料可采用钢管、胶管（帆布橡胶管或钢丝胶管）、镀锌双波纹金属软管（简称波纹管）、黑薄钢板管、薄钢管等。钢管管芯适用于直线孔道；胶管管芯适用于直线、曲线或折线形孔道；波纹管（黑薄钢板管或薄钢管）埋入混凝土构件内，不用抽芯，作为一种新工艺，适用于跨度大、配筋密的构件孔道。预应力筋的孔道可采用钢管抽芯、胶管抽芯、预埋管等方法成型。

（1）钢管抽芯法。这种方法大都用于留设直线孔道时，预先将钢管埋设在模板内的孔道位置处。钢管要平直，表面要光滑，每根长度最好不超过 15m，钢管两端应各伸出构件约 500mm。较长的构件可采用两根钢管，中间用套管连接。在混凝土浇筑过程中和混凝土初凝后，每间隔一定时间慢慢转动钢管，不让混凝土与钢管黏结，直到混凝土终凝前抽出钢管。抽管过早会造成坍孔事故；太晚则混凝土与钢管黏结牢固，抽管困难。常温下抽管时间为混凝土浇筑后 3 ~ 6h。抽管顺序宜先上后下，抽管可采用人工或用卷扬机，速度必须均匀，边抽边转，与孔道保持直线。抽管后应及时检查孔道情况，做好孔道清理工作。

（2）胶管抽芯法。此方法不仅可以留设直线孔道，也可留设曲线孔道。胶管弹性好，便曲，一般有五层帆布胶管、七层帆布胶管和钢丝网橡皮管 3 种。工程实践中通常一端密封，另一端接阀门充水或充气。胶管具有一定的弹性，在拉力作用下，其断面能缩小，故在混凝土初凝后即可把胶管抽拔出来。夹布胶管质软，必须在管内充气或充水。在浇筑混凝土前，胶皮管中充入压力为 0.6 ~ 0.8MPa 的压缩空气或压力水，此时胶皮管直径可增大 3mm 左右，然后浇筑混凝土，待混凝土初凝后，放出压缩空气或压力水，胶管孔径变小，并与混凝土脱离，随即抽出胶管，形成孔道。抽管顺序一般应为先上后下，先曲后直。

一般采用钢筋井字形网架固定管子在模内的位置。井字网架间距：钢管为 1 ~ 2m；胶管直线段一般为 500mm 左右，曲线段为 300 ~ 400mm。

（3）预埋管法。预埋管是由镀锌薄钢带经波纹卷管机压波卷成的，具有质量轻、刚度好、弯折方便、连接简单、与混凝土黏结较好等优点。波纹管的内径为 50 ~ 100mm，管壁厚 0.25 ~ 0.3mm。除圆形管外，另有新研制的扁形波纹管可用于板式结构中，扁管的长边边长为短边边长的 2.5 ~ 4.5 倍。这种孔道成型方法一般用于采用钢丝或钢绞线作为预应力筋的大型构件或结构中，可直接把下好料的钢丝、钢绞线在孔道成型前就穿入波纹管中，这样可以省掉穿束工序，也可待孔道成型后再进行穿束。对连续结构中呈波浪状布置的曲线束，其高差较大时，应在孔道的每个峰顶处设置泌水孔；起伏较大的曲线孔道，应在弯曲的低点处设置泌水孔；对于较长的直线孔道，应每隔 12 ~ 15m 设置排气孔。泌水孔、排气孔必要时可考虑作为灌浆孔用。波纹管的连接可采用大一号的同型波纹管，接头管的长度为 200 ~ 250mm，以密封胶带封口。

（二）预应力筋张拉

（1）混凝土的强度。预应力筋的张拉是制作预应力构件的关键，必须按规范的有关规定精细施工。张拉时构件或结构的混凝土强度应符合设计要求，当设计无具体要求时，不应低于设计强度标准值的 75%，以确保在张拉过程中混凝土不至于受压而破坏。块体拼装的预应力构件，立缝处混凝土或砂浆强度如设计无规定时，不应低于块体混凝土设计强度等级的 40%，且不得低于 15MPa，以防止在张拉预应力筋时压裂混凝土块体或使混凝土产生过大的弹性压缩。

（2）张拉控制应力及张拉程序。预应力张拉控制应力应符合设计要求且最大张拉控制应力不能超过设计规定。其中，后张法控制应力值低于先张法，这是因为后张法构件在张拉钢筋的同时，混凝土已受到弹性压缩，张拉力可以进一步补足；先张法构件是在预应力筋放松后混凝土才受到弹性压缩，这时张拉力无法补足。此外，混凝土的收缩、徐变引起的预应力损失，后张法也比先张法小。为了减少预应力筋的松弛损失等，可与先张法一样采用超张拉法，其张拉程序为：

$$0 \rightarrow 105\% \, \sigma_{con} \xrightarrow{\text{持荷2min}} \sigma_{con} \text{ 或 } 0 \rightarrow 103\% \, \sigma_{con}$$

（3）张拉方法。张拉方法有一端张拉和两端张拉。两端张拉宜先在一端张拉，再在另一端补足张拉力。如有多根可一端张拉的预应力筋，宜将这些预应力筋的张拉端分别设在结构的两端。长度不大的直线预应力筋可一端张拉。曲线预应力筋应两端张拉。抽芯成孔的直线预应力筋，长度大于 24m 时应两端张拉，不大于 24m 时可一端张拉。预埋波纹管成孔的直线预应力筋，长度大于 30m 时应两端张拉，不大于 30m 时可一端张拉。竖向预应力结构宜采用两端分别张拉，且以下端张拉为主。安装张拉设备时，应使直线预应力筋张拉力的作用线与孔道中心线重合，曲线预应力筋张拉力的作用线与孔道中心线末端的切线重合。

（4）张拉值的校核。张拉控制应力值除了靠油压表读数来控制外，在张拉时还应测定预应力筋的实际伸长值。当实际伸长值与计算伸长值相差 10% 以上时，应检查原因，修正后再重新张拉。预应力筋的计算伸长值可由下式求得：

$$\Delta l = \frac{\sigma_{con}}{E_s} l$$

式中：Δl——预应力筋的计算伸长值（mm）；

σ_{con}——预应力筋张拉控制应力（N/mm^2），如需超张拉，取实际超张拉的应力值；

E_s——预应力筋的弹性模量（N/mm^2）；

l——预应力筋的长度（mm）。

（5）张拉顺序。选择合理的张拉顺序是保证质量的重要一环。当构件或结构有多根预应力筋（束）时，应采用分批张拉，此时按设计规定进行，如设计无规定或受设备限制必须改变时，则应经核算确定。张拉时宜对称进行，避免引起偏心。在进行预应力筋张拉时，可采用一端张拉法，也可采用两端同时张拉法。当采用一端张拉法时，为了克服孔道摩擦力的影响，使预应力筋的应力得以均匀传递，采用反复张拉 2 ~ 3 次的方法可以达到较好的效果。采用分批张拉法时，应考虑后批张拉预应力筋所产生的混凝土弹性压缩对先批预应力筋的影响，即应在先批张拉的预应力筋的张拉应力中增加相应的预应力损失值。

张拉平卧重叠浇筑的构件时，宜先上后下逐层进行张拉，为了减少上、下层构件之间的摩阻力引起的预应力损失，可采用逐层加大张拉力的方法。但底层张拉力值：对光圆钢丝、钢绞线和热处理钢筋，不宜比顶层张拉力大 5%；对于冷拉 HRB335 级、HRB400 级、RRB400 级钢筋，不宜比顶层张拉力大 9%，但也不得大于预应力筋的最大超张拉力。若构件之间隔离层的隔离效果较好（如用塑料薄膜作隔离层或用砖作隔离层），用砖作隔离层时，大部分砖应在张拉预应力筋时取出，仅保留局部的支撑点，构件之间基本架空，也可自上而下采用同一张拉力值。

（三）孔道灌浆

有黏结的预应力，其管道内必须灌浆，灌浆需要设置灌浆孔（或泌水孔），根据相关经验，得出设置泌水孔道的曲线预应力管道的灌浆效果好。一般以一根梁上设 3 个点为宜，灌浆孔宜设在低处，泌水孔可相对高些，灌浆时可使孔道内的空气或水从泌水孔顺利排出。

在波纹管安装固定后，用钢锥在波纹管上凿孔，再在其上覆盖海绵垫片与带嘴的塑料弧形压板，用钢丝绑扎牢固，再将塑料管接在嘴上，并将其引出梁面 40 ~ 60mm。

预应力筋张拉、锚固完成后，应立即进行孔道灌浆工作，以防锈蚀，并增加结构的耐久性。灌浆用的水泥浆，除应满足强度和黏结力的要求外，还应具有较大的流动性和较小的干缩性、泌水性。应采用强度等级不低于42.5级的普通硅酸盐水泥；水胶比宜为0.4左右。对于空隙大的孔道可采用水泥砂浆灌浆，水泥浆及水泥砂浆的强度均不得小于$20N/mm^2$。为了增加灌浆密实度和强度，可使用一定比例的膨胀剂和减水剂。膨胀剂和减水剂均应事前检验，不得含有导致预应力钢材锈蚀的物质。建议拌和后的收缩率小于2%，自由膨胀率不大于5%。

对于水平孔道，灌浆顺序应先灌下层孔道，后灌上层孔道。对于竖直孔道，应自下而上分段灌注，每段高度视施工条件而定，下段顶部及上段底部应分别设置排气孔和灌浆孔。灌浆压力以0.5～0.6MPa为宜。灌浆应缓慢、均匀地进行，不得中断，并应排气通畅。不掺外加剂的水泥浆，可采用二次灌浆法，以提高密实度。孔道灌浆前应检查灌浆孔和泌水孔是否通畅。灌浆前孔道应用高压水冲洗、湿润，并用高压风吹去积水，孔道应畅通、干净。灌浆应先灌下层孔道，一条孔道必须在一个灌浆口一次把整个孔道灌满。灌浆应缓慢进行，不得中断，并应排气通顺；在灌满孔道并封闭排气孔（泌水孔）后，宜再继续加压至0.5～0.6MPa，稍后再封闭灌浆孔。如果遇到孔道堵塞，必须更换灌浆孔，此时必须在第二灌浆孔灌入整个孔道的水泥浆量，直至把第一灌浆孔灌入的水泥浆排出，使两次灌入水泥浆之间的气体排出，以保证灌浆饱满、密实。

二、无黏结预应力施工

无黏结预应力施工过程为：混凝土构件或结构制作时，预先铺设无黏结预应力筋，然后浇筑混凝土并进行养护；待混凝土达到设计要求的强度后，张拉预应力筋并用锚具锚固；最后，进行封锚。这种施工方法不需要留孔灌浆，施工方便，但预应力只能永久地靠锚具传递给混凝土，宜用于分散配置有预应力筋的楼板与墙板、次梁及低预应力度的主梁等。

1. 无黏结预应力筋（束）的张拉

无黏结预应力筋束）的张拉与后张法带有螺丝端杆锚具的有黏结预应力钢丝筋束）的张拉相似。张拉程序一般采用$0 \rightarrow 103\% \sigma_{con}$。由于无黏结预应力筋（束）一般为曲线配筋，故应采用两端同时张拉法。无黏结预应力筋（束）的张拉顺序，应根据其铺设顺序确定，先铺设的先张拉，后铺设的后张拉。

无黏结预应力筋（束）在预应力平板结构中往往很长，如何减少其摩阻损失值是一个重要的问题。影响摩阻损失值的主要因素是润滑介质、包裹物和预应力筋

（束）的截面形状。其中，润滑介质和包裹物摩阻损失值对一定的预应力筋（束）而言是个定值，相对较稳定。而截面形状则影响较大，不同截面形状其离散性是不同的，但如果能保证截面形状在全部长度内一致，则其摩阻损失值就能在一个很小的范围内波动。否则，因局部阻塞就有可能导致其损失值无法预测，故必须保证预应力束的制作质量。摩阻损失值，可用标准测力计或传感器等测力装置进行测定。施工时，为降低摩阻损失值，宜采用多次重复张拉工艺。试验表明，进行三次张拉时，第三次的摩阻损失值可比第一次降低 16.8% ~ 49.1%。

2. 锚头端部处理

无黏结预应力筋（束）锚头端部处理的办法，目前常用的有两种：①在孔道中注入油脂并加以封闭；②在两端留设的孔道内注入环氧树脂水泥砂浆，将端部孔道全部灌注密实，以防预应力筋发生局部锈蚀。灌注用环氧树脂水泥砂浆的强度不得低于 35MPa。灌浆的同时也用环氧树脂水泥砂浆将锚环封闭，既可防止钢丝锈蚀，又可起一定的锚固作用。最后浇筑混凝土或外包钢筋混凝土，或用环氧砂浆将锚具封闭。用混凝土做堵头封闭时，要防止产生收缩裂缝。当不能采用混凝土或环氧树脂水泥砂浆做封闭保护时，预应力筋锚具要全部涂刷抗锈漆或油脂，并采取其他保护措施。

3. 无黏结筋端部处理

无黏结筋的锚固区，必须有严格的密封防护措施，严防水汽进入而锈蚀预应力筋。当锚环被拉出后，应向端部空腔内注防腐油脂。之后，再用混凝土将板端外露锚具封闭好，避免长期与大气接触而造成锈蚀。固定端头可直接浇筑在混凝土中，以确保其锚固能力。钢丝束可采用镦头锚板，钢绞线可采用挤压锚头或压花锚头，并应待混凝土达到规定的强度后再张拉。

第六章 结构安装工程施工

第一节 索具设备和起重机械

一、索具设备

（一）钢丝绳

1. 钢丝绳的分类

钢丝绳是六股钢丝和一根绳芯（一般为麻芯）捻成。常用钢丝绳一般为 $6 \times 19+1$、$6 \times 37+1$、$6 \times 61+1$ 三种（6 股，每股分别由 19 根、37 根、61 根钢丝捻成），其钢丝的抗拉强度为 1400MPa、1550MPa、1700MPa、1850MPa、2000MPa 五种。钢丝绳的种类很多，按钢丝股的槎捻方向和钢丝绳的槎捻方向不同分为：

（1）顺捻绳：每根钢丝股的槎捻方向与钢丝绳的槎捻方向相同，这种钢丝绳柔性好，表面平整，不易磨损。但容易松散和扭结卷曲，吊重物时，易使重物旋转，一般多用于拖拉或牵引装置。

（2）反捻绳：每根钢丝股的槎捻方向与钢丝绳的槎捻方向相反，这种钢丝绳较硬，强度较高，不易松散，吊重时不会扭结和旋转，多用于吊装工作。

2. 钢丝绳的计算和使用

（1）钢丝绳允许应力按下列公式计算：

$$[S_G] = \frac{aS_G}{k}$$

式中：$[S_G]$——钢丝绳的允许应力（kN）；

S_G——钢丝绳的钢丝破断拉力总和（kN）；

a——换算系数，按表 6–1 取用；

k——钢丝绳的安全系数，按表 6–2 取用。

表6-1　钢丝绳破断拉力换算系数

钢丝绳结构	换算系数
6×19	0.85
6×37	0.82
6×61	0.80

表6-2　钢丝绳的安全系数

用途	安全系数	用途	安全系数
作缆风绳	3.5	作吊索、无弯曲时	6～7
用于手动起重设备	4.5	作捆绑吊索	8～10
用于机动起重设备	5～6	用于载人的升降机	14

（2）使用注意事项：

①应经常对钢丝绳进行检查，达到报废标准必须报废；定期对钢丝绳加润滑油（一般工作时间4个月左右加1次）。

②钢丝绳穿过滑轮时，滑轮槽的直径应比绳的直径大1～2.5mm，滑轮槽过大钢丝绳容易压扁，过小则容易磨损；滑轮的直径不得小于钢丝绳直径的10～12倍，以减小绳的弯曲应力。

③存放在仓库里的钢丝绳应成卷排列，避免重叠堆置，库中应保持干燥，以防钢丝绳锈蚀。

④在使用中，如绳股间有大量的油挤出，表明钢丝绳的荷载已相当大，这时必须勤加检查，以防发生事故。

（二）吊具

吊具包括吊钩、卡环、钢丝绳卡扣、吊索、横吊梁等，是吊装时的辅助工具。卡环用于吊索之间或吊索与构件吊环之间的连接。钢丝绳卡扣主要用来固定钢丝绳端。使用卡扣的数量和钢丝绳的粗细有关，粗绳用得较多。吊索根据形式不同，可分为环形吊索（万能索）和开口索。横吊梁、扁担可减小起吊高度，满足吊索水平夹角要求，使构件保持垂直、平衡。

（三）滑轮组

滑轮组是由一定数量的定滑轮和动滑轮及绕过它们的绳索所组成，其作用是省力和改变力的方向。

（四）卷扬机

卷扬机有快速和慢速两种。快速卷扬机有单筒式、双筒式，设备能力为 4.0 ~ 80kN，用于垂直、水平运输及打桩作业。慢速卷扬机为单筒式，设备能力为 5 ~ 100kN，用于吊装结构、冷拉钢筋和张拉预应力筋。

二、起重机械

（一）桅杆式起重机

诡杆式起重机是用木材或金属材料制作的起重设备，具有制作简单、装拆方便、起重量大（可达 200t 以上）、受地形限制小等特点，宜在大型起重设备不能进入时使用。但是它的起重半径小、移动较困难，需要设置较多的缆风绳。它一般适用于安装工程量集中、结构重量大、安装高度大以及施工现场狭窄的构件安装。常用的有独脚拔杆、人字拔杆、悬臂拔杆和牵缆式桅杆起重机等。

1. 独脚拔杆

独脚拔杆有木独脚拔杆和钢管独脚拔杆以及格构式独脚拔杆三种。

独脚拔杆由拔杆、起重滑轮组、卷扬机、缆风绳和锚锭等组成。木独脚拔杆由圆木做成，圆木直径 200 ~ 300mm，最好用整根木料。起重高度在 15m 以内，起重量在 10t 以下。钢管独脚拔杆起重高度在 20m 以内，起重量在 30t 以下。格构式独脚拔杆一般制作成若干节，以便运输，吊装中根据安装高度及构件重量组成需要长度。其起重高度可达 70m，起重量可达 100t。独脚拔杆在使用时，保持不大于 10°的倾角，以便吊装构件时不至碰撞拔杆；拔杆底部要设拖子以便移动；拔杆主要依靠缆风绳来保持稳定，其根数应根据起重量、起重高度，以及绳索强度而定，一般为 6 ~ 12 根，但不少于 4 根。缆风绳与地面的夹角 a 一般取 30°～ 45°，角度过大则对拔杆产生较大的压力。

2. 人字拔杆

人字拔杆是由两根圆木或钢管、缆风绳、滑轮组、导向轮等组成。在人字拔杆的顶部交叉处，悬挂滑轮组。拔杆下端两脚的距离为高度的 1/3 ~ 1/2。缆风绳一般不少于 5 根。人字拔杆顶部相交成 20°～ 30°夹角，以钢丝绳绑扎或铁件铰接。人字拔杆的特点是侧向稳定性好、缆风绳用量少，但起吊构件活动范围小，一般仅用于安装重型柱，也可作辅助起重设备用于安装厂房屋盖上的轻型构件。

3. 悬臂拔杆

在独脚拔杆中部或 2/3 高度处装上一根起重臂，即形成悬臂拔杆。

悬臂拔杆的特点是有较大的起重高度和起重半径，起重臂还能左右摆动

120° ～ 270°，这为吊装工作带来较大的方便。但其起重量较小，多用于起重高度较高的轻型构件的吊装。

4. 牵缆式桅杆起重机

牵缆式桅杆起重机是在独脚拔杆的下端装上一根可以回转和起伏的吊杆而成。这种起重机不仅起重臂可以起伏，而且整个机身可作 360° 回转，因此，能把构件吊送到有效起重半径内的任何空间位置，具有较大的起重量和起重半径，灵活性好。

起重量在 5t 以下的桅杆式起重机，大多用圆木做成，用于吊装小构件；起重量在 10t 左右的桅杆式起重机，起重高度可达 25m，多用于一般工业厂房的结构安装；用格构式截面的拔杆和起重臂，起重量可达 60t，起重高度可达 80m，常用于重型厂房的吊装，缺点是使用缆风绳较多。

（二）自行杆式起重机

自行杆式起重机可分为履带式起重机、汽车式起重机和轮胎式起重机 3 种。

自行杆式起重机的优点是灵活性大，移动方便，能为整个建筑工地服务。起重机是一个独立的整体，一到现场即可投入使用，无须进行拼接等工作，施工起来更方便，只是稳定性稍差。

1. 履带式起重机

履带式起重机主要由机身、回转装置、行走装置（履带）、工作装置（起重臂、滑轮组、卷扬机）以及平衡重等组成。履带式起重机是一种 360° 全回转的起重机，它利用两条面积较大的履带着地行走。其优点为对场地、路面要求不高，臂杆可以接长或更换，有较大的起重能力及工作速度，在平整坚实的道路上还可负载行驶。但其行走速度较慢，稳定性差，履带对路面破坏性较大。一般用于单层工业厂房结构安装工程。

履带式起重机主要技术性能包括 3 个参数：起重量 Q、起重半径 R 和起重高度 H。起重量是指安全工作所允许的最大起重物的质量；起重半径是指起重机回转中心至吊钩的水平距离；起重高度是指起重吊钩中心至停机面的距离。3 个工作参数之间存在着互相制约的关系。即起重量、起重半径和起重高度的数值，取决于起重臂长度及其仰角。当起重臂长度一定时，随着起重臂仰角的增大，则起重量和起重高度增大，而起重半径则减小。当起重臂仰角不变时，随着起重臂长度的增加，则起重半径和起重高度都增加，而起重量变小。

常用履带式起重机型号有机械式（QU）、液压式（QUY）和电动式（QUD）3种。目前国产履带式起重机已经形成 30 ～ 300t 的产品系列（QUY35、QUY50、QUY100、QUY150、QUY300）。

2. 汽车式起重机

汽车式起重机是装在普通汽车底盘上或特制汽车底盘上的一种起重机，也是一种自行式全回转起重机。其行驶的驾驶室与起重操作室是分开的，它具有行驶速度高、机动性能好的特点。但吊重时需要打支腿，因此不能负载行驶，也不适合在泥泞或松软的地面上工作。

常用的汽车式起重机有 Q1 型（机械传动和操纵）、Q2 型（全液压式传动和伸缩式起重臂）、Q3 型（多电动机驱动各工作机构）以及 YD 型随车起重机和 QY 系列等。

Q2-32 型汽车式起重机起重臂长 30m，最大起重量 32t，可用于一般厂房的构件安装和混合结构的预制板安装工作。目前引进的大型汽车式起重机最大起重量达120t，最大起重高度可达 75.6m，能满足吊装重型构件的需要。

在使用汽车式起重机时不准负载行驶或不放下支腿就起重，在起重工作之前要平整场地，以保证机身基本水平（倾斜一般不超过 3°），支腿下要垫硬木块。支腿的伸出应在吊臂起升之前完成，支腿的收入应在吊臂放下、搁稳之后进行。

（3）轮胎式起重机

轮胎式起重机是把起重机构安装在加重型轮胎和轮轴组成的特制底盘上的一种自行式全回转起重机。随着起重量的大小不同，底盘下装有若干根轮轴，配备有4 ~ 10 个或更多轮胎。吊装时一般用 4 个支腿支撑以保证机身的稳定性；构件重力在不用支腿允许荷载范围内也可不放支腿起吊。轮胎式起重机与汽车式起重机的优缺点基本相似，其行驶均采用轮胎，故可以在城市的路面上行走，不会损伤路面。轮胎式起重机可用于装卸、一般工业厂房的安装和低层混合结构预制板的安装工作。

第二节　钢筋混凝土单层工业厂房结构吊装

一、构架吊装工艺

构件吊装的一般工艺：绑扎→起吊→对位、临时固定→校正、最后固定。

（一）柱的吊装

1. 柱的绑扎

柱的绑扎位置和绑扎点数，应根据柱的形状、断面、长度、配筋部位和起重机性能等情况确定。

（1）绑扎点数和位置：因为柱的吊升过程中所承受的荷载与使用阶段荷载不同，因此绑扎点应高于柱的重心，柱吊起后才不致摇晃倾翻。吊装时应对柱的受力进行验算，其最合理的绑扎点应在柱产生的正负弯矩绝对值相等的位置。一般的中、小型柱（长 12m 或重 13t 以下），大多绑扎一点，绑扎点在牛腿根部，工字形断面柱的绑扎点应选在矩形断面处，否则应在绑扎位置用方木垫平；重型或配筋小而细长的柱则需要绑扎两点甚至三点，绑扎点合力作用线高于柱重心。在吊索与构件之间还应垫上麻袋、木板等，以免吊索与构件之间摩擦造成损伤。

（2）绑扎方法：按柱起吊后柱身是否垂直分为斜吊绑扎法和直吊绑扎法。

当柱平卧起吊抗弯能力满足要求时，可采用斜吊法，其特点是不需翻身，起重高度小，但抗弯差，起吊后对位困难。当柱平卧起吊抗弯能力不足时，吊装前需对柱先翻身后再绑扎起吊。吊索从柱的两侧引出，上端通过卡环或滑轮组挂在横吊梁上，这种方法称为直吊法，其特点是翻身后两侧吊，抗弯好，不易开裂，易对位，但需用铁扁担，吊索长，需较大起重高度。

2. 柱的吊升

工业厂房中的预制柱安装就位时，常用旋转法和滑行法两种形式吊升到位。

（1）旋转法：布置柱子时使柱脚靠近柱基础，柱的绑扎点、柱脚和基础中心位于以起重半径为半径的圆弧上（三点共弧）。起重机边升钩边转臂，柱脚不动而立起，吊离地面后继续转臂，插入基础杯口内。

（2）滑行法：柱子的绑扎点靠近基础杯口布置，且绑扎点与基础杯口中心位于以起重半径为半径的圆弧上（二点共弧）；起重机只升钩不转臂，使柱脚沿地面缓缓滑向绑扎点下方、立直；吊离地面后，起重机转臂使柱子对准基础杯口就位。

旋转法相对滑行法的特点是：柱在吊装立直过程中振动较小，生产率较高，但对起重机的机动性要求高，现场布置柱的要求较高。两台起重机进行"抬吊"重型柱时，也可采用两点抬吊旋转法和一点抬吊滑行法。

3. 柱的对位与临时固定

柱脚插入杯口后，应悬离杯底适当距离进行对位，对位时从柱子四周放入 8 只楔块（距杯底 30 ~ 50mm），并用撬棍拨动柱脚，使柱的吊装准线对准杯口上的吊装准线，并使柱基本保持垂直。柱子对位后，应先将楔块略为打紧，经检查符合要求后，方可将楔块打紧，这就是临时固定。重型柱或细长柱除做上述临时固定措施外，必要时还可加缆风绳。

4. 柱的校正与最后固定

柱的校正，包括平面位置和垂直度的校正。平面位置在临时固定时多已校正好，因此柱校正的主要内容是垂直度的校正。其方法是用两台经纬仪从柱的相邻两面来测定柱的安装中心线是否垂直。垂直度的校正直接影响吊车梁、屋架等吊装的准确性，必须认真对待。要求垂直度偏差的允许值为：柱高 ≤ 5m 时为 5mm；5m ＜柱高 ＜ 10m 时为 10mm；柱高 ≥ 10m 时为 1/1000 柱高，但不得大于 20mm。

校正方法有敲打楔块法、千斤顶校正法、钢管撑杆斜顶法及缆风绳校正法等。

柱校正后应立即进行最后固定。方法是在柱脚与杯口的空隙中浇筑比柱混凝土强度等级高一级的细石混凝土，浇筑分两次进行：第一次浇筑至原固定柱的楔块底面，待混凝土强度达到 25% 时拔去楔块，再将混凝土灌满杯口。待第二次浇筑的混凝土强度达到 75% 后，方可安装其上部构件。

（二）吊车梁的吊装

吊车梁的类型，通常有 T 型、鱼腹型和组合型等，长度一般为 6m、12m，重 3 ～ 5t。吊车梁吊装时，应两点绑扎，对称起吊。起吊后应基本保持水平，两端设拉绳（溜绳）控制，对位时不宜用撬棍在纵轴方向撬动吊车梁，以防使柱身受挤动产生偏差；用垫铁垫平，一般不需要临时固定。

吊车梁的校正主要包括平面位置和垂直度的校正。中小型吊车梁宜在厂房结构校正和固定后进行安装，以免屋架安装时，引起柱子变位。对于重型吊车梁则边吊装边校正。

吊车梁垂直度校正用靠尺逐根进行，平面位置的校正常用通线法与平移轴线法。

（1）通线法：根据柱子轴线用经纬仪和钢尺，准确地校核厂房两端的四根吊车梁位置，对吊车梁的纵轴线和轨距校正好之后，再依据校正好的端部吊车梁，沿其轴线拉钢丝通线，逐根拨正。

（2）平移轴线法：在柱列边设置经纬仪，逐根将杯口中柱的吊装准线投影到吊车梁顶面处的柱身上，并做出标志，再根据柱子和吊车梁的定位轴线间的距离（一般为 750mm），逐根拨正吊车梁的安装中心线。

吊车梁校正后，应立即焊接固定，并在吊车梁与柱的空隙处浇筑细石混凝土。

（三）屋架的吊装

屋盖系统包括屋架、屋面板、天窗架、支撑、天窗侧板及天沟板等构件。屋盖系统一般按节间进行综合安装，即每安装好一榀屋架，就随即将这一节间的全部构件安装上去。这样做可以提高起重机的利用率，加快安装进度，有利于提高质量和保证安全。在安装起始的两个节间时，要及时安好支撑，以保证屋盖安装中的稳定。

1. 屋架的扶直与就位

钢筋混凝土屋架一般在施工现场平卧浇筑，吊装前应将屋架扶直就位。屋架是平面受力构件，侧向刚度差。扶直时由于自重会改变杆件的受力性质，容易造成屋架损伤，所以必须采取有效措施或合理的扶直方法。按照起重机与屋架相对位置的不同，屋架扶直分为正向扶直和反向扶直两种方法。

（1）正向扶直：起重机位于屋架下弦一侧，吊钩对准屋架上弦中心。收紧吊钩，略起臂使屋架脱模，随后升钩升臂，屋架以下弦为轴转为直立状态。一般在操作中将构件升臂比降臂较安全，故应尽量采用正向扶直。如图 6-1（a）所示。

（2）反向扶直：起重机位于屋架上弦一侧，吊钩对准屋架上弦中心，升钩降臂，屋架以下弦为轴转为直立状态。如图 6-1（b）所示。

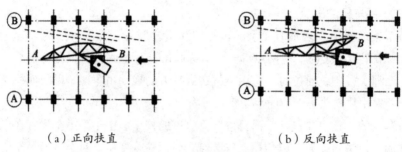

（a）正向扶直　　　　　　　　　　　（b）反向扶直

图6-1　屋架扶直示意图

屋架扶直时，应注意吊索与水平线的夹角不宜小于 60°。屋架扶直后，应立即进行就位。就位指移放在吊装前最近的便于操作的位置。屋架就位位置应在事先加以考虑，它与屋架的安装方法，起重机械的性能有关，还应考虑到屋架的安装顺序、两端朝向，尽量少占场地，便于吊装。就位位置一般靠柱边斜放或以 3～5 榀为一组平行于柱边。屋架就位后，应用 8 号铁丝、支撑等与已安装的柱或其他固定体相互拉结，以保持稳定。

2. 屋架的绑扎

屋架的绑扎点应选在上弦节点处左右对称，并高于屋架重心，以免屋架起吊后晃动和倾翻，吊装时吊索与水平线的夹角不宜小于 45°，以免屋架承受过大的横向压力。必要时，为了减小绑扎高度及所受横向压力可采用横吊梁。吊点的数目及位置与屋架的形式和跨度有关，应经吊装验算确定。一般情况：跨度 ≤ 18m，采用两点绑扎；跨度 > 18m，采用四点绑扎；跨度 > 30m 和组合屋架，应增设铁扁担，以降低吊装高度和减小吊索对屋架上弦的轴向压力。

3. 屋架的吊升、对位与临时固定

中、小型屋架，一般均用单机吊装，当屋架跨度大于 24m 或重量较大时，应采用双机抬吊。

在屋架吊离地面约 300mm 时，将屋架引至吊装位置下方，然后再将屋架吊升超过柱顶一些，进行屋架与柱顶的对位。

屋架对位应以建筑物的定位轴线为准，对位成功后，立即进行临时固定。第一榀屋架的临时固定，可利用屋架与抗风柱连接，也可用缆风绳固定；以后每榀屋架可用工具式支撑（屋架校正器）与前一榀屋架连接。

4. 屋架的校正和最后固定

屋架的垂直度应用垂球或经纬仪检查校正，有偏差时采用工具式支撑纠正，并在柱顶加垫铁片稳定。屋架校正完毕后，应立即按设计规定用螺母或焊接固定，待屋架固定后，起重机方可松卸吊钩。

（四）屋面板的吊装

单层工业厂房的屋面板，一般为大型的槽形板，板四角吊环就是为起吊时用的，可单块起吊，也可多块叠吊或平吊。为了避免屋架承受半边荷载，屋面板吊装的顺序应自两边檐口开始，对称地向屋架中点铺放；在每块板对位后应立即焊接固定，必须保证有三个角点焊接。

二、单层工处厂房结构吊装方案

（一）结构吊装方法

1. 分件安装法

分件安装法即起重机每开行一次仅安装一种或两种构件，如第一次开行吊柱，第二次开行吊地梁、吊车梁、连系梁等，第三次开行吊屋盖系统（屋架、支撑、天窗架、屋面板）。分件安装法的优点是能按构件特点灵活选用起重机具；索具更换少，工人熟练程度高；构件布置容易，现场不拥挤。但其缺点是起重机开行线路长，不能进行围护、装饰等工序流水作业。分件安装法是单层工业厂房结构安装常采用的方法。

2. 综合安装法

综合安装法即起重机在车间内的一次开行中，分节间（先安装 4 ~ 6 根柱子）安装所有类型的构件。其优点是起重机开行路线短，停机点少；利于围护、装饰等后续工序的流水作业。但存在一种起重机械同时吊装多种类型的构件，起重机的工作性能不能充分发挥；吊具更换频繁，施工速度慢；校正时间短，给校正工作带来困难；施工现场构件繁多，构件布置复杂，构件供应紧张等缺点。主要用于已安装了大型设备等，不便于起重机多次开行的工程，或要求某些房间先行交工的工程等。

（二）起重机的选择

起重机的选择包括类型、型号的选择。一般中小型厂房选择自行式起重机；起重量较大且缺乏自行式起重机时，可选用桅杆式起重机；大跨度、重型厂房，应结合设备安装选择起重机；一台起重机不能满足吊装要求时，可考虑选择两台抬吊。

起重机的类型选定后，要根据构件的尺寸、重量及安装高度来确定起重机型号。当起重半径受场地安装位置限制时，先定起重半径再选能满足起重量、起重高度要求的机械；当起重半径不受限制时，据所需起重量、起重高度选择机型后，查出相应允许的起重半径。

（1）起重机的起重量 Q 必须大于或等于所安装构件的重量与索具重量之和。

（2）起重高度 H（图 6-2）：

$$H=h_1+h_2+h_3+h_4$$

式中：h_1——停机面至安装支座的高度（m）；

h_2——安装间隙（≥ 0.3m）或安全距离（≥ 2.5m）；

h_3——绑扎点至构件底面尺寸（m）；

h_4——吊索高度（m）。

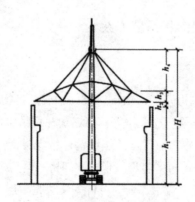

图6-2 起重高度计算示意图

（3）起重半径 R（图 6-3）。当起重机可以不受限制地开到吊装位置附近时，对起重机的起重半径没有要求。

当起重机受限制不能靠近安装位置去吊装构件时，起重半径按下式计算：

$$R=F+D+0.5b$$

式中：F——起重机枢轴中心距回转中心的距离（m）；

b——构件宽度（m）；

D——起重机枢轴中心距所吊构件边沿的距离（m）。

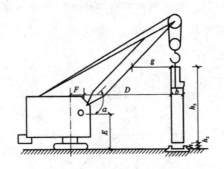

图6-3　起重半径计算示意图

（三）起重机的开行路线、停机位置和构件的平面布置

构件的平面布置与起重机的性能、安装方法、构件的制作方法有关。

1. 吊装柱时起重机的开行路线及平面位置

（1）起重机的开行路线

根据厂房的跨度、柱的尺寸和重量及起重机的性能，有跨中开行和跨边开行两种。当 R ≥ L/2 时（L 为厂房跨度），跨中开行，一个停机点可吊 2 根或 4 根柱；当 R < L/2 时，跨边开行，一个停机点可吊 1 根或 2 根柱。如图 6-4 所示。

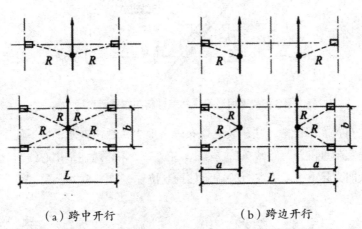

（a）跨中开行　　　　　　（b）跨边开行

图6-4　起重机吊装柱时的开行路线及停机位置

（2）柱的平面布置

柱的平面布置位置既可在跨内也可在跨外，布置方向分为斜向和纵向。

①斜向布置。根据吊装时采用的吊装方法（旋转法或滑行法），可按三点或二

点共弧斜向布置。确定步骤：确定起重机开行路线（$R_{min} \leq a \leq R_{选}$）→以柱基中心 M 为圆心、$R_{选}$为半径画弧，与起重机开行路线的交点即为起重机停机点 0→以起重机停机点 O 为圆心定出圆弧 SKM（SM），确定 A、B、C、D 尺寸，即可得到柱预制位置。如图 6-5 和图 6-6 所示。

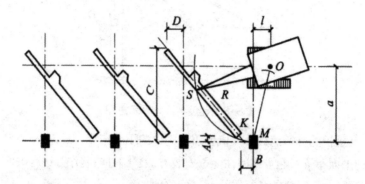

图6-5　采用旋转法吊装柱斜向布置示意图

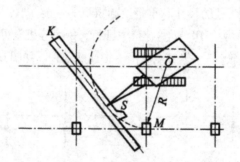

图6-6　采用滑行法吊装柱斜向布置示意图

②纵向布置。用于滑行法吊装，该布置占地少，制作方便，但不便于起吊。确定步骤：确定起重机开行路线（$R_{min} \leq a \leq R_{选}$）→相邻两柱基中心线与起重机开行路线的交点即为起重机停机点 O→确定柱预制位置。如图 6-7 所示。

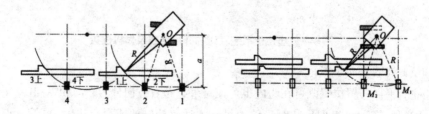

图6-7　柱纵向布置示意图

2. 吊装屋架时起重机的开行路线及构件的平面布置

（1）预制阶段平面布置

一般在跨内平卧叠浇预制，每叠3～4榀；布置方式分为正面斜向、正反斜向和正反纵向布置三种，应优先采用正面斜向布置，它便于屋架扶直就位，只有当场地限制时，才采用其他方式，如图6-8所示。布置时应注意以下几点：

①斜向布置时，屋架下弦与纵轴线夹角为10°～20°；

②预应力屋架两端均应留出抽管、穿筋、张拉操作所需场所（l/2+3m）；

③每两垛之间留不小于1.0m的间隙；

④每垛先扶直者放于上面，放置方向与埋件位置要准确（标出轴号、编号）。

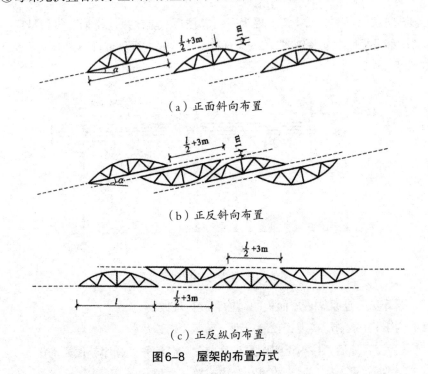

（a）正面斜向布置

（b）正反斜向布置

（c）正反纵向布置

图6-8　屋架的布置方式

（2）安装阶段构件的就位布置

安装屋架时首先进行屋架扶直，扶直后靠柱边斜向或纵向排放（立放）。

①斜向就位。其基本步骤为：起重机安装屋架时的开行路线及停机位置→屋架的就位范围→屋架就位的位置。如图6-9所示。

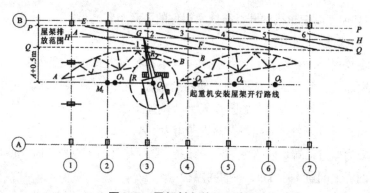

图6-9 屋架斜向就位示意图

②纵向就位。一般以4～5榀为一组靠柱边顺轴线纵向排列，每组最后一榀屋架中心距前一榀屋架安装轴线≥2m。这种方式需起重机负重行驶，但占地少，如图6-10所示。

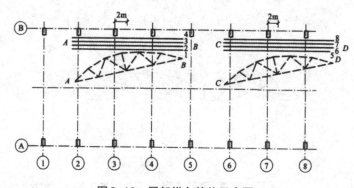

图6-10 屋架纵向就位示意图

3. 吊车梁、连系梁、屋面板的运输和就位堆放

（1）构件在预制厂或现场预制成型，后运至工地吊装。

（2）运至工地后，按施工组织设计规定位置、编号及顺序就位或堆放。

（3）根据起重半径，屋面板可在跨内或跨外就位。

（4）所有构件已集中堆放在吊装工地附近，可随吊随运。

第三节　多层装配式结构安装

一、构件的平面布置和堆放

多层装配式结构构件，除重量较大的柱在现场就地预制外，其余构件一般在预制厂制作，运至工地安装。因此，构件平面布置要着重解决柱在现场预制布置问题。其布置方式一般有下列三种：

（一）平行布置

平行布置即柱身与轨道平行，是常用的布置方案。柱可叠浇，将几层高的柱通长预制，能减少柱接头偏差。

（二）斜向布置

斜向布置即柱身与轨道成一定角度。柱吊装时，可用旋转法起吊，它适用于较长柱。

（三）垂直布置

垂直布置即柱身与轨道垂直。适用于起重机在跨中开行，柱吊点在起重机起重半径之内加工厂制作的构件。一般在吊装前将构件按型号、数量和安装顺序等运进施工现场，吊装时，按构件供应方式可分为储存吊装法和随吊随运法。储存吊装法是指按照构件吊装工艺过程，将各种类型的构件配套运输至施工现场并保持一定的储备量。储存吊装法可提高起重机的工作效率。随吊随运法也称为直接吊装法，构件按吊装顺序配套运往施工现场，直接由运输车辆上吊到设计安装位置上。这种方法需要较多的运输车辆和严密的施工组织。

楼面板等构件的堆放方式有插放法和靠放法两种。插放法是构件插在插放架上，堆放时不受型号限制，可按吊装顺序放置。这种方法便于查找构件型号，但占用场地较多。靠放法是将同型号构件放在靠放架上，占用场地较少。构件必须对称靠放，其倾角应保持大于 80°，构件上部用木块隔开。

二、结构的吊装方法和吊装顺序

（一）分件吊装

按流水方式不同，分件吊装有分层分段流水和分层大流水两种吊装方法。

分层分段流水吊装法 [图 6-11a)] 是将多层结构划分为若干施工层，每个施工层再划分为若干吊装段。起重机在每一吊装段内按吊装顺序分次进行吊装，每次并行吊装一种构件，直至该段的构件全部吊装完毕，再转移到另一段，待每一施工层各吊装段构件全部吊装完并最后固定后再吊装上一施工层构件。

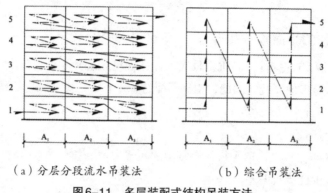

（a）分层分段流水吊装法　　　　（b）综合吊装法

图6-11　多层装配式结构吊装方法

A₁、A₂、A₃—吊装段；1、2、3、4、5—施工层

通常施工层的划分与预制柱的长度有关，当柱的长度为一个结构层高时，以一个结构层高为一个施工层。如果柱子高度是两个结构层高时，则以两个结构层高为一个施工层，施工层数越多，则柱子接头越多，吊装速度越慢，因此应加大柱的预制长度，以减少施工层。

吊装段的划分取决于结构的平面尺寸、形状、起重机性能及开行路线等。划分时应保证结构安装的吊装、校正、固定各工序的协调，同时保证结构安装时的稳定。

分件安装的优点是，容易组织吊装、校正、焊接、固定等工序的流水作业，容易安排构件的供应及现场布置。

分层大流水吊装法是每个施工层不再划分流水段，而按一个楼层组织各个工序的流水作业，这种方法适用于每层面积不大的工程。

（二）综合吊装

综合吊装是以一个柱网（节间）或若干个柱网（节间）为一个吊装段，以房屋全高为一个施工层组织各工序流水施工，起重机把一个吊装段的构件吊装至房屋的全高，然后转入下一个吊装段施工，如图 6-11（b）所示。

当结构宽度大而采用起重机跨内开行时，由于结构被起重机的通道暂时分割成几个从上到下的独立部分，所以，综合吊装法特别适用于起重机在跨内开行时的结构吊装。

三、结构吊装工艺

多层装配式框架结构安装的主要施工过程包括：柱的吊装、墙板结构构件吊装、梁柱接头浇筑等。

（一）柱的吊装

为了便于预制和吊装，各层柱截面应尽量保持不变，而以改变配筋或混凝土强度等级来适应荷载的变化。柱一般以 1～2 层楼高为一节，也可以 3～4 层楼高为一节，视起重机性能而定。当采用塔式起重机进行吊装时，以 1～2 层楼高为宜；对 4～5 层框架结构，采用履带式起重机进行吊装时，柱长可采用一节到顶的方案。柱与柱的接头宜设在弯矩较小位置或梁柱节点位置，同时要便于施工。每层楼的柱接头宜布置在同一高度，便于统一构件规格，减少构件型号。

1. 绑扎起吊

多层框架柱，由于长细比较大，吊装时必须合理选择吊点位置和吊装方法，必要时应对吊点进行吊装应力和抗裂度验算。一般情况下，当柱长在 12m 以内时可采用一点绑扎，旋转法起吊；对 14～20m 的长柱则应采用两点绑扎起吊。应尽量避免采用多点绑扎，以防止在吊装过程中构件受力不均而产生裂缝或断裂。

2. 柱的临时固定和校正

框架底柱与基础杯口的连接与单层厂房相同。上下两节柱的连接是多层框架结构安装的关键。其临时固定可用管式支撑。柱的校正需要进行 2～3 次。首先在脱钩后电焊前进行初次校正；在电焊后进行二次校正，观测钢筋因电焊受热收缩不均而引起的偏差；在梁和楼板吊装后再校正一次，消除梁柱接头电焊产生的偏差。

在柱校正过程中，当垂直度和水平位移均有偏差时，如垂直度偏差较大，则应先校正垂直度，然后校正水平位移，以减少柱倾覆的可能性。柱的垂直度偏差容许值为 $H/1000$（H 为柱高），且不大于 15mm。水平位移容许偏差值应控制在 ±5mm 以内。

多层框架长柱，由于阳光照射的温差对垂直度有影响，使柱产生弯曲变形，因此，在校正中须采取适当措施。例如：可在无强烈阳光（阴天、早晨、晚间）进行校正；同一轴线上的柱可选择第一根柱在无温差影响下校正，其余柱均以此柱为标准；柱校正时预留偏差。

3. 柱子接头

柱子接头形式有榫式、插入式、浆锚式等 3 种。

榫式接头上柱下部有一榫头，承受施工荷载，上下柱外露的受力钢筋采用坡口焊接，配置一定数量箍筋，浇筑混凝土后形成整体。

插入式接头是将上柱下端制成榫头，下柱顶端制成杯口，上柱榫头插入下柱杯口后用水泥砂浆填实，这种接头不需焊接。

浆锚式接头是将上柱伸出的钢筋插入下柱的预留孔中，用水泥砂浆锚固形成整体。

（二）梁柱接头

梁柱接头的形式很多，常用的有明牛腿式刚性接头、齿槽式接头、浇筑整体式接头等。

（1）明牛腿式刚性接头如图6-12（a）所示，在梁端预埋一块钢板，牛腿上也预埋一块钢板，焊接好以后起重机方可脱钩。再将梁、柱的钢筋，用坡口焊接，最后灌以混凝土，使之成为刚度大、受力可靠的刚性接头。

（2）齿槽式接头如图6-12(b)所示，在梁、柱接头处设置角钢，作为临时牛腿，以支撑梁。角钢支撑面积小，不大安全，必须当柱混凝土强度达到10MPa时才允许吊装。

（3）浇筑整体式接头如图6-12（c）所示，柱为每层一节，梁搁在柱上，梁底钢筋按锚固长度要求弯上或焊接，将节点核心区加上箍筋后即可浇筑混凝土。先浇筑至楼板面高度，当混凝土强度大于10MPa后，再吊装上柱，上柱下端同榫式柱，上下柱钢筋搭接长度大于20d（d为钢筋直径）。第二次浇筑混凝土到上柱榫头部，留35mm左右的空隙，用细石混凝土填缝。

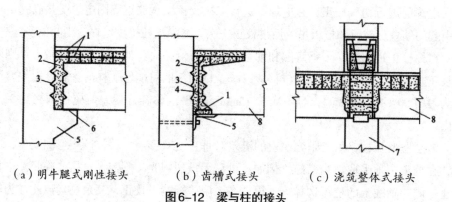

（a）明牛腿式刚性接头　　　（b）齿槽式接头　　　（c）浇筑整体式接头

图6-12　梁与柱的接头

1—坡口焊钢筋；2—浇捣细石混凝土；3—齿槽；4—附加钢筋；
5—牛腿；6—垫板；7—柱；8—梁

（三）墙板结构构件吊装

装配式墙板结构是将墙壁、楼板、楼梯等房屋构件，在现场或预制厂预制，然后在现场装配成整体的一种结构。目前在住宅建筑中，一般墙板的宽度与开间或进深相当，高度与层高相当，墙壁厚度和所采用的材料与当地气候以及构造要求有关。

墙板所用的材料有普通混凝土、轻骨料混凝土以及粉煤灰、矿渣等工业废料混凝土、加气混凝土等。墙板按其构造可分为单一材料墙板（实心及空心墙板）和复合材料墙板两大类。复合材料墙板是将不同功能的材料复合在一起，分别起承重、保温、装饰作用，以提高墙板的技术经济指标。对于外墙板应具有保温、隔热和防水功能，并可事先做好外饰面（如贴面瓷砖、纤维板等）和装上门窗。室内墙面不用抹灰；安装后喷浆或贴墙纸。

墙板的连接一般采取预留钢筋互相搭接，然后用混凝土灌缝连成整体。在装配式框架结构高层建筑中，墙板与框架采用预埋件焊接。装配式墙板房屋由于连接节点的整体性、强度和延性较差，抗震性能较低，所以目前仅用于12层以下的住宅建筑。

墙板的安装方法主要有储存安装法和直接安装法（即随运随吊）两种。储存安装法是将构件从生产场地或构件厂运至吊装机械工作半径范围内储存，储存量一般为1～2层构件，目前采用较多。

墙板安装前应复核墙板轴线、水平控制线，正确定出各楼层标高、轴线、墙板两侧边线，墙板节点线，门窗洞口位置线，墙板编号及预埋件位置。

墙板安装顺序一般采用逐间封闭法。当房屋较长时，墙板安装宜由房屋中间开始，先安装两间，构成中间框架，称标准间；然后再分别向房屋两端安装。当房屋长度较小时，可由房屋一端的第二开间开始安装，并使其闭合后形成一个稳定结构，作为其他开间安装时的依靠。

墙板安装时，应先安内墙，后安外墙，逐间封闭，随即焊接。这样可减少误差累积，施工结构整体性好，临时固定简单、方便。

墙板安装的临时固定设备有操作平台、工具式斜撑、水平拉杆、转角固定器等。在安装标准间时，用操作平台或工具式斜撑固定墙板和调整墙的垂直度。其他开间则可用水平拉杆和转角器进行临时固定，用木靠尺检查墙板垂直度和相邻两块墙板板面的接缝。

第七章 防水工程施工

第一节 防水材料的分类、适用范围及发展

一、卷材防水材料

（一）沥青防水卷材

沥青防水卷材是由粉状、粒状或片状材料制成的可卷曲的片状防水材料。按胎体材料的不同分为三类，即纸胎油毡、纤维胎油毡和特殊胎油毡。由于其价格低廉，具有一定的防水性能，故应用较广泛。

（二）高聚物改性沥青防水卷材

由于沥青防水卷材含蜡量高、延伸率低、温度的敏感性强，在高温下易流淌、低温下易脆裂和龟裂，因此，只有对沥青进行改性处理，提高沥青防水卷材的拉伸强度、延伸率、在温度变化下的稳定性以及抗老化等性能，才能适应建筑防水材料的要求。沥青改性以后制成的卷材，称为改性沥青防水卷材。目前，对沥青的改性方法主要采用合成高分子聚合物进行改性、沥青催化氧化、沥青的乳化等。合成高分子聚合物（简称高聚物）改性沥青防水卷材包括 SBS 改性沥青、APP 改性沥青、PVC 改性焦油沥青、再生胶改性沥青和其他改性沥青等。高聚物改性沥青防水卷材的特点及适用范围见表 7-1。高聚物改性沥青防水卷材的外观质量要求见表 7-2。

表7-1 高聚物改性沥青防水卷材的特点及适用范围

卷材名称	特点	适用范围	施工工艺
SBS改性沥青防水卷材	耐高、低温性能有明显提高，卷材的弹性和耐疲劳性明显改善	单层铺设的屋面防水工程或复合使用	冷粘法或热熔铺贴
APP改性沥青防水卷材	有良好的强度、延伸性、耐热性、耐紫外线照射及耐老化性能	单层铺设，适合于紫外线辐射强烈及炎热地区屋面使用	热熔法或冷粘法铺设

续表

卷材名称	特点	适用范围	施工工艺
PVC改性焦油沥青防水卷材	有良好的耐热及耐低温性能，最低开卷温度为-18℃	有利于在冬季负温下施工	可热作业，也可冷作业
再生胶改性沥青防水卷材	有一定的延伸性，且低温柔性较好，有一定的防腐蚀能力，价格低廉，属低档防水卷材	变形较大或档次较低的屋面防水工程	热沥青粘贴

表7-2 高聚物改性沥青防水卷材的外观质量要求

项目	质量要求
孔洞、缺边、裂口	不允许
边缘不整齐不超过10mm	不允许
胎体露白、未浸透	均匀
撒布材料粒度、颜色	每卷不超过1处，较短的一段不应小于1000mm，接头处应加长150mm

（1）SBS改性沥青防水卷材是以聚酯纤维无纺布为胎体，以SBS橡胶改性石油沥青为浸渍涂盖层，以塑料薄膜为防黏隔离层，经多道工艺加工而成的一种防水卷材。

SBS改性沥青防水卷材属弹性体防水卷材，它具有良好的弹性、耐疲劳性、耐高温、耐低温、耐老化等性能。既可用冷粘法施工，又可用热熔铺贴施工，其适应性广，各季节均可施工，是一种技术效果好的中低档新型防水材料。适用于各类建筑防水、防潮工程，尤其适用于寒冷地区和结构变形频繁的建筑防水工程。

（2）APP改性沥青防水卷材是以玻璃纤维毡、聚酯毡为胎体，以APP改性石油沥青为浸渍涂盖层，均匀致密地浸渍在胎体两面，采用片岩彩色砂或金属箔等作为面层防黏隔离材料，底面复合塑料薄膜，经多道工艺加工而成的一种中高档防水卷材。

APP改性沥青防水卷材抗拉强度高、延伸率大，具有良好的耐热性、抗老化性能，施工简单、无污染。适用于屋面、厕浴间、地下工程等，特别是炎热地区的建筑物防水。

（三）合成高分子防水卷材

合成高分子防水卷材是用合成橡胶、合成树脂或塑料与橡胶共混材料为主要原料，掺入适量的稳定剂、促进剂和改进剂等化学助剂及填料，经混炼、压延或挤出等工序加工而成的可卷曲片状防水材料。合成高分子防水卷材有多个品种，包括三元乙丙橡胶、丁基橡胶、氯化聚乙烯、氯磺化聚乙烯、聚氯乙烯等防水卷材。这些卷材的性能差异较大，堆放时，要按不同品种的标号、规格、等级分别放置，避免因混乱而造成错用事故。

合成高分子防水卷材的特点及适用范围见表 7-3，合成高分子防水卷材的外观质量应符合表 7-4 的规定。

表7-3 合成高分子防水卷材的特点及适用范围

卷材名称	特点	适用范围	施工工艺
三元乙丙橡胶防水卷材	防水性能优异，耐候性好，耐臭氧性好，耐化学腐蚀性佳，弹性和抗拉强度大，对基层变形开裂的适应性强，质量轻，使用温度范围宽、寿命长，但价格高，黏结材料还需配套完善	屋面防水技术要求较高、防水层耐用年限要求长的工业与民用建筑，单层或复合使用	冷粘法或自粘法施工
丁基橡胶防水卷材	有较好的耐候性、抗拉强度和延伸率，耐低温性能稍低于三元乙丙橡胶防水卷材	单层或复合使用于要求较高的屋面防水工程	冷粘法施工
氯化聚乙烯防水卷材	具有良好的耐候、耐臭氧、耐热老化、耐油、耐化学腐蚀及抗撕裂性能	用于紫外线强的炎热地区	冷粘法施工
氯磺化聚乙烯防水卷材	延伸率大、弹性好，对基变形开裂的适应性较强，耐高、低温性能好，耐腐蚀性能优良，有很好的难燃性	适合于有腐蚀介质影响及在寒冷地区的屋面工程	冷粘法施工
聚氯乙烯防水卷材	具有较高的拉伸和撕裂强度，延伸率较大，耐老化性能好，原材料丰富，价格便宜，容易黏结	单层或复合使用于外露或有保护层的屋面	冷粘法或热风焊接法施工

表7-4 合成高分子防水卷材的外观质量要求

项目	质量要求
折痕	每卷不超过2处，总长度不超过20mm
杂质	大于0.5mm颗粒不允许，每平方米不超过9mm^2

项目	质量要求
胶块	每卷不超过6处，每处面积不大于4mm^2
凹痕	每卷不超过6处，深度不超过本身厚度的30%，树脂类深度不超过本身厚度的15%
每卷卷材的接头	橡胶类每20m不超过1处，较短的一段不应小于3000mm，接头处应加长150mm，树脂类20m长度内不允许有接头

二、涂膜防水材料

防水涂料是一种在常温下呈黏稠状液体的高分子合成材料，涂刷在基层表面后，经过溶剂的挥发和水分的蒸发或各组成分间的化学反应，生成坚韧的防水膜，起到防水、防潮的作用。涂膜防水层完整、无接缝、自重轻、施工简单方便、易于修补、使用寿命长。若防水涂料配合密封灌缝材料使用，可增强防水性能，有效防止渗漏水，延长防水层的耐用期限。防水涂料按液态的组分不同，分为单组分防水涂料和双组分防水涂料两类。其中，单组分防水涂料按液态类型不同，分为溶剂型和水乳型两种，双组分防水涂料属于反应型。

溶剂型、水乳型、反应型防水涂料的性能特点见表7-5。

表7-5　溶剂型、水乳型、反应型防水涂料的性能特点

类别	溶剂型防水涂料	水乳型防水涂料	反应型防水涂料
原理	通过溶剂的挥发，高分子材料的分子链接触、搭接等过程而结膜	通过水分蒸发，高分子材料固体微粒靠近、接触、变形等过程而结膜	通过高分子预聚物与固化剂等辅料发生化学反应而结膜
防水性能	涂层干燥快，结膜较薄而致密	涂层干燥较慢，一次成膜的致密性较低	可一次结成致密的较厚的涂膜，几乎无收缩
储存	涂料储存的稳定性较好，应密封存放	储存期一般不宜超过半年	双组分涂料每组分需分开桶装密封存放
性质	易燃、易爆、有毒，生产、运输和使用时应注意安全、注意防火	无毒、不燃，生产、使用比较安全	有异味，生产、运输和使用时应注意防火
施工注意事项	溶剂苯有毒，对环境有污染，人体易受侵害，施工时，应注意通风，保证人身安全	施工较安全，操作简便，不污染环境，可在较为潮湿的找平层上施工，而不宜在5℃以下的气温下施工	施工时需在现场按规定配方进行配料，搅拌应均匀，以保证施工质量，但价格较贵

防水涂料按基材组成材料的不同，分为沥青基防水涂料、高聚物改性沥青防水涂料和合成高分子防水涂料三大类。

（一）沥青基防水涂料

沥青基防水涂料是以沥青为基料配制成的溶剂型或水乳型防水涂料。这类防水涂料的各项性能指标较差，如冷底子油、乳化沥青防水涂料等。沥青基防水涂料适用于Ⅲ、Ⅳ级防水等级的屋面，还适用于地下室、卫生间的防水。

（二）高聚物改性沥青防水涂料

高聚物改性沥青防水涂料是以沥青为基料，用合成橡胶、再合成橡胶、再生橡胶、SBS 改性沥青，制成的溶剂型或水乳型的防水涂料。用合成橡胶如氯丁橡胶、丁基橡胶等）进行改性，可以改善沥青的气密性、耐化学腐蚀性、耐燃烧性、耐光性、耐气候性等；用再生橡胶进行改性，可以改善沥青的低温冷脆性、抗裂性，增加沥青的弹性；用 SBS 进行改性，可以改善沥青的弹塑性、延伸性、耐老化、耐高温及耐低温性能等。高聚物改性沥青防水涂料包括氯丁橡胶沥青防水涂料（水乳型和溶剂型两类）、再生橡胶沥青防水涂料（水乳型和溶剂型两类）、SBS 改性沥青防水涂料等品种。

（三）合成高分子防水涂料

合成高分子防水涂料是以合成橡胶或合成树脂为主要成膜物质，加入其他辅料配制而成的单组分或多组分防水涂料。它具有高弹性、防水性和优良的耐高、低温性能。常用的合成高分子防水涂料有聚氨酯防水涂料、丙烯酸酯防水涂料和有机硅防水涂料等品种。

三、密封防水材料

（一）改性沥青密封材料

改性沥青密封材料是以石油沥青为基料，用适量的合成高分子聚合物进行改性，加入填充料和其他化学助剂配制而成的膏状密封材料。

（1）建筑防水沥青嵌缝油膏。建筑防水沥青嵌缝油膏是以石油沥青为基料，加入改性材料及填充料混合制成的冷用膏状材料。

建筑防水沥青嵌缝油膏主要用于填嵌建筑物的防水接缝。该油膏按材料的不同组成分为沥青废橡胶防水嵌缝油膏和沥青桐油废橡胶防水嵌缝油膏两类。前者适用于预制混凝土屋面板、墙板等构件的板缝嵌填，地下工程等节点的防水密封处理。后者适用于各种混凝土屋面板、墙板等构件及地下工程的防水密封、补漏等。

（2）聚氯乙烯建筑防水接缝油膏。聚氯乙烯建筑防水接缝油膏是以聚氯乙烯树脂为基料，加入适量的改性材料及其他添加剂配制而成的一种弹塑性热施工的密封材料。市场上主要有聚氯乙烯胶泥和塑料油膏两种产品。

聚氯乙烯胶泥适用于各种坡度屋面防水工程，不但可灌缝密封，还可以涂满屋面，也可用于地下管道和厕浴间的密封防水。塑料油膏适用于混凝土屋面、外墙板等构件的接缝防水、补漏，也可作为涂料用于结构构件的防潮、防渗，还可当作胶黏剂、粘贴油毡等。

（二）合成高分子密封材料

合成高分子密封材料是以合成高分子材料为主体，加入适量的化学助剂、填充材料和着色剂，经过特定的生产工艺，加工制成的膏状密封材料。合成高分子密封材料具有良好的胶黏性、弹性、耐候性、抗老化性，广泛应用于建筑工程中。

（1）水乳型丙烯酸建筑密封膏。水乳型丙烯酸建筑密封膏是以丙烯酸酯乳液为胶黏剂，加入少量表面活性剂、增塑性剂、改性剂以及填充料、颜料等配制而成的密封材料。

水乳型丙烯酸建筑密封膏在一般建筑基底（如混凝土、砖）上不产生污渍，并有优良的抗紫外线性能，拉伸强度高，伸长率大，在 −30 ~ 80℃范围内具有良好的性能。主要用于钢筋混凝土墙板、屋面板、楼板接缝处，穿墙、穿楼板的管道连接处，门窗框与墙体节点处，盥洗室的陶瓷器皿与墙体连接处等密封和裂缝的修补。

（2）聚氨酯建筑密封膏。聚氨酯建筑密封膏是以异氰酸基为基料，并和含有活性氢化合物的固化剂组成的一种常温固化型弹性密封材料。

聚氨酯建筑密封膏，弹性、黏结性、大气稳定性等性能特别好，延伸率、耐低温、耐水、耐油、耐腐蚀、耐疲劳等性能好，使用时不需打底。适用于装配式建筑的屋面板、外墙板、楼板、阳台、窗框、卫生间等部位的接缝密封，混凝土建筑物变形缝的密封防水、储水池、游泳池、水塔等工程的接缝密封和混凝土裂缝的修补。

（3）聚硫密封膏。聚硫密封膏是以液态聚硫橡胶为基料、金属过氧化物等为硫化剂的双组分型密封膏。基料和硫化剂可在常温下反应，生成弹性体。

聚硫密封膏属高档材料，其黏结力强，弹性好，适应温度范围广（−40 ~ 95℃），低温柔性好，抗紫外线能力强，耐气候老化能力强，且对多数金属材料具有较强的黏结性，适用于门窗框四周、游泳池、储水池、地下室等部位的接缝密封。

（4）有机硅橡胶密封膏。有机硅橡胶密封膏分单组和双组分，目前，采用单组分有机硅橡胶密封膏较多，而采用双组分有机硅橡胶密封膏较少。

有机硅橡胶密封膏具有很强的黏结性能，良好的拉伸 − 压缩和膨胀 − 收缩的循环性能，良好的耐热、耐寒、抗老化、耐紫外线等性能。

四、防水材料的发展

目前国家大力推广以下新型、绿色防水材料及技术：长纤维聚酯毡、无碱玻纤毡胎基 SBS、APP 改性沥青防水卷材，三元乙丙橡胶（硫化型）防水卷材，聚氯乙烯防水卷材，自粘类改性沥青防水卷材，高密度聚乙烯自粘胶膜防水卷材及预铺反粘技术、膨润土防水毯、现喷硬泡聚氨酯屋面保温防水技术、聚氨酯防水涂料、聚合物水泥防水涂料、纯丙烯酸防水涂料、喷涂聚脲防水技术。禁止使用的技术和材料有：S 型聚氯乙烯防水卷材、焦油型聚氨酯防涂料、水性聚氯乙烯焦油防水涂料、采用二次加热复合成型工艺或再生原料生产的聚乙烯丙纶等复合防水卷材。

第二节　屋面防水工程

一、卷材防水屋面

（一）卷材防水屋面构造

卷材防水屋面的典型构造层次如图 7-1 所示（具体施工层次应根据设计要求而定）。

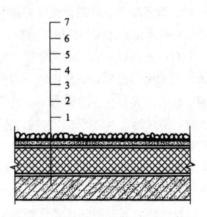

图7-1　卷材防水屋面构造层次示意

1—结构层；2—隔汽层；3—保温层；4—找平层；5—结合层；6—防水层；7—保护层

（二）卷材防水屋面施工

1. 对结构层的要求

结构屋面板应有较好的刚度，表面平整。屋面结构层表面应清理干净，屋面的排水坡度应符合设计要求。如结构层表面粗糙，应增设找平层，以便于隔汽层施工。

2. 隔汽层施工

北纬 40° 以上且室内空气湿度大于 75% 的地区，或其他地区室内空气湿度常年大于 80% 时，保温屋面应设置隔汽层，防止室内的水汽渗入保温层，使保温材料受潮，导致材料的保温性能降低。

用于隔汽层的材料，除了要满足防水性能外，还要具有隔绝水蒸气渗透的性能，一般采用气密性好的单层卷材或防水涂膜做隔汽层。有重物覆盖时（隔汽层被保温层、找平层压埋），应优先采用空铺法、点粘法和条粘法。卷材隔汽层采用空铺法进行铺设时，可提高卷材抗基层变形的能力。为了提高卷材搭接部位防水、隔汽的可靠性，搭接边应采用满粘法，搭接边长度不得小于 70mm。

采用沥青基防水涂料做隔汽层时，其耐热温度应比室内或室外可能出现的最高温度高出 20 ~ 25℃，以防涂料受热流淌，失去防水、隔汽性能。采用卷材或涂膜做隔汽层时，在屋面与墙面连接的阴角部位，隔汽层应沿墙面向上连续铺设，高出保温层上表面的高度不得小于 150mm，以防水蒸气在保温层四周由于温差结露，导致水珠回落在屋面周边的保温层上。

3. 保温层施工

设置保温层的目的是防止冬季室内温度下降过快。按使用材料的形状，保温材料分为松散保温材料、板状保温材料和整体式现浇保温材料。在雨期施工的保温层应采取遮盖措施，防止雨淋。

（1）松散保温材料保温层是指采用炉渣、膨胀蛭石、膨胀珍珠岩、矿物棉等材料干铺而成的保温层。铺设松散保温材料保温层的基层应平整、干燥、洁净。松散保温材料应分层铺设并适当压实，其厚度与设计厚度的允许偏差为 ±5%，且不得大于 4mm。压实后不得直接在保温层上行车或堆放重物。保温层施工完后，应及时进行下一道工序，尽快完成上部防水层的施工。

（2）板状保温材料保温层是指用泡沫混凝土板、矿物棉板、蛭石板、有机纤维板、木丝板等板状材料铺设而成的保温层。铺设板状材料保温层的基层应平整、干燥、洁净。干铺的板状保温材料应紧靠在需保温的基层表面上，并应铺平垫稳。分层铺设的板块上、下层接缝应相互错开，板间缝隙应用同类材料嵌填密实。粘贴的板状保温材料应贴严、铺平，分层铺设的板块上、下层接缝应相互错开。用胶结材料粘贴时，板状保温材料相互之间及基层之间应涂满胶结材料，以便互相粘牢。用水泥砂浆粘贴板状保温材料时，板间缝隙应用保温灰浆填实并勾缝。保温灰浆的配合比一般为 1∶1∶10（水泥∶石灰膏∶同类保温材料的碎粒，体积比）。

（3）整体式现浇保温材料保温层是指采用轻集料如炉渣、矿渣、陶粒、膨胀蛭石、珍珠岩等），以石灰或水泥作为胶凝材料现场浇筑成的保温层。

整体现浇保温层的基层应平整、干燥、洁净。水泥膨胀蛭石、水泥膨胀珍珠岩应人工搅拌均匀，随拌随铺；虚铺厚度应根据试验确定，铺后拍实、抹平至设计厚度，并应立即抹找平层。

4. 找平层施工

找平层一般为结构层（或保温层）与防水层之间的过渡层，可使卷材铺贴平整，粘贴牢固，并具有一定强度，以承受上方载荷。

找平层主要分为水泥砂浆找平层、沥青砂浆找平层和细石混凝土找平层。常用的是水泥砂浆找平层，施工时宜掺微膨胀剂；沥青砂浆找平层适合冬期、雨期以及用水泥砂浆找平有困难和抢工期时采用；细石混凝土找平层尤其适用于松散材料保温层，可增强找平层的强度和刚度。找平层厚度和技术要求应符合表 7-6 的规定。

表7-6 找平层厚度和技术要求

类别	基层种类	厚度（mm）	技术要求
水泥砂浆找平层	整体混凝土基层； 整体或板状材料保温层； 装配式混凝土板、松散材料保温层	15 ~ 20 20 ~ 25 20 ~ 30	1:2.5 ~ 1:3（水泥:砂，体积比），水泥强度等级不低于32.5级
细石混凝土找平层	松散材料保温层	30 ~ 35	混凝土强度等级为C20
沥青砂浆找平层	整体混凝土基层； 装配式混凝土板、整体或板状材料保温层	15 ~ 20 20 ~ 25	1:8（沥青:砂，质量比）

找平层宜留设分格缝，缝宽宜为 20mm，缝内嵌填密封材料。分格缝兼做屋面的排汽通道时，可适当加宽，并应与保温层连通。分格缝应留设在板端缝处，其纵、横最大间距如下：找平层采用水泥砂浆、细石混凝土时，不宜大于 6m；采用沥青砂浆时，不宜大于 4m。基层与凸出屋面结构（如女儿墙、立墙、天窗壁、变形缝、烟囱等）的连接处以及基层的转角处（水落口、檐口、天沟、檐沟、屋脊等）均应做成圆弧。圆弧半径应根据卷材种类按表 7-7 选用。内部排水的水落口周围应做成略低的凹坑。

表7-7 转角处圆弧半径

卷材种类	圆弧半径（mm）
沥青防水卷材	100 ~ 150
高聚物改性沥青防水卷材	50
合成高分子防水卷材	20

找平层表面应压实、平整，排水坡度应符合设计要求。施工时，可先做标志，以控制坡度和厚度。细石混凝土和水泥砂浆找平层的铺设，应按由远而近、由高到低的顺序进行。每格内宜一次连续铺成，严格掌握坡度，用2m左右的刮尺找平；待砂浆或细石混凝土稍收水后，用抹子压实并进行二次抹光；终凝前，轻轻取出木条。完工后，表面应避免踩踏，铺设找平层12h后，需洒水养护，不得有疏松、翻砂、空鼓现象。夏季找平层施工时，宜避开阳光直射时段并及时养护。

5. 结合层施工

结合层的作用是增强防水材料与基层之间的黏结力。在防水层施工前，预先在基层上涂刷涂料（或称基层处理剂）。选择涂料时，应确保其与所用卷材的材性相容。高聚物改性沥青防水卷材屋面常用氯丁胶沥青乳胶、橡胶改性沥青溶液、沥青溶液（即冷底子油），而用于合成高分子防水卷材屋面的是聚氨酯煤焦油系的二甲苯溶液、氯丁胶溶液、氯丁胶沥青乳胶等。

基层处理剂采用喷涂或刷涂施工，喷刷应均匀一致；若喷刷两遍，第二遍必须在第一遍干燥后进行；待最后一遍干燥后，方可铺贴卷材。喷刷大面积基层处理剂前，应在屋面周边节点、拐角等处先行喷刷。

6. 防水层施工

（1）防水材料。常用的防水卷材按照材料的组成不同，一般分为高聚物改性沥青防水卷材、合成高分子防水卷材和沥青防水卷材三大系列，见表7-8。

表7-8 主要防水卷材分类

类别		防水卷材名称
高聚物改性沥青防水卷材		SBS、APP、SBS-APP防水卷材；丁苯橡胶改性沥青防水卷材；胶粉改性沥青防水卷材；再生胶防水卷材等
合成高分子防水卷材	硫化型橡胶或橡胶共混卷材	三元乙丙橡胶防水卷材、氯磺化聚乙烯橡胶防水卷材、丁基橡胶防水卷材、氯化聚乙烯-橡胶共混防水卷材等
	非硫化型橡胶或橡胶共混卷材	丁基橡胶防水卷材、氯丁橡胶防水卷材、氯化聚乙烯-橡胶共混防水卷材等

类别		防水卷材名称
合成高分子防水卷材	合成树脂系防水卷材	氯化聚乙烯防水卷材、PVC防水卷材、SBC120聚乙烯丙纶复合防水卷材等
	沥青防水卷材	普通防水卷材

（2）施工工艺及施工顺序。卷材防水施工工艺流程如图7-2所示。卷材铺贴应按先高后低、先远后近的施工顺序进行，即高低跨屋面，先铺高跨，后铺低跨；等高大面积屋面，先铺离上料地点较远的部位，后铺较近部位，避免已铺屋面因材料运输而被踩踏，导致破坏。屋面防水层施工时，应先做好节点、附加层和屋面排水比较集中的部位（如屋面与水落口连接处，檐口，天沟，屋面转角处，板端缝等）的处理，然后由屋面最低标高处向上施工。

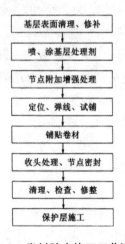

图7-2　卷材防水施工工艺流程

（3）卷材铺设方向。卷材铺设方向应根据屋面坡度和屋面是否有振动来确定。当屋面坡度小于3%时，卷材宜平行屋脊铺贴；当屋面坡度为3%～5%时，卷材可平行或垂直屋脊铺贴。当屋面坡度大于15%或屋面受振动时，沥青防水卷材应垂直屋脊铺贴；高聚物改性沥青防水卷材和合成高分子防水卷材应根据防水层的黏结方式、强度，是否机械固定等因素综合考虑采用平行或垂直屋脊铺贴。卷材屋面的坡度不宜超过25%，否则应采取防止卷材下滑的措施；上、下层卷材不得相互垂直铺贴。

（4）搭接方法和宽度要求。卷材的搭接方法和宽度应根据屋面坡度、主导风向、卷材的材料决定。采用搭接法时，相邻两幅卷材短边搭接缝的错开距离应不小于500mm，上、下两层卷材长边搭接缝应错开 1/3 或 1/2 幅宽。平行于屋脊的搭接缝应顺水流方向搭接，垂直于屋脊的搭接缝应顺主导风向搭接。

垂直于屋脊铺贴时，每幅卷材都应铺过屋脊不小于 200mm。屋脊处不得留设短边搭接缝。叠层铺设的各种卷材，在天沟与屋面连接处采用叉接法搭接。搭接缝应错开且宜留在屋面或天沟侧面，不宜留在沟底。高聚物改性沥青卷材和合成高分子卷材的搭接缝宜用与其材性相容的密封材料封严。

（5）铺贴方法

①高聚物改性沥青防水卷材施工。依据高聚物改性沥青防水卷材的特性，其施工方法有冷粘法、热熔法和自粘法之分。在立面或大坡面铺贴高聚物改性沥青防水卷材时，应采用满粘法，并宜减少短边搭接。

a. 冷粘法施工。冷粘法施工是利用毛刷将胶黏剂涂刷在基层或卷材上，然后直接铺贴卷材，使卷材与基层、卷材与卷材黏结的方法。施工时，胶黏剂涂刷应均匀、不露底、不堆积。空铺法、点粘法、条粘法应按规定的位置与面积涂刷胶黏剂。铺贴卷材时应平整顺直，搭接尺寸准确，接缝应满涂胶黏剂，辊压黏结牢固，不得扭曲，破折溢出的胶黏剂随即刮平封口，也可采用热熔法接缝。接缝口应用密封材料封严，宽度不应小于 10mm。

b. 热熔法施工。热熔法施工是指利用火焰加热器熔化热熔型防水卷材底层的热熔胶进行粘贴的方法。施工时，在卷材表面热熔后（以卷材表面熔融至光亮黑色为度），应立即滚铺卷材，使之平展，并辊压黏结牢固。搭接缝处必须以溢出热熔的改性沥青胶为度，并应随即刮封接口。加热卷材时应均匀，不得过热或烧穿卷材。

c. 自粘法施工。自粘法施工是指采用带有自粘胶的防水卷材，不用热施工，也无须涂胶结材料进行黏结的方法。铺贴前，基层表面应均匀涂刷基层处理剂，待干燥后及时铺贴卷材。铺贴时，应先将自粘胶底面的隔离纸完全撕净，排除卷材下面的空气，并辊压黏结牢固，不得空鼓。搭接部位必须采用热风焊枪加热，随即粘贴牢固，刮平溢出的自粘胶，最后封口。接缝用不小于 10mm 宽的密封材料封严。对厚度小于 3mm 的高聚物改性沥青防水卷材，严禁采用热熔法施工。

②合成高分子防水卷材施工。合成高分子防水卷材的施工工艺流程与高聚物改性沥青防水卷材相同。合成高分子防水卷材的施工方法一般有冷粘法、自粘法和热风焊接法三种。

a. 冷粘法、自粘法施工。冷粘法、自粘法施工要求与高聚物改性沥青防水卷材基本相同，但冷粘法施工时搭接部位应采用与卷材配套的接缝专用胶黏剂，在搭接缝黏合面上涂刷均匀，并控制涂刷与黏合的间隔时间，排除空气，辊压黏结牢固。

b.热风焊接法施工。热风焊接法施工是利用热空气焊枪进行防水卷材搭接黏合的方法。焊接前，卷材铺放应平整顺直，搭接尺寸正确；施工时焊接缝的接合面应清扫干净，无水滴、油污及附着物。施工时先焊长边搭接缝，后焊短边搭接缝，焊接处不得有漏焊、缺焊、焊焦或焊接不牢的现象，也不得损害非焊接部位的卷材。

③沥青防水卷材施工。沥青防水卷材施工常见的施工工艺有热施工工艺、冷施工工艺和机械固定工艺；卷材铺贴的方法有满粘法、空铺法、条粘法和点粘法。施工时应根据不同的设计要求、材料和工程的具体情况，选用合适的施工方法。

a.热施工工艺有：

Ⅰ.热玛琦脂粘贴法：边浇热玛琦脂边滚铺油毡，逐层铺贴，适用于石油沥青油毡三毡四油（二毡三油）叠层铺贴。

Ⅱ.热熔法：采用火焰加热器熔化热熔型防水卷材底部的热熔胶进行黏结，适用于热塑性合成高分子防水卷材搭接缝焊接。

Ⅲ.热风焊接：采用热空气焊枪加热防水卷材搭接缝进行黏结，适用于热塑性合成高分子防水卷材搭接缝焊接。

b.冷施工工艺有：

Ⅰ.冷玛琦脂粘贴法：采用工厂配制好的冷用沥青胶结材料，施工时无须加热，直接涂刮后粘贴油毡。

Ⅱ.冷粘法：采用胶黏剂进行卷材与基层、卷材与卷材的黏结，无须加热。

Ⅲ.自粘法：采用带有自粘胶的防水卷材，不用热施工，也无须涂刷胶材料，直接进行黏结。

c.机械固定工艺有：

Ⅰ.机械钉压法：采用镀锌钢或铜钉等固定卷材防水层。

Ⅱ.压埋法：卷材与基层大部分不黏结，上面采用卵石等压埋，但搭接缝及周围全黏结。

（6）屋面特殊部位的铺贴要求。天沟、檐沟、檐口、水落口、泛水、变形缝和伸出屋面管道的防水构造必须符合设计要求。天沟、檐沟、檐口、泛水和立面卷材收头的端部应裁齐，塞入预留凹槽内，用金属压条钉压固定，最大钉距不应大于900mm，并用密封材料嵌填封严，凹槽距屋面找平层不小于250mm凹槽上部墙体应做防水处理。水落口杯应牢固地固定在承重结构上，如承重结构是铸铁制品，所有零件均应除锈并刷防诱漆；天沟、檐口铺贴卷材应从沟底开始，如沟底过宽，卷材纵向搭接时，搭接缝必须用密封材料封口，密封材料嵌填必须密实、连续、饱满、黏结牢固、无气泡、无开裂脱落。沟内卷材附加层在与屋面交接处宜空铺，空铺宽度不小于200mm，卷材防水层应由沟底翻上至沟外檐顶部，卷材收头应用水泥钉固定并用密封材料封严，铺贴檐口800mm范围内的卷材应采用满粘法。

铺贴泛水处的卷材应采用满粘法，防水层贴入水落口杯内不小于50mm，水落口周围直径500mm范围内的坡度不小于5%，并用密封材料封严。变形缝处的泛水高度不小于250mm，伸出屋面管道的周围与找平层或细石混凝土防水层之间应预留20mm×20mm的凹槽，并用密封材料嵌填严密，在管道根部直径500mm范围内，找平层应抹出高度不小于30mm的圆台，管道根部四周应增设附加层，宽度和高度均不小于300mm。管道上的防水层收头应用金属箍紧固，并用密封材料封严。伸出屋面管道根部的防水构造如图7-3所示。

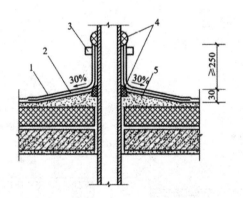

图7-3　伸出屋面管道根部的防水构造

1—防水层；2—附加防水层；3—金属箍；4—密封材料；5—圆锥台找平层

7. 保护层施工

卷材铺设完毕经检查合格后，应立即进行保护层的施工，及时保护防水层免受损伤，从而延长卷材防水层的使用年限。常用的保护层做法见表7-9：

表7-9　常用的保护层做法

做法	具体内容
水泥砂浆保护层	水泥砂浆保护层与防水层之间应设置隔离层。保护层用的水泥砂浆配合比一般为1：（2.5～3）（体积比）。保护层施工前，应根据结构情况用木模设置纵、横分格缝。铺设水泥砂浆时应随铺随拍实，并用刮尺刮平。排水坡度应符合设计要求。立面水泥砂浆保护层施工时，为使砂浆与防水层黏结牢固，可事先在防水层表面进行处理如粘麻丝、金属网等），然后再做保护层

做法	具体内容
块料面层保护层	块料面层分地面砖和混凝土预制板保护层，可采用水泥砂浆铺贴。铺砌必须平整，并满足排水要求。块料应先浸水湿润并阴干。摆铺后应立即挤压密实、平整，使之结合牢固。块料之间应做勾缝处理
细石混凝土保护层	施工前应在防水层上铺设隔离层，并按设计要求支设好分格缝木模。设计无要求时，每格面积不大于36m²，分格缝宽度为20mm。一个分格内的混凝土应连续浇筑，不留施工缝。振捣宜采用铁辊滚压或人工拍实，以免防水层被破坏。拍实后随即用刮尺按排水坡度刮平，初凝前用木抹子提浆抹平，初凝后及时取出分格缝木模，终凝前用铁抹子压光。细石混凝土保护层浇筑后应及时进行养护，养护时间不应少于7d。养护期满即将分格缝清理干净，待干燥后嵌填密封材料

一、涂膜防水屋面

（一）涂膜防水屋面构造

涂膜防水屋面构造如图7-4所示。

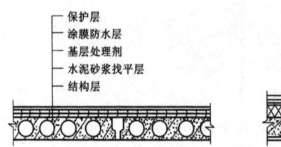
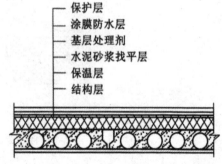

（a）无保温层涂膜防水屋面　　　　　　（b）有保温层涂膜防水屋面

图7-4　涂膜防水屋面构造

（二）涂膜防水工艺流程

涂料的涂布应按先高后低、先远后近、先立面后平面的施工顺序，其工艺流程如图 7-5 所示。同一屋面上，先涂布排水比较集中的水落口、天沟、檐口等节点部位，然后进行大面积的涂布。

图7-5　涂膜防水施工工艺流程

三、刚性防水屋面

（一）刚性防水屋面构造

由细石混凝土或掺入减水剂、防水剂等非膨胀性外加剂的细石混凝土浇筑成的防水混凝土统称为普通细石混凝土防水层，用于屋面时，称为普通细石混凝土防水屋面。

常用的防水剂主要有三氯化铁、三乙醇胺、有机硅等。其抗渗原理是防水剂掺入混凝土后，即形成不溶性胶体化合物或配位化合物，用来堵塞毛细孔隙和减少毛细管通路，增加混凝土的密实性，从而提高抗渗性。刚性防水屋面（普通细石混凝土）的典型构造形式如图7-6所示。

图7-6　普通细石混凝土防水屋面构造

（二）刚性防水屋面施工

1. 隔离层施工

在结构层与防水层之间宜增加一层低强度等级砂浆、卷材、塑料薄膜等材料，起隔离作用，以减小结构层和防水层变形的相互约束，从而减少因防水混凝土产生拉应力而导致的混凝土防水层开裂。

（1）黏土砂浆（或石灰砂浆）隔离层施工。板面应清扫干净，洒水湿润，但不得积水，将按石灰膏：砂：黏土 =1：2.4：3.6（或石灰膏：砂 =1：4）配制的材料拌和均匀，砂浆以干稠为宜，铺抹的厚度为 10 ~ 20mm，要求表面平整、压实、抹光，待砂浆基本干燥后，方可进行下道工序施工。

（2）卷材隔离层施工。用 1：3 水泥砂浆将结构层找平，并压实、抹光、养护，于干燥的找平层上铺一层厚 3 ~ 8mm 的干细砂滑动层，并在其上铺一层卷材，搭接缝用热沥青胶黏结，也可以在找平层上直接铺一层塑料薄膜。

做好隔离层继续施工时，要对隔离层加强保护，混凝土运输不能直接在隔离层表面进行，应采取铺设垫板等措施。

2. 防水层施工

（1）防水材料。防水层的细石混凝土宜用普通硅酸盐水泥或硅酸盐水泥，采用矿渣硅酸盐水泥时应采取减少泌水措施，不得使用火山灰质硅酸盐水泥。水泥强度等级不宜低于 32.5 级。粗集料的最大粒径不宜超过 15mm，含泥量不应大于 1%；细集料应采用中砂或粗砂，含泥量不应大于 2%；拌和用水应采用不含有害物质的洁净水。混凝土水胶比不应大于 0.55，每立方米混凝土水泥最小用量不应小于 330kg，含砂率宜为 35% ~ 40%，胶砂比应为 1：（2 ~ 2.5），并宜掺入外加剂；混凝土强度等级不得低于 C20。普通混凝土、补偿收缩混凝土的自由膨胀率应为 0.05% ~ 0.1%。

（2）施工工艺与施工顺序。普通细石混凝土刚性防水屋面施工工艺，如图 7-7 所示。

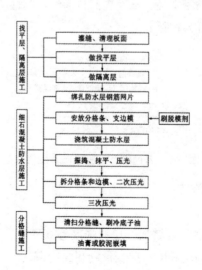

图7-7 普通细石混凝土刚性防水屋面施工工艺

混凝土浇筑应按先高后低、先远后近的施工顺序进行。一个分格缝内的混凝土必须一次浇筑完毕，不得留施工缝。

（3）分格缝的设置与处理。为防止大面积的刚性防水层因温差、混凝土收缩等影响而产生裂缝，应按设计要求设置分格缝，一般应设在结构应力变化较突出的部位，如结构层屋面板的支承端、屋面转折处、防水层与突出屋面结构的交接处等，并应与板缝对齐。分格缝的纵、横间距一般不大于4m。

分格缝的一般做法为：在施工刚性防水层前，先在隔离层上定好分格缝位置，再安放分格条，然后按分隔板块浇筑混凝土；待混凝土初凝后，将分格条取出，缝边如有缺棱、掉角须修补完整，做到平整、密实，不得有蜂窝、露筋、起皮、松动现象。分格缝隙处可采用嵌填密封材料并加贴防水卷材的办法进行处理，以增加防水的可靠性。

（4）细石混凝土施工。细石混凝土防水层厚度应不小于40mm，并应配置双向钢筋网片（钢筋直径、间距应满足设计要求，设计无明确要求时，可采用 $\phi6 \sim 8@100 \sim 200$）。钢筋在分格缝处应断开，钢筋网片应放置在混凝土的中上部，其保护层厚度不小于10mm。混凝土应采用机械搅拌，投料顺序得当，搅拌均匀，搅拌时间不少于2min，加入外加剂时，应准确计量。混凝土运输过程中应防止漏浆和离析。混凝土浇筑时，先用平板振动器振实，再用滚筒滚压至表面平整、泛浆，然后用铁抹子压实、抹平，并确保防水层的设计厚度和排水坡度。抹压时严禁在表面洒水、加水泥浆或撒干水泥。待混凝土收水初凝后，应进行第二次表面压光，并在终凝前进行第三次压光，以提高抗渗性。混凝土浇筑 $12 \sim 24h$ 后应进行养护，养护时间不应少于14d，养护初期屋面不得上人。施工气温宜为 $5 \sim 35℃$，以保证防水层的施工质量。

第三节　地下防水工程

一、地下工程防水混凝土施工

（一）地下工程防水混凝土的设计要求

防水混凝土又称抗渗混凝土，是以改进混凝土配合比、掺加外加剂或采用特种水泥等手段提高混凝土密实性、憎水性和抗渗性，使其满足抗渗等级大于或等于P6（抗渗压力为0.6MPa）要求的不透水性混凝土。

1. 防水混凝土抗渗等级的选择

防水混凝土的设计抗渗等级，应符合表 7-10 的规定。

表 7-10　防水混凝土的设计抗渗等级

工程埋置深度（m）	< 10	10 ~ 20	20 ~ 30	30 ~ 40
设计抗渗等级	P6	P8	P10	P12

由于建筑地下防水工程配筋较多，不允许渗漏，其防水要求一般高于水工混凝土，故防水混凝土抗渗等级最低定为 P6，一般多使用 P8，水池的防水混凝土抗渗等级应不低于 P6，重要工程的防水混凝土的抗渗等级宜定为 P8 ~ P20。

2. 防水混凝土的最小强度等级和结构厚度

（1）地下工程防水混凝土结构的混凝土垫层，其抗压强度等级不应低于 C15，厚度不应小于 100mm。

（2）在满足抗渗等级要求的同时，防水混凝土的强度等级一般可控制在 C20 ~ C30 范围内。

（3）防水混凝土结构厚度需根据计算确定，但其最小厚度应根据部位、配筋情况及施工方便等因素按表 7-11 选定。

表 7-11　防水混凝土的结构厚度

结构类型	最小厚度（mm）	结构类型		最小厚度（mm）
无筋混凝土结构	> 150	钢筋混凝土立墙	单排配筋	> 200
钢筋混凝土底板	> 150		双排配筋	> 250

3. 防水混凝土的配筋及其保护层

（1）设计防水混凝土结构时，应优先采用热轧钢筋，配置应细而密，直径宜为 8 ~ 25mm，中距 ≤ 200mm，分布应尽可能均匀。

（2）钢筋保护层厚度，处在迎水面应不小于 35mm；当直接处于侵蚀性介质中时，保护层厚度应不小于 50mm。

（3）在防水混凝土结构设计中，应按照裂缝展开进行验算。一般处于地下水及淡水中的混凝土裂缝的允许宽度，其上限可定为 0.2mm；在特殊重要工程、薄壁构件或处于侵蚀性水中，裂缝允许宽度应控制在 0.1 ~ 0.15mm；当混凝土在海水中并经受反复冻融循环时，控制应更严，可参照有关规定执行。

（二）防水混凝土的搅拌

（1）准确计算、称量用料量。严格按选定的施工配合比，准确计算并称量每种用料。外加剂的掺加方法应遵从所选外加剂的使用要求。水泥、水、外加剂掺合料计量允许偏差不应大于±1%；砂、石计量允许偏差不应大于2%。

（2）控制搅拌时间。防水混凝土应采用机械搅拌，搅拌时间一般不少于2min，掺入引气型外加剂，则搅拌时间为2～3min，掺入其他外加剂应根据相应的技术要求确定搅拌时间。

（三）防水混凝土的浇筑

浇筑前，应将模板内部清理干净，木模用水湿润。浇筑时，若入模自由高度超过1.5m，则必须用串筒、溜槽或溜管等辅助工具将混凝土送入，以防离析和造成石子滚落堆积，影响质量。

在防水混凝土结构中有密集管群穿过处、预埋件或钢筋稠密处，浇筑混凝土有困难时，应采用相同抗渗等级的细石混凝土浇筑；预埋大管径的套管或面积较大的金属板时，应在其底部开设浇筑振捣孔，以利于排气、浇筑和振捣。

随着混凝土龄期的延长，水泥继续水化，内部可冻结水大量减少，同时水中溶解盐的浓度增加，因而冰点也会随龄期的增加而降低，使抗渗性能逐渐提高。为了保证早期免遭冻害，不宜在冬期施工，而应选择在气温为15℃以上的环境中施工。因为气温在4℃时混凝土强度增长速度仅为15℃时的50%，而混凝土表面温度降到-4℃时，水泥水化作用停止，强度也停止增长。如果此时混凝土强度低于设计强度的50%，冻胀使内部结构遭到破坏，造成强度、抗渗性急剧下降。为防止混凝土早期受冻，北方地区对于施工季节的选择安排十分重要。

（四）防水混凝土的振捣

防水混凝土应采用混凝土振动器进行振捣。当用插入式混凝土振动器时，插点间距不宜大于振动棒作用半径的1.5倍，振动棒与模板的距离不应大于其作用半径的0.5倍。振动棒插入下层混凝土内的深度应不小于50mm，每一振点均应快插慢拔，将振动棒拔出后，混凝土会自然地填满插孔。当采用表面式混凝土振动器时，其移动间距应保证振动器的平板能覆盖已振实部分的边缘。浇筑时必须分层进行，按顺序振捣。采用插入式振捣器时，分层厚度不宜超过30cm；用平板振捣器时，分层厚度不宜超过20cm。一般应在下层混凝土初凝前接着浇筑上一层混凝土。通常分层浇筑的时间间隔不超过2h；气温在30℃以上时不超过1h。防水混凝土浇筑高度一般不超过1.5m，否则应用串筒和溜槽或侧壁开孔的办法浇捣。振捣时，不允许用人工振捣，必须采用机械振捣，做到不漏振、不欠振、不重振、不多振。防水混凝土密实度要求较高，每一振点振捣时间宜为 10 ~ 30s，直到混凝土开始泛浆和不冒气泡为止。掺引气剂、减水剂时应采用高频插入式振捣器振捣。

（五）防水混凝土施工缝的处理

1. 施工缝留置要求

防水混凝土应连续浇筑，宜少留施工缝。顶板、底板不宜留施工缝，顶拱、底拱不宜留纵向施工缝。当必须留设施工缝时，应遵守下列规定：

（1）墙体水平施工缝不宜留在剪力与弯矩最大处或底板与侧墙的交接处，应留在高出底板表面不小于 300mm 的墙体上。拱（板）墙结合的水平施工缝，宜留在拱（板）墙接缝线以下 150 ~ 300mm 处。墙体有预留孔洞时，施工缝距孔洞边缘不宜小于 300mm。

（2）垂直施工缝应避开地下水和裂隙水较多的地段，并宜与变形缝相结合。

2. 施工缝防水的构造形式

施工缝防水的构造形式如图 7-8 所示。

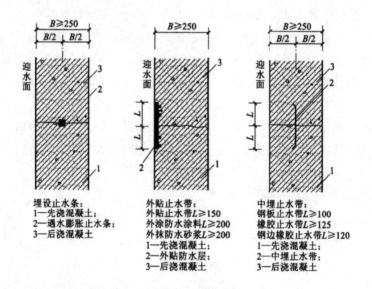

图7-8　施工缝防水的基本构造形式

3. 施工缝的施工要求

（1）水平施工缝，浇筑混凝土前，应将其表面浮浆和杂物清除，先铺净浆，再铺 30 ~ 50mm 厚的 1:1 水泥砂浆或涂刷混凝土界面处理剂，同时要及时浇筑混凝土。

（2）垂直施工缝，浇筑混凝土前，应将表面清理干净，并涂刷水泥净浆或混凝土界面处理剂，并及时浇筑混凝土。

（3）选用的遇水膨胀止水条应具有缓胀性能，其 7d 的膨胀率应不大于最终膨胀率的 60%。

（4）遇水膨胀止水条应牢固地安装在缝表面或预留槽内。

（5）采用中埋止水带时，应确保位置准确、固定牢靠。

（六）防水混凝土的养护

防水混凝土的养护比普通混凝土更为严格，必须充分重视，因为混凝土早期脱水或养护过程缺水，抗渗性将大幅度降低。特别是前 7d 的养护更为重要，养护期不少于 14d，火山灰质硅酸盐水泥养护期不少于 21d。浇水养护次数应能保持混凝土充分湿润，每天浇水 3～4 次或更多次数，并用湿草袋或薄膜覆盖混凝土的表面，应避免暴晒。冬期施工应有保暖、保温措施。因为防水混凝土的水泥用量较大，相应混凝土的收缩性也大，养护不好极易开裂，降低抗渗能力。因此，当混凝土进入终凝（浇筑后 4～6h）即应覆盖并浇水养护。防水混凝土不宜采用电热法养护。

浇筑成型的混凝土表面覆盖养护不及时，尤其在北方地区夏季炎热干燥的情况下，内部水分将迅速蒸发，使水化不能充分进行。而水分蒸发造成毛细管网相互连通，形成渗水通道；同时混凝土收缩量加快，出现龟裂，使抗渗性能下降，丧失抗渗透能力。养护及时使混凝土在潮湿环境中水化，能使内部游离水分蒸发缓慢，水泥水化充分，堵塞毛细孔隙，形成互不连通的细孔，大大提高防水抗渗性。

当环境温度达到 10℃时可少浇水，因为在此温度下养护混凝土抗渗性能最差。当养护温度从 10℃提高到 25℃时，混凝土抗渗压力从 0.1MPa 提高到 1.5MPa 以上。但养护温度过高也会使混凝土抗渗性能降低。当冬期采用蒸汽养护时最高温度不超过 50℃，养护时间必须达到 14d。

采用蒸汽养护时，不宜直接向混凝土喷射蒸汽，但应保持混凝土结构有一定的湿度，防止混凝土早期脱水，并应采取措施排除冷凝水和防止结冰。蒸汽养护应按下列规定控制升温与降温速度：

（1）升温速度：对表面系数 [指结构的冷却表面积（m²）与结构全部体积（m³）的比值] 小于 6 的结构，不宜超过 6℃/h；对表面系数大于或等于 6 的结构，不宜超过 8℃/h；恒温温度不得高于 50℃。

（2）降温速度：不宜超过 5℃/h。

二、地下工程沥青防水卷材施工

（一）平面铺贴卷材

（1）铺贴卷材前，宜使基层表面干燥，先喷冷底子油结合层两道，然后根据卷材规格及搭接要求弹线，按线分层铺设。

（2）粘贴卷材的沥青胶粘材料的厚度一般为 1.5 ～ 2.5mm。

（3）卷材搭接长度，长边不应小于 100mm，短边不应小于 150mm。上、下两层和相邻两幅卷材的接缝应错开，上、下层卷材不得相互垂直铺贴。

（4）在平面与立面的转角处，卷材的接缝应留在平面上距立面不小于 600mm 处。

（5）在所有转角处均应铺贴附加层。附加层应按加固处的形状仔细粘贴紧密。

（6）粘贴卷材时应碾平压实。卷材与基层和各层卷材间必须黏结紧密，多余的沥青胶粘材料应挤出，搭接缝必须用沥青胶粘料仔细封严。最后一层卷材贴好后，应在其表面上均匀地涂刷一层厚度为 1 ～ 1.5mm 的热沥青胶粘材料，同时洒拍粗砂以形成防水保护层的结合层。

（7）平面与立面结构施工缝处，防水卷材错槎接缝的处理如图 7-9 所示。

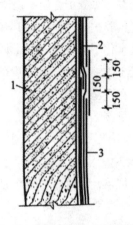

图 7-9　防水卷材的错槎接缝

1—需防水结构；2—油毡防水层；3—找平层

（二）立面铺贴卷材

（1）铺贴前宜使基层表面干燥，满喷冷底子油两道，干燥后即可铺贴。

（2）外防内贴法铺贴卷材：在结构施工前，应将永久性保护墙砌筑在与需防水结构同一垫层上。保护墙贴防水卷材面应先抹 1：3 水泥砂浆找平层，干燥后喷涂冷底子油，冷底子油干燥后即可铺贴油毡卷材。卷材铺贴必须分层，先铺贴立面，后铺贴平面，铺贴立面时应先铺转角，后铺大面；卷材防水层铺完后，应按规范或设计要求做水泥砂浆或混凝土保护层，一般在立面上应在涂刷防水层最后一层沥青胶粘材料时，粘上干净的粗砂，待冷却后，抹一层 10 ～ 20mm 厚的 1：3 水泥砂浆保护层；在平面上可铺设一层 30 ～ 50mm 厚的细石混凝土保护层。外防内贴法保护墙转折处卷材的铺设方法如图 7-10 所示。

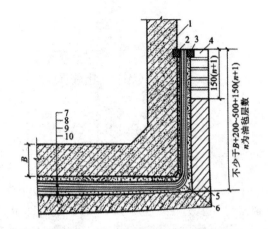

图7-10　外防内贴法保护墙转折处卷材的铺设方法
1—需防水结构；2—永久性木条；3—临时性木条；
4—临时保护墙；5—永久性保护墙；6—附加油毡层；7—保护层；
8—卷材防水层；9—找平层；10—钢筋混凝土垫层

（3）外防外贴法铺贴卷材：

①铺贴卷材应先铺平面，后铺立面，交界处应交叉搭接。

②临时性保护墙应用石灰砂浆砌筑，内表面应用石灰砂浆做找平层，并刷石灰浆。如用模板代替临时性保护墙时，应在其上涂刷隔离剂。

③从底面折向立面的卷材与永久性保护墙的接触部位，应采用空铺法施工。与临时性保护墙或围护结构模板接触的部位，应临时贴附在该墙上或模板上，卷材铺好后，其顶端应临时固定。

④当不设保护墙时，从底面折向立面的卷材的接槎部位应采取可靠的保护措施。

⑤主体结构完成后，铺贴立面卷材时，应先将接槎部位的各层卷材揭开，并将其表面清理干净，如卷材有局部损伤，应及时进行修补。卷材接槎的搭接长度，高聚物改性沥青卷材为 150mm，合成高分子卷材为 100mm。当使用两层卷材时，卷材应错槎接缝，上层卷材应盖过下层卷材。

（4）防水卷材与管道埋设件连接处的做法如图 7-11 所示。

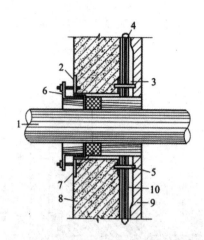

图7-11 防水卷材与管道埋设件连接处的做法示意

1—管子；2—预埋件（带法兰盘的套管）；3—夹板；4—卷材防水层；5—压紧螺栓；6—填缝材料
的压紧环；7—填缝材料；8—需防水结构；9—保护墙；10—附加油毡层

（5）采用埋入式橡胶或塑料止水带的变形缝做法如图7-12所示。

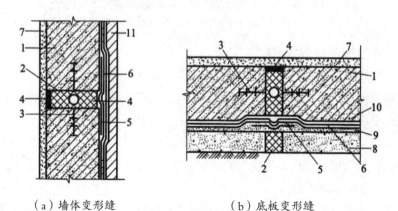

（a）墙体变形缝   （b）底板变形缝

图7-12 采用埋入式橡胶或塑料止水带的变形缝做法示意

1—防水结构；2—填缝材料；3—止水带；4—填缝油膏；5—油毡附加层；
6—油毡防水层；7—水泥砂浆面层；8—混凝土垫层；
9—水泥砂浆找平层；10—水泥砂浆保护层；11—保护墙

（6）卷材防水层甩槎、接槎的做法如图7-13所示。

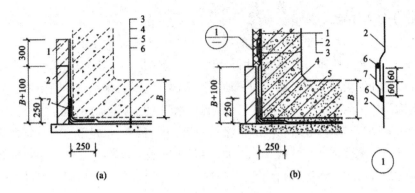

图7-13　卷材防水层甩槎、接槎做法示意图

（a）甩槎

1—临时保护墙；2—永久保护墙；3—细石混凝土保护层；4—卷材防水层；
5—水泥砂浆找平层；6—混凝土垫层；7—卷材加强层；

（b）接槎

1—结构墙体；2—卷材防水层；3—卷材保护层；4—卷材加强层；
5—结构底板；6—密封材料；7—盖缝条

（三）保护层

卷材防水层经检查合格后，应及时做保护层。保护层应符合以下规定：

（1）顶板卷材防水层上的细石混凝土保护层厚度不应小于70mm，防水层为单层卷材时，在防水层与保护层之间应设置隔离层。

（2）底板卷材防水层上的细石混凝土保护层厚度不应小于50mm。

（3）侧墙卷材防水层宜采用软保护或铺抹20mm厚的1∶3水泥砂浆。

三、地下工程聚氨酯涂料防水层施工

（一）基层要求及处理

（1）基层要求坚固、平整、光滑，表面无起砂、疏松、蜂窝、麻面等现象，如存在上述现象时，应用水泥砂浆找平或用聚合物水泥腻子填补刮平。

（2）遇有穿墙管或预埋件时，穿墙管或预埋件应按规定安装牢固、收头圆滑。

（3）基层表面的泥土、浮尘、油污、砂粒疙瘩等必须清除干净。

（4）基层应干燥，含水率不得大于9%，当含水率较高或环境湿度大于85%时，应在基层面涂刷一层潮湿隔离层。基层含水率可用高频水分测定计测定，也可用厚1.5～2.0mm、面积1m^{2}的橡胶板材覆盖基层表面，放置2～3h，若覆盖的基层表面无水印，且紧贴基层的橡胶板一侧也无凝结水印，则基层的含水率不大于9%。

（二）施工要点

（1）材料配制。聚氨酯按规定的比例（质量比）配制，用电动搅拌器强制搅拌 3～5min，至充分拌和均匀即可使用。配好的混合料应 2h 内用完，时间不可过长。

（2）附加涂膜层。穿过墙、顶、地的管根部，地漏、排水口、阴阳角、变形缝及薄弱部位，应在涂膜层大面积施工前先做好增强涂层（附加层）。

（3）涂刷第一道涂膜。在前一道涂膜加固层的材料固化并干燥后，应先检查其附加层部位有无残留的气孔或气泡，如没有，即可涂刷第一层涂膜；如有气孔或气泡，则应用橡胶刮板将混合料用力压入气孔，局部再刷涂膜，然后进行第一层涂膜施工。涂刮第一层聚氨酯涂膜防水材料，可用塑料或橡皮刮板均匀涂刮，力求厚度一致，为 1.5mm 左右，即用量为 1.5kg/m²。

（4）涂刷第二道涂膜。第一次涂膜固化后，即可在其上均匀地涂刮第二道涂膜，涂刮方向应与第一道的涂刮方向相垂直，涂刮第二道涂膜与第一道涂膜相间隔的时间一般不小于 24h，也不大于 72h。

（5）涂刮第三道涂膜。涂刮方法与第二道涂膜相同，但涂刮方向应与其垂直。

（6）稀撒石渣。在第三道涂膜固化之前，在其表面稀撒粒径约 2mm 的石渣，以加强涂膜层与其保护层的黏结作用。

（7）涂膜保护层。最后一道涂膜固化干燥后，一般抹水泥砂浆保护层，平面也可浇筑细石混凝土保护层。

（三）应注意的问题

（1）当甲、乙料混合后固化太快影响施工时，可加入少许磷酸或苯磺酰氯做缓凝剂，但加入量不得大于甲料的 0.5%。

（2）当涂料黏度过大，不便进行涂刮施工时，可加入少量二甲苯进行稀释，以降低黏度，加入量不得大于乙料的 10%。

（3）当涂膜固化太慢影响下道工序时，可加入少许二丁基锡做促凝剂，但加入量不得大于甲料的 0.3%。

（4）若涂刮第一道涂层 24h 后仍有发黏现象，可在第二道涂层施工前先涂上一些滑石粉，再上人施工。

（5）施工温度宜在 0℃ 以上，否则要在施工时对涂料适当加温。

第四节 室内防水工程

一、涂膜防水

（一）涂膜防水构造

厨卫间涂膜防水构造，如图 7-14 所示。

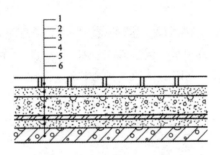

图7-14 厨卫间涂膜防水构造

1—块材面层；2，5—水泥砂浆找平层；3—找坡层；4—涂膜防水层；6—结构层

（二）涂膜防水施工

（1）结构层施工。厨卫间地面结构层宜采用整体现浇钢筋混凝土板，周边混凝土泛水高度一般高出楼地面 150mm，厚度按设计要求确定。

（2）找平层施工。卫生间的防水基层必须用 1：3 的水泥砂浆找平，要求抹平、压光，表面坚实，无空鼓、起砂、掉灰现象。在抹找平层时，应使管道根部附近略高于地面，地漏的周围应做成略低于地面的洼坑。找平层的坡度以 1% ~ 2% 为宜，坡向地漏。凡遇到阴阳角处，要抹成半径不小于 10mm 的小圆弧。与找平层相连接的接缝按设计要求用密封膏嵌固。

（3）防水层施工。施工前要把基层表面的灰浆、混凝土碎块等杂物清除干净；连接件和管壁上的油污与铁锈应擦拭干净，并进行防锈处理。基层必须基本干燥，一般在基层表面均匀泛白、无明显水印时，才能进行涂膜防水层施工。

合成高分子防水涂料、高聚物改性沥青防水涂料基层处理剂和涂料的涂布方法与屋面涂膜防水的相应部分基本相同，不同之处在于施工场地相对狭窄，一般应采用短把滚刷或油漆刷进行涂布，在阴阳角、管道根部等细部构造部位，按每平方米的涂布量涂刷一道附加防水层，且宜铺贴胎体增强材料，以提高其防水性能和适应基层变形的能力。待涂膜完全固化后，细部构造处的涂膜应比平面的涂膜厚。

采用胎体增强材料的附加防水层一般按"一布二涂"施工，具体铺贴方法为：待基层处理剂基本固化后，按每平方米的涂布量在细部构造处涂布一层涂料，并将事先按形状、大小要求裁剪好的胎体增强材料平坦地粘贴在已涂刷的涂层上，不得有气泡和褶皱；待涂层固化后，再在胎体增强材料表面涂布一层涂料，固化后即可按屋面涂膜防水的要求涂布涂膜防水层（"一布四涂"或"二布六涂"）。

涂膜防水层的收头处应与基层黏结牢固，并用密封材料严密封闭，或用涂料多遍涂刷密封。

（4）找坡层施工。找坡层坡度应满足设计要求，坡向准确，排水通畅。当找坡层厚度 ≤ 300mm 时，可采用水泥混合砂浆（水泥：石灰：砂 =1：1.5：8）找坡；当找坡层厚度 > 300mm 时，宜用 1：6 水泥炉渣找坡，炉渣粒径宜为 5 ~ 20mm，且应严格过筛。

（5）块材面层施工。在水泥砂浆找平层上，按设计要求铺设瓷砖、马赛克或其他装饰块材面层。

二、特殊部位构造及防水做法

（一）穿楼板管道防水构造

穿过楼面板、墙体的管道和套管的孔洞，应预留出 10mm 左右的空隙，待管件安装定位后，在空隙内嵌填补偿收缩嵌缝砂浆，且必须插捣密实，防止出现空隙，收头应圆滑。如填塞的孔洞较大，应改用补偿收缩细石混凝土，楼面板孔洞应吊底模浇灌，防止漏浆，严禁用碎砖、水泥块填塞。所有管道、地漏或排水口等穿过楼面板、墙体的部位，必须位置正确，安装牢固，厕浴间、厨房间排水管道构造如图 7-15 所示。

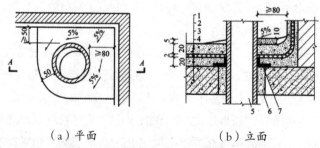

（a）平面　　　　　（b）立面

图 7-15　厕浴间、厨房间排水管道构造示意

1—水泥砂浆保护层；2—涂膜防水层；3—水泥砂浆找平层；4—楼板；
5—穿楼板管道；6—补偿收缩嵌缝砂浆；7—L 形膨胀橡胶止水条

（二）穿楼板管道防水做法

沿管根紧贴管壁缠一圈膨胀橡胶止水条，搭接头应黏结牢固，防止脱落。涂膜防水层与 L 形膨胀橡胶止水条（手工挤压成型）应相连接，不宜有断点。防水层在管根处应上拐（高度不应超过水泥砂浆保护层）并包严管道，且应铺贴胎体增强材料，立面涂膜收头处用密封材料封严，如图 7-16 所示。

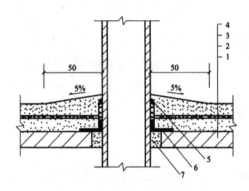

图 7-16　穿楼板管道防水做法

1—钢筋混凝土楼板；2—20 厚 1∶3 水泥砂浆找平层；3—涂膜防水层（沿管根上拐包严）；
4—水泥砂浆找平层；5—密封材料；6—膨胀橡胶止水条；7—补偿收缩嵌缝砂浆

（三）厕浴间节点涂膜防水构造

涂膜防水层应刷至高出地面 100mm 处的混凝土防水台处。如轻质隔墙板无防水功能，则浴缸一侧的涂膜防水层应比浴缸高 100mm 以上。

（四）地漏口（水落口）防水做法

主管与地漏口的交接处应用密封材料封闭严密，然后用补偿收缩细石混凝土（或水泥砂浆）嵌填密实；水泥砂浆找平层做好后，在地漏口杯的外壁缠绕一圈膨胀橡胶止水条（用手工挤压成 L 形），涂膜防水层应与 L 形膨胀橡胶止水条相连接；涂膜防水层的保护层在地漏周围应抹成 5% 的顺水坡度。

（五）蹲便器与下水管防水做法

蹲便器与下水管相连接的部位最易发生渗漏，应用与两者（陶瓷和金属）都有良好黏结性的密封材料封闭严密。下水管穿过钢筋混凝土现浇板的处理方法及膨胀橡胶止水条的粘贴方法与"穿楼板管道防水做法"相同。

第八章　装饰装修工程施工

第一节　抹灰工程

一、抹灰工程的分类和组成

（一）抹灰工程的分类

根据使用要求和装饰效果的不同，抹灰工程可分为一般抹灰和装饰抹灰。

1. 一般抹灰

一般抹灰是指用石灰砂浆、水泥砂浆、水泥混合砂浆、聚合物水泥砂浆、麻刀石灰、纸筋石灰和石灰膏等材料进行的抹灰施工，是装饰工程中最基本的一个分项工程。根据质量要求和主要工序的不同，一般抹灰又分为普通抹灰和高级抹灰两级。

2. 装饰抹灰

装饰抹灰是指利用材料特点和工艺处理，使抹灰面具有不同的质感、纹理及色泽效果的抹灰类型和施工方法。装饰抹灰的底层和中层与一般抹灰做法基本相同，其面层有水刷石、斩假石（剁斧石）、干粘石、假面砖等。随着生活水平的提高，目前这种装饰已较少采用。

（二）抹灰的组成

抹灰层一般由底层、中层和面层组成。底层主要起与基层黏结的作用，其使用材料根据基层不同而异；中层主要起找平作用，使用材料同底层；面层主要起装饰美化作用。

3. 抹灰层的厚度

（1）每层抹灰厚度

若一层抹灰厚度太大，由于抹灰层内外干燥速度不一致，容易造成面层开裂，甚至起鼓脱落，因此抹灰工程应分层进行。每层抹灰厚度一般控制如下：水泥砂浆 5 ～ 7mm；混合砂浆 7 ～ 9mm；麻刀灰 ≤ 3mm；纸筋灰 ≤ 2mm。

（2）抹灰层的平均总厚度

抹灰层的平均总厚度，应根据工程部位、基层材料和抹灰等级来确定。普通抹灰厚 20mm，高级抹灰厚 25mm。内墙厚 20 ~ 25mm；外墙厚 20mm；勒脚、踢脚、墙裙厚 25mm；顶棚、混凝土空心砖、现浇混凝土表面厚 15mm。

二、一般抹灰工程施工工艺

（一）一般抹灰的材料

一般抹灰砂浆的基本要求是黏结力好、易操作，无明确的强度要求，其配合比一般采用体积比，水泥砂浆的配合比一般为 1：2、1：3（水泥：砂）；混合砂浆的配合比一般为 1：1：4、1：1：6（水泥：石灰：砂）。其材料要求：

（1）水泥：抹灰常用的水泥为不小于 32.5 级的普通硅酸盐水泥、矿渣硅酸盐水泥。水泥的品种、强度等级应符合设计要求。不同品种、不同标号的水泥不得混合使用。

（2）石灰膏和磨细生石灰粉：块状生石灰需经熟化成石灰膏才能使用，在常温下，熟化时间不应少于 15d；用于罩面的石灰膏，熟化时间不得少于 30d。将块状生石灰碾碎磨细后的成品，即为磨细生石灰粉。罩面用的磨细生石灰粉的熟化时间不得少于 3d。使用磨细生石灰粉粉饰，不仅具有节约石灰，适合冬季施工的优点，而且粉饰后不易出现膨胀、鼓皮等现象。

（3）砂：抹灰用砂，最好是中砂，或粗砂与中砂混合掺用。可以用细砂，但不宜用特细砂。抹灰用砂要求颗粒坚硬、洁净，使用前需要过筛（筛孔不大于 5mm），不得含有黏土（不超过 2%）、草根、树叶、碱质物及其他有机物等有害杂质。

（4）麻刀、纸筋、稻草、玻璃纤维：麻刀、纸筋、稻草、玻璃纤维在抹灰层中起拉结和骨架作用，提高抹灰层的抗拉强度，增加抹灰层的弹性和耐久性，使抹灰层不易开裂、脱落。

（二）施工准备

为确保抹灰工程的施工质量，在正式施工之前，必须满足作业条件和做好基层处理等准备工作。

1. 作业条件

（1）主体结构已经检查验收，并达到了相应的质量标准要求。

（2）屋面防水或上层楼面面层已经完成，不渗不漏。

（3）门窗框安装位置正确，与墙体连接牢固，连接处缝隙填嵌密实。连接处缝隙可用 1：3 水泥砂浆或 1：1：6 水泥混合砂浆分层嵌塞密实。缝隙较大时，可在砂浆中掺入少量麻刀嵌塞，并用塑料贴膜或铁皮将门窗框加以保护。

（4）接线盒、配电箱、管线、管道套管等安装完毕，并检查验收合格。管道穿越的墙洞和楼板洞已填嵌密实。

（5）冬季施工环境温度不宜低于5℃。

2. 基层处理

抹灰工程施工前，必须对基层表面做适当的处理，使其坚实粗糙，以增强抹灰层的黏结。

基层处理包括以下内容：

（1）基层表面的灰尘、污垢、砂浆、油渍和碱膜等应清除干净，并洒水湿润（提前1～2d浇水1～2遍，渗水深度8～10mm）。

（2）检查基层表面平整度，对凹凸明显的部位，应事先剔平或用1∶3水泥砂浆补平。

（3）平整、光滑的混凝土表面要进行毛化处理，一般采用凿毛或用铁抹子满刮水灰比0.37～4（内掺水重的3%～5%的108胶）的水泥浆一遍，亦可用YJ-302混凝土界面处理剂处理。

（4）不同基层材料（如砖石与混凝土）相接处应铺钉金属网并绷紧牢固，金属网与各结构的搭接宽度从相接处起每边不少于100mm。

（三）抹灰施工工艺及操作要点

1. 内墙抹灰

内墙→般抹灰的施工工艺流程为：找规矩、做灰饼、抹标筋冲筋做护角→抹底层和中层灰→抹窗台板、踢脚板（墙裙）→抹面层灰。

（1）找规矩、做灰饼、抹标（筋冲筋）

找规矩、做灰饼、抹标筋的作用是为后续抹灰提供参照，以控制抹灰层的平整度、垂直度和厚度。根据设计图纸要求的抹灰质量等级，根据基层表面平整垂直情况，用一面墙做基准，吊垂直、套方、找规矩，确定抹灰厚度，抹灰厚度不应小于7mm。当墙面凹度较大时应分层衬平。每层厚度不大于7～9mm。操作时应先抹上灰饼（距顶棚150～200mm，水平方向距阴角100～200mm，间距1.2～1.5m），再抹下灰饼（距地面150～200mm）。抹灰饼时应根据室内抹灰要求，确定灰饼的正确位置，再用靠尺板找好垂直与平整。灰饼宜用1∶3水泥砂浆抹成。

房间面积较大时应先在地上弹出十字中心线，然后按基层面平整度弹出墙角线，随后在距墙阴角100mm处吊垂线并弹出铅垂线，再按地上弹出的墙角线往墙上翻引弹出阴角两面墙上的墙面抹灰层厚度控制线，以此做灰饼。然后根据灰饼抹标筋

（宽度为 10cm 左右，呈梯形，厚度与灰饼相平），可抹横筋，也可抹立筋，根据施工操作习惯而定。

（2）做护角

室内墙面、柱面和门窗洞口的阳角抹灰要求线条清晰、挺直，且能防止破坏。因此这些部位的阳角处，都必须做护角。同时护角亦起到标筋的作用。护角应采用 1 : 2 水泥砂浆，一般高度不低于 2m，护角每侧宽度不小于 50mm。

做护角时，以墙面灰饼为依据，先将墙面阳角用方尺规方，靠门框一边，以门框离墙面的空隙为准，另一边以灰饼厚度为准。将靠尺在墙角的一面墙上用线垂找直，然后在靠尺板的另一边墙角面分层抹 1 : 2 水泥砂浆，护角线的外角与靠尺板外口平齐；一边抹好后，再把靠尺板移到已抹好护角的一边，用钢筋卡子稳住，用线垂吊直靠尺板，把护角的另一面分层抹好。再轻轻地将靠尺板拿下，待护角的棱角稍干时，用阳角抹子将水泥浆抹出小圆角。最后在墙面用靠尺板按要求尺寸沿角留出 50mm，将多余砂浆以 40° 斜面切掉，以便于墙面抹灰与护角的接槎。

（3）抹底层和中层灰

一般情况下抹标筋 2h 左右后就可以抹底层和中层灰。抹底层灰时，可用托灰板盛砂浆，在两标筋之间用力将砂浆推抹到墙上，一般从上向下进行，再用木抹子压实搓毛。待底层灰六七成干后用手指按压不软，但有指印和潮湿感），即可抹中层灰，抹灰厚度以垫平标筋为准，操作时先应稍高于标筋，然后用木杠按标筋刮平，不平处补抹砂浆，再刮至平直为止，紧接着用木抹子搓压，使表面平整、密实。并用托线板检查墙面的垂直与平整情况。抹灰后应及时将散落的砂浆清理干净。

墙面阴角处，先用方尺上下核对方正（水平标筋则免去此道工艺），然后用阴角器上下抽动搓平，使室内四角方正。

（4）抹窗台板、踢脚板（墙裙）

窗台板抹灰，应先用 1 : 3 水泥砂浆抹底层，表面搓毛，隔 1d 后，用素水泥浆刷一道，再用 1 : 2.5 水泥砂浆涂抹面层。面层原浆压光，上口小圆角，下口平直，浇水养护 4d。窗台板抹灰要求是：平整光滑、棱角清晰、排水通畅、不渗水、不湿墙。抹踢脚板（墙裙）时，先于墙面弹出其上口水平线。用 1 : 3 水泥砂浆或水泥混合砂浆抹底层。隔 1d 后，用 1 : 2 水泥砂浆抹面层，面层应比墙面抹灰层凸出 3 ~ 5mm，上口切齐，然后压光抹平。

（5）抹面层灰

面层抹灰俗称罩面。它应在底灰稍干后进行，底灰太湿，会影响抹灰面平整度，还可能"咬色"；底灰太干，容易使面层灰脱水太快而影响其黏结，造成面层空鼓。

纸筋石灰、麻刀石灰砂浆面层：在中层灰六七成干后进行，罩面灰应两遍成活（两遍互相垂直），厚度约 2mm，最好两人同时操作，一人先薄薄刮一遍，另一人随即抹平。按先上后下顺序进行，再赶光压实，然后用铁抹子压一遍，最后用塑料抹子压光，随后用毛刷蘸水将罩面灰污染处清刷干净。

石灰砂浆面层：在中层灰五六成干后进行，厚度 6mm 左右，操作时先用铁抹子抹灰，再用刮尺由下向上刮平，然后用抹子搓平，最后用铁抹子压光成活，压光不少于 2 遍。

2. 外墙抹灰

外墙一般抹灰的施工工艺流程为：浇水湿润基层→找规矩、做灰饼、抹标筋→抹底层灰、中层灰→弹分格线、嵌分格条→抹面层灰→拆除分格条，勾缝→做滴水线→养护。

外墙抹灰应注意涂抹顺序，一般先上部后下部，先檐口（包括门窗周围、窗台、阳台、雨篷等）再墙面。大面积外墙可分片、分段施工，一次抹不完可在阴阳角交接处或分格线处留设施工缝。

外墙抹灰一般面积较大，施工质量要求高，因此外墙抹灰必须找规矩、做灰饼、抹标筋，其方法与内墙抹灰相同。此外，外墙抹灰中的底层、中层、面层抹灰与内墙抹灰基本相同。

（1）弹分格线、嵌分格条

外墙抹灰时，为避免罩面砂浆收缩后产生裂缝，防止面层砂浆大面积膨胀而空鼓脱落，应待中层灰六七成干后，按设计要求弹分格线，并嵌分格条。

分格线用墨斗或粉线包弹出，竖向分格线可用线垂或经纬仪校正其垂直度，横向分格线以水平线检验。

木质分格条在使用前应用水泡透，其作用是便于粘贴，防止分格条在使用时变形，本身水分蒸发后产生收缩而易于取出，且使分格条两侧灰口整齐。粘分格条时，用铁抹子将素水泥浆抹在分格条的背面，将水平分格条粘在水平分格线的下口，垂直分格条粘在垂直分格线的左侧，以便于观察。每粘贴好一条竖向（横向）分格条，应用直尺校正使其平整，并将分格条两侧用水泥浆抹成八字形斜角（水平分格条应先抹下口）。当天就抹面的分格条，两侧八字形斜角可抹成 45°；当天不抹面的"隔夜条"，两侧八字形斜角应抹得陡一些，可抹成 60°。

分格条要求横平竖直、接头平整，无错缝或扭曲现象，其宽度和厚度应均匀一致。

除木质分格条外，亦可采用 PVC 槽板做分格条，将其钉在墙上即可，面层灰抹完后，亦不用将其拆除。

（2）拆除分格条

勾缝分格条粘好，面层灰抹完后，应拆除分格条，并用素水泥浆将分格缝勾平整。当天粘的分格条在面层抹完后即可拆除。操作时一般从分格线的端头开始，用抹子轻轻敲动，分格条即自动弹出。若拆除困难，可在分格条端头钉一小钉，轻轻将其向外拉出。采用"隔夜条"的抹灰面层不宜当时拆除，必须待面层砂浆达到一定强度后方可拆除。

（3）做滴水线

毗邻外墙面的窗台、雨篷、压顶、檐口等部位的抹灰，应先抹立面，后抹顶面，再抹底面。顶面应抹出流水坡度，一般以10%为宜，底面外沿边应做滴水槽，滴水槽宽度和深度均不应小于10mm。窗台抹灰层应伸入窗框下坎的裁口内，堵塞密实。

（4）养护

面层抹完24h后，应浇水养护，时间不少于7d。

3. 顶棚抹灰

顶棚抹灰的施工工艺流程为：基层处理→弹水平线→抹底层灰、中层灰→抹面层灰。顶棚抹灰的顺序应从房间里面开始，向门口进行，最后从门口退出。其底层灰、中层灰和面层灰的涂抹方法与墙面抹灰基本相同。不同的是：顶棚抹灰不用做灰饼和标筋，只需按抹灰层厚度用墨线在四周墙面上弹出水平线，作为控制抹灰层厚度的基准线。此水平线应自室内50cm水平线从下向上量出，不可从顶棚向下量。

第二节　饰面板（砖）工程

一、饰面砖粘贴施工工艺

（一）内墙饰面砖镶贴施工工艺要点

1. 施工工艺流程

内墙饰面砖一般采用釉面砖，其施工工艺流程为：找平层验收合格→弹线分格→选砖、浸砖→做标准点→预排面砖→垫木托板→铺贴面砖→嵌缝、擦洗。

2. 施工操作要点

（1）弹线分格

弹线分格是在找平层上用粉线弹出饰面砖的水平和垂直分格线。弹线前可根据镶贴墙面的长度和高度，以纵、横面砖的皮数画出皮数杆，以此为标准弹线。

弹水平线时，对要求面砖贴到顶棚的墙面，应先弹出顶棚边标高线；对吊顶天棚应弹出其龙骨下边的标高线，按饰面砖上口伸入吊顶线内 25mm 计算，确定面砖铺贴的上口线。然后按整块饰面砖的尺寸由上向下进行分划。当最下一块面砖的高度小于半块砖时，应重新分划，使最下面一块面砖高度大于半块砖，重新分划出现的超出尺寸的饰面砖应伸入到吊顶内。

弹竖向线时，应从墙面阳角或墙面显眼的一侧端部开始，以将不足整块砖模数的面砖贴于阴角或墙面不显眼处。弹线分格，如图 8-1 所示。

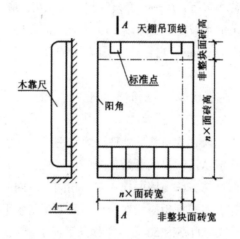

图8-1　饰面砖弹线分格示意

（2）选砖、浸砖

为保证镶贴效果，必须在面砖镶贴前按颜色的深浅不同进行挑选，然后按其标准几何尺寸进行分选，分别选出符合标准尺寸、大于标准尺寸和小于标准尺寸三种规格的饰面砖。同一类尺寸的面砖应用于同一层或同一面墙上，以做到接缝均匀一致。分选面砖的同时，亦应挑选阴角条、阳角条、压顶条等配砖。

釉面砖镶贴前应清扫干净，然后置于清水中充分浸泡，以防干砖镶贴后，吸收砂浆中的水分，致使砂浆结晶硬化不全，造成面砖粘贴不牢或面砖浮滑。一般浸水时间为 2 ~ 3h，以水中不冒气泡为止；取出后应阴干 6h 左右，以釉面砖表面有潮湿感，手按无水迹为准。

（3）做标准点

为控制整个镶贴釉面砖的平整度，在正式镶贴前应在找平层上做标准点。标准点用废面砖按铺贴厚度，在墙面上、下、左、右用砂浆粘贴，上、下用靠尺吊直，横向用细线拉平，标准点间的间距一般为1500mm。阳角处正面的标准点，应伸出阳角线之外，并进行双面吊直。

（4）预排面砖

釉面砖镶贴前应进行预排。预排时以整砖为主，为保证面砖横竖线条的对齐，排砖时可调整砖缝的宽度（1～1.5mm），且同一墙面上面砖的横竖排列，均不得有一行以上的非整砖。非整砖应排在阴角处或最不显眼的部位。

釉面砖的排列方法有对缝排列和错缝排列两种，如图8-2所示。面砖尺寸偏差不大时宜采用对缝排列；若面砖尺寸偏差较大，可采用错缝排列，采用对缝排列则应调整缝宽。

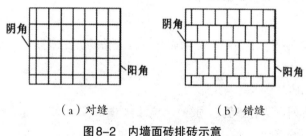

（a）对缝 　　　　（b）错缝

图8-2 内墙面砖排砖示意

（5）垫木托板

以找平层上弹出的最下一皮砖的下口标高线为依据，垫放好木托板以支撑釉面砖，防止釉面砖因自重下滑。木托板上皮应比装饰完的地面低10tnm左右，以便地面压过墙面砖。木托板应安放水平，其下垫点间距应在400mm以内，以保证木托板稳固。

（6）铺贴面砖

面砖结合层砂浆通常有两种：①水泥砂浆，其体积比为1：2，另掺水泥质量3%～4%的108胶水；②素水泥浆，其质量比为水泥：108胶水：水=100：5：26。

面砖铺贴的顺序是：由下向上，从阳角开始沿水平方向逐一铺贴，第一排饰面砖的下口紧靠木托板。镶贴时，先在墙面两端最下皮控制瓷砖上口外表挂线，然后，将结合层水泥砂浆或素水泥浆用铲子满刮在釉面砖背面，四周刮成斜面，结合层厚度为：水泥砂浆4～8mm，素水泥浆3～4mm。满刮结合层材料的釉面砖按线就位后，用手轻压，然后用橡皮锤或铁铲木柄轻轻敲击，使瓷砖面对齐拉线，镶贴牢固。

在镶贴中，应随贴、随敲击、随用靠尺检查面砖的平整度和垂直度。若高出标准砖面，应立即敲砖挤浆；如已形成凹陷（亏灰），必须揭下重新抹灰再贴，严禁从砖边塞砂浆，以免造成空鼓。若饰面砖几何尺寸相差较大，铺贴中应注意调缝，以保证缝隙宽窄一致。

（7）嵌缝、擦洗

饰面砖铺贴完毕后，应用棉纱头（不锈钢清洁球）蘸水将面砖擦拭干净。然后用瓷砖填缝剂嵌缝，亦可用与饰面砖同色水泥（彩色面砖应加同色矿物颜料）嵌缝，但效果比填缝剂差。

（二）外墙面砖镶贴施工工艺要点

1. 施工工艺流程

外墙面砖镶贴施工工艺流程为：找平层验收合格→弹线分格→选砖、浸砖→做标准点→预排面砖→铺贴面砖→嵌缝、擦洗。

2. 施工操作要点

外墙面砖镶贴施工中，除预排面砖和弹线分格的方法不同外，其他工艺操作均同内墙面砖。

（1）预排面砖

外墙面砖排列方法有错缝、通缝、竖通缝（横密缝）、横通缝（竖密缝）等多种，如图8-3所示。密缝缝宽1～3mm，通缝缝宽4～20mm。

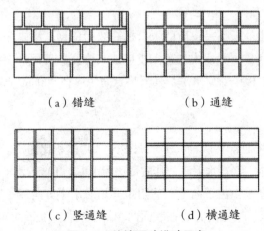

（a）错缝　　　　　　　　（b）通缝

（c）竖通缝　　　　　　（d）横通缝

图8-3　外墙面砖排砖示意

预排时，应从上向下依层（或1m）分段；凡阳角部位必须为整砖，且阳角处正立面砖应盖住侧立面砖的厚度，仅柱面阳角处可留成方口；阴角处应使面砖接缝正对阴角线；墙面以整砖为主，除不规则部位外，其他不得裁砖。

（2）弹线分格

弹线时，先在外墙阳角处吊钢丝线垂，用经纬仪校核钢丝的垂直度，再用螺栓将钢丝固定在墙上，上下绷紧，作为弹线的基准。以此基准线为度，在整个墙面两端各弹一条垂直线，墙较长时可在墙面中间部位再增设几条垂直线，垂直线间的距离应为面砖宽度（包括面砖缝宽）的整数倍，墙面两端的垂直线距墙阳角或阴角）的距离应为一块面砖宽度。

弹水平线时，应在各分段分界处各弹一条，各水平线间的距离应为面砖高度（包括面砖缝高）的整数倍。

二、石饰面板安装工艺

（一）施工准备

饰面板安装前的施工准备工作，包括放施工大样图、选板与预拼、基层处理。其中，基层处理的方法与一般抹灰相同。

1. 放施工大样图

饰面板安装前，应根据设计图纸，在实测墙、柱等构件实际尺寸的基础上，按饰面板规格（包括缝宽）确定板块的排列方式，绘出大样详图，作为安装的依据。

2. 选板与预拼

绘好施工大样详图后，应依其检查饰面板几何尺寸，按饰面板尺寸偏差、纹理、色泽和品种的不同，对板材进行选择和归类。再在地上试拼，校正尺寸且四角套方，以符合大样图要求。

预拼好的板块应编号，一般由下向上进行编排，然后分类码放备用。对有缺陷的板材可采用剔除，改成小规格料，用在阴角、靠近地面不显眼处等方法处理。

（二）湿作业法施工工艺要点

湿作业法亦称为挂贴法，是一种传统的铺贴工艺，适用于厚度为 20 ~ 30mm 的板材。

1. 施工工艺流程

绑扎钢筋网→打眼、开槽、挂丝→安装饰面板→板材临时固定→灌浆、嵌缝、清洁→抛光。

2. 施工操作要点

（1）绑扎钢筋网

绑扎钢筋网是按施工大样图要求的板块横竖距离弹线，再焊接或绑扎安装用的钢筋骨架。

先剔凿出墙、柱内施工时预埋的钢筋,使其裸露于墙、柱外,然后焊接或绑扎Φ6～8mm 竖向钢筋(间距可按饰面石材板宽设置),再电焊或绑扎 Φ6mm 的横向钢筋(间距为板高减 80～100mm)。

基层内未预埋钢筋时,绑扎钢筋网之前可在墙面植入 M10～M16 的膨胀螺栓为预埋件,膨胀螺栓的间距为板面宽度;亦可用冲击电钻在基层(砖或混凝土)钻出Φ6～8mm、深度大于 60mm 的孔,再向孔内打入 Φ6～8mm 的短钢筋,短钢筋应外露基层 50mm 以上并做弯钩,短筋间距为板面宽度。上、下两排膨胀螺栓或短钢筋距离为饰面板高度减去 80～100mm。再在同一标高的膨胀螺栓或短钢筋上焊接或绑扎水平钢筋。

(2)打眼、开槽、挂丝

安装饰面板前,应于板材上钻孔,常用方法有以下两种。传统的方法是:将饰面板固定在木支架上,用手电钻在板材侧面上钻孔打眼,孔径 5mm 左右,孔深15～20mm,孔位一般距板材两端 1/4～1/3 板宽,且应在板厚度中线上垂直钻孔。然后在板背面垂直孔位置,距板边 8～10mm 钻一水平孔,使水平、垂直孔连通成"牛轭孔"。为便于挂丝,使石材拼缝严密,钻孔后用合金钢錾子在板材侧面垂直孔所在位置剔出 4mm 小槽。

另一种方法是功效较高的开槽扎丝法。用手把式石材切割机在板材侧面上距离板背面 10～12mm 位置开 10～15mm 深度的槽,再在槽两端、板背面位置斜着开两个槽,其间距为 30～40mm。槽开好后,把铜丝或不锈钢丝(18# 或 20#)剪成300mm 长,并弯成 U 形,将其套入板背面的横槽内,钢丝或铜丝的两端从两条斜槽穿出并在板背面拧紧扎牢。

(3)安装饰面板

饰面板安装顺序一般自下向上进行,墙面每层板块从中间或一边开始,柱面则先从正面开始顺时针进行。

首先弹出第一层板块的安装基线。方法是根据板材排板施工大样图,在考虑板厚、灌浆层厚度和钢筋网绑扎(焊接)所占空间的前提下,用吊线垂的方法将石材板看面垂直投影到地面上,作为石材板安装的外轮廓尺寸线。然后弹出第一层板块下沿标高线,如有踢脚板,则应弹好踢脚板上沿线。

安装石材板时,应根据施工大样图的预排编号依次进行。先将最下层板块,按地面轮廓线、墙面标高线就位,若地面未完工,则需用垫块将板垫高至墙面标高线位置。然后使板块上口外仰,把下口用绑丝绑牢于水平钢筋上,再绑扎板块上口绑丝,绑好后用木楔垫稳,随后用靠尺板检查调正后,最后系紧铜丝或不锈钢丝,如

图 8-4 所示。

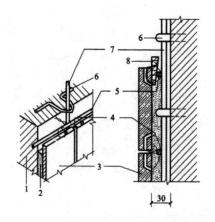

图8-4　饰面板钢筋网片固定及安装方法

1—基体；2—水泥砂浆；3—饰面板；4—铜（钢）丝；5—横向钢筋；6—预埋铁环；
7—竖向钢筋；8—定位木楔

最下层板完全就位后，再拉出垂直线和水平线来控制安装质量。上口水平线应待以后灌浆完成方可拆除。

（4）板材临时固定

为避免灌浆时板块移位，石板材安装好后，应用石膏对其进行临时固定。

先在石膏中掺入 20% 的水泥，混合后将其调成浓糊状，在石板材安装好一层后，将其贴于板间缝隙处，石膏固化成一饼后，成为一个个支撑点，即起到临时固定的作用。糊状石膏浆还应同时将板间缝隙堵严，以防止以后灌浆时板缝漏浆。

板材临时固定后，应用直角尺随时检查其平整度，重点保证板与板的交接处四直角平整，发现问题立即纠偏。

（5）灌浆

板材经校正垂直、平整、方正，且临时固定后，即可灌浆。

灌浆一般采用 1∶3 水泥砂浆，稠度 80～150m 将与基体间的缝隙中徐徐注入。注意灌注时不要碰动板块，同时要检查板块是否因漏浆而外移，一旦发现外移应拆下板块重新安装。

因此，灌浆时应均匀地从几处分层灌入，每次灌注高度一般不超过 150mm，最多不超过 200mm。常用规格的板材灌浆一般分 3 次进行，每次灌浆离板上口 50～80mm 处为止（最上一层除外），其余留待上一层板材灌浆时来完成，以使上、下板材连成整体。为防止空鼓，灌浆时可用插钎轻轻地捣固砂浆。每层灌注时间要间隔

1～2h，即待下层砂浆初凝后才可灌上一层砂浆。

安装白色或浅色板块，灌浆应用白水泥和白石屑，以防透底而影响美观。第三次灌浆完毕，砂浆初凝后，应及时清理板块上口余浆，并用棉纱擦净。隔一天再清除上口的木楔和有碍上一层板材安装的石膏，并加强养护和成品保护。

（6）嵌缝与清洁

全部板材安装完毕后，应将其表面清理干净，然后按板材颜色调制水泥色浆嵌缝，边嵌边擦干净，使缝隙密实干净，颜色一致。

（7）抛光

安装固定后的板材，如面层光泽受到影响需要重新上蜡抛光。方法是擦拭或用高速旋转的帆布擦磨。

（三）改进的湿作业法施工工艺要点

改进的湿作业法是将固定板材的钢丝直接楔紧在墙、柱基层上，所以亦称为楔固定安装法。因其省去了绑扎钢筋网工艺，操作过程亦较为简单，因此应用较广。与传统的湿作业安装法相比，其不同的施工操作要点如下。

1. 板材钻孔

将石材饰面板直立固定于木架上，用手电钻在距板两端 1/4 宽度处，位于板厚度的中心钻孔，孔径为 6mm，孔深为 35～40mm。

钻孔数量与板材宽度相关。板宽小于 500mm 钻垂直孔两个，板宽大于 500mm 钻垂直孔 3 个，板宽大于 800mm 钻垂直孔四个。

其后将板材旋转 90° 固定于木架上，于板材两侧边分别各钻一水平孔，孔位距板下端 100mm，孔径 6mm，孔深 35～40mm。再在板材背面上下孔处剔出 7mm 深小槽，以便安装钢丝。

2. 基层钻斜孔

用冲击钻按板材分块弹线位置，对应于板材上孔及下侧孔位置在基层上钻出与板材平面成 45° 的斜孔，孔径 6mm，孔深 40～50mm。

3. 板材安装与固定

基层钻孔后，将饰面板安放就位，按板材与基体相距的孔距，用加工好的直径为 5mm 的不锈钢"U"形钉，将其一端勾进石板材直孔内，另一端勾进基体斜孔内，并随即用硬木小楔楔紧，用拉线或靠尺板及水平尺校正板上下口及板面垂直度和平整度，以及与相邻板材接合严密，随后将基体斜孔内 U 形钉楔紧。接着将大木楔楔入板材与基体之间，以紧固 U 形钉。最后分层灌浆，清理表面和擦缝等，其方法与传统的湿作业法相同。

（四）干作业法施工工艺要点

干作业法亦称为干挂法，是利用高强、耐腐蚀的连接固定件把饰面板挂在建筑物结构的外表面上，中间留出 40 ~ 100mm 空隙。其具有安装精度高、墙面平整、取消砂浆黏结层、减轻建筑用自重、提高施工效率等优点。

干挂法分为有骨架干挂法和无骨架干挂法两种。无骨架干挂法是利用不锈钢连接件将石板材直接固定在结构表面上，此法施工简单，但抗震性能差。有骨架干挂法是先在结构表面安装竖向和横向钢龙骨，要求横向龙骨安装要水平，然后利用不锈钢连接件将石板材固定在横向龙骨上。

此处以无骨架干挂法为例说明其施工工艺要点。

1. 施工工艺流程

无骨架干挂法的施工工艺流程为：基层处理→墙面分格弹线→板材钻孔开槽、固定锚固件→安装固定板材→嵌缝。

2. 施工操作要点

（1）墙面分格弹线

墙面分格弹线应根据排板设计要求执行，板与板之间可考虑 1 ~ 2mm 缝隙。弹线时先于基层上引出楼面标高和轴线位置，再由墙中心向两边在墙面上弹出安装板材的水平线和垂直线。

（2）板材钻孔开槽、固定锚固件

先在板材的上下端钻孔开槽，孔位距板侧面 80 ~ 100mm，孔深 20 ~ 25mm（一般由厂家加工好）。再在相对于板材的基层墙面上的相应位置钻 Φ8 ~ 10mm 的孔，将不锈钢螺栓一端插入孔中固定好，另一端挂上 L 形连接件（锚固件）。

（3）安装固定板材

将饰面板材就位、对正、找平，确定无误后，把连接件上的不锈钢针插入板材的预留连接孔中，调整连接件和钢针位置，当确定板材位置正确无误即可固紧 L 形连接件。然后用环氧树脂或水泥麻丝纤维浆填塞连接插孔及其周边。

（4）嵌缝

干挂法工艺由于取消了灌浆，因此为避免板缝渗水，板缝间应采用密封胶嵌缝。嵌缝时先在缝内塞入泡沫塑料圆条，然后嵌填密封胶。嵌缝前，饰面板周边应粘贴防污条，防止嵌缝时污染饰面板；密封胶嵌填要饱满密实，光滑平顺，其颜色应与石材颜色一致。

（五）胶黏结法施工工艺要点

小规格石材板安装、石材板与木结构基层的安装亦可采用环氧树脂胶黏结的方法进行。环氧树脂黏结剂的配合比如表 8-1 所示。

表8-1　环氧树脂黏结剂配合比

材料名称	环氧树脂E44（主材）	乙二胺EDA（硬化剂）	邻苯二甲酸二丁酯（增塑剂）
质量配合比（%）	100	6 ~ 8	10 ~ 20

1. 施工工艺流程

基层处理→弹线、分格→选板、预排→黏结→清洁。

2. 施工操作要点

板材胶黏结法中的弹线、分格，选板、预排等工艺同湿作业法。

（1）基层处理

黏结法施工中，基层处理的主要控制标准是平整度。基层应平整但不应压光，其平整控制标准为：表面平整偏差、阴阳角垂直偏差及立面垂直偏差均为 ±2mm。

（2）黏结

先将黏结剂分别刷抹在墙、柱面和板块背面上，刷胶应均匀、饱满，黏结剂用量以粘牢为原则，再准确地将板块粘贴于基层上。随即挤紧、找平、找正，并进行顶、卡固定。对于挤出缝外的粘胶应随时清除。对板块安装后的不平、不直现象，可用扁而薄的木楔作调整，木楔应涂胶后再插入。

（3）清洁

一般粘贴 2d 后，可拆除顶、卡支撑，同时检查接缝处黏结情况，必要时进行勾缝处理，多余的粘胶应清除干净，并用棉纱将板面擦净。

三、金属饰面板安装工艺

（一）彩色压型钢板复合墙板施工工艺及操作要点

1. 施工工艺流程

彩色压型钢板复合墙板的施工工艺流程为：预埋连接件→立墙筋→安装墙板→板缝处理。

2. 施工操作要点

（1）预埋连接件

在砖墙中可预埋带有螺栓的预制混凝土块或木砖。在混凝土墙中可预埋 Φ8 ~ 10mm 的钢筋套扣螺栓，亦可埋入带锚筋的铁板。所有预埋件的间距应与墙筋间距一致。

（2）立墙筋

在待立墙筋表面上拉水平线、垂直线，确定预埋件的位置。墙筋材料可采用等边角钢∟30×3、槽钢[25×12×14、木条30mm×50mm。竖向墙筋间距为900mm，横向墙筋间距为500mm。竖向布板时，可不设竖向墙筋；横向布板时，可不设横向墙筋，而将墙筋间距缩小到500mm。施工时，要保证墙筋与预埋件连接牢固，连接方法可采用铁钉钉牢、螺栓固定和接等。在墙角、窗口等部位，必须设墙筋，以免端部板悬空。墙筋、预埋件应进行防腐、防火和防锈处理，以增加其耐久性。

墙筋布设完后，应在墙筋骨架上根据墙板生产厂家提供的安装节点设置连接件或吊挂件。

（3）安装墙板

安装墙板应根据设计节点详图进行，安装前，要检查墙筋位置，计算板材及缝隙宽度，进行排板、画线定位。

要特别注意异形板的使用。门窗洞口、管道穿墙及墙面端头处，墙板均为异形板；压型板墙转角处，均用槽形转角板进行外包角和内包角，转角板用螺栓固定；女儿墙顶部、门窗周围均设防雨防水板，防水板与墙板的接缝处，应用防水油膏嵌缝。使用异形板可以简化施工，改善防水效果。

墙板与墙筋用铁钉、螺钉和木卡条连接。复合板安装是用吊挂件把板材挂在墙身骨架上，再把吊挂件与骨架焊牢，小型板材亦可用钩形螺栓固定。安装板的顺序是根据节点连接做法，沿一个方向进行。

（4）板缝处理

通常彩色压型钢板在加工时其形状已考虑了防水要求，但若遇材料弯曲、接缝处高低不平，其防水性能可能丧失。因此，应在板缝中填塞防水材料，亦可用超细玻璃棉塞缝，再用自攻螺钉钉牢，钉距为200mm。

（二）饰面板施工质量要求

（1）饰面板施工质量验收主控项目见表8-2。

表8-2 饰面板施工质量验收主控项目

项次	项目	检验方法
1	饰面板的品种、规格、颜色和性能应符合设计要求，木龙骨、木饰面板和塑料饰面板的燃烧性能等级应符合设计要求	观察；检查产品合格证书、进场验收记录和性能检测报告
2	饰面板孔、槽的数量、位置和尺寸应符合设计要求	检查进场验收记录和施工记录

项次	项目	检验方法
3	饰面板安装工程的预埋件或后置埋件）、连接件的数量、规格、位置、连接方法和防腐处理必须符合设计要求。后置埋件的现场拉拔强度必须符合设计要求。饰面板安装必须牢固	手扳检查；检查进场验收记录、现场拉拔检测报告、隐蔽工程验收记录和施工记录

（2）饰面板施工质量验收一般项目见表8-3。

表8-3　饰面板施工质量验收一般项目

项次	项目	检验方法
1	饰面板表面应平整、洁净、色泽一致，无裂痕和缺损。石材表面应无泛碱等污染	观察
2	饰面板嵌缝应密实、平直，宽度和深度应符合设计要求，嵌填材料色泽应一致	观察；尺量检查
3	采用湿作业法施工的饰面板工程，石材应进行防碱背涂处理。饰面板与基体之间的灌注材料应饱满、密实	用小锤轻击检查；检查施工记录
4	饰面板上的孔洞应套割吻合，边缘应整齐	观察
5	允许偏差项目：立面垂直度；表面平整度；阴阳角方正；接缝直线度；墙裙、勒脚上口直线度；接缝高低差；接缝宽度	标准及检查方法详见相关质量验收规范

第三节　建筑地面工程

一、基层施工要点

基层铺设前，其下一层表面应干净、无积水；基层的标高、坡度、厚度等应符合设计要求；基层表面应平整。

（一）基土

基土是底层地面的地基土层。严禁用淤泥、腐殖土、冻土、耕植土、膨胀土和含有有机物质大于8%的土作为填土；填土应分层压（夯）实，压实系数应符合设计要求，设计无要求时，不应小于0.90。

（二）垫层

垫层是承受并传递地面荷载于基土上的构造层。包括灰土垫层（灰土的体积比：熟化石灰黏土 = 3∶7，厚度 100mm）、砂垫层（厚度 60mm）和砂石垫层（厚度 100mm）、碎石垫层和碎砖垫层（厚度 100mm）、三合土垫层（石灰、砂、少量黏土与碎砖，厚度 100mm）、炉渣垫层（水泥与炉渣、石灰与炉渣的拌合料，厚度 80mm）、水泥混凝土垫层（厚度 60mm）等。柔性垫层施工时要求分层压（夯）实，达到表面坚实、平整。刚性垫层施工要点：水泥混凝土垫层强度等级应不小于 C15；室内大面积水泥混凝土垫层，应分区段浇筑，区段应结合变形缝位置、不同类型的建筑地面连接处和设备基础的位置进行划分，并应与设置的纵向、横向缩缝的间距相一致；应设置纵向缩缝（平头缝）和横向缩缝（假缝，宽度 5～20mm，深度为垫层厚度的 1/3），间距不得大于 6m 和 12m；其平整度和厚度采用水平桩（间距 2m左右）控制。

（三）找平层

找平层是在垫层、楼板上或填充层（轻质、松散材料）上起整平、找坡或加强作用的构造层。一般作为块料面层的下层。采用水泥砂浆（厚 15～30mm）或水泥混凝土（厚 30～40mm）铺设。施工前应对楼面板进行清理，预制钢筋混凝土板板缝填嵌必须符合要求。

（四）隔离层

隔离层是防止建筑地面上各种液体或地下水、潮气渗透地面等作用的构造层，一般采用沥青类防水卷材、防水涂料或以水泥类材料作为防水隔离层，一般在厕浴间等有防水要求的建筑地面设置；仅防止地下潮气透过地面时，可称作防潮层。在楼板结构施工时应在楼板四周除门洞外，做混凝土翻边，其高度不应小于 120mm。

（五）填充层

填充层是在建筑地面上起隔音、保温、找坡和暗敷管线等作用的构造层。采用松散材料铺设填充层时，应分层铺平拍实；采用板、块状材料铺设填充层时，应分层错缝铺贴。

二、整体面层施工

（一）水泥砂浆面层施工

水泥浆面层厚度为 15～20mm，水泥采用强度等级不低于 32.5 级的硅酸盐水泥、普通硅酸盐水泥；砂应为中粗砂，当采用石屑时，其粒径应为 1～5mm，且含泥量不应大于 3%；体积比宜为 1∶2（水泥∶砂），强度等级不应小于 M15。其施工工艺流程为：基层处理→找标高、弹线→洒水湿润→抹灰饼和标筋→刷水泥浆结合层→铺水泥砂浆面层→木抹子搓平→铁抹子第一遍压光→第二遍压光→第三遍压光→养护→抹踢脚板。

其施工要点为：

（1）基层处理：先将基层上的灰尘扫掉，用钢丝刷和錾子刷净、剔掉灰浆皮和灰渣层，用 10% 的火碱水溶液（NaOH 溶液）刷掉基层上的油污，并用清水及时将碱液冲净。

（2）找标高、弹线：根据墙上的 +50cm 水平线，往下量测出面层标高，并弹在墙上。

（3）洒水湿润：用喷壶将地面基层均匀洒水一遍。

（4）抹灰饼和标筋：根据房间内四周墙上弹的面层标高水平线，确定面层抹灰厚度（不应小于 20mm），然后拉水平线开始抹灰饼（5cm×5cm），横竖间距为 1.5 ~ 2.00m，灰饼上平面即为地面面层标高。

如果房间较大，为保证整体面层平整度，还需抹标筋，即将水泥砂浆铺抹在灰饼之间，宽度与灰饼宽相同，高度与灰饼上表面相平。

铺抹灰饼和标筋的砂浆材料配合比均与抹地面的砂浆相同。

（5）刷水泥浆结合层：在铺设水泥砂浆之前，应涂刷水泥浆一层，其水灰比为 0.4 ~ 0.5（涂刷之前要将抹灰饼的余灰清扫干净，再洒水湿润），不要涂刷得面积过大，随刷随铺面层砂浆。

（6）铺水泥砂浆面层：涂刷水泥浆之后紧跟着铺水泥砂浆，在灰饼之间（或标筋之间）将砂浆铺均匀，然后用木刮杠按灰饼（或标筋）高度刮平。铺砂浆时如果灰饼（或标筋）已硬化，木刮杠刮平后，同时将利用过的灰饼（或标筋）敲掉，并用砂浆填平。

（7）木抹子搓平：木刮杠刮平后，立即用木抹子搓平，从内向外退着操作，并随时用 2m 靠尺检查其平整度。

（8）铁抹子第一遍压光：木抹子抹平后，立即用铁抹子压第一遍，直到出浆为止，如果砂浆过稀表面有泌水现象时，可均匀撒一遍干水泥和砂（1 : 1）的拌合料（砂子要过 3mm 筛），再用木抹子用力抹压，使干拌料与砂浆紧密结合为一体，吸水后用铁抹子压平。上述操作均在水泥砂浆初凝之前完成。

（9）第二遍压光：面层砂浆初凝后，人踩上去，有脚印但不下陷时，用铁抹子压第二遍，边抹压边把坑凹处填平，要求不漏压，表面压平、压光。

（10）第三遍压光：在水泥砂浆终凝前进行第三遍压光（人踩上去稍有脚印），

铁抹子抹上去不再有抹纹时，用铁抹子把第二遍抹压时留下的全部抹纹压平、压实、压光（必须在终凝前完成）。

（11）养护：地面压光完工后 24h，铺锯末或其他材料覆盖洒水养护，保持湿润，养护时间不少于 7d，当抗压强度达 5MPa 才能上人。

（12）抹踢脚板：根据设计图纸规定，墙基体有抹灰时，踢脚板的底层砂浆和面层砂浆分两次抹成；墙基体不抹灰时，踢脚板只抹面层砂浆。

①踢脚板抹底层水泥砂浆：清洗基层，洒水湿润后，按 50cm 标高线向下量测踢脚板上口标高，吊垂直线确定踢脚板抹灰厚度，然后拉通线、套方、贴灰饼、抹 1：3 水泥砂浆，用刮尺板刮平、搓平整、扫毛、浇水养护。

②抹面层砂浆：底层砂浆抹好硬化后，上口拉线贴紧靠尺，抹 1：2 水泥砂浆，用灰板托灰，木抹子往上抹灰，再用刮尺板紧贴靠尺刮平，最后用铁抹子压光。阴阳角、踢脚板上口用角抹子溜直、压光。

（二）水泥混凝土含细石（混凝土）面层施工

水泥混凝土含细石（混凝土）面层厚度 30 ~ 40mm，采用的石子粒径不应大于 15mm；面层强度等级不应小于 C20，水泥混凝土垫层兼面层强度等级不应小于 C15，坍落度不宜大于 30mm。

其工艺流程基本同水泥砂浆面层，不同点在于面层细石混凝土铺设：将搅拌好的细石混凝土铺抹到地面基层上（水泥浆结合层要随刷随铺），紧接着用 2m 长刮杠顺着标筋刮平，然后用滚筒（常用的为直径 20cm，长度 60cm 的混凝土或铁制滚筒，厚度较厚时应用平板振动器）往返、纵横滚压，如有凹处用同配合比的混凝土填平，直到面层出现泌水现象，撒一层干拌水泥砂（水泥：砂 =1：1）拌合料，要撒匀（砂要过 3mm 筛），再用 2m 长刮杠刮平（操作时均要从房间内往外退着走）。当面层灰面吸水后，用木抹子用力搓打、抹平，将干水泥砂拌合料与细石混凝土的浆混合，使面层达到结合紧密，随后按水泥砂浆面层要求进行三遍压光。

三、板块面层施工

（一）大理石、花岗石地面施工

大理石、花岗石地面施工工艺流程为：准备工作→试拼→弹线→试排→刷素水泥浆及铺砂浆结合层→铺砌板块（大理石板块或花岗石板块）→灌缝、擦缝→打蜡。

其施工要点为：

（1）准备工作：

①以施工大样图和加工单为依据，熟悉了解各部位尺寸和做法，弄清洞口、边

角等部位之间的关系。

②基层处理：将地面垫层上的杂物清理干净；用钢丝刷刷掉黏结在垫层上的砂浆，并清扫干净。

（2）试拼：在正式铺设前，对每一房间的板块，应按图案、颜色、纹理进行试拼，将非整块板对称排放在房门靠墙部位，试拼后按两个方向编号排列，然后按编号码放整齐。

（3）弹线：为了检查和控制板块的位置，在房间内拉十字控制线，弹在混凝土垫层上，并引至墙面底部，然后依据墙面 +50cm 标高线找出面层标高，在墙上弹出水平标高线，弹水平线时要注意室内与楼道面层标高要一致。

（4）试排：在房间内的两个相互垂直的方向铺两条干砂，其宽度大于板块宽度，厚度不小于 3cm，结合施工大样图及房间实际尺寸，把板块排好，以便检查板块之间的缝隙，核对板块与墙面、柱、洞口等部位的相对位置。

（5）刷素水泥浆及铺砂浆结合层：试排后将干砂和板块移开，清扫干净，用喷壶洒水湿润，刷一层素水泥浆（水灰比为 0.4 ~ 0.5，不要刷得面积过大，随铺砂浆随刷）。根据板面水平线确定结合层砂浆厚度，拉十字控制线，开始铺结合层干硬性水泥砂浆（一般采用 1 : 2 ~ 1 : 3 的干硬性水泥砂浆，干硬程度以手捏成团，落地即散为宜），厚度控制在放板块时宜高出面层水平线 3 ~ 4mm。铺好后用大杠刮平，再用抹子拍实、找平（铺摊面积不得过大）。

（6）铺砌板块：

①板块应先用水浸湿，待擦干或表面晾干后方可铺设。

②根据房间拉的十字控制线，纵横各铺一行，作为大面积铺砌标筋用。依据试拼时的编号、图案及试排时的缝隙（板块之间的缝隙宽度，当设计无规定时不应大于 1mm），在十字控制线交点处开始铺砌。先试铺即搬起板块对好纵横控制线铺落在已铺好的干硬性砂浆结合层上，用橡皮锤敲击木垫板（不得用橡皮锤或木锤直接敲击板块），振实砂浆至铺设高度后，将板块掀起移至一旁，检查砂浆表面与板块之间是否相吻合，如发现有空虚之处，应用砂浆填补，然后正式镶铺。正式镶铺前在水泥砂浆结合层上满浇一层水灰比为 0.5 的素水泥浆用浆壶浇均匀），再铺板块，安放时四角同时往下落，用橡皮锤或木锤轻击木垫板，根据水平线用铁水平尺找平，铺完第一块，向两侧和后退方向顺序铺砌。铺完纵、横行之后有了标准，可分段分区依次铺砌，一般房间是先里后外进行，逐步退至门口，便于成品保护，但必须注意与楼道相呼应。也可从门口处往里铺砌，板块与墙角、镶边和靠墙处应紧密砌合，不得有空隙。

（7）灌缝、擦缝：在板块铺砌后 1 ~ 2 昼夜进行灌浆擦缝。根据大理石（或花岗石）颜色，选择相同颜色矿物颜料和水泥（或白水泥）拌和均匀，调成 1：1 稀水泥浆，用浆壶徐徐灌入板块之间的缝隙中（可分几次进行），并用长把刮板把流出的水泥浆刮向缝隙内，至基本灌满为止。灌浆 1 ~ 2h 后，用棉纱团蘸原稀水泥浆擦缝，使水泥浆与板面擦平，同时将板面上水泥浆擦净，使大理石（或花岗石）面层的表面洁净、平整、坚实，以上工序完成后，面层加以覆盖。养护时间不应小于 7d。

（8）打蜡：当水泥砂浆结合层达到一定强度后（抗压强度达到 1.2MPa 时），方可进行打蜡，使面层达到光滑洁亮。

大理石（或花岗石）踢脚板粘贴工艺流程：找标高水平线→水泥砂浆打底贴大理石或花岗石）踢脚板→擦缝→打蜡。

①根据主墙 +50cm 标高线，测出踢脚板上口水平线，弹在墙上，再用线垂吊线确定出踢脚板的出墙厚度，一般为 8 ~ 10mm。

②用 1：3 水泥砂浆打底找平，并在面层划纹。

③找平层砂浆干硬后，拉踢脚板上口的水平线，把浸水阴干的大理石（或花岗石）踢脚板的背面，刮抹一层 2 ~ 3mm 厚的素水泥浆（宜加 10% 左右的 108 胶）后，往底灰上粘贴，并用木锤敲实，根据水平线找直。

④24h 以后用同色水泥浆擦缝，用棉丝团将余浆擦净。

⑤打蜡：应使面层达到光滑、洁亮。

（二）陶瓷地砖施工

陶瓷地砖施工工艺流程：处理基层→弹线→瓷砖浸水湿润→摊铺水泥砂浆→安装标准块→铺贴地面砖→勾缝→清洁→养护。

其施工要点为：

（1）混凝土地面应将基层凿毛，凿毛深度 5 ~ 10mm，凿毛痕的间距为 30mm 左右。之后，清除浮灰、砂浆、油渍。

（2）铺贴前应弹好线，在地面弹出与门道口成直角的基准线，弹线应从门口开始，以保证进口处为整砖，非整砖置于阴角或家具下面，弹线应弹出纵横定位控制线。

（3）铺贴陶瓷地面砖前，应先将陶瓷地面砖浸泡阴干。

（4）铺贴时，水泥砂浆应饱满地抹在陶瓷地面砖背面，铺贴后用橡皮槌敲实。同时，用水平尺检查校正，擦净表面水泥砂浆。

（5）铺贴完 2 ~ 3h 后，用白水泥擦缝，用水泥：砂子 =1：1（体积比）的水泥砂浆，缝要填充密实、平整光滑，再用棉丝将表面擦净。铺贴完成后 2 ~ 3h 内不得上人。陶瓷锦砖应养护 4 ~ 5d 才可上人。

第四节　涂饰工程

一、涂料的组成、分类和施涂方法

（一）涂料组成

涂料由主要成膜物质、次要成膜物质和辅助成膜物质三部分组成。

（1）主要成膜物质也称胶黏剂或固着剂，是决定涂料性质的最主要成分，它的作用是将其他组分黏结成一整体，并附着在被涂基层的表层形成坚韧的保护膜。它具有单独成膜的能力，也可以黏结其他组分共同成膜。

（2）次要成膜物质也是构成涂膜的组成部分，但它自身没有成膜的能力，要依靠主要成膜物质的黏结才可成为涂膜的一个组成部分。颜料就是次要成膜物质，其对涂膜的性能及颜色有重要作用。

（3）辅助成膜物质不能构成涂膜或不是构成涂膜的主体，但对涂料的成膜过程有很大影响，或对涂膜的性能起一定辅助作用，它主要包括溶剂和助剂两大类。

（二）涂料分类

建筑涂料的产品种类繁多，一般按下列几种方法进行分类：

（1）按使用部位可分为：外墙涂料、内墙涂料、顶棚涂料、地面涂料、门窗涂料、屋面涂料等。

（2）按涂料的特殊功能可分为：防火涂料、防水涂料、防虫涂料、防霉涂料等。

（3）按涂料成膜物质的组成不同，其可分为：

①油性涂料，是指传统的以干性油为基础的涂料，即以前所称的油漆；

②有机高分子涂料，包括聚醋酸乙烯系、丙烯酸树脂系、环氧系、聚氨酯系、过氯乙烯系等，其中以丙烯酸树脂系建筑涂料性能最为优越；

③无机高分子涂料，包括有机硅溶胶类、硅酸盐类等；

④有机、无机复合涂料，包括聚乙烯醇水玻璃涂料、聚合物改性水泥涂料等。

（4）按涂料分散介质（稀释剂）的不同可分为：

①溶剂型涂料，它是以有机高分子合成树脂为主要成膜物质，以有机溶剂为稀释剂，加入适量的颜料、填料及辅助材料，经研磨而成的涂料；

②水乳型涂料，它是在一定工艺条件下在合成树脂中加入适量乳化剂形成的以

极细小的微粒形式分散于水中的乳液，以乳液中的树脂为主要成膜物质，并加入适量颜料、填料及辅助材料经研磨而成的涂料；

③水溶型涂料，以水溶性树脂为主要成膜物质，并加入适量颜料、填料及辅助材料经研磨而成的涂料。

（5）按涂料所形成涂膜的质感可分为：

①薄涂料，又称薄质涂料。它的黏度低，刷涂后能形成较薄的涂膜，表面光滑、平整、细致，但对基层凹凸线型无任何改变作用。

②厚涂料，又称厚质涂料。它的特点是黏度较高，具有触变性，上墙后不流淌，成膜后能形成有一定粗糙质感的较厚的涂层，涂层经拉毛或滚花后富有立体感。

③复层涂料，原称喷塑涂料，又称浮雕型涂料。它由封底涂料、主层涂料与罩面涂料三种涂料组成。

（三）基本施涂方法

涂料施工主要操作方法有：刷涂、滚涂、喷涂、刮涂、弹涂和抹涂等。

（1）刷涂：刷涂是人工用刷子蘸上涂料直接涂刷于被饰涂面的施工方法。涂刷要求为：不流、不挂、不漏、无刷痕。刷涂一般不得少于两道，应在前一道涂料表面干后再涂刷下一道。两道施涂间隔时间一般为 2 ~ 4h。

（2）滚涂：滚涂是利用涂料辊子蘸上少量涂料，在被饰涂面上、下垂直来回滚动施涂的施工方法。阴角及上下口处一般需先用排笔、鬃刷刷涂。

（3）喷涂：喷涂是一种利用空压机将涂料制成雾状喷出，涂于被饰涂面的机械施工方法。空压机的施工压力一般为 4 ~ 0.8MPa。喷涂时，涂料出口应与被饰涂面保持垂直，喷枪移动时应与喷涂面保持平行。喷枪运行速度应适宜并保持一致，一般为 40 ~ 60mm/min；喷嘴与被饰涂面的距离一般应控制在 500mm 左右；喷涂行走路线应呈 U 形，喷枪移动的范围不能太大，一般直线喷涂 70 ~ 80cm 后，拐 180° 弯向后喷涂下一行，也可根据施工条件选择横向式竖向往返喷涂；喷涂面的搭接宽度，即第一行与第二行喷涂面的重叠宽度，一般应控制在喷涂宽度的 1/3 ~ 1/2，以便使涂层厚度比较均匀，色调基本一致。涂层一般要求两遍成活，横向喷涂一遍，竖向再喷涂一遍，两遍喷涂的间隔时间由涂料品种及喷涂厚度而定。

（4）刮涂：刮涂是利用刮板，将涂料厚浆均匀地批刮于涂面上，形成厚度为 1 ~ 2mm 的厚涂层的施工方法。该法常用于地面等较厚层涂料的施涂。刮涂施工中，腻子一次刮涂厚度一般不超过 0.5mm，待干透后再进行打磨。刮涂时应用力按刀，使刮刀与饰面成 50° ~ 60° 角刮涂，且只能来回刮 1 ~ 2 次，不能往返多次刮涂。遇圆形、棱形物面应用橡皮刮刀进行刮涂。

（5）弹涂：弹涂是先在基层涂刷 1～2 道底涂层，待其干燥后，借助弹涂器将色浆均匀地溅在墙面上，形成 1～3mm 左右的圆形色点的施工方法。弹涂时，弹涂器的喷出口应垂直正对被饰面，距离 300～500mm，按一定速度均匀地自上而下，从左向右施涂。

（6）抹涂：抹涂是先在基层涂刷 1～2 道底涂层，待其干燥后，使用不锈钢抹子将饰面涂料涂抹，再涂抹在底层涂料上的施工方法。一般抹 1～2 遍，间隔 1h 后再用不锈钢抹子压平。涂抹厚度内墙为 1.5～2mm，外墙为 2～3mm。

二、涂饰工程施工工艺及操作要点

涂饰工程施工的基本工序有：基层处理→刮腻子→磨光→涂刷涂料（底涂层、中间涂层、面涂层等）。根据质量要求的不同，涂饰工程分为普通和高级两个等级，为达到要求的质量等级，上述刮腻子、磨光、涂刷涂料等工序应按工程施工及验收规范的规定重复多遍。

（一）基层处理要求

（1）基层应干燥。混凝土和抹灰表面施涂溶剂型涂料时，含水率不得大于 8%；施涂水性和乳液性涂料时，含水率不得大于 10%；木料制品含水率不得大于 12%；金属表面不可有湿气。

（2）基层应清洁。对泛碱、析盐的基层应先用 3% 的草酸溶液清洗，旧墙面基层应涂刷界面处理剂，新建建筑物的混凝土或抹灰基层表面应涂刷抗碱封闭底漆。

（3）基层腻子应坚实、牢固，无粉化、起皮和裂缝。腻子干燥后，应打磨平整光滑，并将粉末、沙粒清理干净。

（4）金属基层表面应进行除锈和防锈处理。

（二）水性涂料涂饰工程施工要点

水性涂料是指水性乳液型涂料、无机涂料和水溶性涂料，主要用于涂饰建筑物的外墙、内墙、天棚等部位。

1. 混凝土和砂浆基层处理注意事项

（1）混凝土外墙面一般采用聚合物水泥腻子（聚醋酸乙烯乳液：水泥：水 = 1：5：1，质量比）修补其表面缺陷，严禁使用不耐水的大白腻子。

（2）混凝土内墙面一般采用乳液腻子（聚醋酸乙烯乳液：滑石粉或大白粉：2% 羧甲基纤维素溶液：水 =1：5：3：5，质量比）修补其表面缺陷。厨房、厕所、浴室等潮湿的房间采用耐擦洗及防潮、防火的涂料时，则应采用强度相应、耐火性能好的腻子。

（3）抹灰基层在嵌批腻子前常对基层汁胶或涂刷基层处理剂。汁胶的胶水应根据面层装饰涂料的要求而定：内墙水性涂料可采用30%左右的107胶水；油性涂料可用熟桐油加汽油配成清油涂刷，某些涂料配有专用的底漆或基层处理剂。待胶水或底漆干后，即可嵌批腻子。

（4）若腻子太厚，应分层刮批，干燥后用砂纸打磨整平，且应将表面的粉尘及时清扫干净。

2．薄、厚涂料施涂程序

（1）内墙、顶棚：清理基层→填补缝隙、局部刮腻子→磨平→第一遍满刮腻子→磨平→（第二遍满刮腻子→磨平）→第一遍涂料→（复补腻子—磨平）→第二遍涂料→（磨平—第三遍涂料）。

括号里面程序为高级涂饰要求，必要时可增加刮腻子的遍数及1～2遍涂料；机械喷涂可不受遍数限制，以达到质量要求为准。溶剂型涂料施工还需在满刮腻子时用干性油即该涂料清漆的稀释液）打底。

（2）外墙：清理基层→填补缝隙、局部刮腻子→磨平→第一遍涂料→第二遍涂料。

3．复层涂料施涂程序

（1）外墙：清理基层→填补缝隙、局部刮腻子→磨平→施涂封底涂料→施涂主层涂料→滚压→第一遍罩面涂料→第二遍罩面涂料。

（2）内墙、顶棚：清理基层—填补缝隙、局部刮腻子→磨平→第一遍满刮腻子→磨平→第二遍满刮腻子→磨平→施涂封底涂料→施涂主层涂料→滚压→第一遍罩面涂料→第二遍罩面涂料。

（三）溶剂型涂料涂饰工程

溶剂型涂料有丙烯酸酯涂料、聚氨酯丙烯酸涂料和有机硅丙烯酸涂料等。一般适用于木材面涂饰。包括色漆（主要用于软木类，如松木等木材面涂饰）和清漆（主要用于硬木类，如榆木、水曲柳、柚木等木材面涂饰）。

1．木质基层表面处理

木质基层表面除有木质素外，还含有油脂、单宁素等物质，从而影响了涂层的附着力和外观质量。木质基层表面常用的处理方法有以下几种：

（1）干燥。新木材含有很多水分，在潮湿的空气中木材亦会吸收水分，因此施工前木材应放在通风良好的地方自然晾干或进入烘房低温烘干，使木材的含水率保持在8%～12%，以防涂层发生干裂、气泡和回黏等现象。

（2）表面毛刺和污垢处理。表面毛刺可用火燎和湿润处理方法；表面污垢可用温水、肥皂水清洗，亦可用酒精、汽油等溶剂擦洗。表面松脂，可用溶剂溶解、碱液洗涤、火烙铁烫铲等方法清除；单宁素可用蒸煮法和隔离法去除。

（3）磨光、找平。一般木制品表面应用腻子刮平，再用砂纸磨光，以满足表面平整的要求。

（4）漂白。对浅色、本色的中、高级清漆装饰，应采用漂白的方法将木材的色斑和不均匀色调清除。即用排笔或油刷蘸漂白液均匀涂刷于木材表面，使其净白，然后用浓度为2%的肥皂水或稀盐酸溶液清洗，再用清水洗净。常用的漂白液有：

①过氧化氢溶液。浓度为15%～30%的双氧水和浓度为25%的氨水的混合溶液。

②草酸溶液。结晶草酸、结晶硫代硫酸钠、结晶硼砂与水的混合溶液。

③次氯酸钠溶液。

④碳酸钠和双氧水溶液。

⑤二氧化硫溶液。

⑥漂白粉溶液。

（5）着色。为更好凸显木材表面的自然纹路，常在木质基层表面涂刷着色剂。着色分水色、酒色和油色三种。水色可采用黄纳粉、黑纳粉等酸性染料溶解于热水中进行调制，其特点是能保持木纹清晰，但耐光照性能差，易产生褪色现象。酒色可在清漆中掺入适量染料进行调制，着色后其表面透明，能清晰显露木纹，其耐光照性能好。油色可用氧化铁系材料、哈巴粉、锌钡白、大白粉等调入松香水中，再加入清油或清漆进行调制，其耐光照性能好，不易褪色，但其透明度较低。

（6）润粉。润粉是指在木质基层面中，使用填孔材料填平管孔、封闭基层和适当着色。填孔材料分水性填孔料和油性填孔料两种，其质量配比，水性填孔料：大白粉65%～72%，水28%～35%，适量颜料；油性填孔料：大白粉60%，清油10%，松香水20%，煤油10%，适当颜料。

2. 木材面刷溶剂型混色涂料施工工艺流程

清扫、起钉子、除油污等→铲去树脂囊、修补平整→磨砂纸打磨→结疤处点漆片→干性油或带色干性油打底→局部刮腻子→磨光→腻子处涂干性油→第一遍满刮腻子→磨光→（第二遍满刮腻子→磨光→刷涂底层涂料）→第一遍涂料→复补腻子→磨光→湿布擦净→第二遍涂料（→磨光→湿布擦净→第三遍涂料）。括号里面程序为高级涂饰要求。

3. 木材面刷涂清漆施工工艺流程

清扫、起钉子、除去油污等→磨砂纸打磨→润粉→磨砂纸打磨→第一遍满刮涂料→磨光→第二遍满刮涂料→磨光→刷色油→第一遍清漆→拼色→复补腻子→磨光→第二遍清漆→磨光→第三遍清漆（→磨砂纸磨光→第四遍清漆→磨光→第五遍清漆→磨退→打砂蜡→打油蜡→擦亮）。括号里面程序为高级涂饰要求。

第五节　吊顶工程

一、吊顶的分类与组成

（一）吊顶的分类

（1）按结构形式的不同，吊顶可分为活动式装配吊顶、隐蔽式装配吊顶、金属装饰板吊顶、开敞式吊顶和整体式吊顶等类型。

（2）按骨架材料不同，吊顶可分为木龙骨吊顶和金属龙骨吊顶（轻钢龙骨和铝合金龙骨）两种类型。

（3）按饰面材料不同，吊顶可分为石膏板吊顶、无机纤维板吊顶矿棉吸声板、玻璃棉吸声板）、木质板吊顶（胶合板、纤维板）、塑料板吊顶（钙塑装饰板、聚氯乙烯塑料板）、金属装饰板吊顶（条形板、方板、格栅板）和采光板吊顶（玻璃、阳光板）等类型。

（4）按承载能力不同，吊顶可分为上人吊顶和不上人吊顶两种类型。

（5）按吊顶的装配特点和吊顶工程完成后的顶棚装饰效果，吊顶可分为明龙骨吊顶和暗龙骨吊顶两种类型。明龙骨吊顶，施工后顶棚饰面的龙骨框格外露；暗龙骨吊顶，施工后顶棚骨架被饰面板覆盖。

（二）吊顶的组成

吊顶顶棚主要是由悬挂系统、龙骨架、饰面层及其相配套的连接件和配件组成。

1. 悬挂系统

吊顶悬挂系统包括吊杆（吊筋）、龙骨吊挂件。其作用是承受吊顶自重，并将荷载传递给建筑结构层。

吊顶悬挂系统的形式较多，应视吊顶荷载大小及龙骨种类来选择。

2. 龙骨架

吊顶龙骨架由主龙骨、覆面次龙骨、横撑龙骨及相关组合件、固结材料等连接而成。主龙骨是起主干作用的龙骨，是吊顶龙骨体系中主要的受力构件。次龙骨的主要作用是固定饰面板，为龙骨体系中的构造龙骨。一般吊顶造型骨架组合方式通常有双层龙骨构造和单层龙骨构造两种。

常用的吊顶龙骨分为木龙骨和轻金属龙骨两大类。

（1）木龙骨

吊顶木龙骨是由木制大、小龙骨拼装而成的吊顶造型骨架。当吊顶为单层龙骨时不设大龙骨，而用小龙骨组成方格骨架，用吊挂杆直接吊在结构层下部。

（2）轻金属龙骨

吊顶轻金属龙骨，是以镀锌钢带、铝带、铝合金型材、薄壁冷乳退火卷带为原料，经冷弯或冲压工艺加工而成的顶棚吊顶的骨架支承材料。其具有自重轻、刚度大、耐火性能好的优点。

吊顶轻金属龙骨通常分为轻钢龙骨和铝合金龙骨两类。

①轻钢龙骨

轻钢龙骨由大龙骨（主龙骨、承载龙骨）、覆面次龙骨（中龙骨）、横撑龙骨及其相应的连接件组装而成。龙骨断面形状有 U 形、C 形、Y 形、L 形等，常用型号有 U60、U50、U38 等系列，施工中轻钢龙骨应做防锈处理。

②铝合金龙骨

铝合金龙骨的断面形状多为 L 形、T 形，分别作为边龙骨、覆面龙骨配套使用。

由 L 形、T 形铝合金龙骨组装的轻型吊顶龙骨架，承载力有限，不能作为上人吊顶使用。

若采用 U 形轻钢龙骨作主龙骨（承载龙骨）与 L 形、T 形铝合金龙骨组装的形式，则可承受附加荷载，作为上人吊顶使用。

（3）饰面层

吊顶饰面层是指固定于吊顶龙骨架下部的罩面板材层。

罩面板材品种很多，常用的有胶合板、纸面石膏板、装饰石膏板、装饰面板、金属装饰面板（铝合金板、不锈钢板、彩色镀锌钢板等）、玻璃及 PVC 饰面板等。饰面板与龙骨架底部可采用钉接或胶粘、搁置、扣挂等方式连接。

二、吊顶工程施工

（一）木龙骨吊顶工程施工工艺

1. 施工工艺流程

弹线→木龙骨处理→龙骨架拼接→安装吊点紧固件→龙骨架吊装→龙骨架整体调平→罩面板安装→压条安装→板缝处理。

2. 施工操作要点

（1）弹线

弹线包括弹吊顶标高线、吊顶造型位置线、吊挂点定位线、大中型灯具吊点定位线。

①弹吊顶标高线。首先在室内墙上弹出楼面 +50cm 水平线，以此为起点，借助灌满水的透明塑料软管定出顶棚标高，用墨斗于墙面四周弹出一道水平墨线，即为吊顶标高线。弹线应清晰、位置应准确，其偏差应控制在±5mm 内。

②确定吊顶造型位置线。一般采用找点法进行。即根据施工图纸，在墙面和顶棚基层间进行实测，找出吊顶造型边框的有关基本点，将各点相连于墙上弹出吊顶造型位置线。

③确定吊挂点定位线。平顶天棚，吊点分布的密度为 1 个 /m²，均匀排布；叠级造型天棚，分层交界处宜布置吊点，相邻吊点间的间距宜为 0.8 ~ 1.2m。

④确定大中型灯具吊点定位线。大中型灯具宜安排单独的吊点进行吊挂。

（2）木龙骨处理

①防腐处理。建筑装饰工程中所用木质龙骨材料，应按规定选材，实施在构造上的防潮处理，同时亦应涂刷防虫药剂。

②防火处理。工程中木构件的防火处理，一般是将防火涂料涂刷或喷于木材表面，亦可把木材置于防火涂料槽内浸渍。防火涂料按其胶结性质不同，可分为油质防火涂料内掺防火剂）、聚乙烯防火涂料、可赛银防火涂料、硅酸盐防火涂料等类型。

（3）龙骨架的分片拼接

为便于安装，木龙骨吊装前一般先在地面进行分片拼接。

①确定吊顶骨架需要分片或可以分片安装的位置和尺寸，根据分片的平面尺寸选取龙骨尺寸。

②先拼接组合大片的龙骨骨架，再拼接小片的局部骨架。

③骨架的拼接按凹槽对凹槽的方法咬口拼接，拼口处涂胶并用圆钉固定。

（4）安装吊点紧固件及固定边龙骨

①安装吊点紧固件。吊顶吊点的紧固方式较多，有预埋钢筋、钢板等预埋件者，吊杆与预埋件可直接连接；无预埋件者，可用射钉或膨胀螺栓将角钢块固定于结构底面，再将吊杆与角钢连接，亦可采用一端带有膨胀螺栓的吊筋。

②固定沿墙边龙骨。沿吊顶标高线固定边龙骨的方法，通常有以下两种。

方法一：沿吊顶标高线以上 10mm 处，在墙面钻孔，孔距 0.5 ~ 0.8m，孔内打入木楔，再将沿墙边布置的木龙骨钉固于墙上的木楔内。

方法二：先在沿墙边布置的木龙骨上打小孔，再将水泥钉通过小孔将龙骨钉固于混凝土墙面，此法不适宜于砖墙面。

木龙骨钉固后，其底面必须与吊顶标高线保持齐平，龙骨应牢固可靠。

（5）龙骨架吊装

①分片吊装。将拼接组合好的木龙骨架托起至吊顶标高位置，先做临时固定。安装高度在 3m 以内时，可用高度定位杆做支撑，临时固定木龙骨架；安装高度超过 3m 时，可用铁丝绑在吊点上临时固定木龙骨架。再根据吊顶标高线拉出纵横水平基准线，进行整片龙骨架调平，然后就将其靠墙部分与沿墙边龙骨钉接。

②龙骨架与吊点固定。木骨架吊顶的吊杆，常采用的有木吊杆、角钢吊杆和扁铁吊杆。

采用木吊杆时，为便于调整高度，木枋吊杆的长度应比实际需要的长度长100mm。采用角钢吊杆和扁铁吊杆时，应在其端头钻 2 ~ 3 个孔以便调节高度。吊杆与龙骨架连接完毕后，应截去伸出木龙骨底面的吊杆，使其与底面齐平。

③龙骨架分片间的连接。分片龙骨架在同一平面对接时，应将其端头对正，然后用短木枋钉于对接处的侧面或顶面进行加固。荷载较大部位的骨架分片间的连接，应选用铁件进行加固。

④叠级吊顶上、下层龙骨架的连接。叠级吊顶，一般是自上而下开始吊装，吊装与调平的方法同前。其高低面间的衔接，可先用一根斜向木枋将上、下龙骨定位，再通过垂直方向的木枋把上、下两平面的龙骨架固定连接。

（6）龙骨架整体调平

当各分片吊顶龙骨架安装就位后，对于吊顶面需要设置的送风口、检修孔、内嵌式吸顶灯盘及窗帘盒等装置，需在其预留位置处加设骨架，进行必要的加固处理。然后在整个吊顶面下拉设十字交叉标高线，以检查吊顶面的平整度。为平衡饰面板重量，减少吊顶视觉上的下坠感，吊顶还应按其跨度的 1/200 起拱。

（7）罩面板安装

木龙骨吊顶的罩面板一般选用加厚的三夹板或五夹板。安装前，应对板材进行弹线、切割、修边和防火等处理。弹面板装饰线时，应按照吊顶龙骨的分格情况，依骨架中心线尺寸，在挑选好的胶合板正面画出装钉线。若需将板材分格分块装钉，则应按画线切割面板，在板材要求钻孔并形成图案时，需先做好样板。修边倒角即是在胶合板正面四周，刨出 45° 斜角，以使板缝严密。罩面板的防火处理，是在面板的反面涂刷或喷涂三遍防火涂料。

安装罩面板时，可使用圆钉将面板与龙骨架底部连接，圆钉钉帽应打扁，且冲入板面 0.5 ～ 1mm，亦可采用射钉枪进行钉固。安装顺序宜由顶棚中间向两边对称排列进行，整幅板材宜安排在重要的大面，裁割板材应安排在不显眼的次要部位。

（8）压条安装与板缝处理

顶棚四周应钉固压条，以防龙骨架收缩使顶棚与墙面之间出现离缝。板材拼接处的板缝一般处理成立槽缝或斜槽缝，亦可不留缝槽，而用纱布、棉纱等材料粘贴缝痕。

（二）轻钢龙骨吊顶工程施工工艺

1. 施工工艺流程

弹线→吊筋的制作、安装→主龙骨安装→次龙骨安装→灯具安装→罩面板安装→压条安装→板缝处理。

2. 施工操作要点

（1）弹线

弹线包括：弹顶棚标高线、造型位置线、吊挂点位置线、大中型灯位线等。方法与木龙骨吊顶工程相同。

（2）吊筋的制作与安装

吊筋宜用 φ6 ～ 10mm 的钢筋制作，吊点间距：上人吊顶一般为 0.9 ～ 1.2m，不上人吊顶一般为 1.2 ～ 1.5m。

吊筋与结构层的固定可采用预埋件、射钉或膨胀螺栓固定的方法。现浇混凝土楼板或预制空心板宜采用预埋件或膨胀螺栓固定方式；预制大楼板可采用射钉枪将吊点铁固定。吊筋下端应套螺纹，并配好螺母，螺纹外露长度不小于 3mm。

（3）主龙骨的安装与调平

①主龙骨的安装：将主龙骨与吊杆通过垂直吊挂件连接，使其按弹线位置就位。上人吊顶的悬挂，是用吊环将主龙骨箍住，并拧紧螺母固定；不上人吊顶的悬挂，可用挂件卡在主龙骨的槽中。

②主龙骨的调平：主龙骨安装就位后应进行调平，龙骨中间部位应起拱，起拱高度不小于房间短向跨度的 1/200。

（4）安装次龙骨、横撑龙骨

①安装次龙骨：在次龙骨与主龙骨的交叉布置点，使用其配套的龙骨挂件将两者连接固定。次龙骨的间距由罩面板尺寸确定，当间距大于 800mm 时，次龙骨间应增加小龙骨，小龙骨与次龙骨平行，与主龙骨垂直，用小吊挂件固定。

②安装横撑龙骨：横撑龙骨与次龙骨、小龙骨垂直，装在罩面板的拼接处，横撑龙骨与次龙骨、小龙骨采用中、小连接插件连接。

横撑龙骨可用次龙骨、小龙骨截取。当装在罩面板内部或做边龙骨时，宜用小龙骨截取。

安装时横撑龙骨与次龙骨、小龙骨的底面应平齐，以便安装罩面板。

③固定边龙骨：即将边龙骨沿墙面或柱面标高线钉牢。固定时可用水泥钉、膨胀螺栓等材料进行。边龙骨一般不承重，只起封口作用。

（5）罩面板安装

罩面板安装前应对已安装完的龙骨架和待安装的罩面板板材进行检查，符合要求后方可进行罩面板安装。

罩面板安装常有明装、暗装、半隐装 3 种方式。明装是指罩面板直接搁置在 T 形龙骨两翼上，纵横 T 形龙骨架均外露。暗装是指罩面板安装后骨架不外露。半隐装是指罩面板安装后外露部分骨架。

①纸面石膏板安装

纸面石膏板是轻钢龙骨吊顶常用的罩面板板材，其与次龙骨的连接方式有挂接式、卡接式和钉接式 3 种。

挂接式是将石膏板周边加工成企口缝，然后挂在倒 T 形或工字形次龙骨上，属暗装方式。

卡接式是将石膏板放在次龙骨翼缘上，再用弹簧卡子卡紧，由于次龙骨露于吊顶面外，属明装方式。

钉接式是将石膏板用镀锌自攻螺钉钉接在次龙骨上的安装方式，安装时要求石膏板长边与主龙骨平行，从顶棚的一端向另一端错缝固定，螺钉应嵌入石膏板内 0.5 ~ 1mm。

整个吊顶面的纸面石膏板铺钉完成后，应进行检查，并将所有的自攻螺钉的钉头做防锈处理，然后用石膏腻子嵌平。

②钙塑装饰板安装

钙塑装饰板与次龙骨的安装一般采用黏结法进行。先应按板材尺寸和接缝宽度在小龙骨上弹出分块线。再将钙塑板材套在一个自制的木模框内，用刀将其裁成尺寸一致、边棱整齐的板块。粘贴板块时，应先将龙骨的粘贴面清扫干净，将胶黏剂均匀涂刷在龙骨面和钙塑板面，静置 3 ~ 4min 后，将板块对准控制线沿周边均匀托压一遍，再用小木条托压，使其粘贴紧密，被挤出的胶液应及时擦净。

钙塑板粘贴完之后，应用胶黏剂拌和石膏粉调成腻子，用油灰刀将板缝和坑洼、麻点等处刮平补实。板面污迹应用肥皂水擦净，再用清水抹净。

③金属板材安装

金属装饰板吊顶是用 L 形、T 形轻钢龙骨或金属嵌龙骨、条板卡式龙骨做龙骨架，用 0.5 ～ 1.0mm 厚的压型薄钢板或铝合金板材做罩面材料的吊顶体系。金属装饰板吊顶的形式有方板吊顶和条板吊顶两大类。

金属方板的安装有搁置式和卡入式两种。搁置式是将金属方板直接搁置在次龙骨上，搁置安装后的吊顶面形成格子式离缝效果。卡入式是将金属方板卡入带卡簧的次龙骨上。

安装金属条板时，一般无需各种连接件，只需将条形板卡扣在特制的条龙骨内，即可完成安装。

（三）铝合金龙骨吊顶工程施工工艺

1. 施工工艺流程

弹线→吊筋的制作、安装→主龙骨安装→龙骨安装→检查调整龙骨系统→罩面板安装。

2. 施工操作要点

铝合金龙骨吊顶工程的施工工艺与轻钢龙骨吊顶工程基本相同，不同点在于龙骨架的安装。

铝合金龙骨多为中龙骨，其断面为 T 形（安装时倒置），断面高度有 32mm 和 35mm 两种，吊顶边上的中龙骨为 L 形。小龙骨（横撑龙骨）的断面为 T 形（安装时倒置），断面高度有 23mm 和 32mm 两种。

安装主龙骨时，先沿墙面的标高线固定边龙骨，墙上钻孔钉入木楔后，将边龙骨钻孔，用木螺钉将边龙骨固定于木楔上，边龙骨底面应与标高线齐平。然后通过吊挂件安装其他主龙骨。主龙骨安装完毕后，应调平、调直方格尺寸。

安装次龙骨时，宜先安装小龙骨，再安装中龙骨，安装方法与轻钢龙骨吊顶工程基本相似。龙骨架安装完毕后，应检查、调直、起拱。最后安装罩面板。

第六节 幕墙与门窗工程

一、幕墙工程

（一）玻璃幕墙的分类与构造要求

1. 玻璃幕墙的组成与结构

玻璃幕墙一般由固定玻璃的骨架、连接件、嵌缝密封材料、填衬材料和幕墙玻璃等组成。

玻璃幕墙的结构体系分露骨架（明框）结构体系、不露骨架（隐框）结构体系和无骨架结构体系三类。其骨架可以采用型钢骨架、铝合金骨架和不锈钢骨架等。

2. 玻璃幕墙的分类

（1）按构造和组合形式分类

玻璃幕墙按照其构造和组合形式不同，可分为全隐框玻璃幕墙、半隐框玻璃幕墙（包括竖隐横不隐和横隐竖不隐）、明框玻璃幕墙、支点式（挂架式）玻璃幕墙和无骨架玻璃幕墙（结构玻璃）等类别。

①明框玻璃幕墙，是指玻璃镶嵌在骨架内，四边都有骨架外露的幕墙。

②全隐框玻璃幕墙，是指玻璃用结构硅酮胶黏结在骨架上，骨架全部隐蔽在玻璃背面的幕墙。

③半隐框玻璃幕墙，是指玻璃两对边嵌在骨架内，另两对边用结构硅酮胶黏结在骨架上，成为立柱外露、横梁隐蔽的竖框横隐玻璃幕墙或横梁外露、竖框隐蔽的竖隐横框玻璃幕墙。

④无骨架玻璃幕墙，亦称全玻璃幕墙，是指大面积使用玻璃板，且支撑结构也采用玻璃肋的玻璃幕墙。当玻璃幕墙高度不大于 4.5m 时，可直接以下部结构为支撑；高度超过 4.5m 的全玻璃幕墙，宜在上部悬挂，玻璃肋可通过结构硅酮胶与面层玻璃黏合。

⑤挂架式玻璃幕墙，亦称支点式玻璃幕墙，是指采用四爪式不锈钢挂件与立柱焊接，挂件的每个爪同时与相邻的四块玻璃的小孔相连接的玻璃幕墙。

（2）按施工方法分类

按施工方法的不同，玻璃幕墙可分为在现场安装组合的元件式（分件式）玻璃幕墙和先在工厂组装再在现场安装的单元式（板块式）玻璃幕墙两类。

①元件式玻璃幕墙是将必须在工厂制作的单件材料和其他材料运至施工现场，直接在建筑结构上逐步进行安装的玻璃幕墙。

②单元式玻璃幕墙是将铝合金骨架、玻璃、垫块、保温材料、减震和防水材料以及装饰面料等构件事先在工厂组合成带有附加铁件的幕墙单元，用专用运输车运到施工现场后，再在现场吊装装配，直接与建筑结构相连接的玻璃幕墙。

3. 玻璃幕墙的构造要求

（1）具有防雨水渗漏性能：设泄水孔，使用耐候嵌缝密封材料，如氯丁胶、砖橡胶等；

（2）设冷凝水排出管道；

（3）不同金属材料接触处，应设置绝缘垫片，且采取防腐措施；

（4）立柱与横梁接触处，应设柔性垫片；

（5）隐框玻璃拼缝宽不宜小于 15mm，作为清洗机轨道的玻璃竖缝宽不小于 40mm；

（6）幕墙下部需设置绿化带，入口处应设置雨篷；

（7）设置防撞栏杆；

（8）玻璃与楼层隔墙处缝隙填充料应用难燃烧的材料；

（9）玻璃幕墙自身应形成防雷体系，且应与主体结构防雷体系连接。

（二）玻璃幕墙的材料要求

1. 骨架材料

骨架材料主要有钢材和铝合金型材。

（1）材料进场，应提供材料的产品合格证、型材力学性能报告，资料不全者不能进场使用。

（2）材料的外观质量应符合要求。材料表面不应有皱纹、裂纹、气泡、结疤、泛锈、夹杂和折叠等缺陷。

（3）材料尺寸应符合设计要求。铝合金型材的最小壁厚应不小于 3mm，型材长度在 6m 内时，其长度偏差应为 ±15mm；钢材的最小壁厚不得小于 3.5mm。壁厚宜用游标卡尺检验。

（4）钢材表面应进行防腐处理。采用热镀锌处理时，膜厚应大于 45μm；采用静电喷涂时，膜厚应大于 40μm。

2. 玻璃

用于玻璃幕墙的玻璃品种主要有：中空玻璃、钢化玻璃、半钢化玻璃、夹层玻璃、吸热玻璃等。为减少玻璃幕墙的眩光和辐射热，宜在玻璃内侧镀膜，形成热反射浮法镀膜玻璃。

（1）材料进场前，应提供玻璃产品合格证、中空玻璃的检测报告、热反射玻璃的力学性能报告，资料不全者不得进场使用。

（2）玻璃的外观质量应符合要求。其品种、规格、颜色、光学性能、安装方向、厚度、边长、应力和边缘处理情况等指标，应符合设计要求。

（3）玻璃边缘应进行机械磨边、倒棱、倒角，处理精度应符合设计要求。

（4）玻璃厚度不宜小于 6mm，全玻璃幕墙的玻璃厚度不应小于 12mm。

（5）中空玻璃的规格宜为：6mm+（9mm、12mm）+5mm、6mm+（9mm、12mm）+6mm 和 8mm+（9mm、12mm）+8mm。

3. 结构胶和密封材料

玻璃幕墙使用的密封胶主要有结构密封胶、耐候密封胶、中空玻璃二道密封胶、管道防火密封胶等类型。结构密封胶必须采用中性硅酮结构密封胶，耐候胶必须是中性单组分胶，不得采用酸碱性胶。

（三）玻璃幕墙的施工工艺

1. 作业条件与主要施工工具

（1）施工工具

玻璃幕墙的施工工具主要有：手动真空吸盘、电动吸盘、牛皮带、电动吊篮、嵌缝枪、撬板、竹签、滚轮、热压胶带、电炉等。

（2）作业条件

①应编制幕墙施工组织设计，并严格按施工组织设计的顺序进行施工。

②幕墙应在主体结构施工完毕后开始施工。

③幕墙施工时，原主体结构施工搭设的外脚手架宜保留，并根据幕墙施工的要求进行必要的拆改。

④幕墙施工时，应配备安全、可靠的起重吊装工具和设备。

⑤当装修分项工程可能对幕墙造成污染或损伤时，应将该分项工程安排在幕墙施工之前施工，或对幕墙采取可靠的保护措施。

⑥不应在大风大雨情况下进行幕墙的施工。

⑦应在主体结构施工时控制和检查各层楼面的标高、边线尺寸和固定幕墙的预埋件位置是否符合设计要求，且在幕墙施工前进行复验。

2. 玻璃幕墙安装的基本要求

（1）应采用（激光）经纬仪、水平仪、线垂等仪器工具，在主体结构上逐层投测框料与主体结构连接点的中心位置，X、Y 和 Z 轴三个方向位置的允许偏差为 ± 1.0mm。

（2）对于元件式幕墙，如玻璃为钢化玻璃、中空玻璃等现场无法裁割的玻璃，应事先检查玻璃的实际尺寸。

（3）按测定的连接点中心位置固定连接件，确保牢固。

（4）单元式幕墙安装宜由下往上进行。元件式幕墙框料宜由上往下进行安装。

（5）当元件式幕墙框料或单元式幕墙各单元与连接件连接后，应对整幅幕墙进行检查和纠偏，然后应将连接件与主体结构（包括用膨胀螺栓锚固）的预埋件焊牢。

（6）元件式幕墙的间隙用 V 形和 W 形或其他类型胶条密封，嵌填密实，不得遗漏。

（7）元件式幕墙应按设计图纸要求进行玻璃安装。玻璃安装就位后，应及时用橡胶条等嵌填块料与边框固定，不得临时固定或明摆浮搁。

（8）玻璃周边各侧的橡胶条应为单根整料，在玻璃角部断开。橡胶条型号应无误，镶嵌平整。

（9）橡胶条外涂敷的密封胶，品种应无误，应密实均匀，不得遗漏，外表应平整。

（10）单元式幕墙各单元的间隙、元件式幕墙的框架料之间的间隙、框架料与玻璃之间的间隙，以及其他间隙，应按设计图纸要求留够。

（11）镀锌连接件施焊后应去掉药皮，镀锌面受损处焊缝表面应刷两道防锈漆。

（12）应按设计图纸规定的节点构造要求，进行幕墙的防雷接地、防火处理和收口部位的安装。

（13）清洗幕墙的洗涤剂应对铝合金型材镀膜、玻璃及密封胶条无侵蚀作用，且应及时用清水将其冲洗干净。

3. 施工工艺流程

（1）单元式玻璃幕墙

单元式玻璃幕墙安装的施工工艺流程为：测量放线→检查预埋T形槽位置→穿入螺钉固定牛腿→牛腿找正→牛腿精确找正→焊接牛腿→将V形和W形胶带大致挂好→起吊幕墙并垫减震胶垫→紧固螺丝→调整幕墙平直→塞入和热压防风带→安设室内窗台板、内扣板→填塞与梁、柱间的防火、保温材料。

（2）元件式玻璃幕墙

①明框玻璃幕墙安装的施工工艺流程为：检验、分类堆放幕墙部件→测量放线→主次龙骨装配→楼层紧固件安装→安装主龙骨（竖杆）并找平、调整→安装次龙骨（横杆）→安装保温镀锌钢板→在镀锌钢板上焊铆螺钉→安装层间保温矿棉→安装楼层封闭镀锌板→安装单层玻璃窗密封条→安装单层玻璃→安装双层中空玻璃密封条→安装双层中空玻璃→安装侧压力板→镶嵌密封条—安装玻璃幕墙铝盖条→清扫及其他。

②隐框玻璃幕墙安装的施工工艺流程为：测量放线→固定支座的安装→立柱、横杆的安装→外围护结构组件的安装→外围护结构组件间的密封及周边收口处理→防火隔层的处理→清洁及其他。

③支点式（挂架式）玻璃幕墙安装的施工工艺流程为：测量放线→规定立柱和边框→焊接挂件→安装玻璃→镶嵌密封条→清扫及其他。

④全玻璃幕墙（无骨架玻璃幕墙）安装的施工工艺流程为：测量放线→安装上

部钢架→安装下部和侧面嵌槽→玻璃肋、玻璃板安装就位→嵌固密封胶→表面清洗和验收。

4．施工操作要点

（1）测量放线

首先应复核主体结构的定位轴线和主体结构的标高位置是否正确，再按设计要求于底层地面上确定幕墙的定位线和分格线位置。

测设时，采用固定在钢支架上的钢丝线作为测量控制线，借助经纬仪或激光铅垂仪将幕墙的阳角和阴角位置上引；再用水准仪和皮尺引出各层的标高线，然后再确定每个立面的中线。

弹线时，依据建筑物轴线位置和设计要求，以立面竖直中心线为基准向左、右两侧测设基准竖线，以确定竖向龙骨位置；水平方向以立面水平中心线为基准向上、下测设各层水平线，然后用水准仪抄平横向节点的标高。

测量放线完毕后，应定时校核控制线，其误差应控制在允许的范围内，误差不得累积。

（2）调整、后置预埋件

连接幕墙与主体结构的预埋件，应采用在主体结构施工时预埋的方式进行。预埋件位置应满足设计要求，其偏差不得大于 ±20mm。偏差过大时，应注意调整。当漏埋预埋件时，可采取后置钢锚板加锚固螺栓的措施，且通过试验保证其承载力。

（3）安装连接件

连接玻璃幕墙骨架与预埋件的钢构件一般采用 X、Y、Z 三个方向均可调节的连接件。连接件应与预埋件上的螺栓牢固连接，螺栓应有防松动措施，表面应做防腐处理。由于连接件可调整，因此对预埋件埋设位置的精度要求不高，安装骨架时，上、下、左、右位置可自由调整，幕墙平面的垂直度易获得满足。

（4）安装主龙骨（立柱）

先将立柱与连接件用对拉螺栓连接，连接件再与主体结构上预埋件连接，立柱和连接件应加设防腐隔离垫片，经校核调整后固定紧。

立柱间的连接常采用铝合金套筒。立柱插入套筒内的长度不得小于200mm，上、下立柱间的间隙不得小于10mm，立柱的最上端应与主体结构预埋件上的连接件固定。

立柱长度一般为一层楼高，上、下立柱间用铝合金套筒连接后，形成铰接点，构成变形缝，从而消除了幕墙的挠度变形和温度变形对幕墙造成的不利影响，确保了幕墙的安全、耐久。

（5）安装次龙骨（横梁）

横梁一般分段与立柱连接。同一层横梁安装应自下向上进行，安装完一层高度后，应检查安装质量，调整、校正后，再进行固定。横梁与立柱间连接处应设置弹性橡胶垫片，橡胶垫片应有足够的弹性变形能力，以消除横向热胀冷缩变形造成的横竖杆间的摩擦响声。

（6）安装玻璃

安装玻璃前，应将龙骨和玻璃表面清理干净，镀膜玻璃的镀膜层应朝向室内，以防其氧化。玻璃安装方法有压条嵌实、直接钉固玻璃组合件等多种。

明框玻璃幕墙一般采取压条嵌实的方法。玻璃四周应与龙骨凹槽保留一定距离，不得与龙骨件直接接触，以防玻璃因温度变形开裂，龙骨凹槽底部应设置不少于2块的弹性定位垫块，垫块宽度与凹槽宽度相同，长度不小于100mm，厚度不小于5mm，龙骨框架凹槽与玻璃间的缝隙应用橡胶压条嵌实，再用耐候胶嵌缝。

隐框、半隐框玻璃幕墙采用直接钉固玻璃组合件的方法，即借助铝压板用不锈钢螺钉直接钉固玻璃组合件。每块玻璃下应设置两个不锈钢或铝合金托条，托条长度不小于100mm，厚度不小于2mm，托条外端应低于玻璃表面2mm。

（7）拼缝密封

玻璃幕墙的密封材料常用耐候性硅酮密封胶。拼缝密封时，密封胶应在缝内两相对面黏结，不得三面黏结，较深的槽口应先嵌填聚乙烯泡沫条，泡沫条表面应低于玻璃外表面5mm左右。密封胶施工厚度应大于3.5mm，注胶后胶缝应饱满，表面光滑、细腻。

（8）玻璃幕墙与主体结构间的缝隙处理

玻璃幕墙四周与主体结构间的缝隙，应采用防火保温材料填缝，再用密封胶连接封闭。

二、门窗工程

（一）铝合金门窗施工工艺

1. 施工准备

（1）铝合金门、窗框一般都是后塞口，在主体施工时预留洞口尺寸应大于门、窗尺寸，具体根据墙体饰面材料不同分别取值，一般抹灰墙面每边增加25mm，面砖贴面每边增加30mm，大理石贴面每边增加40mm。铝合金门窗的安装间隙为5～8mm，且洞口长、宽偏差和下口水平标高偏差控制在±5mm以内，洞口对角线偏差≤5mm，洞口垂直度偏差≤0.1%h（h为洞口高）。

（2）按图示尺寸弹好窗中线，并弹好 +50cm 水平线，校正门窗洞口位置尺寸及标高是否符合设计图纸要求，如有问题应提前剔凿处理。

（3）检查铝合金门窗两侧连接铁脚位置与墙体预留孔洞位置是否吻合，若有问题应提前处理，并将预留孔洞内的杂物清理干净。

（4）铝合金门窗的拆包检查。将窗框周围的包扎布拆去，按图纸要求核对型号，检查外观质量和表面的平整度，如发现有劈棱、窜角和翘曲不平、严重损伤、外观色差大等缺陷时，应找有关人员协商解决，经修整鉴定合格后才可安装。

（5）认真检查铝合金门窗的保护膜的完整性，如有破损，应补粘后再安装。

2．施工工艺流程

铝合金门窗安装的施工工艺流程为：弹线找规矩→门窗洞口处理→门窗洞口内埋设连接件→铝合金门窗拆包检查→按图纸编号运至安装地点→检查铝合金保护膜→铝合金门窗安装→门窗口四周嵌缝、填保温材料→清理→安装五金配件→安装门窗密封条→质量检验→纱扇安装。

3．施工操作要点

（1）弹线找规矩：在最高层找出门窗口边线，用大线垂将门窗口边线下引，并在每层门窗口处画线标记，对个别不直的口边应剔凿处理。高层建筑可用经纬仪找垂直线。门窗口的水平位置应以楼层 +50cm 水平线为准，往上反测，量出窗下皮标高，弹线找直，每层窗下皮（若标高相同）则应在同一水平线上。

（2）墙厚方向的安装位置：根据外墙大样图及窗台板的宽度，确定铝合金门窗在墙厚方向的安装位置；如外墙厚度有偏差时，原则上应以同一房间窗台板外露尺寸一致为准，窗台板应伸入铝合金窗的窗下 5mm 为宜。

（3）防腐处理：

①门窗框两侧的防腐处理应按设计要求进行。如设计无要求时，可涂刷防腐材料，如橡胶型防腐涂料或聚丙烯树脂保护装饰膜，也可粘贴塑料薄膜进行保护，避免填缝水泥砂浆直接与铝合金门窗表面接触，产生电化学反应，腐蚀铝合金门窗。

②铝合金门窗安装时若采用连接铁件固定，铁件应进行防腐处理，连接件最好选用镀锌或不锈钢连接件。

（4）就位和临时固定：根据已放好的安装位置线安装，并将其吊正找直，无问题后方可用木楔临时固定。

（5）与墙体固定：洞口墙体为砖石结构可采用冲击钻打孔用膨胀螺丝连接紧固；混凝土墙体可用射钉枪将铁脚与墙体固定，紧固件距墙（梁或柱）边缘不小于 50mm，且应避开墙体缝隙，防止紧固失效。

不论采用哪种方法固定，每条窗边框与墙体的连接固定点不得少于 2 处，铁脚至窗角的距离不应大于 180mm，铁脚间距应小于 600mm。

（6）处理门窗框与墙体间缝隙：外框与墙体间缝隙填嵌，分为柔性工艺和刚性工艺两种。柔性工艺是分层填嵌矿棉或玻璃棉毡条等轻质材料，边口留 5 ~ 8mm 深槽口，注入密封胶封闭；刚性工艺是用 1∶2 水泥砂浆嵌缝，砂浆与框接触面满涂防腐层，避免水泥腐蚀铝框而缩短使用寿命。

（7）铝合金门框安装：根据设计图纸配料拼装，且应在室内外墙体粉刷完毕后进行。立框后应检查其垂直度、平整度、水平度、对角线准确无误再用木楔临时固定，木楔安置在四角，防止着力不当而产生变形错位。组合框安装应先试拼装，而后安装通长拼樘料、分段拼樘料、基本框。加固型材应做防锈处理，连接部件采用镀锌螺钉。明螺栓连接采用与门窗同颜色的密封胶掩埋，防止色差明显影响美观。

为避免渗漏，对推拉窗，在底框靠两边框处铣 8mm 宽的泄水口；对平开窗，在靠框中间位置每个扇洞铣一个 8mm 宽的泄水口。

（二）塑料门窗施工工艺

1. 施工工艺流程

塑料门窗的施工工艺流程为：补贴保护膜→框上找中段→装固定片→洞口找中段→卸玻璃或门、窗扇框进洞口→调整定位→与墙体固定→装拼樘料→装窗台板→填充弹性材料→洞口抹灰→清理砂浆→嵌缝→装玻璃（或门、窗框）→装纱窗（门）→安装五金件→表面清理→撕下保护膜。

2. 施工操作要点

（1）门窗框与墙体固定：塑料门窗采用固定片固定，固定片厚度应 ≥ 1.5mm，最小宽度应 ≥ 15mm，其材质应采用 Q235-A 冷轧钢板，其表面应进行镀锌处理。安装时应先采用直径为 3.2mm 的钻头钻孔，然后应将十字槽盘头自攻螺钉 M4×20 拧入，不得直接锤击钉入。固定片的位置应距窗角、中竖框、中横框 150 ~ 200mm，固定片之间的间距应 ≤ 600mm。不得将固定片直接装在中横框、中竖框的挡头上。应先固定上框，而后固定边框，固定方法应符合下列要求：

混凝土墙洞口应采用射钉或塑料膨胀螺钉固定；砖墙洞口应采用塑料膨胀螺钉或水泥钉固定，并不得固定在砖缝处；加气混凝土洞口，应采用木螺钉将固定片固定在胶粘圆木上；设有预埋铁件的洞口应采用焊接的方法固定，也可先在预埋件上按紧固件规格打基孔，然后用紧固件固定。

（2）填充弹性材料：一般情况下，钢、木门窗与洞口的间隙是采用水泥砂浆填充的，对塑钢门窗而言，因其热膨胀系数远比钢、铝、水泥的大，用水泥填充往往会使塑钢门窗因温度变化无法伸缩变形，因此，应该用弹性材料填充间隙。在塑钢门窗安装及验收的国家标准中提出，窗框与洞口之间的伸缩缝空腔应采用闭孔泡沫塑料、发泡聚苯乙烯等弹性材料填充。其中闭孔泡沫塑料的吸水率低，具有一定防水能力。用发泡聚苯乙烯板材在现场填缝是比较费事的，因此，有的门窗厂将其裁成条后绑在窗框上，外面再裹上塑料包布加以保护。填充伸缩缝比较好的方法是采用塑料发泡剂，其具备较好的黏结、固定、隔音、隔热、密封、防潮、填补结构空缺等作用。塑料发泡剂在国外的门窗安装中的应用是比较普遍的，目前，在国内也逐渐被采用，但因其价格较高，为降低安装成本，一般需要先把洞口用水泥砂浆抹好，单边留出 5mm 左右间隙（其间隙大小视洞口施工质量而定）。

（3）推拉门窗扇与框搭接量：塑钢窗框与窗扇采用搭接方式进行密封，扇与框的搭接部分称为搭接量。行业标准对搭接量没规定，搭接量一般在 8 ~ 10mm 之间。推拉窗的搭接量大小影响窗的密封、安全、安装、日常使用等多方面。由扇凹槽尺寸（一般为 20 ~ 22mm）减去滑轮高度（一般为 12mm），就是扇与下框的搭接量。以槽深 20mm 的型材为例，采用 8mm 高的滑轮时，扇与框的凸筋（即滑道）根部的间隙为 12mm（20mm-8mm=12mm），这个间隙供窗扇安装和摘取用。由于窗框和窗扇制作的尺寸偏差，窗框安装的直线度偏差，以及所采用的滑轮的高度变化，都会使框扇的实际搭接量和安装间隙发生变化。当扇与上框搭接量增大时，安装间隙减小，严重时会使窗扇安装困难，窗与上部密封块摩擦力增大，造成窗扇开启费力；当搭接量减小时，会使密封性能下降，搭接量太小时，还会增加推拉窗脱落的危险。因此，在搭接量确定时要注意所采用的塑钢型材框凸筋、扇槽深的尺寸变化以及所选用的滑轮、密封块的尺寸的配套性。

第七节　建筑节能工程施工

一、墙体节能工程施工

（一）EPS板薄抹灰外墙外保温

1. EPS 板薄抹灰外墙外保温构造

EPS 板薄抹灰外墙外保温，是由 EPS 板（阻燃型模塑聚苯乙烯泡沫塑料板）、聚合物黏结砂浆（必要时使用锚栓辅助固定）、耐碱玻璃纤维网格布（以下称玻纤网）及外墙装饰面层组成的外墙外保温系统。该系统技术先进，隔热、保温性能良好，坚实牢固、抗冲击、耐老化、防水抗渗，施工简便。EPS 板薄抹灰外墙外保温适用于新建房屋的保温隔热及旧房改建；无论是在钢筋混凝土现浇基层上，还是在其他墙体上，均可获得良好的施工效果。

2．EPS 板薄抹灰外墙外保温技术的特点

（1）EPS 板薄抹灰外墙外保温技术可准确无误地控制隔热保温层的厚度和导热系数，施工无偏差，并能确保技术要求的隔热、保温效果。

（2）EPS 板薄抹灰外墙外保温技术使用水泥基聚合物砂浆作为黏结层及抹面层，由于其高强且有一定的柔韧性，能吸收多种交变负荷，可在多种基层上将 EPS 板牢固地黏结在一起，在外饰面质量较轻时，施工中无需锚固。

（3）EPS 板薄抹灰外墙外保温技术使用的水泥基聚合物砂浆保护层，可将玻纤网牢固地黏结在苯板上，抗裂、防水、抗冲击、耐老化，并具有水、气透过性能，能有效地在建筑上构筑高效、稳固的保温隔热系统。

（4）EPS 板薄抹灰外墙外保温技术使用的水泥基聚合物砂浆，具有良好的和易性、镘涂性和较长的凝固时间，便于人工操作，把原本复杂的保温技术简化为粘贴、镘涂作业，施工简便。操作人员简单培训后，即可以进行大面积、高质量、高效率的施工，经济效益显著。

3．施工要点

施工顺序主要根据工程特点决定，一般采用自下往上（可以以建筑装饰线为界）、先大面后局部的施工方法。施工工序如下：

墙体基层处理→弹线→基层墙体湿润→配制聚合物黏结砂浆→粘贴 EPS 板→铺设玻纤网→面层抹聚合物砂浆→找平修补→成品保护→饰面层施工。

（1）墙体基层处理

①墙体基层必须清洁、平整、坚固，若有凸起、空鼓和疏松部位应剔除，并用 1∶2 水泥砂浆进行修补找平。

②墙面应无油渍、涂料、泥土等污物或有碍黏结的材料，必要时可用高压水冲洗，或通过化学清洗、打磨、喷砂等清除污物。

③若墙体基层过干，应先喷水湿润。喷水应在贴聚苯板前根据不同的基层材料适时进行，可采用喷浆泵或喷雾器喷水，不能喷水过量，不准向墙体泼水。

④对于表面过干或吸水性较高的基层，必须先做粘贴试验，可按如下方法进行：用聚合物黏结砂浆黏结 EPS 板，5min 后取下聚苯板，并重新贴回原位，若能用手揉动则视为合格，否则表明基层过干或吸水性过高。

⑤抹灰基层应在砂浆充分干燥和收缩稳定后，再进行保温施工，对于混凝土墙

面必要时应采用界面剂进行界面处理。

（2）弹线

根据设计图纸的要求，在经过验收处理的墙面上沿散水标高，用墨线弹出散水及勒脚水平线。当设计图纸要求设置变形缝时，应在墙面相应位置弹出变形缝及宽度线，标出 EPS 板的粘贴位置。粘贴 EPS 板前，要挂水平和垂直通线。

（3）配制聚合物黏结砂浆

①配制聚合物黏结砂浆必须由专人负责，以确保搅拌质量。

②拌制聚合物黏结砂浆时，要用搅拌器或其他工具将黏结剂重新搅拌，避免黏结剂出现分离现象，以免出现质量问题。

③聚合物黏结砂浆的配合比为：聚合物黏结剂：42.5 级普通硅酸盐水泥：砂子（用 16 目筛底）=1：1.88：4.97（质量比）。

④将水泥、砂子用量桶称好后倒入铁灰槽中进行混合，搅拌均匀后按配合比加入黏结剂，搅拌必须均匀，避免出现离析，呈粥状。根据和易性可适当加水，加水量为黏结剂的 5%，水为混凝土用水。

⑤聚合物黏结砂浆应随用随配，配好的聚合物砂浆最好在 2h 之内用完。聚合物黏结砂浆应于阴凉处放置，避免阳光暴晒。

（4）粘贴 EPS 板

①挑选 EPS 板：EPS 板应是无变形、翘曲，无污染、破损，表面无变质的整板；EPS 板的切割应采用适合的专用工具切割，切割面应垂直。

② EPS 板应从外墙阳角及勒脚部位开始，自下而上，沿水平方向横向铺贴，竖缝应逐行错缝 1/2 板长，在墙角处要交错拼接，同时应保证墙角垂直度。

③ EPS 板粘贴可采用条粘法和点粘法。

条粘法：条粘法用于平整度小于 5mm 的墙面，用专用锯齿抹子在整个 EPS 板背面满涂黏结浆，保持抹子和板面成 45°，紧贴 EPS 板并刮除多余的黏结浆，使板面形成若干条宽度为 10mm、厚度为 10mm、中心距为 25mm 的浆带。

点粘法：沿 EPS 板周边用抹子涂抹配制好的黏结浆形成宽度为 50mm、厚度为 10mm 的浆带。当采用整板时，应在板面中间部位均匀布置 8 个黏结点，每点直径不小于 140mm。厚度为 10mm，黏结点中心距为 200mm。当采用非整板时，板面中间部位可涂抹 4 ~ 6 个黏结点。

无论采用条粘法还是点粘法进行铺贴施工，其涂抹的面积与 EPS 板的面积之比都不得小于 40%。黏结浆应涂抹在 EPS 板上，黏结点应按面积均布，且板的侧边不能涂浆。

④将 EPS 板抹完黏结浆后，应立即将板平贴在墙体基层上，滑动就位。粘贴时，动作要轻柔，不能局部按压、敲击，应均匀挤压。为了保持墙面的平整度，应随时用一根长度为 2m 的铝合金靠尺进行整平操作，贴好后应立即刮除板缝和板侧面残留的黏结浆。

⑤粘贴时，EPS 板与板之间应挤压紧密，当板缝间隙大于 2mm，应用 EPS 板条将缝塞满，板条不用黏结；当板间高差大于 1mm，应使用专用工具在粘贴完工 24h 后，再打磨平整，并随时清理干净泡沫碎屑。

⑥粘贴预留孔洞时，周围要采用满粘施工；在外墙的变形缝及不再施工的成品节点处应进行翻包。

⑦当饰面层为贴面砖时，在粘贴 EPS 板前应先在底部安装托架，并采用膨胀螺栓与墙体连接，每个托架不得少于两个 Φ10mm 膨胀螺栓，螺栓嵌入墙壁内不少于 60mm。

⑧锚栓的安装

标高 20m 以上的部位应采用锚栓辅助固定，尤其在墙壁转角等受风压较大的部位，锚栓数量为 3 ~ 4 个 /m^2。

锚栓在 EPS 板粘贴 24h 后开始安装，在设计要求的位置打孔，以确保牢固可靠，不同的基层墙体锚固深度应按实际情况而定。

锚栓安装后其塑料托盘应与 EPS 板表面齐平，或略低于板面，并保证与基层墙体充分锚固。

（5）铺设玻纤网

①铺设玻纤网前，应先检查 EPS 板表面是否平整、干燥，同时应去除板面的杂物，如泡沫碎屑、表面变质部分。

②抹面黏结浆的配制。抹面黏结浆的配制过程应计量准确，采用机械搅拌，确保搅拌均匀。每次配制的黏结浆不得过多，并在 2h 内用完，同时要注意防晒、避风，以免因水分蒸发过快造成表面结皮、干裂。

③铺设玻纤网。用抹刀在 EPS 板表面均匀涂抹一道厚度为 2 ~ 3mm 的抹面黏结浆，立即将玻纤网压入黏结浆中，不得有空鼓、翘边等现象。在第一遍黏结浆八成干时，再抹上第二遍黏结浆，直至全部覆盖玻纤网，使玻纤网处在两道黏结浆中间的位置，两遍抹浆总厚度不宜超过 5mm。

④铺设玻纤网应自上而下，沿外墙一圈一圈铺设。当遇到洞口时，应在洞口四角处沿 45° 方向补贴一块标准网，尺寸约 200mm × 300mm，以防止开裂。

⑤抹面黏结浆施工间歇处最好选择自然断开处，以方便后续施工的搭接，如需在连续的墙面上断开，抹面时应留出间距为 150mm 的 EPS 板面、玻纤网、抹灰层的

阶梯形接槎，以免玻纤网搭接处高出抹灰面。

⑥铺设玻纤网的注意要点：

整网间应互相搭接 50 ~ 100mm，分段施工时应预留搭接长度，加强网与网的对接，在对接处应紧密对接。

在墙体转角处，应用整网铺设，并双向绕角后每边包墙的宽度不小于 200mm，加强网应顶角对接铺设。

铺设玻纤网时，网的弯曲面朝向墙面，抹平时从中央向四周抹，直至玻纤网完全嵌入抹面黏结浆内，不得有裸露的玻纤网。

玻纤网铺设完毕后，应静置养护不少于 24h，方可进行下一道工序的施工。当施工处于低温潮湿环境时，应适当延长养护时间。

（6）细部构造施工

①装饰线条的安装

当装饰线条凸出墙面时，应在 EPS 板粘贴完后，按设计要求用墨线弹出装饰件的具体位置，然后将装饰线条用黏结浆贴在该位置上，最后用黏结浆铺贴玻纤网，并留出不小于 100mm 的搭接长度。

当装饰线条凹进墙面时，应在 EPS 板粘贴完后，按设计要求用墨线弹出装饰件的具体位置，用开槽机按图纸要求切出凹线或图形，凹槽处的 EPS 板的实际厚度不得小于 20mm。然后在凹槽内及四周 100mm 范围内，抹上黏结浆，再压入玻纤网，凹槽周边甩出的玻纤网与墙面粘贴的玻纤网应搭接牢固。

线条凸出墙面 100mm 时应加设机械固定件后，直接粘贴在墙体基层上；小于 100mm 时可粘贴在保温层上，线条表面可按普通外墙保温做法处理。

当有滴水线时，要使用开槽机开出滴水槽，余下可参照凹进墙体的装饰线做法处理。

②变形缝的施工

伸缩缝处先做翻包玻纤网，然后再抹防护面层砂浆，缝内可填充聚乙烯材料，再用柔性密封材料填充缝隙。

沉降缝处应根据缝宽和位置设置金属盖板，可参照普通沉降缝做法施工，但须做好防锈处理。

（7）找平修补

保温墙面的找平修补应按以下方法施工：

①修补时应用同类的 EPS 板和玻纤网按照损坏部位的大小、形状和厚度切割成形，并在损坏处划定修补范围。

②割除损坏范围内的保温层，使其露出与割口表面相同大小的洁净的墙体基层面，并在割口周边外80mm宽范围内磨去面层，直至露出原有的玻纤网。

③在修补范围外侧贴盖防污胶带后，再粘贴修补EPS板和玻纤网。修补面整平后，应经过24h养护方可进行外墙装饰层的施工。

（8）成品保护

玻纤网粘完后应防止雨水冲刷，保护面层施工后4h内不能被雨淋；容易碰撞的阳角、门窗应采取保护措施，上料口部位采取防污染措施，发生表面损坏或污染必须立即处理。保护层终凝后要及时喷水养护，养护时间：当昼夜平均气温高于15℃时不得少于48h，低于15℃时不得少于72h。

（9）饰面层的施工

①施工前，应首先检查抹面黏结浆上玻纤网是否全部嵌入，修补抹面黏结浆的缺陷或凹凸不平处，凹陷过大的部位应再铺贴玻纤网，然后抹灰。

②在抹面黏结浆表干后，即可进行柔性腻子和涂料施工，做法同普通墙面涂料施工，按设计及施工规范要求进行。

（二）胶粉聚苯颗粒外墙外保温

胶粉聚苯颗粒外墙外保温是将胶粉聚苯颗粒保温浆料，抹在基层墙体表面，保温浆料的防护层为嵌埋有耐碱玻璃纤维网格布的聚合物抗裂砂浆，属薄型抹灰面层。

1. 胶粉聚苯颗粒外墙外保温工程特点

（1）采用预混合干拌技术，将保温胶凝材料与各种外加剂混合包装，聚苯颗粒按袋分装，到施工现场以袋为单位按配合比加水混合搅拌成膏状材料，计量容易控制，保证配合比准确。

（2）采用同种材料冲筋，保证保温层厚度控制准确，保温效果一致。

（3）从原材料本身出发，采用高吸水树脂及水溶性高分子外加剂，解决一次抹灰太薄的问题，保证一次抹灰4～6cm厚，黏结力强，不滑坠，干缩小。

（4）抗裂防护层增强保温抗裂能力，杜绝质量通病。

2. 胶粉聚苯颗粒外墙外保温施工要点

胶粉聚苯颗粒外墙外保温施工工艺流程：基层墙体处理→涂刷界面剂→吊垂、套方、弹控制线→贴饼、冲筋、作口→抹第一遍聚苯颗粒保温浆料→（24h后）抹第二遍聚苯颗粒保温浆料→（晾干后）划分格线，开分格槽，粘贴分格条，做滴水槽→抹抗裂砂浆→铺压玻璃纤维网格布→抗裂砂浆找平、压光→涂刷防水弹性底漆→刮柔性耐水腻子→验收。

胶粉聚苯颗粒外墙外保温施工要点如下：

（1）基层墙体表面应清理干净，无油渍、浮尘，大于10mm的突起部分应铲平。经过处理符合要求的基层墙体表面，均应涂刷界面砂浆，如为黏土砖可浇水淋湿。

（2）保温隔热层的厚度，不得出现偏差。保温浆料每遍抹灰厚度不宜超过5mm，需分多遍抹灰时，施工的时间间隔应在24h以上。抗裂砂浆防护层施工，应在保温浆料充分干燥固化后进行。

（3）抗裂砂浆中铺设耐碱玻璃纤维网格布时，其搭接长度不小于100mm，采用加强网格布时，只对接，不搭接（包括阴阳墙角部分）。网格布铺贴应平整，无褶皱。砂浆饱满度应为100%，严禁干搭接。

（4）饰面如为面砖时，则应在保温层表面铺设一层与基层墙体拉牢的四角镀锌钢丝网（丝径1.2mm，孔径20mm×20mm，网边搭接40mm，用双股22#镀锌钢丝绑扎，间距150mm），再抹抗裂砂浆作为防护层，面砖用胶黏剂粘贴在防护层上。

涂料饰面时，保温层分为一般型和加强型。加强型用于建筑物高度大于30m而且保温层厚度大于60mm的情况，加强型的做法是在保温层中距外表面20mm铺设一层六角镀锌钢丝网（丝径0.8mm，孔径25mm×25mm）与基层墙体拉牢。

（5）墙面分格缝可根据设计要求设置，施工时应符合现行的国家和行业标准、规范、规程的要求。

（6）变形缝盖板可采用1mm厚铝板或0.7mm厚镀锌薄钢板。凡盖缝板外侧抹灰时，均应在与抹灰层相接触的盖缝板部位钻孔，钻孔面积大约应占接触面积的25%，增加抹灰层与基础的咬合作用。

（7）抹灰、抹保温浆料及涂料的环境温度应大于5℃，严禁在雨中施工，遇雨应有可靠的保证措施，抹灰、抹保温浆料应避免阳光暴晒或在5级以上大风天气施工。

（8）施工人员应经过培训考核合格。施工完工后，应做好成品保护工作，防止施工污染；拆卸脚手架或升降外挂架时，应保护墙面免受碰撞；严禁踩踏窗台、线脚；损坏部位的墙面应及时修补。

二、屋面节能工程施工

（一）现浇膨胀珍珠岩保温屋面施工

1. 现浇膨胀珍珠岩保温屋面的材料要求

现浇膨胀珍珠岩保温屋面用料规格及用料配合比见表8-4。

表8-4　现浇膨胀珍珠岩保温屋面用料规格及用料配合比

用料配合比（体积比）		密度	抗压强度	导热率
水泥（42.5级）	膨胀珍珠岩（密度：120～160kg/m³）	（kg/m³）	（MPa）	[W/（m·K）]
1	6	548	1.65	0.121
1	8	610	1.95	0.085
1	10	389	1.15	0.080
1	12	369	1.05	0.074
1	14	351	1.00	0.071
1	16	315	0.85	0.064

保温隔热层的用料体积配合比一般采用1：12。

2．施工要点

（1）拌和水泥珍珠岩浆

水泥和珍珠岩按设计规定的配合比用搅拌机或人工干拌均匀，再加水拌和。水灰比不宜过高，否则珍珠岩将由于体轻而上浮，发生离析现象。灰浆稠度以外观松散，手捏成团不散，挤不出灰浆或只能挤出极少量灰浆为宜。

（2）铺设水泥珍珠岩浆

根据设计对屋面坡度和不同部位厚度的要求，先将屋面各控制点处的保温层铺好，然后根据已铺好的控制点的厚度拉线控制保温层的虚铺厚度，虚铺厚度与设计厚度的百分比称为压缩率，一般采用130%，而后进行大面积铺设。铺设后可用木夯轻轻夯实，以将虚铺厚度夯至设计厚度为控制标准。

（3）铺设找平层

水泥珍珠岩浆浇捣夯实后，由于其表面粗糙，对铺设防水卷材不利，因此，必须再做1：3水泥砂浆找平层一层，厚度为7～10mm。可在保温层做好后2～3d再做找平层。整个保温隔热层，包括找平层在内，抗压强度可达1MPa以上。

（4）屋面养护

由于水泥珍珠岩浆含水量较少，且水分散发较快，因此保温层应在浇捣完毕7d内浇水养护。在夏季，保温层施工完毕10d后，即可完全干燥，铺设卷材。

（二）现浇水泥蛭石保温屋面施工

1．现浇水泥蛭石保温屋面的材料要求

现浇水泥蛭石保温屋面所用材料主要有水泥和膨胀蛭石。其中水泥的强度等级应不低于 32.5 级，一般选用 42.5 级普通硅酸盐水泥；膨胀蛭石可选用 5 ~ 20mm 的大颗粒级配。水泥与膨胀蛭石的体积比，一般为 1：12。水泥水灰比一般为 1：（2.4 ~ 2.6）（体积比）。现场检查方法是：将拌好的水泥蛭石浆用手紧捏成团不散，并稍有水泥浆滴下时为宜。

现浇水泥蛭石浆常见配合比见表 8-5。

表 8-5　浇水泥蛭石浆常见配合比

配合比：水泥：蛭石：水（体积比）	每立方米水泥蛭石浆用料数量		压缩率（%）	1：3水泥砂浆找平层厚度（mm）	养护时间（h）	表观密度（kg/m³）	抗压强度（MPa）	导热率[W/(m·K)]
	水泥（kg）	蛭石（L）						
1：12：4	42.5级水泥110		130	10		290	0.25	0.087
1：10：4	42.5级水泥130		130	10		320	0.30	0.093
1：12：3.3	42.5级水泥110		140	10		310	0.30	0.0919
1：10：3	42.5级水泥130	1300	140	10	112	330	0.35	0.0988
1：12：3	42.5级水泥110		130	15		290	0.25	0.087
1：12：4	42.5级水泥110		130	5		290	0.25	0.087
1：10：4	42.5级水泥110		125	10		320	0.34	0.087

2. 施工要点

（1）拌和水泥蛭石浆

水泥蛭石浆一般采用人工拌和的方式。拌和时，先将一定数量的水与水泥调成水泥净浆，然后用小桶将水泥净浆均匀地泼在膨胀蛭石上，随泼随拌，拌和均匀。

（2）设置分仓缝

铺设屋面保温隔热层时，应设置分仓缝，以控制温度应力对屋面的影响。分仓施工时，每仓宽度宜为 700 ~ 900mm。一般采用木板分隔，亦可采用特制的钢筋尺控制宽度和铺设厚度。

（3）铺设水泥蛭石浆

由于膨胀蛭石吸水较快，施工时宜将原材料运至铺设地点，随拌随铺，以确保水灰比准确和施工质量。铺设厚度一般为设计厚度的130%（不包括找平层），应尽量使膨胀蛭石颗粒的层理平面与铺设平面平行，铺后应用木拍板拍实、抹平至设计厚度。

（4）铺设找平层

水泥蛭石浆压实、抹平后，应立即抹找平层，不得分两个阶段施工。找平层砂浆配合比为：42.5级水泥：粗砂：细砂 =1：2：1，稠度为 70 ~ 80mm。

找平层抹好后，一般可不必洒水养护。

（三）硬质聚氨酯泡沫塑料保温屋面施工

1. 硬质聚氨酯泡沫塑料保温屋面的材料要求

硬质聚氨酯泡沫塑料是把含有羟基的聚醚或聚酯树脂与异氰酸酯反应构成聚氨酯主体，并将由异氰酸酯与水反应生成的二氧化碳作为发泡剂，或用低沸点的氟氢化烷烃作为发泡剂，生产出的内部有无数小气孔的一种塑料制品。在保温屋面施工时，将液体聚氨酯组合料直接喷涂在屋面板上，使硬质聚氨酯泡沫塑料固化后与基层形成无拼接缝的整体保温层。

硬质聚氨酯泡沫塑料的技术性能要求见表8-6。

表8-6 硬质聚氨酯泡沫塑料技术性能要求

项目			指标			
			I 类		II 类	
			A 级	B 级	A 级	B 级
表观密度（kg/m³）≥			30	30	30	30
压缩性能（屈服强度或变形10%的压缩应力）kPa ≥			100	100	100	100
导热率[W/m·K)] ≤			0.022	0.027	0.022	0.027
尺寸稳定性（70℃、48h）（%）≤			5	5	5	5
水蒸气透湿系数（23±2℃，0 ~ 85%RH）（Pa·m·s）≤			6.5		6.5	
体积吸水率（%）≤			4		3	
燃烧性	1级	垂直燃烧法	平均燃烧时间（s）	30		30	
			平均燃烧高度（mm）	250		250	

项目			指标			
			I 类		II 类	
			A 级	B 级	A 级	B 级
燃烧性	2 级	水平燃烧法	平均燃烧时间（s）	90		90
			平均燃烧高度（mm）	90		90
	3 级	非阻燃型	无要求		无要求	

2．施工要点

（1）施工准备

喷涂硬质聚氨酯泡沫塑料保温屋面，必须待屋面其他工程全部完工后方可进行。穿过屋面的管道、设备或预埋件，应在直接喷涂前安装好。待喷涂的基层表面应牢固、平整、干燥，无油污、尘灰、杂物。

（2）屋面坡度要求

建筑找坡的屋面（坡度 1% ~ 3%）及檐口、檐沟、天沟的基层排水坡度必须符合设计要求。结构找坡的屋面、檐口、檐沟、天沟的纵向排水坡度不宜小于 5%。

一般于基层上用 1：3 水泥砂浆找坡，亦可利用水泥砂浆保护层找坡。在装配式屋面上，为避免结构变形后将硬质聚氨酯泡沫塑料层拉裂，应沿屋面板的端缝铺设一层宽为 300mm 的油毡条，然后直接喷涂硬质聚氨酯泡沫塑料层。

（3）接缝喷涂要求

屋面与突出屋面结构的连接处（泛水处），喷涂在立面上的硬质聚氨酯泡沫塑料层高度不宜小于 250mm。

（4）喷涂时边缘尺寸要求直接喷涂硬质聚氨酯泡沫塑料的边缘尺寸界线要求如下：

①檐口：喷涂到距檐口边缘 100mm 处。

②檐沟：现浇整体檐沟喷涂到檐沟内侧立面与檐沟底面交接处；预制装配式檐沟内侧两立面和底面均要喷涂，并与屋面的硬质聚氨酯泡沫塑料层连接成一体。

③天沟：内侧 3 个面均要喷涂，并与屋面的硬质聚氨酯泡沫塑料层连接成一体。

④水落口：喷涂到水落口周围内边缘处。

（5）保护层要求

硬质聚氨酯泡沫塑料保温层面上应做水泥砂浆保护层。施工时，水泥砂浆保护层应分格，分格面积≤ 9m²，分格缝可用防腐木条制作，其宽度不大于 15mm。

（四）饰面聚苯板保温屋面施工

1．饰面聚苯板保温屋面材料要求

饰面聚苯板保温屋面是用聚苯乙烯泡沫塑料做保温层，其下用 BP 黏结剂与屋面基层黏结牢固，其上抹用 ST 水泥拌制的水泥砂浆，形成硬质表面，并作为找平层，然后进行上层防水施工的屋面。

饰面聚苯板保温屋面材料的物理力学性能要求见表 8–7。

表 8–7　饰面聚苯板保温屋面材料的物理力学性能指标

项目	指标	
聚苯板	密度（kg/m³）	16 ~ 19
	导热率[W/（m · K）]	0.035
BP 黏结剂	凝结时间（min）	＞30
	抗压强度（kPa）	＞4.00
	抗折强度（kPa）	＞2.50
	黏结强度（kPa）	＞0.30
ST 水泥	凝结时间（min）	＞20
	抗压强度（kPa）	＞8.00
	抗折强度（kPa）	＞2.00
	黏结强度（kPa）	＞0.20
饰面聚苯板抗压强度（kPa）		＞0.95

2．施工要点

（1）基层清理

饰面聚苯板铺设前，先将层面隔汽层清理干净。

（2）铺设聚苯板

铺设聚苯板时，先用料铲或刮刀将膏状 BP 黏结剂均匀地抹在隔汽层上，厚度控制在 10mm 以内，再用磙子找平，然后将聚苯板满贴其上。铺板时，应用手压揉拍打使板与基层黏结牢固，缝隙内用 BP 黏结剂塞实抹平，所有接缝处需用黏结剂贴一条 100mm 宽的浸胶耐碱玻璃纤维布，以增强保温层的整体性。

BP 黏结剂与水的质量配合比为 1 ：0.6，用料槽搅拌，并控制每次的拌合料在 40min 内用完。

（3）铺设找平层

ST 水泥砂浆找平层，其厚度一般为 20mm，可在饰面聚苯板铺贴 4h 后进行。施工时，先将水泥（包括 BP 黏结剂）、细砂和水按 1 ：2 ：0.5 的配合比倒入搅拌机中，拌和 5min 后，出料后尽快使用。

找平层施工时，要一次抹平压光，施工人员应站在跳板上操作，以防压裂饰面聚苯板，分仓缝按 6m×6m 设置，缝宽 16 ~ 20mm，缝内填塞防水油膏。完工后 7d 内必须浇水养护，以防裂缝产生。

（五）水泥聚苯板保温屋面施工

1. 水泥聚苯板

水泥聚苯板是由聚苯乙烯泡沫塑料下脚料及回收的旧包装破碎的颗粒，加入适量水泥、EC 起泡剂和 EC 黏结剂，经成形养护而成的板材。

2. 施工要点

（1）基层准备

铺设水泥聚苯板前，宜于隔汽层上均匀涂刷界面处理剂，其配合比为：水：TY 黏结剂 =1 ：1。

（2）铺设保温板材

铺板施工时，先喷界面处理剂，再铺 10mm 厚 1 ：3 水泥砂浆结合层，然后将保温板材平稳地铺压在结合层上。板与板间自然接铺，对缝或错缝铺砌均可，缝隙用砂浆填塞。为防止大面积屋面热胀冷缩引起开裂，施工时按 ≤ 700m^2 的面积断开，并做通气槽和通气孔，以确保质量。

（3）铺设水泥砂浆找平层

水泥聚苯板上抹水泥砂浆找平层，是在板材铺设 0.5d 后进行。在板面适量洒水湿润，再在其上刷界面处理剂，其配合比为 1 ：2.5。找平层第一遍厚 8 ~ 10mm，用刮杆摊平，木抹压实；第二遍在 24h 后抹灰，厚度为 15 ~ 20mm。找平层分格缝纵横间距按 6m 设置，缝宽 20mm，缝内填塞防水油膏。完工后 7d 内必须浇水养护，以防裂缝产生。

第九章 建筑工程安全管理

第一节 施工现场安全检查管理

一、安全检查的目的

（一）及时发现和纠正不安全行为

安全检查就是要通过监察、监督、调查、了解、查证，及早发现不安全行为，并通过提醒、说服、劝告、批评、警告，直至处分、调离等，消除不安全行为，提高工艺操作的可靠性。

（二）及时发现不安全状态，改善劳动条件，提高安全程度

设备的腐蚀、老化、磨损、龟裂等原因，易发生故障；作业环境温度、湿度、整洁程度等也因时而异；建筑物、设施的损坏、渗漏、倾斜，物料变化，能量流动等也会产生各种各样的问题。安全检查就是要及时发现并排除隐患，或采取临时辅助措施。对于危险和毒害严重的劳动条件提出改造计划，督促实现。

（三）及时发现和弥补管理缺陷

计划管理、生产管理、技术管理和安全管理等的缺陷都可能影响安全生产。安全检查就是要直接查找或通过具体问题发现管理缺陷，并及时纠正、弥补。

（四）发现潜在危险，预设防范措施

按照事故发生的逻辑关系，观察、研究、分析能否发生重大事故，发生重大事故的条件，可能波及的范围及遭受的损失和伤亡，制定相应的防范措施和应急对策。这是从系统、全局出发的安全检查，具有宏观指导意义。

（五）及时发现并推广安全先进经验

安全检查既是为了检查问题，又可以通过实地调查研究，比较分析，发现安全生产先进典型，推广先进经验，以点带面，开创安全工作新局面。

（六）结合实际，宣传贯彻安全生产方针政策和法规制度

安全检查的过程就是宣传、讲解、运用安全生产方针、政策、法规、制度的过程，结合实际进行安全生产的宣传、教育，容易深入人心，收到实效。

二、安全检查的要求

安全检查的相关要求，见表9-1。

表9-1　安全检查的相关要求

检查要求	主要内容
检查手段	尽量采用检测工具进行实测实量，用数据说话。有些机器、设备的安全保险装置还应进行动作试验，检查其灵敏度与可靠性。检查中发现有危及人身安全的即发性事故隐患，应立即指令停止作业，迅速采取措施排除险情
检查记录	每次安全检查都应认真、详细地做好记录，特别是检测数字，这是安全评价的依据。同时，还应将每次对各单项设施、机械设备的检查结果分别记入单项安全台账，目的是根据每次记录情况对其进行安全动态分析，强化安全管理
检查标准	上级已制定有标准的，执行上级标准；还没有制定统一行业标准的，应根据有关规范、规定，制定本单位的"企业标准"，做到检查考核和安全评价有衡量准则，有科学依据
安全评价	检查人员要根据检查记录认真、全面地进行系统分析，定性、定量地进行安全评价。要明确哪些项目已达标，哪些项目需要完善，存在哪些隐患等，要及时提出整改要求，下达隐患整改通知书
隐患整改	隐患整改是安全检查工作的重要环节。隐患整改工作包括隐患登记、整改、复查、销案。隐患应逐条登记，写明隐患的部位、严重程度和可能造成的后果及查出隐患的日期。有关单位、部门必须及时按"三定"（即定措施、定人、定时间）要求，落实整改。负责整改的单位、人员完成整改工作后，要及时向安全部门汇报；安全部门及有关部门应派人进行复查，符合安全要求后销案

三、安全检查的内容

安全大检查和企业自身的定期安全检查着重检查以下几方面情况：

（一）查思想

主要检查建筑企业的各级领导和职工对安全生产工作的认识。检查企业的安全时，要首先检查企业领导是否真正重视劳动保护和安全生产，即检查企业领导对劳动保护是否有正确的认识，是否真正关心职工的安全与健康，是否认真贯彻了国家劳动保护方针、政策、法规、制度。在检查的同时，要注意宣传这些法规的精神，批判各种忽视工人安全与健康、违章指挥的错误思想与行为。

（二）查制度

查制度就是监督检查各级领导、各个部门、每个职工的安全生产责任制是否健全并严格执行；各项安全制度是否健全并认真执行；安全教育制度是否认真执行，是否做到新工人入厂"三级"教育、特种作业人员定期训练；安全组织机构是否健全，安全员网络是否真正发挥作用；对发生的事故是否认真查明事故原因、教育职工、严肃处理、制定防范措施，做到"四不放过"等。

（三）查管理

查管理就是检查工程的安全生产管理是否有效；企业安全机构的设置是否符合要求；目标管理、全员管理、专管成线、群管成网是否落实；安全管理工作是否做到了制度化、规范化、标准化和经常化。

（四）查纪律

查纪律就是监督检查生产过程中的劳动纪律、工作纪律、操作纪律、工艺纪律和施工纪律。生产岗位上有无迟到早退、脱岗、串岗、打盹睡觉；有无在工作时间干私活，做与生产、工作无关的事；有无在施工中违反规定和禁令的情况，如不办动火票就动火，不经批准乱动土、乱动设备管道，车辆随便进入危险区，施工占用消防通道，乱动消火栓和乱安电源等。

（五）查隐患

查隐患指检查人员深入施工现场，检查作业现场是否符合安全生产、文明生产的要求。如安全通道是否畅通；建筑材料、半成品的存放是否合理；各种安全防护设施是否齐全；要特别注意对一些要害部位和设备的检查，如脚手架、深基坑、塔机、施工电梯、井架等。

（六）查整改

主要检查对过去提出问题的整改情况。如整改是否彻底，安全隐患消除情况，避免再次出现安全隐患的措施，整改项目是否落实到人等。

四、安全检查的方法

建筑工程安全检查在正确使用安全检查表的基础上，可以采用"听""问""看""量""测""运转试验"等方法进行（见表9-2）。

表9-2　安全检查的方法

检查方法	主要内容
"听"	听取基层管理人员或施工现场安全员汇报安全生产情况，介绍现场安全工作经验、存在的问题以及发展方向

检查方法	主要内容
"问"	主要是指通过询问、提问，对以项目经理为首的现场管理人员和操作工人进行的应知应会抽查，以便了解现场管理人员和操作工人的安全知识和安全素质
"看"	主要是指查看施工现场安全管理资料和对施工现场进行巡视。例如：查看项目负责人、专职安全管理人员、特种作业人员等的持证上岗情况；现场安全标志设置情况；劳动防护用品使用情况；现场安全防护情况；现场安全设施及机械设备安全装置配置情况等
"量"	主要是指使用测量工具对施工现场的一些设施、装置进行实测实量。例如：对脚手架各种杆件间距的测量；对现场安全防护栏杆高度的测量；对电气开关箱安装高度的测量；对在建工程与外电边线安全距离的测量等
"测"	主要是指使用专用仪器、仪表等监测器具对特定对象关键特性技术参数的测试。例如：使用漏电保护器测试仪对漏电保护器漏电动作电流、漏电动作时间的测试；使用地阻仪对现场各种接地装置接地电阻的测试；使用兆欧表对电机绝缘电阻的测试；使用经纬仪对起重机、外用电梯安装垂直度的测试等
"运转试验"	主要是指由具有专业资格的人员对机械设备进行实际操作、试验，检验其运转的可靠性或安全限位装置的灵敏性。例如：对起重机力矩限制器、变幅限位器、起重限位器等安全装置的试验；对施工电梯制动器、限速器、上下极限限位器、门连锁装置等安全装置的试验；对龙门架超高限位器、断绳保护器等安全装置的试验等

第二节　施工现场安全生产预控管理

一、安全事故防范

（一）施工现场安全生产重大隐患及多发性事故

1. 生产过程中的有害因素分类

（1）由于人的因素导致的重大危险源。人的不安全因素是指影响安全的人的因素，也就是能够使系统发生故障或者导致风险失控的人的原因。人的不安全因素分为个体固有的不安全因素和人的不安全行为两大类。

个体固有的不安全因素是指人员的心理、生理、能力中所具有的不能适应工作岗位要求而影响安全的因素。包括心理上具有影响安全的性格、气质、情绪等；或是生理上存在的视觉、听觉等感官器官的缺陷、体能的缺陷等，导致不能适应工作岗位的安全需求；能力上，指知识技能、应变能力、资格资质等不能满足工作岗位对其的安全要求。例如，人员粗心大意、丢三落四的性格特点，节假日前后的情绪波动，听力衰退、色盲色弱等生理缺陷，高血压、心脏病等生理疾病，未经培训尚未掌握安全生产知识技能等客观的因素都属于个体固有的不安全因素。

人的不安全行为是指能造成事故的人为错误，是人为地使系统发生故障或使风险不可控，是作业人员主观原因导致的违背安全设计、违反安全生产规章制度、不遵守安全操作规程等错误行为。

（2）物的不安全状态。物的不安全状态是指能导致事故发生的物质条件，包括机械设备等物质或环境所存在的不安全因素，又称为物的不安全条件或直接称其为不安全状态。

按照《企业职工伤亡事故分类》的规定，建筑施工现场物的不安全状态包括以下类型：

①防护、保险、信号等装置缺乏或有缺陷。

②设备、设施、工具、附件有缺陷。

③个人防护用品用具——防护服、手套、护目镜及面罩、呼吸器官护具、听力护具、安全带、安全帽、安全鞋等缺少或有缺陷。

（3）施工场地环境不良。包括：照明光线不良，通风不良，作业场所狭窄，作业场地杂乱，交通线路的配置不安全，操作工序设计或配置不安全，地面滑，贮存方法不安全，环境温度、湿度不当。

（4）管理上的不安全因素。管理上的不安全因素，通常也可称为管理上的缺陷，它也是事故潜在的不安全因素，作为间接的原因，包括技术上的缺陷，教育上的缺陷，生理上的缺陷，心理上的缺陷，管理工作上的缺陷，学校教育和社会、历史上的原因造成的缺陷。

分析大量事故的原因可以得知，单纯由于不安全状态或是单纯由于不安全行为导致事故的情况并不多，事故几乎都是由多种原因交织而形成的，是由人的不安全因素和物的不安全状态结合而成的。

2. 施工现场安全生产重大危险源

根据上述不安全因素的分类，结合建筑施工现场的危险因素情况，总结发生过的建筑施工生产安全事故教训，我们归纳出建筑施工现场存在的重大危险源主要有：

（1）基坑支护、人工挖孔桩、脚手架、模板和支撑、起重机械、物料提升机、施工电梯等工程局部甚至整体结构失稳，导致机械设备倾覆、坍塌、人员伤亡等后果。

（2）高空作业（作业面距离基准面高度差达到2m）、洞口、临边作业因安全防护不到位导致人员从高处坠落，作业面材料或建筑垃圾堆放不当导致人员摔伤滑倒，作业人员未佩戴安全带或安全带失效造成人员从高处坠落。

（3）因荷载过重或管理不善，材料构件、施工工具等发生堆放散落、高空坠落，致撞击、砸伤下方人员。

（4）临时用电设备设施、施工机械及机具漏电、电源线老化等或未按规定采取接地保护、漏电保护措施造成人员触电，线路短路引起电器火灾。

（5）起重吊装作业中吊物、吊臂、吊具、吊索等意外失控，致使周边建筑物、构筑物损坏，人员伤亡等后果。

（6）人工挖孔桩、隧道掘进、市政管道接口等因通风排气不畅造成人员窒息或中毒。

（7）易燃易爆物品管理不当、焊接动火作业不符合安全操作规程，引发爆炸、火灾。

（8）基坑开挖等使用挖掘机作业时损坏地下的电气、城市供水、供热、供气管道等引起大面积停电、停水、停气等事故。

（9）深基坑、隧道、地铁、竖井、大型管沟的施工，因为支护、支撑等设施失稳、坍塌，不但造成施工场所破坏、人员伤亡，往往还会引起地面、周边建筑设施的倾斜、塌陷、坍塌、爆炸与火灾等意外。基坑开挖、人工挖孔桩等施工降水，造成周围建筑物因地基不均匀沉降而倾斜、开裂、倒塌等意外。

（10）生活区用电不安全引发的火灾，私用煤气导致的爆炸，食品不卫生导致的中毒以及因争执、矛盾引发的治安事件等。

（11）遭遇台风、暴雨、暴风雪等自然灾害导致的人员和财产损失。

3. 建筑施工现场常见的事故类型

2016年，全国建筑施工伤亡事故类别仍主要是高处坠落、坍塌、物体打击、机具伤害、触电等，这些类型事故的死亡人数分别占全部事故死亡人数的45.52%、18.61%、11.82%、5.87%、6.54%，总计占全部事故死亡人数的88.36%。

从近年来建筑施工生产安全事故统计数据来看，建筑施工生产安全事故类型主要是高处坠落、物体打击、坍塌、起重伤害、触电这五种，我们称之为建筑施工"五大伤害"。从每起事故严重程度来看，以一般事故占大多数；从事故发生的地域来看，以城市居多；从事故发生的频率来看，这五类事故重复发生。

因此，建筑施工现场应当重点防范的事故类型就是"五大伤害"，也就是高处坠落、物体打击、坍塌、起重伤害、触电这五种事故。

（二）施工现场安全事故的主要防范措施

针对建筑施工现场常见的"五大伤害"的特点，除了加强施工现场安全管理之外，还应分别采取相应的生产安全事故防范技术措施。

1．高处坠落

高处坠落事故的防范措施主要有：

（1）施工单位在编制施工组织设计时，应制定预防高处坠落事故的安全技术措施。项目经理部应结合施工组织设计，根据建筑工程特点编制预防高处坠落事故的专项施工方案，并组织实施。

（2）所有高处作业人员应接受高处作业安全知识的教育培训并经考核合格后方可上岗作业，就高处作业技术措施和安全专项施工方案进行技术交底并签字确认。高处作业人员应经过体检，合格后方可上岗。

（3）施工单位应为高处作业人员提供合格的安全帽、安全带等必备的安全防护用具，作业人员应按规定正确佩戴和使用。

（4）高处作业安全设施的主要受力杆件的力学计算按一般结构力学公式，强度及挠度计算按现行有关规范进行。

（5）加强对临边和洞口的安全管理，采取有效的防护措施，按照技术规范的要求设置牢固的盖板、防护栏杆、张挂安全网等。

（6）电梯井口必须设防护栏杆或固定栅门；电梯井内应每隔两层，且最多隔10m设一道安全网。

（7）井架与施工运输电梯、脚手架等与建筑物通道的两侧边，必须设防护栏杆。地面通道上方应装设安全防护棚。双笼井架通道中间，应予以分隔封闭。各种垂直运输接料平台，除两侧设防护栏杆外，平台口还应设置安全门或活动防护栏杆。

（8）施工现场通道附近的各类洞口与坑槽等处，除设置防护设施与安全标志外，夜间还应设红灯示警。

（9）攀登的用具，结构构造上必须牢固可靠。

（10）施工中对高处作业的安全技术设施，发现有缺陷和隐患时，必须及时解决；危及人身安全时，必须停止作业。

（11）因作业必需，临时拆除或变动安全防护设施时，必须经施工负责人同意，并采取相应的可靠措施，作业后应立即恢复。

（12）防护棚搭设与拆除时，应设警戒区，并应派专人监护。严禁上下同时拆除。

（13）雨天和雪天进行高处作业时，必须采取可靠的防滑、防寒和防冻措施。

2．物体打击

物体打击事故防范措施主要有：

（1）避免交叉作业。安排施工计划时，尽量避免和减少同一垂直线内的立体交叉作业。

无法避免交叉作业时必须设置能阻挡上层坠落物体的隔离层。

（2）模板的安装和拆除应按照施工方案进行作业，2m以上高处作业应有可靠的立足点，拆除作业时不准留有悬空的模板，防止掉下砸伤人。

（3）从事起重机械的安装拆卸，脚手架、模板的搭设或拆除，桩基作业，预应力钢筋张拉作业以及建筑物拆除作业等危险作业时必须设警戒区。

（4）脚手架两侧应设有0.5～0.6m和1.0～1.2m的双层防护栏杆和高度为18～20cm的挡脚板。脚手架外侧挂密目式安全网，网间不应有空缺。

（5）上下传递物件禁止抛掷。

（6）深坑、槽的四周边沿在设计规定范围内，禁止堆放物料。

（7）做到工完场清。

（8）手动工具应放置在工具袋内，禁止随手乱放避免坠落伤人。

（9）拆除施工时除设置警戒区域外，拆下的材料要用物料提升机或施工电梯及时清理运走，散碎材料应用溜槽顺槽溜下。

（10）使用圆盘锯小型机械设备时，保证设备的安全装置完好，工人必须遵守操作规程，避免机械伤人。

（11）通道和施工现场出入口上方，均应搭设坚固、密封的防护棚。高层建筑应搭设双层防护棚。

（12）进入施工现场必须正确佩戴安全帽，安全帽的质量必须符合国家标准。

（13）作业人员应在规定的安全通道内出入和上下，不得在非规定通道位置行走。

3. 坍塌

（1）土方坍塌的防范措施如下：

①土方开挖前应了解水文地质及地下设施情况，制定施工方案，并严格执行。基础施工要有支护方案。

②按规定设边坡，在无法留有边坡时，应采取打桩、设置支撑等措施，确保边坡稳定。

③开挖沟槽、基坑等，应根据土质和挖掘深度等条件放足边坡坡度。挖出的土堆放在距坑、槽边的距离不得小于设计的规定。且堆放高度不超过1.5m。开挖过程中，应经常检查边壁土稳固情况，发现有裂缝、疏松或支撑走动，要随时采取措施。

④需要在坑、槽边堆放材料和施工机械的，距坑、槽边的距离应满足安全的要求。

⑤挖土顺序应遵循由上而下逐层开挖的原则，禁止采用掏洞的操作方法。

⑥基坑内要采取排水措施，及时排除积水，降低地下水位，防止土方浸泡引起坍塌。

⑦施工作业人员必须严格遵守安全操作规程。上下要走专用的通道，不得直接从边坡上攀爬，不得拆移土壁支撑和其他支护设施。发现危险时，应采取必要的防护措施后逃离到安全区域，并及时报告。

⑧经常查看边坡和支护情况，发现异常，应及时采取措施。

⑨拆除支护设施通常采用自下而上，随填土进程，填一层拆一层，不得一次拆到顶。

（2）模板和脚手架等工作平台坍塌的防范措施如下：

①模板工程、脚手架工程应有专项施工方案，附具安全验算结果，并经审查批准后，在专职安全生产管理人员的监督下实施。

②架子工等搭设拆除人员必须取得特种作业资格。

③搭设完毕使用前，需要经过验收合格方可使用。

④作业层上的施工荷载应符合设计要求，不得超载。不得将模板支架、缆风绳、泵送混凝土和砂浆的输送管等固定在架体上；严禁悬挂起重设备，严禁拆除或移动架体上的安全防护设施。

⑤脚手架使用期间，严禁拆除主节点处的纵、横向水平杆，纵、横向扫地杆，连墙件等杆件。

⑥混凝土强度必须达到规范要求，才可以拆模板。

（3）拆除工程坍塌的防范措施如下：

①拆除工程应由具备拆除施工资质的队伍承担。

②拆除施工前 15 日到当地建设行政主管部门备案。

③有拆除方案，内容包含拟拆除建筑物、构筑物及可能危及毗邻建筑的说明，拆除施工组织方案，堆放清理废弃物的措施等。

④拆除作业人员经过安全培训合格。

⑤人工拆除应当遵循自上而下的拆除顺序，禁止用推倒法。不得数层同时拆除。拆除过程中，要采取措施防止尚未拆除部分倒塌。

⑥机械拆除同样应当自上而下拆除，机械拆除现场禁止人员进入。

⑦爆破作业符合相关安全规定。

（4）起重机械坍塌的防范措施如下：

①起重机械的安装拆卸应由具备相应的安装拆卸资质的专业承包单位承担。

②安装拆卸人员属于特种作业人员，应取得相应的资格。

③编制专项施工方案，由技术人员在旁指挥。

④安装完毕，需由使用单位、安装单位、租赁单位、总承包单位共同验收合格方可使用。

⑤加强对起重机械使用过程中的日常安全检查、维护和保养。

⑥属于国家淘汰或命令禁止使用的起重机械，不得使用。

4. 起重伤害

起重伤害事故的防范措施如下：

（1）起重吊装作业前，编制起重吊装施工方案。

（2）各种吊装作业前，应预先在吊装现场设置安全警戒标志并设专人监护，非施工人员禁止入内。

（3）司机、信号工为特种作业人员，应取得相应的资格。

（4）吊装作业前，应对起重吊装设备、钢丝绳、缆风绳、链条、吊钩等各种机具进行检查，必须保证安全可靠，不准带病使用。

（5）严禁利用管道、管架、电杆、机电设备等做吊装锚点。未经原设计单位核算，不得将建筑物、构筑物作为锚点。

（6）任何人不得随同吊装重物或吊装机械升降。

（7）吊装作业现场的吊绳索、缆风绳、拖拉绳等要避免同带电线路接触，并保持安全距离。起重机械要有防雷装置。

（8）吊装作业时，必须按规定负荷进行吊装，吊具、索具经计算选择使用，严禁超负荷运行。

（9）悬臂下方严禁站人、通行和工作。

（10）多台起重机同时作业时，要有防碰撞措施。

（11）吊装作业中，夜间应有足够的照明，室外作业遇到大雪、暴雨、大雾及六级以上大风时，应停止作业。

（12）在吊装作业中，有下列情况之一者不准起吊：指挥信号不明；超负荷或物体重量不明；斜拉重物；光线不足，看不清重物；重物下站人；重物埋在地下；重物紧固不牢，绳打结、绳不齐；棱刃物体没有衬垫措施；安全装置失灵。

2. 触电

触电事故的防范措施如下：

（1）施工现场临时用电的架设和使用必须符合《施工现场临时用电安全技术规范》的规定。

（2）电工必须经过按国家现行标准考核合格后，持证上岗工作。安装、巡检、维修或拆除临时用电设备和线路，必须由电工完成，并应有人监护。电工等级应同工程的难易程度和技术复杂性相适应。

（3）各类用电人员应掌握安全用电基本知识和所用设备的性能。

（4）临时用电工程应定期检查。定期检查时，应复查接地电阻值和绝缘电阻值。

（5）检查和操作人员必须按规定穿绝缘胶鞋、戴绝缘手套；必须使用电工专用绝缘工具。

（6）电缆线路应采用埋地或架空敷设，严禁沿地面明敷。

（7）施工机具、车辆及人员，应与线路保持安全距离。达不到规定的最小距离时，必须采用可靠的防护措施。

（8）建筑施工现场临时用电系统必须采用TN–S接零保护系统，必须实行"三级配电，两级保护"制度。

（9）开关箱应由分配电箱配电。一个开关只能控制一台用电设备，严禁一个开关控制两台及以上的用电设备（含插座）。

（10）各种电气设备和电力施工机械的金属外壳、金属支架和底座必须按规定采取可靠的接零或接地保护。

（11）配电箱及开关箱周围应有足够的工作空间，不得在配电箱旁堆放建筑材料和杂物。配电箱要有防雨措施。

（12）各种高大设施必须按规定装设避雷装置。

（13）手持电动工具的使用应符合国家标准的有关规定。其金属外壳和配件必须按规定采取可靠的接零或接地保护。

二、应急救援预案的编制

（一）施工安全事故的应急救援

1. 事故应急救援预案的作用

（1）事故预防。通过危险辨识、事故后果分析，采用技术和管理手段降低事故发生的可能性，且使可能发生的事故控制在局部，防止事故蔓延。

（2）应急处理。当事故（或故障）一旦发生，有应急处理程序和方法，能快速反应处理故障或将事故消除在萌芽状态。

（3）抢险救援。采用预定的现场抢险和抢救的方式，控制或减少事故造成的损失。

2. 应急救援预案的分级

除生产经营单位应当制定应急救援预案外,《安全生产法》规定县级以上地方各级人民政府应当组织有关部门制定本行政区域内特大生产安全事故应急救援预案,建立应急救援体系。根据应急救援预案的权力机构不同,应急救援预案分为 5 个级别(见表 9-3):

表9-3　应急救援预案的级别

等级	主要内容
Ⅰ级(企业级)	事故的有害影响仅局限于某个生产经营单位的厂界内,并且可被现场的操作者遏制和控制在该区域内。这类事故可能需要投入整个单位的力量来控制,但预期其影响不会扩大到社区(公共区)
Ⅱ级(市、县级)	事故的影响可能扩大到公共区,但可被该县(市、区)的力量,加上所涉及的生产经营单位的力量所控制
Ⅲ级(地、市级)	事故影响范围大,后果严重,或是发生在两个县或县级市管辖区边界上的事故,应急救援需要动用地区力量
Ⅳ级(省级)	对可能发生的特大火灾、爆炸、毒物泄漏等事故,特大矿山事故以及属省级特大事故隐患、重大危险源的设施或场所,应建立省级事故应急预案。它可能是一种规模较大的灾难事故,或是一种需要用事故发生地的城市或地区所没有的特殊技术和设备进行处理的特殊事故。这类意外事故需用全省范围内的力量来控制
Ⅴ级(国家级)	事故后果超过省、自治区、直辖市边界,以及列为国家级事故隐患、重大危险源的设施或场所,应制订国家级应急预案

(二)事故应急救援预案的编制

1. 应急救援预案编制的原则

(1)目的性原则。制订的应急救援预案必须明确编制的目的,并具有针对性,不能局限于形式。

(2)科学性原则。制订应急救援预案应当在全面调查研究的基础上,进行科学的分析和论证,制定出统一、完整、严密、迅速的应急救援方案,使预案具有科学性。

(3)实用性原则。制订的应急救援预案必须讲究实效。应急救援预案应符合企业、施工现场和环境的实际情况,具有实用性和可行性。

(4)权威性原则。救援工作是一项紧急状态下的应急性工作,所制订的应急救援预案应明确救援工作的管理体系，明确救援行动的组织指挥权限和各级救援组织的职责和任务等一系列的行政性管理规定。应急预案一旦启动，各相关部门和人员必须服从指挥，协调配合，迅速投入应急救援之中。

（5）从重、从大的原则。制定的事故应急救援预案要从本单位可能发生的最高级别或重大的事故考虑，不能避重就轻、避大就小。

（6）分级的原则。事故应急救援预案必须分级制订，分级管理和实施。

2．应急救援预案的编制内容

以建筑施工企业为例，事故应急救援预案编写应包括以下主要内容：

（1）编制目的及原则。

（2）危险性分析（包括项目概况和危险源情况等内容）。

（3）应急救援组织机构与职责（包括应急救援领导小组与职责，应急救援下设机构及职责等内容）。

（4）预防与预警预防应（包括土方坍塌、高处坠落、触电、机械伤害、物体打击、火灾、爆炸等事故的预防措施，预警应包括事故发生后的信息报告程序等内容）。

（5）应急响应（包括坍塌事故应急处置、大型脚手架及高处坠落事故应急处置、触电事故应急处置、电焊伤害事故应急处置、车辆火灾事故应急处置、重大交通事故应急处置、火灾和爆炸事故应急处置、机械伤害事故应急处置等内容）。

（6）应急物资及装备（包括应急救援所需的人员、物资、资金和技术等）。

（7）预案管理（包括培训及演练等）。

（8）预案修订与完善。

（9）相关附件。

3．应急救援预案编制的程序

（1）编制的组织。《安全生产法》第十七条规定：生产经营单位的主要负责人具有组织制定并实施本单位的生产事故应急救援预案的职责。具体到施工项目上，项目经理应是应急救援预案编制的责任人，项目技术负责人、施工员、安全员、质检员等技术管理人员应当参与编制工作。

（2）编制的程序：

①成立应急救援预案编制小组并进行分工；拟订编制方案，明确职责。

②根据需要收集相关资料，包括施工区域的气象、地理、水文、环境、人口、危险源分布情况、社会公用设施和应急救援力量现状等资料。

③进行危险辨识与风险评价。

④对应急资源进行评估（包括软件、硬件）。

⑤确定指挥机构和人员及其职责。

⑥编制应急救援预案。

⑦对应急救援预案进行评估。

⑧修订完善，形成应急救援预案的文件体系。

⑨按规定将预案上报有关部门和相关单位审核批准。

⑩对应急救援预案进行修订和维护。

第三节　施工现场安全生产管理

一、拆除工程施工安全措施

（一）拆除工程安全施工管理

1. 人工拆除

（1）当采用手动工具进行人工拆除建筑时，施工程序应从上至下，分层拆除，作业人员应在脚手架或稳固的结构上操作，被拆除的构件应有安全的放置场所。

（2）拆除施工应分段进行，不得垂直交叉作业。作业面的孔洞应封闭。

（3）人工拆除建筑墙体时，不得采用掏掘或推倒的方法。楼板上严禁多人聚集或堆放材料。

（4）拆除建筑的栏杆、楼梯、楼板等构件，应与建筑结构整体拆除进度相配合，不得先行拆除。建筑的承重梁、柱，应在其所承载的全部构件拆除后，再进行拆除。

（5）拆除横梁时，应确保其下落能有有效控制时，方可切断两端的钢筋，逐端缓慢放下。

（6）拆除柱子时，应沿柱子底部剔凿出钢筋，使用手动倒链定向牵引，采用气焊切割柱子三面钢筋，保留牵引方向正面的钢筋。

（7）拆除管道及容器时，必须查清其残留物的种类、化学性质，采取相应措施后，方可进行拆除施工。

（8）楼层内的施工垃圾，应采用封闭的垃圾道或垃圾袋运下，不得向下抛掷。

2. 机械拆除

（1）当采用机械拆除建筑时，应从上至下、逐层逐段进行；应先拆除非承重结构，再拆除承重结构。对只进行部分拆除的建筑，必须先将保留部分加固，再进行分离拆除。

（2）施工中必须由专人负责监测被拆除建筑的结构状态，并应做好记录。当发现有不稳定状态的趋势时，必须停止作业，采取有效措施，消除隐患。

（3）机械拆除时，严禁超载作业或任意扩大使用范围，供机械设备使用的场地必须保证足的承载力。作业中不得同时回转、行走。机械不得带故障运转。

（4）当进行高处拆除作业时，对较大尺寸的构件或沉重的材料，必须采用起重机具及时吊下。拆卸下来的各种材料应及时清理，分类堆放在指定场所，严禁向下抛掷。

（5）拆除框架结构建筑，必须按楼板、次梁、主梁、柱子的顺序进行施工。

3．爆破拆除

（1）爆破拆除工程应根据周围环境条件、拆除对象类别、爆破规模，并应按照现行国家标准《爆破安全规程》分为 A、B、C 三级。爆破拆除工程设计必须经当地有关部门审核，做出安全评估批准后方可实施。

（2）从事爆破拆除工程的施工单位，必须持有所在地有关部门核发的爆炸物品使用许可证，承担相应等级或低于企业级别的爆破拆除工程。爆破拆除设计人员应具有承担爆破拆除作业范围和相应级别的爆破工程技术人员作业证。从事爆破拆除施工的作业人员应持证上岗。

（3）爆破拆除所采用的爆破器材，必须向当地有关部门申请爆破物品购买证，到指定的供应点购买。严禁赠送、转让、转卖、转借爆破器材。

（4）运输爆破器材时，必须向所在地有关部门申请领取爆破物品运输证。应按照规定路线运输，并应派专人押送。

（5）爆破器材临时保管地点，必须经当地有关部门批准。严禁同室保管与爆破器材无关的物品。

（6）爆破拆除的预拆除施工应确保建筑安全和稳定。预拆除施工可采用机械和人工方法拆除非承重的墙体或不影响结构稳定的构件。

（7）对烟囱、水塔类构筑物采用定向爆破拆除工程时，爆破拆除设计应控制建筑倒塌时的触地振动，必要时应在倒塌范围铺设缓冲材料或开挖防震沟。

（8）为保护临近建筑和设施的安全，爆破震动强度应符合现行国家标准《爆破安全规程》的有关规定。建筑基础爆破拆除时，应限制一次同时爆破的用药量。

（9）建筑爆破拆除施工时，应对爆破部位进行覆盖和遮挡防护，覆盖材料和遮挡设施应牢固可靠。

（10）爆破拆除应采用电力起爆网路和非电导爆管起爆网路。

（11）爆破拆除工程的实施应在当地政府主管部门领导下成立爆破指挥部，并应按设计确定的安全距离设置警戒。

4．静力破碎及基础处理

（1）静力破碎方法适用于建筑基础或局部块体的拆除。

（2）采用静力破碎作业时，灌浆人员必须戴防护手套和防护眼镜。孔内注入破碎剂后，严禁人员在注孔区行走，并应保持一定的安全距离。

（3）静力破碎剂严禁与其他材料混放。

（4）在相邻的两孔之间，严禁钻孔与注入破碎剂施工同步进行。

（5）拆除地下构筑物时，应了解地下构筑物情况，切断进入构筑物的管线。

（6）建筑基础破碎拆除时，挖出的土方应及时运出现场或清理出工作面，在基坑边沿 1m 内严禁堆放物料。

（7）建筑基础暴露和破碎时，发生异常情况，必须停止作业。查清原因并采取相应措施后，方可继续施工。

（二）拆除工程安全技术管理

（1）拆除工程开工前，应根据工程特点、构造情况、工程量编制安全施工组织设计或方案。爆破拆除和被拆除建筑面积大于 $1000m^2$ 的拆除工程，应编制安全施工组织设计；被拆除建筑面积小于 $1000m^2$ 的拆除工程，应编制安全技术方案。

（2）拆除工程的安全施工组织设计或方案，应由技术负责人审核，经上级主管部门批准后实施。施工过程中，如需变更安全施工组织设计或方案，应经原审批人批准，方可实施。

（3）项目经理必须对拆除工程的安全生产负全面领导责任。项目经理部应设专职安全员，检查落实各项安全技术措施。

（4）进入施工现场的人员，必须佩戴安全帽。凡在 2m 及以上高处作业无可靠防护设施时，必须使用安全带。在恶劣的气候条件下，严禁进行拆除作业。

（5）当日拆除施工结束后，所有机械设备应停放在远离被拆除建筑的地方。施工期间的临时设施，应与被拆除建筑保持一定的安全距离。

（6）拆除工程施工现场的安全管理应由施工单位负责。从业人员应办理相关手续，签订劳动合同，进行安全培训，考试合格后，方可上岗作业。

（7）拆除工程施工前，必须对施工作业人员进行书面安全技术交底。

（8）拆除工程施工必须建立安全技术档案，并应包括下列内容：拆除工程安全施工组织设计或方案；安全技术交底；脚手架及安全防护检查验收记录；劳务用工合同及安全管理协议书；机械租赁合同及安全管理协议书。

（9）施工现场临时用电必须按照国家现行标准《施工现场临时用电安全技术规范》的有关规定执行。夜间施工必须有足够照明。

（10）电动机械和电动工具必须装设漏电保护器，其保护零线的电气连接应符合要求。对产生振动的设备，其保护零线的连接点不应少于 2 处。

（11）拆除工程施工过程中，当发生重大险情或生产安全事故时，应及时排除险情、组织抢救、保护事故现场，并向有关部门报告。

（12）施工单位必须依据拆除工程安全施工组织设计或方案，划定危险区域。施工前应发出告示，通报施工注意事项，并应采取可靠的安全防护措施。

二、高处作业与安全防护措施

（一）高处作业安全措施

高处作业安全防护的具体措施如下：

（1）进行高处作业时，必须使用脚手架、平台、梯子、防护围栏、挡脚板、安全带和安全网等。作业前，应认真检查所用的安全设施是否牢固、可靠。

（2）从事高处作业人员应接受高处作业安全知识的教育；特殊高处作业人员应持证上岗，上岗前应依据有关规定进行专门的安全技术交底。采用新工艺、新技术、新材料和新设备的，应按规定对作业人员进行相关安全技术教育。

（3）高处作业人员应经过体检，合格后方可上岗。施工单位应为作业人员提供合格的安全帽、安全带等必备的个人安全防护用具，作业人员应按规定正确佩戴和使用。

（4）施工单位应按类别有针对性地将各类安全警示标志悬挂于施工现场各相应部位，夜间应设红灯示警。

（5）高处作业所用工具、材料等严禁投掷，上下立体交叉作业确有需要时，中间须设隔离设施。

（6）高处作业应设置可靠扶梯，作业人员应沿着扶梯上下，不得沿着立杆与栏杆攀登。

（7）雨雪天应采取防滑措施，当风速在 10.8m/s 以上和雷电、暴雨、大雾等气候条件下，不得进行露天高处作业。

（8）高处作业的上下应设置联系信号或通信装置，并指定专人负责。

（9）高处作业前，工程项目部应组织有关部门对安全防护设施进行验收，经验收合格签字方可作业。需要临时拆除或变动安全设施的，应经项目技术负责人审批签字，并组织有关部门验收，经验收合格签字后方可实施。

（二）临边作业安全措施

1. 防护栏杆的设置场合

（1）尚未装栏板的阳台、料台与各种平台周边、雨篷与挑檐边、无外脚手架的屋面和楼层边，以及水箱周边。

（2）分层施工的楼梯口和楼段边，必须设防护栏杆；顶层楼梯口应随工程结构的进度安装正式栏杆或临时栏杆；楼梯休息平台上尚未堵砌的洞口边也应设防护栏杆。

（3）井架与施工用的电梯、脚手架与建筑物通道的两边、各种垂直运输接料平台等，除两侧设置防护栏杆外，平台口还应设置安全门或活动防护栏杆；地面通道上部应装设安全防护棚。双笼井架通道中间，应分隔封闭。

（4）栏杆的横杆不应有悬臂，以免坠落时横杆头撞击伤人。

2. 防护栏杆措施要求

临边防护用的栏杆是由栏杆立柱和上、下两道横杆组成，上横杆称为扶手。栏杆的材料应按规范、标准的要求选择，选材时除需满足力学条件外，其规格尺寸和连接方式还应符合构造上的要求，应紧固而不动摇，能够承受突然冲击，阻挡人员在可能状态下的下跌和防止物料的坠落，还要有一定的耐久性。

搭设临边防护栏杆时，上杆离地高度为 1.0 ~ 1.2m 下杆离地高度为 0.5 ~ 0.6m；坡度大于 1：2.2 的屋面，防护栏杆应高于 1.5m 并加挂安全立网。除经设计计算外，横杆长度大于 2m 时，必须加设栏杆立柱。栏杆柱的固定及其与横杆的连接，其整体构造应使防护栏杆上杆的任何部位能经受任何方向的 1000N 外力。当栏杆所处位置有发生人群拥挤、车辆冲击或物件碰撞的可能时，应加大横杆截面或加密柱距。防护栏杆必须自上而下用安全立网封闭。

栏杆柱的固定应符合下列要求：

（1）在基坑四周固定时，可采用钢管并打入地面 50 ~ 70cm 深；钢管离边口的距离，不应小于 50cm。当基坑周边采用板桩时，钢管可打在板桩外侧。

（2）在混凝土楼面、屋面或墙面固定时，可用预埋件与钢管或钢筋焊牢。采用竹、木栏杆时，可在预埋件上焊接 30cm 长的 ∟ 50×5 角钢，其上下各钻一孔，用 10mm 螺栓与竹、木杆件拴牢。

（3）在砖或砌块等砌体上固定时，可预先砌入规格相适应的 80mm×6mm 弯转扁钢作预埋铁的混凝土块，然后用上下方法固定。

（三）洞口作业安全措施

在建工程施工现场往往存在着各式各样的洞口，在洞口旁的作业称为洞口作业。

在水平的楼面、屋面、平台等上面短边尺寸小于 25cm、大于 2.5cm 的称为孔，短边尺寸等于 25cm 的称为洞。在垂直于楼面、地面的垂直面上，高度小于 75cm 的称为孔，高度等于或大于 75cm，宽度大于 45cm 的均称为洞。凡深度在 2m 及 2m 以上的桩孔、人孔、沟槽与管道等孔洞边沿上的高处作业都属于洞口作业范围。进行洞口作业以及在因工程和工序需要而产生的使人与物体有坠落危险和有人身安全危险的其他洞口进行高处作业时，必须设置防护设施。

1．防护栏杆的设置场合

（1）各种板与墙的洞口，按其大小和性质分别设置牢固的盖板、防护栏杆、安全网或其他防坠落的防护设施。

（2）电梯井口，根据具体情况设防护栏或固定栅门与工具式栅门；电梯井内每隔两层且最多 1m 设一道安全平网，也可以按当地习惯在井口设固定的格栅或采取砌筑坚实的矮墙等措施。

（3）钢管桩、钻孔桩等桩孔口，柱基、条基等上口，未填土的坑、槽口，以及天窗和化粪池等处，都要作为洞口采取符合规范的防护措施。

（4）施工现场与场地通道附近的各类洞口、深度在 2m 以上的敞口等处除设置防护设施与安全标志外，夜间还应设红灯示警。

（5）物料提升机上料口，应装设有连锁装置的安全门，同时采用断绳保护装置或安全停靠装置；通道口走道板应平行于建筑物满铺并固定牢靠，两侧边应设置符合要求的防护栏杆和挡脚板，并用密目式安全网封闭两侧。

2．洞口安全防护措施要求

洞口作业时，要根据具体情况采取设置防护栏杆、加盖件、张挂安全网与装栅门措施。

（1）楼板面的洞口，可用竹、木等作盖板。盖板须能保持四周搁置均衡，并有固定其位置的措施。

（2）短边边长为 50～150cm 的洞口，必须设置以扣件扣接钢管而成的网格，并在其上满铺竹笆或脚手板；也可采用贯穿于混凝土板内的钢筋构成防护网，钢筋网格间距不得大于 20cm。

（3）边长在 150cm 以上的洞口，四周设防护栏杆，洞口下张设安全平网。

（4）墙面等处的竖向洞口，凡落地的洞口应加装开关式、工具式或固定式的防护门，门栅网格的间距不应大于 15cm，也可采用防护栏杆，下设挡脚板（笆）。

（5）下边沿至楼板或底面低于 80cm 的窗台等竖向的洞口，如侧边落差大于 2m，则应加设 1.2m 高的临时护栏。

第四节　施工机械与安全用电管理

一、施工机械安全管理

（一）手持式电动工具管理

安全技术要点如下：

（1）使用手持式电动工具时，必须按规定穿戴绝缘防护用品。空气湿度小于75%的一般场所可选用Ⅰ类或Ⅱ类手持式电动工具，其金属外壳与PE线的连接点不得少于两处，所用插座和插头在结构上应保持一致，避免导电触头和保护触头混用。

（2）在潮湿场所或金属构架上操作时，必须选用n类或由安全隔离变压器供电的Ⅲ类手持式电动工具。金属外壳Ⅱ类手持式电动工具使用时，开关箱和控制箱应设置在作业场所外面。

（3）手持式电动工具的负荷线应采用耐气候型的橡皮护套铜芯软电缆，并不得有接头。

手持式电动工具的外壳、手柄、插头、开关、负荷线等必须完好无损，使用前必须做绝缘检查和空载检查，在绝缘合格、空载运转正常后方可使用。

（二）小型建筑机械管理

安全技术要点如下：

1. 夯土机械

（1）夯土机械开关箱中的漏电保护器必须符合潮湿场所选用漏电保护器的要求。

（2）夯土机械PE线的连接点不得少于2处。负荷线应采用耐气候型橡皮护套铜芯软电缆。夯土机械的操作扶手必须绝缘。夯土机械检修或搬运时必须切断电源。

（3）使用夯土机械必须按规定穿戴绝缘用品，使用过程应有专人调整电缆，电缆长度不应大于50m。电缆严禁缠绕、扭结和被夯土机械跨越。

（4）多台夯土机械并列工作时，其间距不得小于5m；前后工作时，其间距不得小于10m。

2. 焊接机械

（1）电焊机械应放置在防雨、干燥和通风良好的地方。焊接现场不得有易燃易爆品。

（2）交流弧焊机变压器的一次侧电源线长度不应大于 5m，电源进线处必须设置防护罩。

发电机式直流电焊机的换向器应经常检查和维护。

（3）电焊机械开关箱中的漏电保护器必须符合要求，交流电焊机械应配装防二次侧触保护器、电焊机械的二次线应采用防水橡皮护套铜芯软电缆，电缆长度不应大于 3m，不得采用金属构件或结构钢筋代替二次线的地线。

（4）进行焊接作业时所用的焊钳及电缆必须完整无破损，使用电焊机械焊接时必须穿戴防护用品。严禁露天冒雨从事电焊作业。

3．混凝土施工机械

（1）混凝土搅拌机、插入式振动器、平板振动器、地面抹光机、水磨石机等设备的漏电保护应符合《施工现场临时用电安全技术规范》要求，负荷线必须采用耐气候型橡皮护套铜芯软电缆，并不得有任何破损和接头。

（2）对混凝土搅拌机等设备进行清理、检查、维修时，必须首先将其开关箱分闸断电，呈现可见电源分断点，并关门上锁。

4．钢筋加工机械

（1）钢筋加工机械包括钢筋切断机、钢筋调直机、钢筋套丝机、钢筋弯曲机等。钢筋加工机械的漏电保护应符合《施工现场临时用电安全技术规范》要求。设置漏电保护装置。

（2）钢筋加工机械的负荷线必须采用耐气候型橡皮护套铜芯软电缆，并不得有任何破损和接头。对钢筋加工机械等设备进行清理、检查、维修时，必须首先将其开关箱分闸断电，呈现可见电源分断点，并关门上锁。

（三）大型施工机械管理

安全技术要点如下：

（1）塔式起重机的电气设备应符合现行国家标准《塔式起重机安全规程》的要求。塔式起重机与外电线路的安全距离应符合《施工现场临时用电安全技术规范》要求。

（2）塔式起重机应按《施工现场临时用电安全技术规范》做重复接地和防雷接地。轨道两端各设一级接地装置。

（3）轨道式塔式起重机的电缆不得拖地行走。需要夜间工作的塔式起重机，应设置正对工作面的投光灯。

（4）塔身高于 30m 的塔式起重机，应在塔顶和臂架端部设红色信号灯。

（5）在强电磁波源附近工作的塔式起重机，操作人员应戴绝缘手套和穿绝缘鞋，并应在吊钩与机体间采取绝缘隔离措施，或在吊钩吊装地面物体时，在吊钩上挂接临时接地装置。

（6）外用电梯梯笼内、外均应安装紧急停止开关。上、下极限位置应设置限位开关。

在每日工作前必须对行程开关、限位开关、紧急停止开关、驱动机构和制动器等进行空载检查，正常后方可使用。检查时必须有防坠落措施。

（7）配电箱、开关箱内的电器配置和接线严禁随意改动。熔断器的熔体更换时，严禁采用不符合原规格的熔体代替。漏电保护器每天使用前应启动漏电试验按钮试跳一次，试跳不正常时严禁继续使用。

二、施工用电安全管理

（一）电气设备接零或接地管理

1. 保护接零安全技术要点

（1）在 TN 系统中，电气设备不带电的外露可导电部分应做保护接零的主要包括：电机、变压器、电器、照明器具、手持式电动工具的金属外壳；电气设备传动装置的金属部件；配电柜与控制柜的金属框架；配电装置的金属箱体、框架及靠近带电部分的金属围栏和金属门等。

（2）城防、人防、隧道等潮湿或条件特别恶劣施工现场的电气设备必须采用保护接零。

2. 接地与接地电阻的安全技术要点

（1）单台容量超过 100kVA 或使用同一接地装置并联运行且总容量超过 100kVA 的电力变压器或发电机的工作接地电阻不得大于 4Ω，不超过 100kVA 时电阻值不得大于 1Ω。

（2）在 TN 系统中，保护零线每一处重复接地装置的接地电阻值不应大于 10Ω。在工作接地电阻值允许达到 10Ω 的电力系统中，所有重复接地的等效电阻值不应大于 10Ω。

（3）每一接地装置的接地线应采用 2 根及以上导体，在不同点与接地体做电气连接。

（4）不得采用铝导体做接地体或地下接地线。垂直接地体宜采用角钢、钢管或光面圆钢，不得采用螺纹钢。接地可利用自然接地体，但应保证其电气连接和热稳定。

（5）移动式发电机供电的用电设备，其金属外壳或底座应与发电机电源的接地装置有可靠的电气连接。

（二）配电室安全用电管理

安全技术要点如下：

（1）配电柜正面的操作通道宽度：单列布置或双列背对背布置不小于1.5m，双列面对面布置不小于2m。配电柜后面的维护通道宽度：单列布置或双列面对面布置不小于0.8m，双列背对背布置不小于1.5m，个别地点有建筑物结构突出的地方，则此点通道宽度可减少0.2m。配电柜侧面的维护通道宽度不小于1m。配电室的顶棚与地面的距离不低于3m。配电装置的上端距顶棚不小于0.5m。配电室围栏上端与其正上方带电部分的净距不小于0.075m。

（2）配电室内设置值班或检修室时，该室边缘距配电水平距离大于1m，并采取屏障隔离。配电室内的裸母线与地面垂直距离小于2.5m时，采用遮拦隔离，遮拦下面通道的高度不小于1.9m。

（3）配电柜应装设电度表，并应装设电流、电压表。电流表与计费电度表不得共用一组电流互感器。配电柜应装设电源隔离开关及短路、过载、漏电保护电器。电源隔离开关分断时应有明显可见分断点。

（三）配电箱及开关箱安全用电管理

安全技术要点如下：

（1）每台用电设备必须有各自专用的开关箱，严禁用同一个开关箱直接控制2台及2台以上用电设备（含插座）。

（2）配电箱、开关箱应装设端正、牢固。固定式配电箱、开关箱的中心点与地面的垂直距离应为1.4～1.6m。移动式配电箱、开关箱应装设在坚固、稳定的支架上。其中心点与地面的垂直距离宜为0.8～1.6m。

（3）配电箱、开关箱内的电器（含插座）应先安装在金属或非木质阻燃绝缘电器安装板上，然后方可整体坚固在配电箱、开关箱箱体内。金属电器安装板与金属箱体应做电气连接。配电箱、开关箱内的电器（含插座）应按其规定位置紧固在电器安装板上，不得歪斜和松动。

（4）配电箱的电器安装板上必须分设N线端子板和PE线端子板。N线端子板必须与金属电器安装板绝缘；PE线端子板必须与金属电器安装板做电气连接。进出线中的N线必须通过N线端子板连接；PE线必须通过PE线端子板连接。

（5）配电箱、开关箱的箱体尺寸应与箱内电器的数量和尺寸相适应。

（四）施工用电线路管理

1. 架空线路安全技术要点

（1）架空线必须架设在专用电杆上，严禁架设在树木、脚手架及其他设施上。

架空线路的线间距不得小于 0.3m，靠近电杆的两导线的间距不得小于 0.5m。

（2）架空线路的挡距不得大于 35m。架空线在一个挡距内，每层导线的接头数不得超过该层导线条数的 50%，且一条导线应只有一个接头。在跨越铁路、公路、河流、电力线路挡距内，架空线不得有接头。

（3）电杆的拉线宜采用不少于 3 根直径 4.0mm 的镀锌钢丝。拉线与电杆的夹角在 30°～45°之间。拉线埋设深度不得小于 1m。电杆拉线如从导线之间穿过，应在高于地面 2.5m 处装设拉线绝缘子。

（4）因受地形环境限制不能装设拉线时，可采用撑杆代替拉线，撑杆埋设深度不得小于 0.8m，其底部应垫底盘或石块。撑杆与电杆夹角宜为 30°。接户线在挡距内不得有接头，进线处离地高度不得小于 2.5m。

2. 电缆线路的安全技术要点

（1）电缆直接埋地敷设的深度不应小于 0.7m，并应在电缆紧邻四周均匀敷设不小于 50mm 厚的细砂，然后覆盖砖或混凝土板等硬质保护层。

（2）埋地电缆与其附近外电电缆和管沟的平行间距不得小于 2m，交叉间距不得小于 1m。

（3）埋地电缆的接头应设在地面上的接线盒内，接线盒应能防水、防尘、防机械损伤，并应远离易燃、易爆、易腐蚀场所。

（4）架空电缆应沿电杆、支架或墙壁敷设，并采用绝缘子固定，绑扎线必须采用绝缘线，固定点间距应保证电缆能随自重所带来的荷载，敷设高度应符合《施工现场临时用电安全技术规范》对架空线路敷设高度的要求，但沿墙壁敷设时最大弧垂距地不得小于 2.0m。

（5）架空电缆严禁沿脚手架、树木或其他设施敷设。

第五节　安全文明施工管理

一、施工现场文明施工管理

（一）文明施工管理的内容和基本要求

1. 管理内容

文明施工管理主要包括下列工作内容：

（1）进行现场文化建设。

（2）规范场容，保持作业环境整洁卫生。

（3）创造有序生产的条件。

（4）减少对居民和环境的不利影响。

由于各地对施工现场文明施工的要求不尽一致，项目经理部在进行文明施工管理时还应按照当地的要求进行，并与当地的社区文化、民族特点及风土人情有机结合，建立文明施工管理的良好社会信誉。

2．基本要求

（1）现场围挡

①施工现场必须采用封闭围挡，并根据地质、气候、围挡材料进行设计与计算，确保围挡的稳定性、安全性。

②围挡高度不得小于1.8m，建造多层、高层建筑的，还应设置安全防护设施。在市区主要路段和市容景观道路及机场、码头、车站广场设置的围挡高度不得低于2.5m，在其他路段设置的围挡高度不得低于1.8m。

③施工现场的施工区域应与办公、生活区划分清晰，并应采取相应的隔离措施。

④围挡使用的材料应保证围挡坚固、整洁、美观，不宜使用彩布条、竹笆或安全网等。

⑤市政工程现场，可按工程进度分段设置围栏，或按规定使用统一的连续性围挡设施。

⑥施工单位不得在现场围挡内侧堆放泥土、砂石、建筑材料、垃圾和废弃物等，严禁将围挡做挡土墙使用。

⑦在经批准临时占用的区域，应严格按批准的占地范围和使用性质存放、堆卸建筑材料或机具设备等，临时区域四周应设置高于1m的围挡。

⑧在有条件的工地，四周围墙、宿舍外墙等地方，应张挂、书写反映企业精神、时代风貌及人性化的醒目宣传标语或绘画。

⑨雨后、大风后以及冻融季节应及时检查围挡的稳定性，发现问题及时处理。

（2）封闭管理

①施工现场进出口应设置固定的大门，且要求牢固、美观，门头按规定设置企业名称或标志（施工现场的门斗、大门，各企业应统一标准，施工企业可根据各自的特色，标明集团、企业的规范简称）。

②门口要设置专职门卫或保安人员，并制定门卫管理制度，来访人员应进行登记，禁止外来人员随意出入，所有进出材料或机具要有相应的手续。

③进入施工现场的各类工作人员应按规定佩戴工作胸卡和安全帽。

③施工现场机动车辆出入口应设置车辆冲洗设施。

（3）施工场地

①施工现场的主要道路必须进行硬化处理，土方应集中堆放。集中堆放的土方和裸露的场地应采取覆盖、固化或绿化等措施。

②现场内各类道路应保持畅通。

③施工现场地面应平整，且应有良好的排水系统，保持排水畅通。

④制定防止泥浆、污水、废水外流以及堵塞排水管沟和河道的措施，实行二级沉淀、三级排放。

⑤工地应按要求设置吸烟处，有烟缸或水盆，禁止流动吸烟。

⑥现场存放的油料、化学溶剂等易燃易爆物品，应按分类要求放置于设有专门的库房内，地面应进行防渗漏处理。

⑦施工现场地面应经常洒水，对粉尘源进行覆盖或采取其他有效防止扬尘的措施。

⑧施工现场长期裸露的土质区域，在温暖季节应进行绿化布置，以美化环境，并防止扬尘现象。

（4）材料堆放

①施工现场各种建筑材料、构件、机具应按施工总平面布置图的要求堆放。

②材料堆放要按照品种、规格堆放整齐，并按规定挂置名称、品种、产地、规格、数量、进货日期等内容及状态的标牌（已检合格、待检、不合格等）。

③工作面每日应做到工完料清、场地净。

④施工现场材料码放应采取防火、防锈蚀、防雨等措施。

⑤建筑物内施工垃圾的清运，应采用器具或管道运输，严禁随意抛掷。

⑥易燃易爆物品应分类储藏在专用库房内，并应制定防火措施。

（5）现场防火

①制订防火安全措施及管理制度、制定消防措施，施工区域和生活、办公区域应配备足够数量的灭火器材并保证可靠有效。

②根据消防要求，在不同场所合理配置种类合适的灭火器材；严格存放易燃、易爆物品，设置专门仓库存放。

③施工现场主要道路必须符合消防要求，并时刻保持畅通。

④高层建筑应按规定设置消防水源，并能满足消防要求，坚持安全生产的"三同时"原则。

⑤施工现场防火必须建立防火安全组织机构、义务消防队，明确项目负责人、

其他管理人员及各操作人员的防火安全职责，落实防火制度和措施。

⑥施工现场需动用明火作业的，如电焊、气焊、气割、黏结防水卷材等，必须严格执行三级动火审批手续，并落实动火监护和防范措施。

⑦应按施工区域或施工层合理划分动火级别，动火必须具有"二证一器一监护"（焊工证、动火证、灭火器、监护人）。

⑧建立现场防火档案，并纳入施工资料管理。

⑨施工现场临时用房和作业场所的防火设计应符合规范要求。

（6）现场治安综合治理：

①生活区应按精神文明建设的要求设置学习和娱乐场所，如电视机室、阅览室和其他文体活动场所，并配备相应器具。

②建立健全现场治安保卫制度，责任落实到人。

③落实现场治安防范措施，杜绝盗窃、斗殴、赌博等违法乱纪事件。

④加强现场治安综合治理，做到目标管理、职责分明，治安防范措施有力，重点要害部位防范措施到位。

⑤与施工现场的分包队伍须签订治安综合治理协议书，并加强法治教育。

（二）建筑工程安全防护、文明施工措施费用的管理

1. 费用管理

（1）费用的构成及用途

①建设单位对建筑工程安全防护、文明施工措施有其他要求的，所发生费用一并计入安全防护、文明施工措施费。

②安全防护、文明施工措施费用是由《建筑安装工程费用项目组成》中措施费所含的文明施工费、环境保护费、临时设施费、安全施工费组成。

③环境保护费是指施工现场为达到环保部门要求所需要的各项费用。包括施工现场的扬尘采取洒水措施治理；施工噪声控制措施；施工现场排污治理措施等发生的费用。

④文明施工费是指施工现场文明施工所需要的各项费用。包括施工现场围栏规范搭设；施工现场道路硬化；施工现场文明施工标语、标示；施工现场及生活区卫生整洁；现场材料堆放整齐有序；施工现场统一着装；施工现场文明施工的教育培训及管理等所需费用。

⑤安全施工费是指施工现场安全施工所需要的各项费用。包括现场安全管理、机构人员设置、安全教育培训（包括特种作业人员培训）、安全设施（安全网、安全帽、安全绳、安全带、临边防护及各种防护设施、安全设施的检测等）、安全标

示标牌标语等所发生的费用。

⑥临时设施费是指施工企业为进行建设工程所必须搭设的生活和生产用的临时建筑物、构筑物和其他临时设施费用。包括临时设施的搭设费、维修费、拆除费、清理费或摊销费等。

（2）费用计取

①建设单位、设计单位在编制工程概（预）算时，应当合理确定工程安全防护、文明施工措施费。

②依法进行工程招投标的项目，招标方或具有资质的中介机构编制招标文件时，应当按照有关规定并结合工程实际单独列出安全防护、文明施工措施项目清单。

③投标方应当根据现行标准、规范，结合工程特点、工期进度和作业环境等要求，在施工组织设计文件中制定相应的安全防护、文明施工措施，并按照招标文件要求结合自身的施工技术和管理水平对工程安全防护、文明施工措施项目单独报价。投标方安全防护、文明施工措施的报价，不得低于依据工程所在地工程造价管理机构测定费率计算所需费用总额的90%。

④建设单位与施工单位应当在施工合同中明确安全防护、文明施工措施项目总费用，以及费用预付、支付计划、使用要求、调整方式等条款。

⑤建设单位与施工单位在施工合同中对安全防护、文明施工措施费用预付、支付计划未作约定或约定不明的，合同工期在一年以内的，建设单位预付安全防护、文明施工措施项目费率不得低于该费用总额的50%；合同工期在一年以上的（含一年），预付安全防护、文明施工措施费用不得低于该费用总额的30%，其余费用应当按照施工进度支付。

2. 使用与管理

（1）实行工程总承包的，总承包单位依法将建筑工程分包给其他单位的，总承包单位与分包单位应当在分包合同中明确安全防护、文明施工措施费用由总承包单位统一管理。安全防护、文明施工措施由分包单位实施的，由分包单位提出专项安全防护措施及施工方案，经总承包单位批准后及时支付所需费用。总承包单位不按规定和合同约定支付该费用，造成分包单位不能及时落实安全防护措施导致发生事故的，由总承包单位负主要责任。

（2）施工单位应当确保安全防护、文明施工措施费专款专用，在财务管理中单独列出安全防护、文明施工措施项目费用清单备查。施工单位安全生产管理机构和专职安全生产管理人员负责对建筑工程安全防护、文明施工措施的组织实施进行现场监督检查，并有权向建设行政主管部门反映情况。

3. 监督管理

（1）建设单位申请领取建筑工程施工许可证或开工报告时，应当将施工合同中约定的安全防护、文明施工措施费用支付计划作为保证工程安全的具体措施提交有关行政主管部门，未提交的，行政主管部门不予核发施工许可证或开工报告。

（2）工程监理单位应当对施工单位落实安全防护、文明施工措施情况进行现场监理。

发现施工单位未落实施工组织设计及专项施工方案中安全防护和文明施工措施的，有权责令其立即整改；对拒不整改或未按期限要求完成整改的，应当及时向建设单位和建设行政主管部门报告，必要时责令其暂停施工。

（3）建设行政主管部门应当按照现行标准规范对施工现场安全防护、文明施工措施落实情况进行监督检查，并对建设单位支付及施工单位使用安全防护、文明施工措施费用情况进行监督。

4. 安全防护、文明施工措施（项目清单见表9-4）

表9-4　建筑工程安全防护、文明施工措施项目清单

类别	项目名称	具体要求
环境与施工	安全警示标志牌	在易发伤亡事或危险处设置明显的、符合国家标准要求的安全警示牌
	现场围挡	1. 现场采用封闭围挡，高度不小于1.8m； 2. 围挡材料可采用彩色、定型钢板、砖、混凝土砌块等墙体
	九牌三图	在进门处悬挂工程概况牌、岗位监督牌、安全生产牌、消防保卫牌、文明施工牌、环境保护牌、进入施工现场告知牌、领导带班制度公示牌、企业简介牌（大型工程使用）、施工现场平面布置图、施工现场安全平面布置图、效果图
	企业标志	现场出入的大门应设有本企业标识
	场容场貌	1. 道路通畅； 2. 排水沟、排水设施通畅； 3. 工地地面硬化处理； 4. 绿化
	材料堆放	1. 材料、构件、料具等堆放时，悬挂有名称、品种、规格等标牌； 2. 水泥和其他易飞扬细颗粒建筑材料应密闭存放或采取覆盖等措施； 3. 易燃、易爆和有毒有害物品分类存放
	现场防火	消防器材配置合理，符合消防要求
	垃圾清运	施工现场应设置密闭式垃圾站，施工垃圾、生活垃圾应分类存放。施工垃圾必须采用相应容器或管道运输

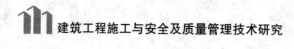

类别	项目名称		具体要求
临时设施	现场办公生活设施		1. 施工现场办公、生活区与作业区分开设置，保持安全距离； 2. 工地办公室、现场宿舍、食堂、厕所、饮水休息场所符合卫生和安全要求
	施工现场临时用电	配电线路	1. 按照 TN-S 系统要求配备无芯电缆、四芯电缆和三芯电缆； 2. 按要求架设临时用电线路的电杆、横担、瓷夹、瓷瓶等，或电缆埋地的地沟； 3. 对靠近施工现场的外电线路，设置木质、塑料等绝缘体的防护措施
临时设施	施工现场临时用电	配电箱开关	1. 按三级配电要求，配电总配电、分配电箱、开关箱三类标准配电箱。开关箱应符合一机、一箱、一闸、一漏。三类电箱中各类电器应是合格品； 2. 按两级保护要求，选取符合容量要求和质量合格的总配电箱和开关箱中的漏电保护器
		接地保护装置	施工现场保护零钱的重复接地应不少于3处
安全施工	临边、洞口、交叉、高处作业防护	楼板、屋面、阳台等临边防护	用密目式安全立网全封闭，作业层另加两边防护栏杆和18cm高的踢脚板
		通道口防护	设防护棚，防护棚应为不小于5cm厚的木板和两道相距50cm的竹笆。两侧应沿栏杆架设密目式安全网封闭
		预留洞口防护	用木板全封闭，短边超过1.5m长的洞口，除封闭外四周还应设有防护栏杆
		电梯井口防护	1. 设置定型化、工具化、标准化的防护门； 2. 在电梯井内每隔两层（不大于10m）设置一道安全网
		楼梯边防护	设1.2m高的定型化、工具化、标准化的防护栏杆，18cm高的踢脚板
		垂直方向交叉作业防护	设置防护隔离棚或其他设施
		高空作业防护	1. 有悬挂安全带的悬索或其他设施； 2. 有操作平台； 3. 有上下的梯子或其他形式的通道
其他			由各地自定

二、施工现场环境保护

（一）施工现场环境保护的要求和内容

1. 施工现场环境保护的基本要求

（1）把环保指标以责任书的形式层层分解到有关单位和个人，列入承包合同和岗位责任制，建立一个懂行、善管的环保自我监控体系。

（2）要加强检查，加强对施工现场粉尘、噪声、废气的监测和监控工作。要与文明施工现场管理一起检查、考核、奖罚，及时采取措施消除粉尘、废气和污水的污染。

（3）施工单位要制定有效措施，控制人为噪声、粉尘的污染；采取技术措施控制烟尘、污水、噪声污染。建设单位应该负责协调外部关系，同当地居委会、村委会、办事处、派出所、居民、施工单位、环保部门等加强联系。

（4）要有技术措施，严格执行国家的法律、法规。在编制施工组织设计时，必须有环境保护的技术措施。在施工现场平面布置和组织施工过程中，都要贯彻执行国家、地区、行业和企业有关防止空气污染、水源污染、噪声污染等环境保护的法律、法规和规章制度。

（5）建筑工程施工由于技术、经济条件限制，对环境的污染不能控制在规定范围内的，建设单位应当同施工单位事先报请当地人民政府建设行政主管部门和环境行政主管部门批准。

2. 项目经理部环境管理的工作内容

由项目经理部负责环境管理工作，进行总体策划和部署，建立项目环境管理组织机构，制定相应制度和措施，组织培训，使各级人员明确环境保护的意义和责任。

项目经理部对环境管理的工作应包括以下几个方面：

（1）按照分区划块原则，搞好现场的环境管理，进行定期检查，加强协调，及时解决发现的问题，实施纠正和预防措施，保持现场良好的作业环境、卫生条件和工作秩序，做好污染预防。

（2）对环境因素进行控制，制订应急方案和相应措施，并保证信息通畅，预防可能出现非预期的损害。在出现环境事故时，应消除污染，并应制定相应措施，防止环境二次污染。

（3）应保存有关环境管理的工作记录。

（4）进行现场节能管理，有条件时应规定能源使用指标。

（二）施工现场环境保护的措施

1. 大气污染的防治

（1）产生大气污染的施工环节：

①引起扬尘污染的施工环节有：土方施工及土方堆放过程中的扬尘；搅拌桩、灌注桩施工过程中的水泥扬尘；建筑材料（砂、石、水泥等）堆场的扬尘；混凝土、砂浆拌制过程中的扬尘；脚手架和模板安装、清理和拆除过程中的扬尘；木工机械作业的扬尘；钢筋加工、除锈过程中的扬尘；运输车辆造成的扬尘；砖、砌块、石等切割加工作业的扬尘；道路清扫的扬尘；建筑材料装卸过程中的扬尘；建筑和生活垃圾清扫的扬尘等。

②引起空气污染的施工环节有：某些防水涂料施工过程中的污染；有毒化工原料使用过程中的污染；油漆涂料施工过程中的污染；施工现场的机械设备、车辆的尾气排放的污染；工地擅自焚烧废弃物对空气的污染等。

（2）防止大气污染的主要措施：

①施工现场的渣土要及时清出现场。

②施工现场作业场所内建筑垃圾的清理，必须采用相应容器、管道运输或其他有效措施，严禁凌空抛掷。

③施工现场的主要道路必须进行硬化处理，并指定专人定期洒水清扫，形成制度，负责道路扬尘。

④土方应集中堆放，裸露的场地和集中堆放的土方应采取覆盖、固化或绿化等措施。

⑤渣土和施工垃圾运输时，应采用密闭式运输车辆或采取有效的覆盖措施，施工入口处应采取保证车辆清洁的措施。

⑥施工现场应使用密目式安全网对在施工现场进行封闭，防止施工过程扬尘。

⑦对于细粒散状材料（如水泥、粉煤灰等）进行遮盖、密闭，防止和减少尘土飞扬。

⑧对进出现场的车辆应采取必要的措施，消除扬尘、抛洒和夹带现象。

⑨许多城市已不允许现场搅拌混凝土。在允许搅拌混凝土或砂浆的现场，应将搅拌站封闭严密，并在进料仓上方安装除尘装置，采取可靠措施控制现场粉尘污染。

⑩拆除既有建筑物时，应采用隔离、洒水等措施防止扬尘，并应在规定期限内将废弃物清理完毕。

⑪施工现场应根据风力和大气湿度的具体情况，确定合适的作业时间及内容。

⑫施工现场应设置密闭式垃圾站，施工垃圾、生活垃圾应分类存放，并及时

清运。

⑬施工现场的机械设备、车辆的尾气排放应符合国家环保排放标准要求。

2. 噪声污染的防治

（1）引起噪声污染的施工环节：

①施工现场人员大声喧哗。

②各种施工机具的运行和使用。

③安装及拆卸脚手架、钢筋、模板等。

④爆破作业。

⑤运输车辆的往返及装卸。

（2）防治噪声污染的措施：

施工现场噪声的控制技术可从声源、传播途径、接收者防护等方面考虑。

①声源控制：从声源上降低噪声，这是防止噪声污染的根本措施。具体要求：

a. 尽量采用低噪声设备和工艺替代高噪声设备和工艺，如低噪声振动器、电动空压机、电锯等；

b. 在声源处安装消声器消声，如在通风机、鼓风机、压缩机以及各类排气装置等进出风管的适当位置安装消声器。

②传播途径控制：在传播途径上控制噪声的方法（见表9-5）：

表9-5　传播途径上控制噪声的方法

控制方法	具体内容
隔声	应用隔声结构，阻止噪声向空间传播，将接收者与噪声声源分隔。隔声结构包括隔声室、隔声罩、隔声屏障、隔声墙等
消声	利用消声器阻止传播，如对空气压缩机、内燃机等
吸声	利用吸声材料或吸声结构形成的共振结构吸收声能，降低噪声
减振降噪	对来自振动引起的噪声，通过降低机械振动减少噪声，如将阻尼材料涂在制动源上，或改变振动源于其他刚性结构的连接方式等

③接收者防护：让处于噪声环境下的人员使用耳塞、耳罩等防护用品，减少相关人员在噪声环境中的暴露时间，以减轻噪声对人体的危害。

④严格控制人为噪声：进入施工现场不得高声叫喊、无故打砸模板、乱吹口哨，限制高音喇叭的使用，最大限度地减少噪声扰民。

⑤控制强噪声作业时间：凡在人口稠密区进行强噪声作业时，必须严格控制作业时间，一般在22时至次日6时期间停止强噪声作业。确系特殊情况必须昼夜施工

时，建设单位和施工单位应于 15 日前，到环境保护和建设行政主管等部门提出申请，经批准后方可进行夜间施工，并会同居民小区居委会或村委会，公告附近居民，并做好周围群众的安抚工作。

⑥施工现场噪声的限值：根据国家标准《建筑施工场界环境噪声排放标准》的要求，对不同施工作业规定的噪声限值见表 9-6。在工程施工中，要特别注意不得超过国家标准的限值，尤其是夜间禁止打桩作业。

表 9-6　建筑施工场界噪声限值

昼间/dB（A）	夜间/dB（A）
70	55

由于该噪声限值是指与敏感区相对应的建筑施工场地边界线处的限值，因此实际需要控制的是噪声在边界处的声值。噪声的具体测量方法参见《建筑施工场界环境噪声排标准》。施工单位应对施工现场的噪声值进行监控和记录。

3. 水污染的防治

（1）引起水污染主要的施工环节：

①桩基础施工、基坑护壁施工过程的泥浆。

②混凝土（砂浆）搅拌机械、模板、工具的清洗产生的泥浆污水。

③现场制作水磨石施工的泥浆。

④油料、化学溶剂泄漏。

⑤生活污水。

⑥将有毒废弃物掩埋于土中。

（2）防治水污染的主要措施：

①回填土应过筛处理，严禁将有害物质掩埋于土中。

②施工现场应设置排水沟和沉淀池，现场废水严禁直接排入市政污水管网和河流。

③现场存放的油料、化学溶剂等应设有专门的库房，地面应进行防渗漏处理。使用时，还应采取防止油料和化学溶剂跑、冒、滴、漏的措施。

④卫生间的地面、化粪池等应进行抗渗处理。

⑤食堂、盥洗室、淋浴间的下水管线应设置隔离网，并应与市政污水管线连接，保证排水通畅。

⑥食堂应设置隔油池，并应及时清理。

4. 固体废弃物污染的防治

固体废弃物是指生产、建设、日常生活和其他活动中产生的固态、半固态废弃物质。固体废弃物是一个极其复杂的废物体系。按其化学组成可分为有机废弃物和无机废弃物；按其对环境和人类的危害程度可分为一般废弃物和危险废弃。固体废弃物对环境的危害是全方位的，主要会侵占土地、污染土壤、污染水体、污染大气、影响环境卫生等。

（1）建筑施工现场常见的固体废弃物：

①建筑渣土。包括砖瓦、碎石、混凝土碎块、废钢铁、废屑、废弃装饰材料等。

②废弃材料。包括废弃的水泥、石灰等。

③生活垃圾。包括炊厨废物、丢弃食品、废纸、废弃生活用品等。

④设备、材料等的废弃包装材料等。

（2）固体废弃物的处置：

固体废弃物处理的基本原则是采取资源化、减量化和无害化处理，对固体废弃物产生的全过程进行控制。固体废弃物的主要处理方法见表9-7。

表9-7　固体废弃物的主要处理方法

处理方法	具体内容
减量化处理	减量化处理是对已经产生固体废弃物进行分选、破碎、压实浓缩、脱水等减少其最终处置量，降低处理成本，减少对环境的污染。在减量化处理的过程中，也包括和其他处理技术相关的工艺方法，如焚烧、解热、堆肥等
稳定和固化技术	利用水泥、沥青等胶结材料，将松散的固体废弃物包裹起来，减小废弃物的毒性和可迁移性，使得污染减少
填埋	填埋是固体废弃物处理的最终补救措施，经过无害化、减量化处理的固体废弃物残渣集中到填埋场进行处置。填埋场应利用天然或人工屏障，尽量使需处理的废物与周围的生态环境隔离，并注意废物的稳定性和长期安全性
焚烧技术	焚烧用于不适合再利用且不宜直接予以填埋处置的固体废弃物，尤其是对受到病菌、病毒污染的物品，可以用焚烧进行无害化处理。焚烧处理应使用符合环境要求的处理装置，注意避免对大气的二次污染
回收利用	回收利用是对固体废弃物进行资源化、减量化的重要手段之一。对建筑渣土可视具体情况加以利用；废钢铁可按需要做金属原材料；对废电池应分散回收，集中处理

5. 照明污染的防治

夜间施工应当严格按照建设行政主管部门和有关部门的规定，对施工照明器具的种类、灯光亮度加以严格控制，特别是在城市市区、居民居住区内，必须采取有效的措施，减少施工照明对附近城市居民的危害。

第六节　危大工程安全管理规定及措施

一、危大工程安全管理的规定

《危险性较大的分部分项工程安全管理规定》

第一章　总则

第一条　为加强对房屋建筑和市政基础设施工程中危险性较大的分部分项工程安全管理，有效防范生产安全事故，依据《中华人民共和国建筑法》《中华人民共和国安全生产法》《建设工程安全生产管理条例》等法律法规，制定本规定。

第二条　本规定适用于房屋建筑和市政基础设施工程中危险性较大的分部分项工程安全管理。

第三条　本规定所称危险性较大的分部分项工程（以下简称"危大工程"），是指房屋建筑和市政基础设施工程在施工过程中，容易导致人员群死群伤或者造成重大经济损失的分部分项工程。

危大工程及超过一定规模的危大工程范围由国务院住房城乡建设主管部门制定。

省级住房城乡建设主管部门可以结合本地区实际情况，补充本地区危大工程范围。

第四条　国务院住房城乡建设主管部门负责全国危大工程安全管理的指导监督。

县级以上地方人民政府住房城乡建设主管部门负责本行政区域内危大工程的安全监督管理。

第二章　前期保障

第五条　建设单位应当依法提供真实、准确、完整的工程地质、水文地质和工程周边环境等资料。

第六条　勘察单位应当根据工程实际及工程周边环境资料，在勘察文件中说明地质条件可能造成的工程风险。

设计单位应当在设计文件中注明涉及危大工程的重点部位和环节，提出保障工程周边环境安全和工程施工安全的意见，必要时进行专项设计。

第七条　建设单位应当组织勘察、设计等单位在施工招标文件中列出危大工程清单，要求施工单位在投标时补充完善危大工程清单并明确相应的安全管理措施。

第八条　建设单位应当按照施工合同约定及时支付危大工程施工技术措施费以及相应的安全防护文明施工措施费，保障危大工程施工安全。

第九条　建设单位在申请办理安全监督手续时，应当提交危大工程清单及其安全管理措施等资料。

第三章　专项施工方案

第十条　施工单位应当在危大工程施工前组织工程技术人员编制专项施工方案。

实行施工总承包的，专项施工方案应当由施工总承包单位组织编制。危大工程实行分包的，专项施工方案可以由相关专业分包单位组织编制。

第十一条　专项施工方案应当由施工单位技术负责人审核签字、加盖单位公章，并由总监理工程师审查签字、加盖执业印章后方可实施。

危大工程实行分包并由分包单位编制专项施工方案的，专项施工方案应当由总承包单位技术负责人及分包单位技术负责人共同审核签字并加盖单位公章。

第十二条　对于超过一定规模的危大工程，施工单位应当组织召开专家论证会对专项施工方案进行论证。实行施工总承包的，由施工总承包单位组织召开专家论证会。专家论证前专项施工方案应当通过施工单位审核和总监理工程师审查。

专家应当从地方人民政府住房城乡建设主管部门建立的专家库中选取，符合专业要求且人数不得少于 5 名。与本工程有利害关系的人员不得以专家身份参加专家论证会。

第十三条　专家论证会后，应当形成论证报告，对专项施工方案提出通过、修改后通过或者不通过的一致意见。专家对论证报告负责并签字确认。

专项施工方案经论证需修改后通过的，施工单位应当根据论证报告修改完善后，重新履行本规定第十一条的程序。

专项施工方案经论证不通过的，施工单位修改后应当按照本规定的要求重新组织专家论证。

第四章　现场安全管理

第十四条　施工单位应当在施工现场显著位置公告危大工程名称、施工时间和具体责任人员，并在危险区域设置安全警示标志。

第十五条　专项施工方案实施前，编制人员或者项目技术负责人应当向施工现场管理人员进行方案交底。

施工现场管理人员应当向作业人员进行安全技术交底，并由双方和项目专职安全生产管理人员共同签字确认。

第十六条　施工单位应当严格按照专项施工方案组织施工，不得擅自修改专项施工方案。

因规划调整、设计变更等原因确需调整的，修改后的专项施工方案应当按照本规定重新审核和论证。涉及资金或者工期调整的，建设单位应当按照约定予以调整。

第十七条　施工单位应当对危大工程施工作业人员进行登记，项目负责人应当在施工现场履职。

项目专职安全生产管理人员应当对专项施工方案实施情况进行现场监督，对未按照专项施工方案施工的，应当要求立即整改，并及时报告项目负责人，项目负责人应当及时组织限期整改。

施工单位应当按照规定对危大工程进行施工监测和安全巡视，发现危及人身安全的紧急情况，应当立即组织作业人员撤离危险区域。

第十八条　监理单位应当结合危大工程专项施工方案编制监理实施细则，并对危大工程施工实施专项巡视检查。

第十九条　监理单位发现施工单位未按照专项施工方案施工的，应当要求其进行整改；情节严重的，应当要求其暂停施工，并及时报告建设单位。施工单位拒不整改或者不停止施工的，监理单位应当及时报告建设单位和工程所在地住房城乡建设主管部门。

第二十条　对于按照规定需要进行第三方监测的危大工程，建设单位应当委托具有相应勘察资质的单位进行监测。

监测单位应当编制监测方案。监测方案由监测单位技术负责人审核签字并加盖单位公章，报送监理单位后方可实施。

监测单位应当按照监测方案开展监测，及时向建设单位报送监测成果，并对监测成果负责；发现异常时，及时向建设、设计、施工、监理单位报告，建设单位应当立即组织相关单位采取处置措施。

第二十一条　对于按照规定需要验收的危大工程，施工单位、监理单位应当组织相关人员进行验收。验收合格的，经施工单位项目技术负责人及总监理工程师签字确认后，方可进入下一道工序。

危大工程验收合格后，施工单位应当在施工现场明显位置设置验收标识牌，公示验收时间及责任人员。

第二十二条　危大工程发生险情或者事故时，施工单位应当立即采取应急处置措施，并报告工程所在地住房城乡建设主管部门。建设、勘察、设计、监理等单位应当配合施工单位开展应急抢险工作。

第二十三条　危大工程应急抢险结束后，建设单位应当组织勘察、设计、施工、监理等单位制定工程恢复方案，并对应急抢险工作进行后评估。

第二十四条　施工、监理单位应当建立危大工程安全管理档案。

施工单位应当将专项施工方案及审核、专家论证、交底、现场检查、验收及整改等相关资料纳入档案管理。

监理单位应当将监理实施细则、专项施工方案审查、专项巡视检查、验收及整改等相关资料纳入档案管理。

第五章　监督管理

第二十五条　设区的市级以上地方人民政府住房城乡建设主管部门应当建立专家库，制定专家库管理制度，建立专家诚信档案，并向社会公布，接受社会监督。

第二十六条　县级以上地方人民政府住房城乡建设主管部门或者所属施工安全监督机构，应当根据监督工作计划对危大工程进行抽查。

县级以上地方人民政府住房城乡建设主管部门或者所属施工安全监督机构，可以通过政府购买技术服务方式，聘请具有专业技术能力的单位和人员对危大工程进行检查，所需费用向本级财政申请予以保障。

第二十七条　县级以上地方人民政府住房城乡建设主管部门或者所属施工安全监督机构，在监督抽查中发现危大工程存在安全隐患的，应当责令施工单位整改；重大安全事故隐患排除前或者排除过程中无法保证安全的，责令从危险区域内撤出作业人员或者暂时停止施工；对依法应当给予行政处罚的行为，应当依法作出行政处罚决定。

第二十八条　县级以上地方人民政府住房城乡建设主管部门应当将单位和个人的处罚信息纳入建筑施工安全生产不良信用记录。

第六章　法律责任

第二十九条　建设单位有下列行为之一的，责令限期改正，并处 1 万元以上 3 万元以下的罚款；对直接负责的主管人员和其他直接责任人员处 1000 元以上 5000 元以下的罚款：

（一）未按照本规定提供工程周边环境等资料的；

（二）未按照本规定在招标文件中列出危大工程清单的；

（三）未按照施工合同约定及时支付危大工程施工技术措施费或者相应的安全防护文明施工措施费的；

（四）未按照本规定委托具有相应勘察资质的单位进行第三方监测的；

（五）未对第三方监测单位报告的异常情况组织采取处置措施的。

第三十条　勘察单位未在勘察文件中说明地质条件可能造成的工程风险的，责令限期改正，依照《建设工程安全生产管理条例》对单位进行处罚；对直接负责的主管人员和其他直接责任人员处 1000 元以上 5000 元以下的罚款。

第三十一条　设计单位未在设计文件中注明涉及危大工程的重点部位和环节，未提出保障工程周边环境安全和工程施工安全的意见的，责令限期改正，并处 1 万元以上 3 万元以下的罚款；对直接负责的主管人员和其他直接责任人员处 1000 元以上 5000 元以下的罚款。

第三十二条　施工单位未按照本规定编制并审核危大工程专项施工方案的，依照《建设工程安全生产管理条例》对单位进行处罚，并暂扣安全生产许可证 30 日；对直接负责的主管人员和其他直接责任人员处 1000 元以上 5000 元以下的罚款。

第三十三条　施工单位有下列行为之一的，依照《中华人民共和国安全生产法》《建设工程安全生产管理条例》对单位和相关责任人员进行处罚：

（一）未向施工现场管理人员和作业人员进行方案交底和安全技术交底的；

（二）未在施工现场显著位置公告危大工程，并在危险区域设置安全警示标志的；

（三）项目专职安全生产管理人员未对专项施工方案实施情况进行现场监督的。

第三十四条　施工单位有下列行为之一的，责令限期改正，处 1 万元以上 3 万元以下的罚款，并暂扣安全生产许可证 30 日；对直接负责的主管人员和其他直接责任人员处 1000 元以上 5000 元以下的罚款：

（一）未对超过一定规模的危大工程专项施工方案进行专家论证的；

（二）未根据专家论证报告对超过一定规模的危大工程专项施工方案进行修改，或者未按照本规定重新组织专家论证的；

（三）未严格按照专项施工方案组织施工，或者擅自修改专项施工方案的。

第三十五条　施工单位有下列行为之一的，责令限期改正，并处 1 万元以上 3 万元以下的罚款；对直接负责的主管人员和其他直接责任人员处 1000 元以上 5000 元以下的罚款：

（一）项目负责人未按照本规定现场履职或者组织限期整改的；

（二）施工单位未按照本规定进行施工监测和安全巡视的；

（三）未按照本规定组织危大工程验收的；

（四）发生险情或者事故时，未采取应急处置措施的；

（五）未按照本规定建立危大工程安全管理档案的。

第三十六条　监理单位有下列行为之一的，依照《中华人民共和国安全生产法》《建设工程安全生产管理条例》对单位进行处罚；对直接负责的主管人员和其他直接责任人员处 1000 元以上 5000 元以下的罚款：

（一）总监理工程师未按照本规定审查危大工程专项施工方案的；

（二）发现施工单位未按照专项施工方案实施，未要求其整改或者停工的；

（三）施工单位拒不整改或者不停止施工时，未向建设单位和工程所在地住房城乡建设主管部门报告的。

第三十七条　监理单位有下列行为之一的，责令限期改正，并处 1 万元以上 3 万元以下的罚款；对直接负责的主管人员和其他直接责任人员处 1000 元以上 5000 元以下的罚款：

（一）未按照本规定编制监理实施细则的；

（二）未对危大工程施工实施专项巡视检查的；

（三）未按照本规定参与组织危大工程验收的；

（四）未按照本规定建立危大工程安全管理档案的。

第三十八条　监测单位有下列行为之一的，责令限期改正，并处 1 万元以上 3 万元以下的罚款；对直接负责的主管人员和其他直接责任人员处 1000 元以上 5000 元以下的罚款：

（一）未取得相应勘察资质从事第三方监测的；

（二）未按照本规定编制监测方案的；

（三）未按照监测方案开展监测的；

（四）发现异常未及时报告的。

第三十九条　县级以上地方人民政府住房城乡建设主管部门或者所属施工安全监督机构的工作人员，未依法履行危大工程安全监督管理职责的，依照有关规定给予处分。

二、危大工程安全管理的相关措施

（一）建立安全管理体系

（1）危险性较大的分部分项工程，各级领导应牢固树立"安全第一、预防为主"的思想，坚决贯彻"管生产必须管安全"的原则，把安全生产放在重点议事日程上，作为头等大事来抓，并认真落实"安全生产、文明施工"的规定。

（2）建立健全并全面贯彻安全管理制度和各岗位安全责任制，根据工程性质、特点、成立三级安全管理机构。

项目部安全领导小组，每月召开一次会议，部署各项安全管理工作和改善安全技术措施，具体检查各部门存在安全隐患问题提出改进安全技术问题，落实安全生产责任制和严格控制工人按安全规程作业，确保施工安全生产。

项目专职安全生产管理人员，每天检查工人上，下班是否佩戴好安全帽和个人防护用品，对工人操作面进行安全检查，保证工人按安全操作规程作业，及时检查存在的安全问题，消除安全隐患。

（3）安全技术有针对性、现场内的各种材料施工设计，须按施工平面图进行布置，现场的安全、卫生、防水设施要齐全有效。

（4）要切实保证职工在安全条件下进行作业，施工搭设的各种脚手架等临时设施，均要符合国家规程和标准，在施工现场安装的机电要保持良好的技术状态，严禁带"病"运转。

（5）加强对职工的安全技术教育，坚持制止违章指挥和违章作业，凡进入施工现场的人员，须戴安全帽，高空作业应系好安全带，施工现场的危险部位要张挂安全色标、标语或宣传画，随时提醒职工注意安全。

（6）严肃对待施工现场发生的已遂、未遂事故，把一般事故当作重大事故来抓，未遂事故当成已遂事故来抓。对查出的事故、隐患，要按照"四不放过"原则进行处理，并做到抓一个典型，教育一批的效果。

（二）建立安全生产管理制度

（1）危险性较大的分部分项工程应建立安全生产责任制，严格执行有关规定。

施工企业各级领导，在管理生产的同时，必须负责管理安全工作，逐级建立安全责任制，使落实安全生产的各项规章制度成为全体职工的自觉行动。

（2）建立安全技术措施计划，包括改善劳动条件，防止伤亡事故，预防职业病和职业中毒为目的各项技术组织措施，创造一个良好的安全生产环境。

（3）建立严格的劳力管理制度。严格执行公司劳力管理制度，劳力由劳工科统一安排。新入场的工人接受入场安全教育后方可上岗操作。特种作业人员全部持证上岗。

（三）建立安全生产教育、培训制度

（1）建立安全生产教育制度，对新进场工人进行三级安全教育，上岗安全教育，特殊工种安全技术教育（如架子、机械操作等工种的考核教育），变换工种必须进行交换工种教育，方可上岗。工地建立职工三级教育登记卡和特殊作业、变换工种作业登记卡，卡中必须有工人概况、考核内容、批准上岗的工人签字，进行经常性的安全生产活动教育。

（2）实行逐级安全技术交底履行签字手续，开工前由技术负责人将工程概况、施工方法、安全技术措施等向项目负责人、施工员及全体职工进行详细交底，分部分项工程由工长、施工员向参加施工的全体成员进行有针对性的安全技术交底。

（3）建立安全生产的定期检查制度。在施工生产时，为了及时发现事故隐患，堵塞事故漏洞，防患于未然，须建立安全检查制度。安全检查工作，基础上部每周定期进行一次，班组每日上班领导检查。要以自查为主，互查为辅。以查思想查制度、查领导带班、查隐患为主要内容。要结合季节特点，开展防雷电、防坍塌、防高处堕落、防中毒等"五防"检查，安全检查要贯彻领导与群众相结合的原则，做到边检边改并做好检查记录。存在隐患严格按"五定"原则整改反馈。

（4）根据工地实际情况建立班前安全活动制度，危险性较大的分部分项工程，施工现场的安全生产及时进行讲评，强调注意事项，表扬安全生产中的好人好事并做好班前安全活动记录。

（5）施工用电、搅拌机、钢筋机械等在中型机械及脚手架、卸料平台要挂安全网、洞口临时防护设施等，安装或搭设好后及时组织有关人员验收，验收合格方准投入使用。

（6）建立伤亡事故的调查和处理制度调查处理伤亡事故，要做到"四不放过"，即事故原因分析不清不放过，事故责任者和群众没有受到教育不放过，没有防范措施不放过，对事故和责任者要严肃处理。对于那些玩忽职守，不顾工人死活，强迫工人违章冒险作业，而造成伤亡事故领导行，一定要给予纪律处分，严重的应依法惩办。

第十章 建筑工程施工质量实施要点

第一节 地基基础工程质量

一、土方开挖和回填

（一）土方开挖

（1）土方开挖前应检查定位放线、排水和降低地下水位系统，合理安排土方运输车的行走路线及弃土场。

（2）施工过程中应检查平面位置、水平标高、边坡坡度、压实度、排水、降低地下水位系统，并随时观测周围的环境变化。对回填土方还应检查回填土料、含水量、分层厚度、压实度。对分层挖方，也应检查开挖深度等。

（二）土方回填

（1）土方回填前应清除基底的垃圾、树根等杂物，抽除坑穴积水、淤泥，验收基底标高。如在耕植土或松土上填方，应在基底压实后再进行。

（2）对填方土料应按设计要求验收后方可填入。

（3）填方施工过程中应检查排水措施，每层填筑厚度、含水量、压实程度、填筑厚度及压实遍数，应根据土质、压实系数及所用机具确定。

二、基坑工程

（1）在基础工程施工中，如挖方较深、土质较差或有地下水渗流等，可能对邻近建（构）筑物、地下管线、永久性道路等产生危害，或造成边坡不稳定。在这种情况下，不宜进行大开挖施工，应对基坑（槽）、管沟壁进行支护。

（2）基坑（槽）、管沟开挖前应做好下述工作：

①基坑（槽）、管沟开挖前，应根据支护结构形式、挖深、地质条件、施工方法、周围环境、工期、气候和地面载荷等资料制定施工方案、环境保护措施、监测

方案，经审批后方可施工。

②土方工程施工前，应对降水、排水措施进行设计，系统应经检查和试运转一切正常后，方可开始施工。

③有关围护结构的施工质量必须经验收合格后方可进行土方开挖。

降水、排水系统对维护基坑的安全极为重要，必须在基坑开挖施工期间安全运转，应时刻检查其工作状况。临近有建筑物或公共设施，在降水过程中要予以观测，不得因降水而危及这些建筑物或设施的安全。

（3）土方开挖的顺序、方法必须与设计工况相一致，并遵循"开槽支撑，先撑后挖，分层开挖，严禁超挖"的原则。

基坑（槽）、管沟挖土要分层进行，分层厚度应根据工程具体情况（包括土质、环境等）决定，开挖本身是一种卸荷过程，防止局部区域挖土过深、卸载过快，引起土体失稳，降低土体抗剪性能，同时在施工中应不损伤支护结构，以保证基坑的安全。

（4）基坑（槽）、管沟的挖土应分层进行。在施工过程中基坑（槽）、管沟边堆置土方不应超过设计荷载，挖方时不应碰撞或损伤支护结构、降水设施。

（5）基坑（槽）、管沟土方施工中应对支护结构、周围环境进行观察和监测，如出现异常情况应及时处理，待恢复正常后方可继续施工。

（6）基坑（槽）、管沟开挖至设计标高后，应对坑底进行保护，经验槽合格后，方可进行垫层施工。对特大型基坑，宜分区分块挖至设计标高，分区分块浇筑垫层。必要时，可加强垫层。

（7）基坑（槽）、管沟土方工程验收必须确保支护结构安全和周围环境安全。

四、地基

（一）灰土地基

（1）灰土土料、石灰或水泥（当水泥替代灰土中的石灰时）等材料及配合比应符合设计要求，灰土应搅拌均匀。灰土的土料宜用黏土、粉质黏土。严禁采用冻土、膨胀土或盐渍土等活动性较强的土料。

（2）施工过程中应检查分层铺设的厚度、分段施工时上下两层的搭接长度、夯实时加水量、夯压遍数、压实系数。验槽发现有软弱土层或孔穴时，应挖除并用素土或灰土分层填实。

（3）施工结束后，应检验灰土地基的承载力。

（二）砂和砂石地基

（1）砂、石等原材料的质量、配合比应符合设计要求，砂、石应搅拌均匀。

原材料宜用中砂、粗砂、砾砂、碎石（卵石）、石屑。细砂应同时掺入 25% ~ 35% 碎石或卵石。

（2）施工过程中必须检查分层厚度、分段施工时搭接部分的压实情况、加水量、压实遍数、压实系数。

（3）施工结束后，应检验砂石地基的承载力。

五、桩基础

（一）静力压桩

（1）静力压桩包括锚杆静压桩及其他各种非冲击力沉桩。

（2）施工前应对成品桩（锚杆静压成品桩一般均由工厂制造，运至现场堆放）做外观及强度检验，接桩用焊条或半成品硫磺胶泥应有产品合格证书，或送有关部门检验，压桩用压力表、锚杆规格及质量也应进行检查、硫磺胶泥半成品每 100kg 应做一组试件（3 件）。

在大城市因污染空气已较少使用硫磺胶泥接桩。半成品硫磺胶泥必须在进场后做检验。压桩用压力表必须标定合格方能使用，压桩时的压力数值是判断承载力的依据，也是指导压桩施工的一项重要参数。

（3）压桩过程中应检查压力、桩垂直度、接桩间歇时间、桩的连接质量及压入深度、重要工程应对电焊接桩的接头做 10% 的探伤检查。对承受反力的结构应加强观测。

施工中检查压力的目的在于检查压桩是否下沉。接桩间歇时间必须控制好，间歇过短，硫磺胶泥强度未达到，容易被压坏，接头处存在薄弱环节，甚至断桩。浇注硫磺胶泥必须快，慢了硫磺胶泥在容器内结硬，浇注入连接孔内会不均匀流淌，质量也不易保证。

（4）施工结束后，应做桩的承载力及桩体质量检验。

（二）先张法预应力管桩

（1）施工前应检查进入现场的成品桩、接桩用电焊条等产品质量。

先张法预应力管桩均为工厂生产后运到现场施打，工厂生产时的质量检验应由生产的单位负责，但运入工地后，打桩单位有必要对外观尺寸进行检验并检查产品合格证书。

（2）施工过程中应检查桩的贯入情况、桩顶完整状况、电焊接桩质量、桩体垂直度、电焊后的停歇时间。重要工程应对电焊接头做 10% 的焊缝探头检查。

先张法预应力管桩，强度较高，锤击力性能比一般混凝土预制桩好，抗裂性强。因此，总的锤击数较高，相应的电焊接桩质量要求也高，尤其是电焊后有一定间歇时间，不能焊完即锤击，这样容易使接头损伤。为此，对重要工程应对接头做 X 线拍片检查。

（3）施工结束后，应做承载力检验及桩体质量检验。

由于锤击次数多，对桩体质量进行检验是有必要的，可检查桩体是否被打裂，电焊接头是否完整。

（三）混凝土预制桩

（1）桩在现场预制时，应对原材料、钢筋骨架、混凝土强度进行检查；采用工厂生产的成品桩时，桩进场后应进行外观及尺寸检查。

（2）施工中应对桩体垂直度、沉桩情况、桩顶完整状况、接桩质量等进行检查，对电焊接桩，重要工程应做 10% 的焊缝探伤检查。

经常发生接桩时电焊质量较差，使接头在锤击过程中断开的情况，尤其接头对接的两端面不平整时，电焊更不容易保证质量，对重要工程做 X 线拍片检查是完全必要的。

（3）施工结束后，应对承载力及桩体质量做检验。

（4）对长桩或总锤击数超过 500 击的锤击桩，应符合桩体强度及 28d 龄期的两项条件才能锤击。

混凝土桩的龄期对抗裂性有影响，这是经过长期试验得出的结果。不到龄期的桩就像不足月出生的婴儿，有先天不足的弊端，长时期锤击或锤击拉应力稍大一些便会产生裂缝。故对桩有强度龄期双控的要求，但对短桩，锤击数又不多，满足强度要求一项应是可行的。有些工程进度较急，桩又不是长桩，可以采用蒸养以求短期内达到强度，即可开始沉桩。

（四）混凝土灌注桩

（1）施工前应对水泥、砂、石子（如现场搅拌）、钢材等原材料进行检查，施工组织设计中制定的施工顺序、监测手段（包括仪器、方法）也应检查。

混凝土灌注桩的质量检验应较其他桩种严格，这是工艺本身要求，再则工程事故也较多，因此，对监测手段要事先落实。

（2）施工中应对成孔、清查、放置钢筋笼、灌注混凝土等进行全过程检查，人工挖孔桩尚应复验孔底持力层土（岩）性。嵌岩桩必须有桩端持力层的岩性报告。

沉渣厚度应在钢筋笼放入后，混凝土浇筑前测定。成孔结束后，放钢筋笼、混凝土导管都会造成土体跌落，增加沉渣厚度，因此，沉渣厚度应是二次清孔后的结果。沉渣厚度的检查目前均用重锤，有些地方用较先进的沉渣仪，这种仪器应预先做标定。

（3）施工结束后，应检查混凝土强度，并应做桩体质量及承载力的检验。

第二节　砌体工程质量

一、砌筑砂浆

（1）水泥进场使用前，应分批对其强度、安定性进行复验。检验批应以同一生产厂家、同一编号为一批。

当在使用中对水泥质量有怀疑或水泥出厂超过三个月（快硬硅酸盐水泥超过一个月）时，应复查试验，并按其结果使用。

不同品种的水泥，不得混合使用。由于各种水泥成分不一，当不同水泥混合使用后往往会发生材性变化或强度降低现象，引起工程质量问题，故规定不同品种的水泥，不得混合使用。

（2）砂浆用砂不得含有有害杂物。砂浆用砂的含泥量应满足下列要求：

①对水泥砂浆和强度等级不小于 M5 的水泥混合砂浆，不应超过 5%；

②对强度等级小于 M5 的水泥混合砂浆，不应超过 10%；

③人工砂、山砂及特细砂，应经试配能满足砌筑砂浆技术条件要求。

（3）配制水泥石灰砂浆时，不得采用脱水硬化的石灰膏。

（4）消石灰粉不得直接使用于砌筑砂浆中。主要原因是脱水硬化的石灰膏和消石灰粉不能起塑化作用又影响砂浆强度，故不应使用。

（5）拌制砂浆用水，水质应符合国家现行标准《混凝土拌合用水标准》的规定。

（6）砌筑砂浆应通过试配确定配合比。当砌筑砂浆的组成材料有变更时，其配合比应重新确定。

（7）施工中当采用水泥砂浆代替水泥混合砂浆时，应重新确定砂浆强度等级。

（8）凡在砂浆中掺入有机塑化剂、早强剂、缓凝剂、防冻剂等，应经检验和试配符合要求后，方可使用。有机塑化剂应有砌体强度的型式检验报告。

（9）砂浆现场拌制时，各组分材料采用重量计量。

（10）砌筑砂浆应采用机械搅拌，自投料完算起，搅拌时间应符合下列规定：

①水泥砂浆和水泥混合砂浆不得小于 2min；

②水泥粉煤灰砂浆和掺用外加剂的砂浆不得小于 3min；

③掺用有机塑化剂的砂浆，应为 3 ~ 5min。

（11）现场拌制的砂浆应随拌随用，拌制的砂浆应在 3h 内使用完毕；当施工期间最高气温超过 30℃时，应在 2h 内使用完毕。预拌砂浆及蒸压加气混凝土砌块专用砂浆的使用时间应按照厂方提供的说明书确定。

（12）砌筑砂浆试块强度验收时其强度合格标准必须符合以下规定：

①同一验收批砂浆试块强度平均值应大于或等于设计强度等级值的 1.10 倍；同一验收批砂浆试块抗压强度的最小一组平均值必须大于或等于设计强度等级所对应的立方体抗压强度的 0.85 倍。

②砌筑砂浆的验收批，同一类型、强度等级的砂浆试块不应少于 3 组；同一验收批砂浆只有 1 组或 2 组试块时，每组试块抗压强度平均值应大于或等于设计强度等级值的 1.10 倍。

③砂浆强度应以标准养护，龄期为 28d 的试块抗压试验结果为准。

抽检数量：每一检验批且不超过 250m³ 砌体的各类、各强度等级的普通砌筑砂浆，每台搅拌机应至少抽检一次。验收批的预拌砂浆、蒸压加气混凝土砌块专用砂浆，抽检可为 3 组。

检验方法：在砂浆搅拌机出料口随机取样制作砂浆试块（同盘砂浆只应制作一组试块），最后检查试块强度试验报告单。

（13）施工中或验收时出现下列情况，可采用现场检验方法对砂浆和砌体强度进行原位检测或取样检测，并判定其强度：

①砂浆试块缺乏代表性或试块数量不足；

②对砂浆试块的试验结果有怀疑或有争议；

③砂浆试块的试验结果，不能满足设计要求；

④发生工程事故，需要进一步分析事故原因。

二、砖砌体工程

（一）砖砌体的主控项目

（1）砖和砂浆的强度等级必须符合设计要求。

砖的抽检数量：每一生产厂家，烧结普通砖、混凝土实心砖每 15 万块，烧结多孔砖、混凝土多孔砖、蒸压灰砂砖及蒸压粉煤灰砖每 10 万块各为一验收批，不足上述数量时按 1 批计，抽检数量为 1 组。

砂浆试块的抽检数量：每一检验批且不超过 250m3 砌体的各类、各强度等级的普通砌筑砂浆，每台搅拌机应至少抽检一次。验收批的预拌砂浆、蒸压加气混凝土砌块专用砂浆，抽检可为 3 组。

检验方法：查砖和砂浆试块试验报告。

（2）砌体水平灰缝的砂浆饱满度不得小于 80%；砖柱水平灰缝和竖向灰缝不得低于 90%。有特殊要求的砌体，指设计中对砂浆饱满度提出明确要求的砌体。

抽检数量：每检验批抽查不应少于 5 处。

检验方法：用百格网检查砖底面与砂浆的黏结痕迹面积。每处检测 3 块砖，取其平均值。

（3）砖砌体的转角处和交接处应同时砌筑，严禁无可靠措施的内外墙分砌施工。在抗震设防烈度为 8 度及 8 度以上地区，对不能同时砌筑而又必须留置的临时间断处应砌成斜槎。

普通砖砌体斜槎水平投影长度不应小于高度的 2/3，多孔砖砌体的斜槎长度不应小于 1/2。斜槎高度不得超过一步脚手架的高度。多孔砖砌体根据砖规格尺寸，留置斜槎的长局比一般为 1：2。

抽检数量：每检验批抽 20% 接槎，且不应少于 5 处。

检验方法：观察检查。

（4）非抗震设防及抗震设防烈度为 6 度、7 度地区的临时间断处，当不能留斜槎时，除转角处外，可留直槎，但直槎必须做成凸槎。留直槎处应加设拉结钢筋，拉结钢筋的数量为每 120mm 墙厚放置 1 少 6 拉结钢筋（120mm 厚墙放置 206 拉结钢筋），间距沿墙高不应超过 500mm，且竖向间距偏差不应超过 100mm；埋入长度从留槎处算起每边均不应小于 500mm，对抗震设防烈度 6 度、7 度的地区，不应小于 1000mm；末端应有 90° 弯钩抽检数量：每检验批抽 20% 接槎，且不应少于 5 处。

检验方法：观察和尺量检查。

合格标准：留槎正确，拉结钢筋设置数量、直径正确，竖向间距偏差不超过 100mm，留置长度基本符合规定。

（二）砖砌体的一般项目

（1）砖砌体组砌方法应正确，上下错缝，内外搭砌，砖柱不得采用包心砌法。

抽检数量：外墙每 20m 抽查一处，每处 3～5m，且不应少于 3 处；内墙按有代表性的自然间抽 10%，且不应少于 3 间。

检验方法：观察检查。

合格标准：除符合本节要求外，清水墙、窗间墙无通缝；混水墙中长度大于或等于 300mm 的通缝每间不超过 3 处，且不得位于同一面墙体上。其中通缝指上下二皮砖搭接长度小于 25mm 的部位。

（2）砖砌的灰缝应横平竖直，厚薄均匀。水平灰缝厚度宜为 lmm，但不应小于 8mm，也不应大于 12mm。

抽检数量：每步脚手架施工的砌体，每 20m 抽查 1 处。

检验方法：用尺量 1 皮砖砌高度折算。

三、小型空心砌块砌体工程

（一）小型空心砌块砌体工程的主控项目

（1）小砌块和芯柱混凝土砌筑砂浆的等级必须符合设计要求。

小砌块的抽检数量：每一生产厂家，每 1 万块小砌块至少应抽检一组。用于多层以上建筑基础和底层的小砌块抽检数量不应少于 2 组。

砂浆试块的抽检数量：每一检验批且不超过 250m³ 砌体的各种类型及强度等级的砌筑砂浆，每台班搅拌应至少抽检一次。

（2）砌体水平灰缝的砂浆饱满度，应按净面积计算不得低于 90%；竖向灰缝饱满度不得小于 80%，竖缝凹槽部位应用砌筑砂浆填实；不得出现瞎缝、透明缝。

抽检数量：每检验批不应少于 3 处。

检验方法：用专用百格网检测小砌块与砂浆黏结痕迹，每处检测 3 块小砌块，取其平均值。

小砌块砌体施工时对砂浆饱满度的要求，严于砖砌体的规定。究其原因，一是由于小砌体壁较薄肋较窄，应提出更高的要求；二是砂浆饱满度对砌体强度及墙体整体性影响较大，其中抗剪强度较低又是小砌块的一个弱点；三是考虑了建筑物使用功能（如防渗漏）的而安。

（3）墙体转角处和纵横交界处应同时砌筑。临时间断处应砌成斜槎，斜槎水平投影长度不应小于斜槎高度。施工洞口可以预留直槎，但在洞口砌筑和补砌时，应在直槎上下搭砌的小砌块孔洞内用强度等级不低于 C20 的混凝土灌实。

抽检数量：每检验批抽 20% 接槎，且不应少于 5 处。

检验方法：观察检查。

（二）小型空心砌块砌体工程的一般项目

墙体的水平灰缝厚度和竖向灰缝宽度宜为 10mm，但不应大于 12mm，也不应小于 8mm。

抽检数量：每层楼的检测点不应少于 3 处。

抽检方法：用尺量 5 皮小砌块的高度和 2m 砌体长度折算。

四、填充墙砌体工程

（一）填充墙砌体工程的主控项目

烧结空心砖、小砌块和砌筑砂浆的强度等级应符合设计要求。

检验方法：检查砖或砌块的产品合格证书、产品性能检测报告和砂浆试块试验报告。

（二）填充墙砌体工程的一般项目

（1）蒸压加气混凝土砌块砌体和轻骨料混凝土小型空心砌块砌体不应与其他块材混砌。

抽检数量：在检验批中抽检 20%，且不应少于 5 处。

检验方法：外观检查。

（2）填充墙砌体留置的拉结钢筋或网片的位置应与块体皮数相符合。拉结钢筋或网片应置于灰缝中，埋置长度应符合设计要求，竖向位置偏差不应超过一皮高度。

抽检数量：在检验批中抽检 20%，且不应少于 5 处。

检验方法：观察和用尺检查。

（3）填充墙砌筑时应错缝搭砌，蒸压加气混凝土砌块搭砌长度不应小于砌块长度的 1/3；

轻骨料混凝土小型空心砌块搭砌长度不应小于 90mm；竖向通缝不应大于 2 皮。

抽检数量：在检验批的标准间中抽查 10%，且不应少于 3 间。

检查方法：观察和用尺检查。

（4）填充墙砌体的灰缝厚度和宽度应正确。空心砖、轻骨料混凝土小型空心砌块的砌体灰缝应为 8 ~ 12mm。蒸压加气混凝土砌块砌体的水平灰缝厚度及竖向灰缝宽度分别宜为 15mm 和 20mm。

抽检数量：在检验批的标准间中抽查 10%，且不应少于 3 间。

检查方法：用尺量 5 皮空心砖或小砌块的高度和 2m 砌体长度折算。

（5）填充墙砌至接近梁、板底时，应留一定空隙，待填充墙砌完并应至少间隔 14d 后，再将其补砌挤紧。

抽检数量：每验收批抽 10% 填充墙片（每两柱间的填充墙为一墙片），且不应少于 3 片墙。

检验方法：观察检查。

第三节　混凝土结构工程质量

一、模板分项工程

（一）模板安装的主控项目

（1）安装现浇结构的上层模板及其支架时，下层楼板应具有承受上层荷载的承载能力。

上、下层支架的立柱应对准，并铺设垫板，有利于混凝土重力及施工荷载的传递，这是保证施工安全和质量的有效措施。

检查数量：全数检查。

检验方法：对照模板设计文件和施工技术方案观察。

（2）在涂刷模板隔离剂时，不得沾污钢筋和混凝土接槎处。当隔离剂沾污钢筋和混凝土接槎处时，可能对混凝土结构受力性能造成明显的不利影响，故应避免。

检查数量：全数检查。

检验方法：观察。

（二）模板安装的一般项目

（1）模板安装应满足下列要求：

①模板的接缝不应漏浆；在浇筑混凝土前，木模板应浇水湿润，但模板内不应有积水；

②模板与混凝土的接触面应清理干净并涂刷隔离剂，但不得采用影响结构性能或妨碍装饰工程施工的隔离剂；

③浇筑混凝土前，模板内的杂物应清理干净；

④对于清水混凝土工程及装饰混凝土工程，应使用能达到设计效果的模板。

检查数量：全数检查。

检验方法：观察。

无论是采用何种材料制作的模板，其接缝都应保证不漏浆。木模板浇水湿润有利于接缝闭合而不致漏浆，但因浇水湿润后膨胀，木模板安装时的接缝不宜过于严密。模板内部及与混凝土的接触面应清理干净，以避免夹渣等缺陷。

（2）用作模板的地坪、胎模等应平整光洁，不得产生影响构件质量的下沉、裂缝、起砂或起鼓的现象。

检查数量：全数检查。

检验方法：观察。

（3）对跨度不小于 4m 的现浇钢筋混凝土梁、板，其模板应按设计要求起拱；当设计无具体要求时，起拱高度宜为跨度的 1/1000 ~ 3/1000。对钢模板可取偏小值，对木模板可取偏大值。

检查数量：在同一检验批内，对梁，应抽查构件数量的 10%，且不少于 3 件；对板，应按有代表性的自然间抽查 10%，且不少于 3 间；对大空间结构，板可按纵、横轴线划分检查面，抽查 10%，且不少于 3 面。

凡规定抽样检查的项目，应在全数观察的基础上，对重要部位和观察难以判定的部位进行抽样检查。抽样检查的数量通常采用"双控"方法，即在按比例抽样的同时，还限定了检查的最小数量。

检验方法：水准仪或接线、钢尺检查。

（三）模板拆除的主控项目

（1）底模及其支架拆除时的混凝土强度应符合设计要求。

检查数量：全数检查。

检验方法：检查同条件养护试件强度试验报告。

由于过早拆模、混凝土强度不足，造成混凝土结构构件沉降变形、缺棱掉角、开裂，甚至塌陷的情况时有发生。为保证结构的安全和作用功能，提出了拆模时混凝土强度的要求。该强度通常反映为同条件养护混凝土试件的强度。考虑到悬臂构件更容易因混凝土强度不足而引发事故，对其拆模时的混凝土强度应从严要求。

（2）对后张法预应力混凝土结构构件，侧模宜在预应力张拉前拆除；底模支架的拆除应按施工技术方案执行，当无具体要求时，不应在结构构件建立预应力前拆除。

检查数量：全数检查。

检验方法：观察。

（3）后浇带模板的拆除和支顶应按施工技术方案执行。

检查数量：全数检查。

检验方法：观察。

（四）模板拆除的一般项目

（1）侧模拆除时的混凝土强度应能保证其表面及棱角不受损伤。

检查数量：全数检查。

检验方法：观察。

（2）模板拆除时，不应对楼层形成冲击荷载。拆除的模板和支架宜分散堆放并及时清运。

检查数量：全数检查。

检验方法：观察。

二、钢筋分项工程

（一）钢筋加工

（1）主控项目

①受力钢筋的弯钩和弯折应符合下列规定：

a.HPB235级钢筋末端应做180°弯钩，其弯弧内直径不应小于钢筋直径的2.5倍，弯钩的弯后平直部分长度不应小于钢筋直径的3倍；

b.当设计要求钢筋末端需做135°弯钩时，HRB335级、HRB400级钢筋的弯弧内直径不应小于钢筋直径的4倍，弯钩的弯后平直部分长度应符合设计要求；

c.钢筋做不大于90°的弯折时，弯折处的弯弧内直径不应小于钢筋直径的5倍。

检查数量：按每工作班同一类型钢筋、同一加工设备抽查不应少于3件。

检验方法：钢尺检查。

②除焊接封闭式箍筋外，箍筋的末端应做弯钩，弯钩形式应符合设计要求；当设计无具体要求时，应符合下列规定：

a.箍筋弯钩的弯弧内直径除应满足本规范第5.3.1条的规定外，尚应不小于受力钢筋直径。

b.对一般结构，箍筋弯钩的弯折角度不应小于90°；对有抗震等要求的结构，应为135°。

c.对一般结构，箍筋弯后平直部分长度不宜小于箍筋直径的5倍；对有抗震等要求的结构，不应小于箍筋直径的10倍。

检查数量：按每工作班同一类型钢筋、同一加工设备抽查不应少于3件。

检验方法：钢尺检查。

根据构件受力性能的不同要求，合理配置箍筋有利于保证混凝土构件的承载力，特别是对配筋率较高的柱、受扭的梁和有抗震设防要求的结构构件更为重要。

d.卷钢筋和直条钢筋调直后的断后伸长率、重量负偏差应符合表10-1的规定（采用无延伸功能的机械设备调直的钢筋，可不进行本条规定的检验）。

表10-1　盘卷钢筋和直条钢筋调直后的断后伸长率、重量负偏差要求

钢筋牌号	断后伸长率A （%）	重量负偏差（%）		
		直径6～12mm	直径14～20mm	直径22～50mm
HPB235、HPB300	≥21	≤10	—	—
HRB335、HRBF335	≥16	≤8	≤6	≤5
HRB400、HRBF400	≥15			
RRB400	≥13			
HRB500、HRBF500	≥14			

检查数量：同一厂家、同一牌号、同一规格调直钢筋，重量不大于30t为一批；每批见证取3个试件。

检验方法：3个试件先进行重量偏差检验，再取其中2个试件经时效处理后进行力学性能检验。检验重量偏差时，试件切口应平滑且与长度方向垂直，长度不应小于500mm。长度和重量的量测精度分别不应低于1mm和1g。

（2）一般项目

①钢筋调直宜采用机械方法，也可采用冷拉方法。当采用冷拉方法调直钢筋时，HPB235级钢筋的冷拉率不宜大于4%，HRB335级、HRB400级和RRB400级钢筋的冷拉率不宜大于1%。

检查数量：按每工作班同一类型钢筋、同一加工设备抽查不应少于3件。

检验方法：观察、钢尺检查。

盘条供应的钢筋使用前需要调直。调直宜优先采用机械方法，以有效控制调直钢筋的质量；也可采用冷拉方法，但应控制冷拉伸长率，以免影响钢筋的力学性能。

②钢筋加工的形状、尺寸应符合设计要求，其偏差应符合表10-2的规定。

检查数量：每工作班按同一类型钢筋、同一加工设备抽查不应少于3件。

检验方法：钢尺检查。

表10-2　钢筋加工的允许偏差

项目	允许偏差（mm）
受力钢筋顺长度方向全长的净尺寸	±10
弯起钢筋的弯折位置	±20
箍筋内净尺寸	±5

③钢筋宜采用无延伸功能的机械设备进行调直，也可采用冷拉方法调直。当采用冷拉方法调直时，HPB300 光圆钢筋的冷拉率不宜大于 4%；HRB335、HRIM00、HRB500、HRBF335、HRBF400、HRBF500 及 RRB400 带肋钢筋的冷拉率不宜大于 1%。

检查数量：每工作班按同一类型钢筋、同一加工设备抽查不应少于 3 件。

检验方法：观察，钢尺检查。

（二）钢筋连接

1. 主控项目

（1）纵向受力钢筋的连接方式应符合设计要求。

检查数量：全数检查。

检验方法：观察。

（2）在施工现场，应按国家现行标准《钢筋机械连接通用技术规程》、《钢筋焊接及验收规程》的规定抽取钢筋机械连接接头、焊接接头试件作力学性能检验，其质量应符合有关规程的规定。

检查数量：按有关规程确定。

检验方法：检查产品合格证、接头力学性能试验报告。

对钢筋机械连接和焊接，除应按相应规定进行形式、工艺检验外，还应从结构中抽取试件进行力学性能检验。

2. 一般项目

（1）钢筋的接头宜设置在受力较小处。同一纵向受力钢筋不宜设置两个或两个以上接头。接头末端至钢筋弯起点的距离不应小于钢筋直径的 10 倍。

检查数量：全数检查。

检验方法：观察，钢尺检查。

受力钢筋的连接接头宜设置在受力较小处，同一钢筋在同一受力区段内不宜多次连接，以保证钢筋的承载、传力性能。

（2）在施工现场，应按国家现行标准《钢筋机械连接通用技术规程》、《钢筋焊接及验收规程》的规定对钢筋机械连接接头、焊接接头的外观进行检查，其质量应符合有关规程的规定。

检查数量：全数检查。

检验方法：观察。

（3）当受力钢筋采用机械连接接头或焊接接头时，设置在同一构件内的接头宜相互错开。纵向受力钢筋机械连接接头及焊接接头连接区段的长度为 35d（d 为纵向受力钢筋的较大直径）且不小于500mm，凡接头中点位于该连接区段长度内的接头均属于同一连接区段。同一连接区段内，纵向受力钢筋机械连接及焊接的接头面积百分率为该区段内有接头的纵向受力钢筋截面面积与全部纵向受力钢筋截面面积的比值。

同一连接区段内，纵向受力钢筋的接头面积百分率应符合设计要求；当设计无具体要求时，应符合下列规定：

①在受拉区不宜大于50%；

②接头不宜设置在有抗震设防要求的框架梁端、柱端的箍筋加密区；当无法避开时，对等强度高质量机械连接接头，不应大于50%；

③直接承受动力荷载的结构构件中，不宜采用焊接接头；当采用机械连接接头时，不应大于50%。

检查数量：在同一检验批内，对梁、柱和独立基础，应抽查构件数量的10%，且不少于3件；对墙和板，应按有代表性的自然间抽查10%且不少于3间；对大空间结构，墙可按相邻轴线间高度5m左右划分检查面，板可按纵横轴线划分检查面，抽查10%，且均不少于3面。

检验方法：观察、钢尺检查。

（4）在梁、柱类构件的纵向受力钢筋搭接长度范围内，应按设计要求配置箍筋。当设计无具体要求时，应符合下列规定：

①箍筋直径不应小于搭接钢筋较大直径的0.25倍；

②受拉搭接区段的箍筋间距不应大于搭接钢筋较小直径的5倍，且不应大于100mm；

③受压搭接区段的箍筋间距不应大于搭接钢筋较小直径的10倍，且不应大于200mm；

④当柱中纵向受力钢筋直径大于25mm时，应在搭接接头两个端面外100mm范围内各设置两个箍筋，其间距宜为50mm。

检查数量：在同一检验批内，对梁、柱和独立基础，应抽查构件数量的10%，且不少于3件；对墙和板，应按有代表性的自然间抽查10%，且不少于3间；对大空间结构，墙可按相邻轴线间高度5m左右划分检查面，板可按纵、横轴线划分检查面，抽查10%，且均不少于3面。

检验方法：钢尺检查。

（三）钢筋安装

1. 主控项目

钢筋安装时，受力钢筋的品种、级别、规格和数量必须符合设计要求。

检查数量：全数检查。

检验方法：观察、钢尺检查。

2．一般项目

钢筋安装位置的允许偏差应符合表10-3的规定。

检查数量：在同一检验批内，对梁、柱和独立基础，应抽查构件数量的10%，且不少于3件；对墙和板，应按有代表性的自然间抽查10%，且不少于3间；对大空间结构，墙可按相邻轴线间高度5m左右划分检查面，板可按纵、横轴线划分检查面，抽查10%，且均不少于3面。

表10-3　钢筋安装位置的允许偏差和检验方法

项目			允许偏差（mm）	检验方法
绑扎钢筋网	长、宽		±10	钢尺检查
	网眼尺寸		±20	钢尺量连续三档，取最大值
绑扎钢筋骨架	长		±10	钢尺检查
	宽、高		±5	钢尺检查
受力钢筋	间距		±10	钢尺量两端、中间各一点
	排距		±5	取最大值
	保护层厚度	基础	±10	钢尺检查
		柱、梁	±5	钢尺检查
		板、墙、壳	±3	钢尺检查
绑扎箍筋、横向钢筋间距			±20	钢尺量连续三档，取最大值
钢筋弯起点位置			20	钢尺检查
预埋件	中心线位置		5	钢尺检查
	水平高差		+3，0	钢尺和塞尺检查

三、预应力分项工程

（一）制作与安装

1．主控项目

（1）预应力筋安装时，其品种、级别、规格、数量必须符合设计要求。

检查数量：全数检查。

检验方法：观察，钢尺检查。

（2）先张法预应力施工时应选用非油质类模板隔离剂，并应避免沾污预应力筋。

检查数量：全数检查。

检验方法：观察。

先张法预应力施工时，油质类隔离剂可能沾污预应力筋，严重影响黏结力，并且会污染混凝土表面，影响装修工程质量，故应避免。

（3）施工过程中应避免电火花损伤预应力筋，受损伤的预应力筋应予以更换。

检查数量：全数检查。

检验方法：观察。

预应力筋若遇电火花损伤，容易在张拉阶段脆断，故应避免。施工时应避免将预应力筋作为电焊的一极。受电火花损伤的预应力筋应予以更换。

2．一般项目

（1）预应力筋下料应符合下列要求：

①预应力筋应采用砂轮锯或切断机切断，不得采用电弧切割；

②当钢丝束两端采用镦头锚具时，同一束中各根钢丝长度的极差不应大于钢丝长度的1/5000，且不应大于5mm。当成组张拉长度不大于10m的钢丝时，同组钢丝长度的极差不得大于2mm。

检查数量：每工作班抽查预应力筋总数的3%，且不少于3束。

检验方法：观察、钢尺检查。

预应力筋常采用无齿锯或机械切断机切割。当采用电弧切割时，电弧可能损伤高强度钢丝、钢绞线，引起预应力筋拉断，故应禁止采用。对同一束中各钢丝下料长度的极差（最大值与最小值之差）的规定，仅适用于钢丝束两端均采用镦头锚具的情况，目的是保证同一束中各钢丝的预加力均匀一致。

（2）预应力筋端部锚具的制作质量应符合下列要求：

①挤压锚具制作时压力表油压应符合操作说明书的规定，挤压后预应力筋外端应露出挤压套筒1～5mm；

②钢绞线压花锚成形时，表面应清洁、无油污，梨形头尺寸和直线段长度应符合设计要求；

③钢丝镦头的强度不得低于钢丝强度标准值的98%。

检查数量：对挤压锚，每工作班抽查5%，且不应少于5件；对压花锚，每工作班抽查3件；对钢丝镦头，每批钢丝检查6个镦头试件。

检验方法：观察、钢尺检查，检查镦头强度试验报告。

（3）后张法有黏结预应力筋预留孔道的规格、数量、位置和形状除应符合设计要求外，尚应符合下列规定：

①预留孔道的定位应牢固，浇筑混凝土时不应出现移位和变形；

②孔道应平顺，端部的预埋锚垫板应垂直于孔道中心线；

③成孔用管道应密封良好，接头应严密且不得漏浆；

④灌浆孔的间距：对预埋金属螺旋管不宜大于 30m；对抽芯成形孔道不宜大于 12m；

⑤在曲线孔道的曲线波峰部位应设置排气兼泌水管，必要时可在最低点设置排水孔；

⑥灌浆孔及泌水管的孔径应能保证浆液畅通。

检查数量：全数检查。

检验方法：观察、钢尺检查。

浇筑混凝土时，预留孔道定位不牢固会发生移位，影响建立预应力的效果。为确保孔道成形质量，除应符合设计要求外，还应符合本条对预留孔道安装质量作出的相应规定。

对后张法预应力混凝土结构中预留孔道的灌浆孔及泌水管等的间距和位置要求，是为了保证灌浆质量。

（4）预应力筋束形控制点的竖向位置允许偏差应符合表 10-4 的规定。

表10-4　束形控制点的竖向位置允许偏差

截面高（厚）度（mm）	h ≤ 300	300 < h ≤ 1500	h > 1500
允许偏差	± 5	± 10	± 15

检查数量：在同一检验批内，抽查各类型构件中预应力筋总数的 5%，且对各类型构件均不少于 5 束，每束不应少于 5 处。

检验方法：钢尺检查。

注：束形控制点的竖向位置偏差合格点率应达到 90% 及以上，且不得有超过表中数值 1.5 的尺寸偏差。

（5）无黏结预应力筋的铺设应符合下列要求：

①无黏结预应力筋的定位应牢固，浇筑混凝土时不应出现移位和变形；

②端部的预埋锚垫板应垂直于预应力筋；

③内埋式固定端垫板不应重叠，锚具与垫板应贴紧；

④无黏结预应力筋成束布置时应能保证混凝土密实并能裹住预应力筋；

⑤无黏结预应力筋的护套应完整，局部破损处应采用防水胶带缠绕紧密。

检查数量：全数检查。

检验方法：观察。

（6）浇筑混凝土前穿入孔道的后张法有黏结预应力筋，宜采取防止锈蚀的措施。

检查数量：全数检查。

检验方法：观察。

后张法施工中，当浇筑混凝土前将预应力筋穿入孔道时，预应力筋需经支模、混凝土浇筑、养护并达到设计要求的强度后才能张拉。在此期间，孔道内可能会有浇筑混凝土时渗进的水或从喇叭管口流入的养护水、雨水等，若时间过长，可能引起预应力筋锈蚀，故应根据工程具体情况采取必要的防锈措施。

（二）张拉和放张

1. 主控项目

（1）预应力筋张拉或放张时，混凝土强度应符合设计要求；当设计无具体要求时，不应低于设计混凝土立方体抗压强度标准值的75%。

检查数量：全数检查。

检验方法：检查同条件养护试件试验报告。

过早地对混凝土施加预应力，会引起较大的收缩和徐变预应力损失，同时可能因局部承压过大而引起混凝土损伤。

（2）预应力筋的张拉力、张拉或放张顺序及张拉工艺应符合设计及施工技术方案的要求，并应符合下列规定：

①当施工需要超张拉时，最大张拉应力不应大于国家现行标准《混凝土结构设计规范》的规定；

②张拉工艺应能保证同一束中各根预应力筋的应力均匀一致；

③后张法施工中，当预应力筋是逐根或逐束张拉时，应保证各阶段不出现对结构不利的应力状态；同时宜考虑后批张拉预应力筋所产生的结构构件的弹性压缩对先批张拉预应力筋的影响，确定张拉力；

④先张法预应力筋放张时，宜缓慢放松锚固装置，使各根预应力筋同时缓慢放松；

⑤当采用应力控制法张拉时，应校核预应力筋的伸长值；实际伸长值与设计计算理论伸长值的相对允许偏差为 ±6%。

检查数量：全数检查。

检验方法：检查张拉记录。

预应力筋张拉应使各根预应力筋的预加力均匀一致，主要是指有黏结预应力筋张拉时应整束张拉，使各预应力筋同步受力，应力均匀；而无黏结预应力筋和扁锚预应力筋通常是单根张拉的。预应力筋的张拉顺序、张拉力及设计计算伸长值均应由设计确定，施工时应遵照执行。实际施工时，为了部分抵消预应力损失等，可采取超张拉方法，但最大张拉应力不应大于现行国家标准《混凝土结构设计规范》的规定。后张法施工中，梁或板中的预应力筋一般是逐根或逐束张拉的，后批张拉的预应力筋所产生的混凝土结构构件的弹性压缩对先批张拉预应力筋的预应力损失的影响与梁、板的截面，预应力筋配筋量及束长等因素有关，一般影响较小时可不计。如果影响较大，可将张拉力统一增加一定值。实际张拉时通常采用张拉力控制方法，但为了确保张拉质量，还应对实际伸长值进行校核，相对允许偏差 ±6% 是基于工程实践提出的，有利于保证张拉质量。

（3）预应力筋张拉锚固后实际建立的预应力值与工程设计规定检验值的相对允许偏差为 ±5%。

检查数量：对先张法施工，每工作班抽查预应力筋总数的 1%，且不少于 3 根；对后张法施工，在同一检验批内，抽查预应力筋总数的 3%，且不少于 5 束。

检验方法：对先张法施工，检查预应力筋应力检测记录；对后张法施工，检查见证张拉记录。预应力筋张拉锚固后，实际建立的预应力值与量测时间有关。相隔时间越长，预应力损失值越大，故检验值应由设计通过计算确定。

预应力筋张拉后实际建立的预应力值对结构受力性能影响很大，必须予以保证。先张法施工中可以用应力测定仪器直接测定张拉锚固后预应力筋的应力值；后张法施工中预应力筋的实际应力值较难测定，故可用见证张拉代替预加力值测定。见证张拉是指监理工程师或建设单位代表现场见证下的张拉。

（4）张拉过程中应避免预应力筋断裂或滑脱；当发生断裂或滑脱时，必须符合下列规定：

①对后张法预应力结构构件，断裂或滑脱的数量严禁超过同一截面预应力筋总根数的 3%，且每束钢丝不得超过一根；对多跨双向连续板，其同一截面应按每跨计算；

②对先张法预应力结构构件，在浇筑混凝土前发生断裂或滑脱的预应力筋必须予以更换。

检查数量：全数检查。

检验方法：观察，检查张拉记录。

2. 一般项目

（1）锚固阶段张拉端预应力筋的内缩量应符合设计要求；当设计无具体要求时，

应符合表 10–5 的规定。

　　检查数量：每工作班抽查预应力筋总数的 3%，且不少于 3 束。

　　检验方法：钢尺检查。

表 10–5　张拉端预应力筋的内缩量限值

锚具类别		内缩量限值（mm）
支承式锚具（镦头锚具等）	螺帽缝隙	1
	每块后加垫板的缝隙	1
锥塞式锚具		5
夹片式锚具	有顶压	5
	无顶压	6 ~ 8

　　实际工程中，由于锚具种类、张拉锚固工艺及放张速度等各种因素的影响，内缩量可能有较大波动，导致实际建立的预应力值出现较大偏差。因此，应控制锚固阶段张拉端预应力筋的内缩量。当设计对张拉端预应力筋的内缩量有具体要求时，应按设计要求执行。

　　（2）先张法预应力筋张拉后与设计位置的偏差不得大于 5mm，且不得大于构件截面短边边长的 4%。

　　检查数量：每工作班抽查预应力筋总数的 3%，且不少于 3 束。

　　检验方法：钢尺检查。

（三）灌浆及封锚

1. 主控项目

（1）后张法有黏结预应力筋张拉后应尽早进行孔道灌浆，孔道内水泥浆应饱满、密实。

　　检查数量：全数检查。

　　检验方法：观察，检查灌浆记录。

预应力筋张拉后处于高应力状态，对腐蚀非常敏感，所以应尽早进行孔道灌浆。灌浆是对预应力筋的永久性保护措施。故要求水泥浆饱满、密实，完全裹住预应力筋。灌浆质量的检验应着重于现场观察检查，必要时采用无损检查或凿孔检查。

　　（2）锚具的封闭保护应符合设计要求；当设计无具体要求时，应符合下列规定：

①应采取防止锚具腐蚀和遭受机械损伤的有效措施；

②凸出式锚固端锚具的保护层厚度不应小于 50mm；

③处于正常环境时，外露预应力筋的保护层厚度不应小于 20mm；处于易受腐蚀的环境时，不应小于 50mm。

检查数量：在同一检验批内，抽查预应力筋总数的 5%，且不少于 5 处。

检验方法：观察，钢尺检查。

封闭保护应遵照设计要求执行，并在施工技术方案中作出具体规定。后张预应力筋的锚具多配置在结构的端面，所以常处于易受外力冲击和雨水浸入的状态，此外，预应力筋张拉锚固后，锚具及预应力筋处于高应力状态，为确保暴露于结构外的锚具能够永久性地正常工作，不致受外力冲击和雨水浸入而破损或腐蚀，应采取防止锚具锈蚀和遭受机械损伤的有效措施。

2．一般项目

（1）后张法预应力筋锚固后的外露部分宜采用机械方法切割，其外露长度不宜小于预应力筋直径的 1.5 倍，且不宜小于 30mm。

检查数量：在同一检验批内，抽查预应力筋总数的 3%，且不少于 5 束。

检验方法：观察，钢尺检查。

锚具外多余预应力筋常采用无齿锯或机械切断机切断。实际工程中，也可采用氧 – 乙炔焰切割方法切断多余预应力筋，但为了确保锚具正常工作及考虑切断时热影响可能波及锚具部位，应采取锚具降温等措施。考虑到锚具正常工作及可能的热影响，因此对预应力筋外露部分长度作出了规定。切割位置不宜距离锚具太近，同时也不应影响构件安装。

（2）灌浆用水泥浆的水灰比不应大于 0.45，搅拌后 3h 泌水率不宜大于 2%，且不应大于 3%。泌水应能在 24h 内全部重新被水泥吸收。

检查数量：同一配合比检查一次。

检验方法：检查水泥架性能试验报告。

规定灌浆用水泥浆水灰比的限值，其目的是在满足必要的水泥浆稠度的同时，尽量减小泌水率，以获得饱满、密实的灌浆效果。水泥浆中水的泌出往往造成孔道内的空腔，并引起预应力筋腐蚀。

（3）灌浆用水泥浆的抗压强度不应小于 30N/mm²。

检查数量：每工作班留置一组边长为 70.7mm 的立方体试件。

检验方法：检查水泥浆试件强度试验报告。

注：①一组试件由 6 个试件组成，试件应标准养护 28d；②抗压强度为一组试件的平均值，当一组试件中抗压强度最大值或最小值与平均值相差超过 20% 时，应取中间 4 个试件强度的平均值。

四、混凝土分项工程

（一）配合比设计

1．主控项目

（1）混凝土应按国家现行标准《普通混凝土配合比设计规程》的有关规定，根据混凝土强度等级、耐久性和工作性等要求进行配合比设计。

对有特殊要求的混凝土，其配合比设计尚应符合国家现行有关标准的专门规定。

检验方法：检查配合比设计资料。

混凝土应根据实际采用的原材料进行配合比设计并按普通混凝土拌合物性能试验方法等标准进行试验、试配，以满足混凝土强度、耐久性和工作性（坍落度等）的要求，不得采用经验配合比。同时，应符合经济、合理的原则。

2．一般项目

（1）首次使用的混凝土配合比应进行开盘鉴定，其工作性应满足设计配合比的要求。开始生产时应至少留置一组标准养护试件，作为验证配合比的依据。

检验方法：检查开盘鉴定资料和试件强度试验报告。

实际生产时，对首次使用的混凝土配合比应进行开盘鉴定，并至少留置一组 28d 标准养护试件，验证混凝土的实际质量与设计要求的一致性。施工单位应注意积累相关资料，有利于提高配合比设计水平。

（2）混凝土拌制前，应测定砂、石含水率并根据测试结果调整材料用量，提出施工配合比。

检查数量：每工作班检查一次。

检验方法：检查含水率测试结果和施工配合比通知单。

混凝土生产时，砂、石的实际含水率可能与配合比设计时存在差异，故规定应测定实际含水率并相应地调整材料用量。

（二）混凝土施工

1．主控项目

（1）结构混凝土的强度等级必须符合设计要求。用于检查结构构件混凝土强度的试件，应在混凝土的浇筑地点随机抽取。取样与试件留置应符合下列规定：

①每拌制 100 盘且不超过 100m³ 的同配合比的混凝土，取样不得少于一次；

②每工作班拌制的同一配合比的混凝土不足 100 盘时，取样不得少于一次；

③当一次连续浇筑超过 100m³ 时，同一配合比的混凝土每 200m3 取样不得少于一次；

④每一楼层、同一配合比的混凝土，取样不得少于一次；

⑤每次取样应至少留置一组标准养护试件，同条件养护试件的留置组数应根据实际需要确定。

检验方法：检查施工记录及试件强度试验报告。

（2）对有抗渗要求的混凝土结构，其混凝土试件应在浇筑地点随机取样。同一工程、同一配合比的混凝土，取样不应少于一次，留置组数可根据实际需要确定。

检验方法：检查试件抗渗试验报告。

由于相同配合比的抗渗混凝土因施工造成的差异不大，故规定了对有抗渗要求的混凝土结构应按同一工程、同一配合比取样不少于一次。由于影响试验结果的因素较多，需要时可多留置几组试件。抗渗试验应符合现行国家标准《普通混凝土长期性能和耐久性能试验方法》的规定。

（3）混凝土原材料每盘称量的允许偏差应符合表10-6的规定。

表10-6 原材料每盘称量的允许偏差

材料名称	允许偏差
水泥、掺合料	±2%
粗、细骨料	±3%
水、外加剂	±2%

检查数量：每工作班抽查不应少于一次。

检验方法：复称。

各种衡器应定期校验，以保持计量准确。生产过程中应定期测定骨料的含水率，当遇雨天施工或其他原因致使含水率发生显著变化时，应增加测定次数，以便及时调整用水量和骨料用量，使其符合设计配合比的要求。

（4）混凝土运输、浇筑及间歇的全部时间不应超过混凝土的初凝时间。同一施工段的混凝土应连续浇筑，并应在底层混凝土初凝之前将上一层混凝土浇筑完毕。

当底层混凝土初凝后浇筑上一层混凝土时，应按施工技术方案中对施工缝的要求进行处理。

检查数量：全数检查。

检验方法：观察，检查施工记录。

混凝土的初凝时间与水泥品种、凝结条件、掺用外加剂的品种和数量等因素有关，应由试验确定。当施工环境气温较高时，还应考虑气温对混凝土初凝时间的影响。规定混凝土应连续浇筑并在底层初凝之前将上一层浇筑完毕，主要是为了防止扰动已初凝的混凝土而出现质量缺陷。当因停电等意外原因造成底层混凝土已初凝时，则应在继续浇筑混凝土之前，按照施工技术方案对混凝土接槎的要求进行处理，使新旧混凝土结合紧密，保证混凝土结构的整体性。

2．一般项目

（1）施工缝的位置应在混凝土浇筑前按设计要求和施工技术方案确定。施工缝的处理应按施工技术方案执行。

检查数量：全数检查。

检验方法：观察，检查施工记录。

混凝土施工缝不应随意留置，其位置应事先在施工技术方案中确定。确定施工缝位置的原则为：尽可能留置在受剪力较小的部位；留置部位应便于施工。承受动力作用的设备基础，原则上不应留置施工缝，当必须留置时，应符合设计要求并按施工技术方案执行。

（2）后浇带的留置位置应按设计要求和施工技术方案确定。后浇带混凝土浇筑应按施工技术方案进行。

检查数量：全数检查。

检验方法：观察，检查施工记录。

混凝土后浇带对避免混凝土结构的温度收缩裂缝等有较大作用。混凝土后浇带位置应按设计要求留置，后浇带混凝土的浇筑时间、处理方法等也应事先在技术方案中确定。

（3）混凝土浇筑完毕后，应按施工技术方案及时采取有效的养护措施，并应符合下列规定：

①应在浇筑完毕后的 12h 内对混凝土加以覆盖并保湿养护；

②对采用硅酸盐水泥、普通硅酸盐水泥或矿渣硅酸盐水泥拌制的混凝土，混凝土浇水养护的时间不得少于 7d ；对掺用缓凝型外加剂或有抗渗要求的混凝土，不得少于 14d ；

③浇水次数应能保持混凝土处于湿润状态，混凝土养护用水应与拌制用水相同；

④采用塑料布覆盖养护的混凝土，其敞露的全部表面应覆盖严密，并应保持塑料面布内有凝结水；

⑤混凝土强度达到 $1.2N/mm^2$ 前，不得在其上踩踏或安装模板及支架。

注：①当日平均气温低于 5℃ 时，不得浇水；

②当采用其他品种水泥时，混凝土的养护时间应根据所采用水泥的技术性能

确定；

③混凝土表面不便浇水或使用塑料布时，宜涂刷养护剂；

④对大体积混凝土的养护，应根据气候条件按施工技术方案采取控温措施。

检查数量：全数检查。

检查方法：观察，检查施工记录。

养护条件对于混凝土强度的增长有重要影响。在施工过程中，应根据原材料、配合比、浇筑部位和季节等具体情况，制定合理的施工技术方案，采取有效的养护措施，保证混凝土强度正常增长。

五、现浇结构分项工程

（一）外观质量

1. 主控项目

现浇结构的外观质量不应有严重缺陷。

对已经出现的严重缺陷，应由施工单位提出技术处理方案，并经监理（建设）单位认可后进行处理。对经处理的部位，应重新检查验收。

检查数量：全数检查。

检验方法：观察，检查技术处理方案。

外观质量的严重缺陷通常会影响到结构性能、使用功能或耐久性。对已经出现的严重缺陷，应由施工单位根据缺陷的具体情况提出技术处理方案，经监理（建设）单位认可后进行处理，并重新检查验收。

2. 一般项目

现浇结构的外观质量不宜有一般缺陷。

对已经出现的一般缺陷，应由施工单位按技术处理方案进行处理，并重新检查验收。

检查数量：全数检查。

检验方法：观察，检查技术处理方案。

外观质量的一般缺陷通常不会影响到结构性能、使用功能，但有碍观瞻。故对已经出现的一般缺陷，也应及时处理，并重新检查验收。

（二）尺寸偏差

1. 主控项目

现浇结构不应有影响结构性能和使用功能的尺寸偏差。混凝土设备基础不应有影响结构性能和设备安装的尺寸偏差。

对超过尺寸允许偏差且影响结构性能和安装、使用功能的部位，应由施工单位提出技术处理方案，并经监理（建设）单位认可后进行处理。对经处理的部位，应重新检查验收。

检查数量：全数检查。

检验方法：量测，检查技术处理方案。

过大的尺寸偏差可能影响结构构件的受力性能、使用功能，也可能影响设备在基础上的安装、使用。验收时，应根据现浇结构、混凝土设备基础尺寸偏差的具体情况，由监理（建设）单位、施工单位等各方共同确定尺寸偏差对结构性能和安装使用功能的影响程度。对超过尺寸允许偏差且影响结构性能和安装、使用功能的部位，应由施工单位根据尺寸偏差的具体情况提出技术处理方案，经监理（建设）单位认可后进行处理，并重新检查验收。

2. 一般项目

现浇结构和混凝土设备基础拆模后的尺寸偏差和检验方法应符合表 10-7 和表 10-8 的规定。

表10-7　现浇结构尺寸偏差和检验方法

项目			允许偏差（mm）	检验方法
轴线位置	基础		15	钢尺检查
	独立基础		10	
	墙、柱、梁		8	
	剪力墙		5	
垂直度	层高	≤5m	8	经纬仪或吊线、钢尺检查
		>5m	10	经纬仪或吊线、钢尺检查
	全高（H）		H/1000且≤30	经纬仪、钢尺检查
标高	层高		±10	水准仪或拉线、钢尺检查
	全高		±30	
截面尺寸			+8，-5	钢尺检查
电梯井	井筒长、宽对定位中心线		+25	钢尺检查
	井筒全高（H）垂直度		H/1000且≤30	经纬仪、钢尺检查
表面平整度			8	2m靠尺和塞尺检查
预埋设施中心线位置	预埋件		10	钢尺检查
	预埋螺栓		5	
	预埋管		5	
预留洞中心线位置			15	钢尺检查

表10-8　混凝土设备基础尺寸允许偏差和检验方法

项目		允许偏差（mm）	检验方法
坐标位置		20	钢尺检查
不同平面的标高		0，−20	水准仪或拉线、钢尺检查
平面外形尺寸		±20	钢尺检查
凸台上平面外形尺寸		0，−20	钢尺检查
凹穴尺寸		+20，0	钢尺检查
平面水平度	每米	5	水平尺、塞尺检查
	全长	10	水准仪或拉线、钢尺检查
垂直度	每米	5	经纬仪或吊线、钢尺检查
	全高	10	
预埋地脚螺栓	标高（顶部）	+20，0	水准仪或拉线、钢尺检查
	中心距	±2	钢尺检查
预埋地脚螺栓孔	中心线位置	10	钢尺检查
	深度	+20，0	钢尺检查
	孔垂直度	10	吊线、钢尺检查
预埋活动地脚螺栓锚板	标高	+20，0	水准仪或拉线、钢尺检查
	中心线位置	5	钢尺检查
	带槽锚板平整度	5	钢尺、塞尺检查
	带螺纹孔锚板平整度	2	钢尺、塞尺检查

检查数量：按楼层、结构缝或施工段划分检验批。在同一检验批内，对梁、柱和独立基础，应抽查构件数量的10%，且不少于3件；对墙和板，应按有代表性的自然间抽查10%，且不少于3间；对大空间结构，墙可按相邻轴线高度5m左右划分检查面，板可按纵、横轴线划分检查面，抽查10%，且均不少于3面；对电梯井，应全数检查；对设备基础，应全数检查。

第四节　防水工程质量

一、卷材防水屋面工程

（一）屋面找平层

1. 主控项目

（1）找平层的材料质量及配合比，必须符合设计要求。

（2）屋面（含天沟、檐沟）找平层的排水坡度，必须符合设计要求。

检验方法：用水平仪（水平尺）、拉线和尺量检查。

屋面找平层是铺设卷材、涂膜防水层的基层。在调研中发现平屋面（坡度 3% ～ 5%）、天沟、檐沟，由于排水坡度过小或找坡不正确，常会造成屋面排水不畅或积水现象。基层找坡正确，能将屋面上的雨水迅速排走，延长防水层的使用寿命。

2. 一般项目

（1）基层与突出屋面结构的交接处和基层的转角处，均应做成圆弧形，且整齐平顺。

检验方法：观察和尺量检查。

（2）水泥砂浆、细石混凝土找平层应平整、压光，不得有疏松、起砂、起皮现象；沥青砂浆找平层不得有拌和不匀、蜂窝现象。

检验方法：观察检查。

由于目前一些施工单位对找平层质量不够重视，致使水泥砂浆、细石混凝土找平层的表面有疏松、起砂、起皮和裂缝现象，直接影响防水层和基层的粘贴质量或导致防水层开裂。对找平层的质量要求，除排水坡度满足设计要求外，并规定找平层要在收水后二次压光，使表面坚固、平整；水泥砂浆终凝后，应采取浇水、覆盖浇水、喷养护剂、涂刷冷底子油等手段充分养护，保护砂浆中的水泥充分水化，确保找平层质量。

沥青砂浆找平层，除强调配合比准确外，施工中应注意拌和均匀和表面密实。找平层表面不密实会产生蜂窝现象，使卷材胶结材料或涂膜的厚度不均匀，直接影响防水层的质量。

（3）找平层分缝的位置和间距应符合设计要求。

检验方法：观察和尺量检查。

调查分析认为，卷材、涂膜防水层的不规则拉裂，是由于找平层的开裂造成的，而水泥砂浆找平层的开裂又是难以避免的。找平层合理分格后，可将变形集中到分格缝处。规范规定找平层分格缝应设在板端缝处，其纵横缝的最大间距：水泥砂浆或细石混凝土找平层，不宜大于 6m ；沥青砂浆找平层，不宜大于 4m 。因此，找平层分格缝的位置和间距应符合设计要求。

（4）找平层表面平整度的允许偏差为 5mm 。

检验方法：用 2m 靠尺和楔形塞尺检查。

（二）屋面保温层

1．主控项目

（1）保温材料的规程表现密度、导热系数以及板材的强度、吸水率，必须符合设计要求。

检验方法：检查出厂合格证、质量检验报告和现场抽样复验报告。

（2）保温层的含水率必须符合设计要求。

检验方法：检查现场抽样检验报告。

2．一般项目

（1）保温层的铺设应符合下列要求：

①松散保温材料。分层铺设，压实适当，表面平整，找坡正确。

②板状保温材料。紧贴（靠）基层，铺平垫稳，拼缝严密，找坡正确。

③整体现浇保温层。拌和均匀，分层铺设，压实适当，表面平整，找坡正确。

检验方法：观察检查。

（2）保温层厚度的允许偏差：松散保温材料和整体现浇保温层分别为 +10%、–5%；板状保温材料为 +5%，且不得大于 4mm。

检验方法：用钢针插入和尺量检查。

（3）当倒置式屋面保护层采用卵石铺压时，卵石应分布均匀，卵石的质（重）量应符合设计要求。

检验方法：观察检查和按堆积密度计算其质（重）量。

（三）卷材防水层

1．主控项目

（1）卷材防水层所用卷材及其配套材料，必须符合设计要求。

检验方法：检查出厂合格证、质量检验报告和现场抽样复验报告。

国内新型防水材料发展很快。近年来，我国普遍应用并获得较好效果的高聚物改性沥青防水卷材，产品质量应符合国标《弹性体沥青防水卷材》《塑性体沥青防水卷材》和行标《改性沥青聚乙烯胎防水卷材》的要求。目前国内合成高分子防水卷材的种类主要为：三元乙丙、氯化聚乙烯橡胶共混、聚氯乙烯、氯化聚乙烯和纤维增强氯化聚乙烯等产品，这些材料在国内使用也比较多，而且比较成熟。产品质量应符合国标《高分子防水材料》第一部分片材的要求。

对卷材的胶黏剂提出基本质量要求，合成高分子胶黏剂浸水保持率是一项重要性能指标，为保证屋面整体防水性能，规定浸水 168h 后胶黏剂剥离强度保持不应低于 70%。

（2）卷材防水层不得有渗漏或积水现象。

检验方法：雨后或淋水、蓄水检验。

防水是屋面的主要功能之一，若卷材防水层出现渗漏或积水现象，将是最大的弊病。检验屋面有无渗漏和积水、排水系统是否畅通，可在雨后或持续淋水 2h 以后进行。有可能作蓄水检验的屋面，其蓄水时间不应少于 24h。

（3）卷材防水层在天沟、檐沟、檐口、水落口、泛水、变形缝和伸出屋面管道的防水构造，必须符合设计要求。

检验方法：检查隐蔽工程验收记录。

天沟、檐沟、檐口、水落口、泛水、变形缝和伸出屋面管道等处，是当前屋面防水工程渗漏最严重的部位。因此，卷材屋面的防水构造设计应符合下列规定：

①应根据屋面的结构变形、温差变形、干缩变形和震动等因素，使节点设防能够满足基层变形的需要。

②应采用柔性密封、防排结合、材料防水与构造防水相结合的做法。

③应采用防水卷材、防水涂料、密封材料和刚性防水材料等材性互补并用的多道设防（包括设置附加层）。

2．一般项目

（1）卷材防水层的搭接缝应黏（焊）结牢固，密封严密，不得有折皱、翘边和鼓泡等缺陷；防水层的收头应与基层黏结并固定牢固，缝口封严，不得翘边。

检验方法：观察检查。

根据全国历次调查发现，天沟、檐沟与屋面交接处常发生裂缝，在这个部位应增铺卷材或防水涂膜附加层。由于卷材铺贴较厚，檐沟卷材收头又在沟邦顶部，不采用固定措施就会由于卷材的弹性发生翘边胶落现象。

卷材在泛水处理应采用满黏，防止立面卷材下滑。收头密封形式还应根据墙体材料及泛水高度确定如下：

①女儿墙较低，卷材铺到压顶下，上用金属或钢筋混凝土等盖压。

②墙体为砖砌时，应预留凹槽将卷材收头压实，用压条钉压，密封材料封严，抹水泥砂或聚合物砂浆保护。凹槽距屋面找平层高度不应小于 250mm。

③墙体为混凝土时，卷材的收头可采用金属压条钉压，并用密封材料封固。

（2）卷材防水层上的撒布材料和浅色应铺撒或涂刷均匀，黏结牢固；水泥砂浆、块材或细石混凝土保护层与卷材防水层间应设置隔离层；刚性保护层的分格缝留置应符合设计要求。

检验方法：观察检查。

（3）排汽屋面的排气道应纵横贯通，不得堵塞。排气管应安装牢固，位置正确，封闭严密。

检验方法：观察检查。

排汽屋面的排气道应纵横贯通，不得堵塞，并同与大气排气出口相通。找平层设置分格缝可兼做排气道，排气道间距宜为 6m，纵横设置。屋面面积每 $36m^2$ 宜设一个排气出口。

排气出口应埋设排气管，排气管应设置在结构层上，穿过保温层的管壁应设排气孔，以保证排气道的畅通。排气口亦可设在檐口下或屋面排气道交叉处。排气管的安装必须牢固、封闭严密，否则会使排气管变成了进水孔，造成屋面漏水。

（4）卷材的铺贴方向应正确，卷材搭接宽度的允许偏差为 –10mm。

检验方法：观察和尺量检查。

为保证卷材铺贴质量，本条文规定了卷材搭接宽度的允许偏差为 –10mm，不考虑正偏差。通常卷材铺贴前施工单位应根据卷材搭接宽度和允许偏差，在现场弹出尺寸粉线作为标准去控制施工质量。

（四）刚性防水屋面工程

1. 细石混凝土防水层

（1）主控项目

①细石混凝土的原材料及配合比必须符合设计要求。

检验方法：检查出厂合格证、质量检验报告、计量措施和现场抽样复验报告。

细石混凝土防水层的原材料质量、各组成材料的配合比，是确保混凝土抗渗性能的基本条件。如果原材料质量不好，配合比不准确，就不能确保细石混凝土的防水性能。

②细石混凝土防水层不得有渗漏或积水现象。

检验方法：雨后或淋水、蓄水检验。

细石混凝土防水层应在雨后或淋水 2h 后进行检查，使防水层经受雨淋的考验，观察有否渗漏，确保防水层的使用功能。

③细石混凝土防水层在天沟、檐沟、檐口、水落口、泛水、变形缝和伸出屋面管道的防水构造，必须符合设计要求。

检验方法：观察检查和检查隐蔽工程验收记录。

（2）一般项目

①细石混凝土防水层应表面平整、压实抹光，不得有裂缝、起壳、起砂等缺陷。

检验方法：观察检查。

细石混凝土防水层应按每个分格板一次浇筑完成，严禁留施工缝。如果防水层留设施工缝，往往因接槎处理不好，形成渗水通道导致屋面渗漏。

混凝土抹压时不得在表面洒水，加水泥浆或撒干水泥，否则只能使混凝土表面产生一层浮浆，混凝土硬化后内部与表面的强度和干缩不一致，极易产生面层的收缩龟裂、脱皮现象，降低防水层的防水效果。混凝土收水后二次压光可以封闭毛细孔，提高抗渗性，是保证防水层表面密实的极其重要的一道工序。

混凝土的养护应在浇筑 12 ~ 24h 后进行，养护时间不得少于 14d，养护初期屋面不得上人。养护方法可采取洒水湿润，也可覆盖塑料薄膜、喷涂养护剂等，但必须保证细石混凝土处于充分的湿润状态。

②细石混凝土防水层的厚度和钢筋位置应符合设计要求。

检验方法：观察和尺量检查。

目前国内的细石混凝土防水层厚度为 40 ~ 60mm，如果厚度小于 40mm，无法保证钢筋网片保护层厚度（规定不应小于 10mm），从而降低了防水层的抗渗性能。双向钢筋网片配置直径 4 ~ 6mm 的钢筋，间距宜为 100 ~ 200mm，分格缝处的钢筋应断开，满足刚性屋面的构造要求。故规定细石混凝土防水层的厚度和钢筋位置应符合设计要求。

③细石混凝土分格缝的位置和间距应符合设计要求。

检验方法：观察和尺量检查。

为了避免因结构变形及混凝土本身变形而引起混凝土开裂，分格缝位置应设置在变形较大或较易变形的屋面板支承端、屋面转折处、防水层与突出屋面结构的交接处。本条文规定细石混凝土防水层分格缝的位置和间距应符合设计要求。

④细石混凝土防水层表面平整度的允许偏差为 5mm。

检验方法：用 2m 靠尺和楔形塞尺检查。

细石混凝土防水层的表面平整度，应用 2m 直尺检查。每 100m² 的屋面不应少于一处，每一屋面不应少于 3 处，面层与直尺间最大空隙不应大于 5mm，空隙应平缓变化，每米长度不应多于一处。

2. 密封材料嵌缝

（1）主控项目

①密封材料的质量必须符合设计要求。

检验方法：检查产品出厂合格证、配合比和现场抽样复验报告。

改性石油沥青密封材料按耐热度和低温柔性分为 I 和 II 类，质量要求依据《建筑防水沥青嵌缝油膏》，I 类产品代号为"702"，即耐热度为 70℃，低温柔性为

–20℃，适合北方地区使用；Ⅱ类产品代号为"801"，即耐热度为80℃，低温柔性为 –10℃，适合南方地区使用。

合成高分子密封材料分成两类：①弹性体密封材料，如聚氨酯类、硅酮类、聚硫类密封材料，质量要求依据《聚氨酯建筑密封膏》；②塑性体密封材料，如丙烯酸酯类、丁基橡胶类密封材料，质量要求依据《丙烯酸建筑密封膏》。

②密封材料的嵌填必须密实、连续、饱满，黏结牢固，无气泡、开裂、脱落等缺陷。

检验方法：观察检查。

采用改性石油沥青密封材料嵌填时应注意以下两点：

a. 热灌法施工应由下向上进行，并减少接头；垂直于屋脊的板缝宜先浇灌，同时在纵横交叉处宜沿平行于屋脊的两侧板缝各延伸浇灌150mm，并留用斜槎。密封材料熬制及浇灌温度应按不同材料要求严格控制。

b 冷嵌法施工应先将少量密封材料批刮到缝槽两侧，分次将密封材料嵌填在缝内，用力压嵌密实，嵌填时密封材料与缝壁不得留有空隙，防止裹入空气。接头应采用斜槎。

采用合成高分子密封材料嵌填时，不管是用挤出枪还是用腻子刀施工，表面都不会光滑平直，可能还会出现凹陷、漏嵌填、孔洞、气泡等现象，故应在密封材料表干前进行修整。如果表干前不修整，表干后不易修整，且容易将成膜固化的密封材料破坏。

（2）一般项目

①嵌填密封材料的基层应牢固、干净、干燥，表面应平整、密实。

检验方法：观察检查。

②密封防水接缝宽度的允许偏差为 +10%，接缝深度为宽度的 0.5 ~ 0.7 倍。

检验方法：尺量检查。

屋面密封防水的接缝宽度规定不应大于40mm，且不应小于10mm。考虑到接缝宽度太窄密封材料不易嵌填，太宽造成材料浪费，故规定接缝宽度的允许偏差为 +10%。如果接缝宽度不符合上述要求，应进行调整或用聚合物水泥砂浆处理；板缝为上窄下宽时，灌缝的混凝土脱落会造成密封材料流坠，应在板外侧做成台阶形，并配置适量的构造钢筋。

③嵌填的密封材料表面应平滑，缝边应顺直，无凹凸不平现象。

检查方法：观察检查。

第五节　建筑装饰装修工程质量

一、抹灰工程

（一）一般规定

（1）本部分内容适用于一般抹灰、装饰抹灰和清水砌体勾缝等分项工程的质量验收。

（2）抹灰工程验收时应检查下列文件和记录：

①抹灰工程的施工图、设计说明及其他设计文件。

②材料的产品合格证书、性能检测报告、进场验收记录和复验报告。

③隐蔽工程验收记录。

④施工记录。

（3）抹灰工程应对水泥的凝结时间和安定性进行复验。

（4）抹灰工程应对下列隐蔽工程项目进行验收：

①抹灰总厚度大于或等于 35mm 时的加强措施。

②不同材料基体交接处的加强措施。

（5）各分项工程的检验批应按下列规定划分：

①相同材料、工艺和施工条件的室外抹灰工程每 500 ~ 1000m² 应划为一个检验批，不足 500m² 也应划为一个检验批。

②相同材料、工艺和施工条件的室内抹灰工程每 50 个自然间（大面积房间和走廊按抹灰面积 30m² 为一间）应划分为一个检验批，不足 50 间也应划分为一个检验批。

根据《建筑工程施工质量验收统一标准》关于检验批划分的规定，及装饰装修工程的特点，对原标准予以修改。室外抹灰一般是上下层连续作业，两层之间是完整的装饰面，没有层与层之间的界限，如果按楼层划分检验批不便于检查。另一方面各建筑物的体量和层高不一致，即使是同一建筑其层高也不完全一致，按楼层划分检验批量的概念难以确定。因此，规定室外按相同材料、工艺和施工条件每 500 ~ 1000m² 划分为一个检验批。

（6）检查数量应符合下列规定：

①室内每个检验批应至少抽查 10%，并不得少于 3 间，不足 3 间时应全数检查。

②室外每个检验批每 100m² 应至少抽查一处，每处不得小于 10m²。

（7）外墙抹灰工程施工前应先安装钢木门窗框、护栏等，并应将墙上的施工孔洞堵塞密实。

（8）抹灰用的石灰膏的熟化期不应少于 15 山罩面用的磨细石灰粉的熟化期不应少于 3d。

（9）室内墙面、柱面和门洞口的阳角做法应符合设计要求。设计无要求时，应采用 1:2 水泥砂浆做护角，其高度不应低于 2m，每侧宽度不应小于 50mm。

（10）当要求抹灰层具有防水、防潮功能时，应采用防水砂浆。

（11）各种砂浆抹灰层，在凝结前应防止快干、水冲、撞击、振动和受冻，在凝结后应采取措施防止沾污和损坏。水泥砂浆抹灰层应在湿润条件下养护。

（12）外墙和顶棚的抹灰层与基层之间及各抹灰层之间必须黏结牢固。

经调研发现混凝土（包括预制混凝土）顶棚基体抹灰，由于各种因素的影响，抹灰层脱落的质量事故时有发生，严重危及人身安全，引起了有关部门的重视。如北京市为解决混凝土顶棚基体表面抹灰层脱落的质量问题，要求各建筑施工单位不得在混凝土顶棚基体表面抹灰，用腻子找平即可，5 年来取得了良好的效果。

（二）一般抹灰工程

1. 一般抹灰工程的主控项目

（1）抹灰前基层表面的尘土、污垢、油渍等应清除干净，并应洒水润湿。

检验方法：检查施工记录。

（2）一般抹灰所用材料的品种和性能应符合设计要求。水泥的凝结时间和安定性复验应合格。砂浆的配合比应符合设计要求

检验方法：检查产品合格证书、进场验收记录、复验报告和施工记录。

材料质量是保证抹灰工程质量的基础，因此，抹灰工程所用材料如水泥、砂、石灰膏、石膏、有机聚合物等应符合设计要求及国家现行产品标准的规定，并应有出厂合格证；材料进场时应进行现场验收，不合格的材料不得用在抹灰工程上，对影响抹灰工程质量与安全的主要材料的某些性能如水泥的凝结时间和安定性，进行现场抽样复验。

（3）抹灰工程应分层进行。当抹灰总厚度大于或等于 35mm 时，应采取加强措施。不同材料基体交接处表面的抹灰，应采取防止开裂的加强措施，当采用加强网时，加强网与各基体的搭接宽度不应小于 100mm。

检验方法：检查隐蔽工程验收记录和施工记录。

抹灰厚度过大时，容易产生起鼓、脱落等质量问题；不同材料基体交接处，由

于吸水和收缩性不一致，接缝处表面的抹灰层容易开裂，上述情况均应采取加强措施，切实保证抹灰工程的质量。

（4）抹灰层与基层之间及各抹灰层之间必须黏结牢固，抹灰层应无脱层、空鼓，面层应无爆灰和裂缝。

检验方法：观察，用小锤轻击检查，检查施工记录。

抹灰工程的质量关键是黏结牢固，无开裂、空鼓与脱落。如果黏结不牢，出现空鼓、开裂、脱落等缺陷，会降低对墙体保护作用，且影响装饰效果。经调研分析，抹灰层之所以出现开裂、空鼓和脱落等质量问题，主要原因是基体表面清理不干净，如：基体表面尘埃及疏松物、脱模剂和油渍等影响抹灰黏结牢固的物质未彻底清除干净；基体表面光滑，抹灰前未作毛化处理；抹灰前基体表面浇水不透，抹灰后砂浆中的水分很快被基体吸收，使砂浆质量不好，使用不当；一次抹灰过厚，干缩率较大等，都会影响抹灰层与基体的黏结。

2. 一般抹灰工程的一般项目

（1）一般抹灰工程的表面质量应符合下列规定：

①普通抹灰表面应光滑、洁净、接槎平整，分格缝应清晰。

②高级抹灰表面应光滑、洁净、颜色均匀、无抹纹，分格缝和灰线应清晰美观。

检验方法：观察，手摸检查。

（2）护角、孔洞、槽、盒周围的抹灰表面应整齐、光滑；管道后面的抹灰表面应平整。

检验方法：观察。

（3）抹灰层的总厚度应符合设计要求；水泥砂浆不得抹在石灰砂浆层上；罩面石膏灰不得抹在水泥砂浆层上。

检验方法：检查施工记录。

（4）抹灰分格缝的设置应符合设计要求，宽度和深度应均匀，表面应光滑，棱角应整齐。

检验方法：观察，尺量检查。

（5）有排水要求的部位应做滴水线（槽）。滴水线（槽）应整齐顺直，滴水线应内高外低，滴水槽宽度和深度均不应小于10mm。

检验方法：观察，尺量检查。

（6）一般抹灰工程质量的允许偏差和检验方法应符合表10-9的规定。

表10-9　一般抹灰的允许偏差和检验方法

项次	项目	允许偏差		检验方法
		普通抹灰	高级抹灰	
1	立面垂直度	4	3	用2m垂直检测尺检查
2	表面平整度	4	3	用2m靠尺和塞尺检查
3	阴阳角方正	4	3	用直角检测尺检查
4	分格条（缝）直线度	4	3	用5m线，不足5m拉通线，用钢直尺检查
5	墙裙、勒脚上口直线度	4	3	拉5m线，不足5m拉通线，用钢直尺检查

二、门窗工程

（一）金属门窗安装工程

1. 主控项目

（1）金属门窗的品种、类型、规格、尺寸、性能、开启方向、安装位置、连接方式及铝合金门窗的型材壁厚应符合设计要求。金属门窗的防腐处理及嵌填、密封处理应符合设计要求。检验方法：观察，尺量检查，检查产品合格证书、性能检测报告、进场验收记录和复验报告，检查隐蔽工程验收记录。

（2）金属门窗框和副框的安装必须牢固。预埋件的数量、位置、埋设方式、与框的连接方式必须符合设计要求。

检验方法：手扳检查，检查隐蔽工程验收记录。

（3）金属门窗扇必须安装牢固，并应开关灵活、关闭严密，无倒翘。推拉门窗必须有防脱落措施。

检验方法：观察，开启和关闭检查，手扳检查。

推拉门窗扇意外脱落容易造成安全方面的伤害，对高层建筑情况更为严重，故规定推拉门窗扇必须有防脱落措施。

（4）金属门窗配件的型号、规格、数量应符合设计要求，安装应牢固，位置应正确，功能应满足使用要求。

检验方法：观察，开启和关闭检查，手扳检查。

2. 一般项目

（1）金属门窗表面应洁净、平整、光滑、色泽一致、无锈蚀。大面应无划痕、碰伤。漆膜或保护层应连续。

检验方法：观察。

（2）铝合金门窗推拉门窗扇开关力应不大于 100N。

检验方法：用弹簧秤检查。

（3）金属门窗框与墙体之间的缝隙应嵌填饱满，并采用密封胶密封。密封胶表面应光滑、顺直，无裂纹。

检验方法：观察，轻敲门窗框检查，检查隐蔽工程验收记录。

（4）金属门窗扇的橡胶密封条或毛毡密封条应安装完好，不得脱槽。

检验方法：观察，开启和关闭检查。

（5）有排水孔的金属门窗，排水孔应畅通，位置和数量应符合设计要求。

检验方法：观察。

（6）钢门窗安装的留缝限值、允许偏差和检验方法应符合表 10-10 的规定。

表 10-10　钢门窗安装的留缝限值、允许偏差和检验方法

项次	项目		留缝限值（mm）	允许偏差（mm）	检验方法
1	门窗槽口宽度、高度	≤1500mm	—	2.5	用钢尺检查
		>1500mm	—	3.5	
2	门窗槽口对角线长度差	≤2000mm	—	5	用钢尺检查
		>2000mm	—	6	
3	门窗框的正、侧面垂直度		—	3	用1m垂直检测尺检查
4	门窗横框的水平度		—	3	用1m水平尺和塞尺检查
5	门窗横框标高		—	5	用钢尺检查
6	门窗竖向偏离中心		—	4	用钢尺检查
7	双层门窗内外框间距		—	5	用钢尺检查
8	门窗框、扇配合间隙		≤2	—	用塞尺检查
9	无下框时门扇与地面间留缝		4～8	—	用塞尺检查

（7）铝合金门窗安装的允许偏差和检验方法应符合表 10-11 的规定。

表 10-11　铝合金门窗安装的允许偏差和检验方法

项次	项目		允许偏差（mm）	检验方法
1	门窗槽口宽度、高度	≤1500mm	1.5	用钢尺检查
		>1500mm	2	

项次	项目		允许偏差（mm）	检验方法
2	门窗槽口对角线长度差	≤2000mm	3	用钢尺检查
		>2000mm	4	
3	门窗框的正、侧面垂直度		2.5	用垂直检测尺检查
4	门窗横框的水平度		2	水平尺和塞尺检查
5	门窗横框标高		5	用钢尺检查
6	门窗竖向偏离中心		5	用钢尺检查
7	双层门窗内外框间距		4	用钢尺检查
8	推拉门窗扇与框搭接量		1.5	用钢直尺检查

（8）涂色镀锌钢板门窗安装的允许偏差和检验方法应符合表 10-12 的规定。

表10-12 涂色镀锌钢板门窗安装的允许偏差和检验方法

项次	项目		允许偏差（mm）	检验方法
1	门窗槽口宽度、高度	≤1500mm	2	用钢尺检查
		>1500mm	3	
2	门窗槽口对角线长度差	≤2000mm	4	用钢尺检查
		>2000mm	5	
3	门窗框的正、侧面垂直度		3	用垂直检测尺检查
4	门窗横框的水平度		3	用1m水平尺和塞尺检查
5	门窗横框标高		5	用钢尺检查
6	门窗竖向偏离中心		5	用钢尺检查
7	双层门窗内外框间距		4	用钢尺检查
8	推拉门窗扇与框搭接量		2	用钢直尺检查

（二）塑料门窗安装工程

1. 主控项目

（1）塑料门窗的品种、类型、规格、尺寸、开启方向、安装位置、连接方式及嵌填密封处理应符合设计要求，内衬增强型钢的壁厚及设置应符合国家现行产品标准的质量要求。

检验方法：观察，尺量检查，检查产品合格证书、性能检测报告、进场验收记录和复验报告，检查隐蔽工程验收记录。

（2）塑料门窗框、副框和扇的安装必须牢固。固定片或膨胀螺栓的数量与位置应正确，连接方式应符合设计要求。固定点应距窗角、中横框、中竖框 150～200mm，固定点间距应不大于 600mm。

检验方法：观察，手扳检查，检查隐蔽工程验收记录。

（3）塑料门窗拼樘料内衬增加型钢的规格、壁厚必须符合设计要求，型钢应与型材内腔紧密吻合，其两端必须与洞口固定牢固。窗框必须与拼樘料连接紧密，固定点间距应不大于 600mm。

检验方法：观察，手板检查，尺量检查，检查进场验收记录。

拼樘料的作用不仅是连接多樘窗，而且起着重要的固定作用。故本规范从安全角度，对拼樘料作出了严格要求。

（4）塑料门窗扇应开关灵活、关闭严密，无倒翘。推拉门窗扇必须有防脱落措施。

检验方法：观察，开启和关闭检查，手扳检查。

（5）塑料门窗配件的型号、规格、数量应符合设计要求，安装应牢固，位置应正确，功能应满足使用要求。

检验方法：观察，手扳检查；尺量检查。

（6）塑料门窗框与墙体间缝隙应采用闭孔弹性材料嵌填饱满，表面应采用密封胶密封。密封胶应黏结牢固，表面应光滑、顺直、无裂纹。

检验方法：观察，检查隐蔽工程验收记录。

塑料门窗的线性膨胀系数较大，由于温度升降易引起门窗变形或在门窗框与墙体间出现裂缝，为了防止上述现象，特规定塑料门窗框与墙体间缝隙应采用伸缩性能较好的闭孔弹性材料嵌填，并用密封胶密封。采用闭孔材料则是为了防止材料吸水导致连接件锈蚀，影响安装强度。

2. 一般项目

（1）塑料门窗表面应洁净、平整、光滑，大面应无划痕、碰伤。

检验方法：观察。

（2）塑料门窗扇的密封条不得脱槽。旋转窗间隙应基本均匀。

（3）塑料门窗扇的开关力应符合下列规定：

①平开门窗扇平铰链的开关力应不大于 80N；滑撑铰链的开关力应不大于 80N，并不小于 30N。

②推拉门窗扇的开关力应不大于 100N。

检验方法：观察，用弹簧秤检查。

（4）玻璃密封条与玻璃槽口的接缝应平整，不得卷边、脱槽。

检验方法：观察。

（5）排水孔应畅通，位置和数量应符合设计要求。

检验方法：观察。

（6）塑料门窗安装的允许偏差和检验方法应符合表 10-13 的规定。

表10-13　塑料门窗安装的允许偏差和检验方法

项次	项目		允许偏差（mm）	检验方法
1	门窗槽口宽度、高度	≤1500mm	2	用钢尺检查
		>1500mm	3	
2	门窗槽口对角线长度差	≤2000mm	3	用钢尺检查
		>2000mm	5	
3	门窗框的正、侧面垂直度		3	用1m垂直检测尺检查
4	门窗横框的水平度		3	用1m水平尺和塞尺检查
5	门窗横框标高		5	用钢尺检查
6	门窗竖向偏离中心		5	用钢尺检查
7	双层门窗内外框间距		4	用钢尺检查
8	同樘平开门窗相邻扇高度差		2	用钢直尺检查
9	平开门窗铰链部位配合间隙		+2，-1	用塞尺检查
10	推拉门窗扇与框搭接量		+1.5，-2.5	用钢尺检查
11	推拉门窗扇与竖框平等度		2	水平尺和塞尺检查

（三）门窗玻璃安装工程

1. 主控项目

（1）玻璃的品种、规格、尺寸、色彩、图案和涂膜朝向应符合设计要求。单块玻璃大于 1.5m^2 时应使用安全玻璃。

检验方法：观察，检查产品合格证书、性能检测报告和进场验收记录。

（2）门窗玻璃裁割尺寸应正确。安装后的玻璃应牢固，不得有裂纹、损伤和松动。

检验方法：观察，轻敲检查。

（3）玻璃的安装方法应符合设计要求。固定玻璃的钉子或钢丝卡的数量、规格应保证玻璃安装牢固。

检验方法：观察，检查施工记录。

（4）镶钉木压条接触玻璃处，应与裁口边缘平齐。木压条应互相紧密连接，并与裁口边缘紧贴，割角应整齐。

检验方法：观察。

（5）密封条与玻璃、玻璃槽口的接触应紧密、平整。密封胶与玻璃、玻璃槽口的边缘应黏结牢固、接缝平齐。

检验方法：观察。

（6）带密封条的玻璃压条，其密封条必须与玻璃全部贴紧，压条与型材之间应无明显缝隙，压条接缝应不大于 0.5mm。

检验方法：观察，尺量检查。

2．一般项目

（1）玻璃表面应洁净，不得有腻子、密封胶、涂料等污渍。中空玻璃内外表面均应洁净，玻璃中空层内不得有灰尘和水蒸气。

检验方法：观察。

（2）门窗玻璃不应直接接触型材。单面镀膜玻璃的镀膜层及磨砂玻璃的磨砂面应朝向室内。中空玻璃的单面镀膜玻璃应在最外层，镀膜层应朝向室内。

检验方法：观察。

为防止门窗的框、扇型材胀缩、变形时导致玻璃破碎，门窗玻璃不应直接接触型材。为保护镀膜玻璃上的镀膜层及发挥镀膜层的作用，单面镀膜玻璃的镀膜层应朝向室内。双层玻璃的单面镀膜玻璃应在最外层，镀膜层应朝向室内。

（3）腻子应填抹饱满、黏结牢固，腻子边缘与裁口应平齐。固定玻璃的卡子不应在腻子表面显露。

检验方法：观察。

三、饰面板（砖）工程

（一）饰面板安装工程

1．主控项目

（1）饰面板的品种、规格、颜色和性能应符合设计要求，木龙骨、木饰面板和塑料饰面板的燃烧性能等级应符合设计要求。

检验方法：观察，检查产品合格证书、进场验收记录和性能检测报告。

（2）饰面板孔、槽的数量、位置和尺寸应符合设计要求。

检验方法：检查进场验收记录和施工记录。

（3）饰面板安装工程的预埋件（或后置埋件）、连接件的数量、规格、位置、连接方法和防腐处理必须符合设计要求。后置埋件的现场拉拔强度必须符合设计要求。饰面板安装必须牢固。

检验方法：手扳检查，检查进场验收记录、现场拉拔检测报告、隐蔽工程验收记录和施工记录。

2．一般项目

（1）饰面板表面应平整、洁净、色泽一致，无裂痕和缺损。石材表面应无泛碱等污染。

检验方法：观察。

（2）饰面板嵌缝应密实、平直，宽度和深度应符合设计要求，嵌填材料色泽应一致。

检验方法：观察，尺量检查。

（3）采用湿作业法施工的饰面板工程，石材应进行了碱背涂处理。饰面板与基体之间的灌注材料应饱满、密实。

检验方法：用小锤轻击检查，检查施工记录。

采用传统的湿作业法安装天然石材时，由于水泥砂浆在水化时析出大量的氢氧化钙，泛到石材表面，产生不规则的花斑，俗称泛碱现象，严重影响建筑物室内外石材饰面的装饰效果。因此，在天然石材安装前，应对石材饰面采用"防碱背涂剂"进行背涂处理。

（4）饰面板上的孔洞应套割吻合，边缘应整齐。

检验方法：观察。

（5）饰面板安装的允许偏差和检验方法应符合表10-14的规定。

表10-14 饰面板安装的允许偏差和检验方法

项次	项目	允许偏差（mm）							检验方法
		石材			瓷板	木材	塑料	金属	
		光面	剁斧石	蘑菇石					
1	立面垂直度	2	3	3	2	1.5	2	2	用2m垂直检测尺检查
2	表面平整度	2	3	–	1.5	1	3	3	用2m靠尺和塞尺检查

续表

项次	项目	允许偏差（mm）							检验方法
		石材			瓷板	木材	塑料	金属	
		光面	剁斧石	蘑菇石					
3	阴阳角方正	2	4	4	2	1.5	3	3	用直角检测尺检查
4	接缝直线度	2	4	4	2	1	1	1	拉5m线，不足5m拉通线，用钢直尺检查
5	墙裙、勒脚上口直线度	2	3	3	2	2	2	2	拉5m线，不足5m拉通线，用钢直尺检查
6	接缝高低差	0.5	3	–	0.5	0.5	1	1	用钢直尺和塞尺检查
7	接缝宽度	1	2	2	1	1	1	1	用钢直尺检查

（二）饰面砖粘贴工程

1. 主控项目

（1）饰面砖的品种、规格、图案颜色和性能应符合设计要求。

检验方法：观察，检查产品合格证书、进场验收记录、性能检测报告和复验报告。

（2）饰面砖粘贴工程的找平、防水、黏结和勾缝材料及施工方法应符合设计要求及国家现行产品标准和工程技术标准的规定。

检验方法：检查产品合格证书、复验报告和隐蔽工程验收记录。

（3）饰面砖粘贴必须牢固。

检验方法：检查样板件黏结强度检测报告和施工记录。

（4）满黏法施工的饰面砖工程应无空鼓、裂缝。

检验方法：观察，用小锤轻击检查。

2. 一般项目

（1）饰面砖表面应平整、洁净、色泽一致，无裂痕和缺损。

检验方法：观察。

（2）阴阳角处搭接方式、非整砖使用部位应符合设计要求。

检验方法：观察。

（3）墙面突出物周围的饰面砖应整砖套割吻合，边缘应整齐。墙裙、贴脸突出墙面的厚度应一致。

检验方法：观察，尺量检查。

（4）饰面砖接缝应平直、光滑，嵌填应连续、密实；宽度和深度应符合设计要求。

检验方法：观察，尺量检查。

（5）有排水要求的部位应做滴水线（槽）。滴水线（槽）应顺直，流水坡向应正确，坡度应符合设计要求。

检验方法：观察，用水平尺检查。

（6）饰面砖粘贴的允许偏差和检验方法应符合表10-15的规定。

表10-15 饰面砖粘贴的允许偏差和检验方法

项次	项目	允许偏差（mm）		检验方法
		外墙面砖	内墙面砖	
1	立面垂直度	3	2	用2m垂直检测尺检查
2	表面平整度	4	3	用2m靠尺和塞尺检查
3	阴阳角方正	3	3	用直角检测尺检查
4	接缝干线度	3	2	拉5m线，不足5m拉通线，用钢直尺检查
5	接缝高低差	1	0.5	用钢直尺和塞尺检查
6	接缝宽度	1	1	用钢直尺检查

四、涂饰工程

（一）水性涂料涂饰工程

1. 主控项目

（1）水性涂料涂饰工程所用涂料的品种、型号和性能应符合设计要求。

检验方法：检查产品合格证书、性能检测报告和进场验收记录。

（2）水性涂料涂饰工程的颜色、图案应符合设计要求。

检验方法：观察。

（3）水性涂料涂饰工程应涂饰均匀、黏结牢固，不得漏涂、透底、起皮和掉粉。

检验方法：观察，手摸检查。

2. 一般项目

（1）薄涂料的涂饰质量和检验方法应符合表10-16的规定。

表10-16 薄涂料的涂饰质量和检验方法

项次	项目	普通涂饰	高级涂饰	检验方法
1	颜色	均匀一致	均匀一致	观察
2	泛碱、咬色	允许少量轻微	不允许	
3	流坠、疙瘩	允许少量轻微	不允许	
4	砂眼、刷纹	允许少量轻微砂眼、刷纹通顺	无砂眼，无刷纹	
5	装饰线、分色线直线度允许偏差（mm）	2	1	拉5m线，不足5m拉通线，用钢直尺检查

（2）厚涂料的涂饰质量和检验方法应符合表10-17的规定。

表10-17 厚涂料的涂饰质量和检验方法

项次	项目	普通涂饰	高级涂饰	检验方法
1	颜色	均匀一致	均匀一致	观察
2	泛碱、咬色	允许少量轻微	不允许	
3	点状分布	–	疏密均匀	

（3）复合涂料的涂饰质量和检验方法应符合表10-18的规定。

表10-18 复合涂料的涂饰质量和检验方法

项次	项目	质量要求	检验方法
1	颜色	均匀一致	观察
2	泛碱、咬色	不允许	
3	喷点疏密程度	均匀，不允许连片	

（4）涂层与其他装修材料和设备衔接处应吻合，界面应清晰。

检验方法：观察。

（二）溶剂型涂料涂饰工程

1. 主控项目

（1）溶剂型涂料涂饰工程所选用涂料的品种、型号和性能应符合设计要求。

检验方法：检查产品合格证书、性能检测报告和进场验收记录。

（2）溶剂型涂料涂饰工程的颜色、光泽、图案应符合设计要求。

检验方法：观察。

（3）溶剂型涂料涂饰工程应涂饰均匀、黏结牢固，不得漏涂、透底、起皮和反锈。

检验方法：观察，手摸检查。

2．一般项目

色漆的涂饰质量和检验方法应符合表 10-19 的规定。

表 10-19　色漆的涂饰质量和检验方法

项次	项目	普通涂饰	高级涂饰	检验方法
1	颜色	均匀一致	均匀一致	观察
2	光泽、光滑	光泽基本均匀光滑无挡手感	光泽均匀一致光滑	观察、手摸检查
3	刷纹	刷纹通顺	无刷纹	观察
4	裹棱、流坠、皱皮	明显处不允许	不允许	观察
5	装饰线、分色线直线度允许偏差（mm）	2	1	拉 5m 线，不足 5m 拉通线，用钢直尺检查

第六节　建筑节能工程施工质量

一、墙体节能工程

（一）主控项目

（1）用于墙体节能工程的材料、构件和产品等，其品种、规格、尺寸和性能应符合设计要求和相关标准的规定。

检验方法：对实物观察和尺量、称重检查，核查质量证明文件。

检查数量：按进场批次，每批随机抽取 3 个试样进行检查。质量证明文件应按照其出厂检验批进行核查。

保温隔热材料的几何尺寸采用钢卷尺或钢板尺测量检查。重点测量板块状保温隔热材料的厚度。对照实物，检查每一种材料的技术资料和性能检测报告等质量文件是否齐全，内容是否完整。检查产品出厂合格证、质量检测报告等质量证明文件与实物是否一致，核查有关质量文件是否在有效期之内。质量检测报告应包括材料的密度、导热系数、抗压（压缩）强度等。对有节能认证要求的地区，还要核查是否取得当地的节能产品认定证书或新产品推广应用证明。

（2）墙体节能工程使用的保温隔热材料，其导热系数、密度、抗压强度或压缩强度、燃烧性能应符合设计要求。

检验方法：核查质量证明文件和进场复验报告。

检查数量：全数检查。

（3）墙体节能工程采用的保温材料和黏结材料等，进场时应对其下列性能进行复验，复验应为见证取样送检：

①保温板材的导热系数、密度、抗压强度或压缩强度；

②黏结材料的黏结强度；

③增强网的力学性能、抗腐蚀性能；

检验方法：随机抽样送检，核查复验报告。

检查数量：同一厂家的同一种产品，当单位工程建筑面积在 $20000m^2$ 以下时各抽查不少于 3 次；当单位工程建筑面积在 $20000m^2$ 以上时各抽查不少于 6 次。

（4）严寒和寒冷地区外保温使用的黏结材料，其冻融试验结果应符合该地区最低气温环境的使用要求。

检验方法：核查质量证明文件。

检查数量：全数检查。

（5）墙体节能工程施工前应按照设计和施工方案的要求对基层进行处理，处理后的基层应符合保温层施工方案的要求。

检验方法：对照设计和施工方案观察检查，核查隐蔽工程验收记录。

检查数量：全数检查。

（6）墙体节能工程各层构造做法应符合设计要求，并应按照经过审批的施工方案施工。

检验方法：对照设计和施工方案观察检查，核查隐蔽工程验收记录。

检查数量：全数检查。

（7）墙体节能工程的施工，应符合下列规定：

①保温隔热材料的厚度必须符合设计要求。

②保温板材与基层及各构造层之间的黏结或连接必须牢固。黏结强度和连接方式应符合设计要求。保温板材与基层的黏结强度应做现场拉拔试验。

③浆料保温层应分层施工。当外墙采用浆料做外保温时，保温层与基层之间及各层之间的黏结必须牢固，不应脱层、空鼓和开裂。

④当墙体节能工程的保温层采用预埋或后置锚固件固定时，其锚固件数量、位置、锚固深度和拉拔力应符合设计要求。后置锚固件应进行锚固力现场拉拔试验。

检验方法：观察，手扳检查，保温材料厚度采用钢针插入或剖开尺量检查，黏接强度和锚固力核查试验报告，核查隐蔽工程验收记录。

检查数量：每个检验批抽查不少于3处。

（8）外墙采用预置保温板现场浇筑混凝土墙体时，保温材料的验收应符合主控项目第（2）条的规定；保温板的安装应位置正确、接缝严密，保温板在浇筑混凝土过程中不得移位、变形，保温板表面应采取界面处理措施，与混凝土黏结应牢固。

混凝土和模板的验收，应执行《混凝土结构工程施工质量验收规范》的相关规定。

检验方法：观察检查，核查隐蔽工程验收记录。

检查数量：全数检查。

（9）当外墙采用保温浆料做保温层时，应在施工中制作同条件试件，检测其导热系数、干密度和压缩强度。保温浆料的同条件试件应实行见证取样送检。

检验方法：检查检测报告。

检查数量：每个检验批应抽样制作同条件试块不少于3组。

测试干密度用的同条件试块的尺寸为300mm×300mm×300mm，养护时间为28d。试块数量为每个检验批至少1组，每组3块。测试干密度后的试块，按《绝热材料稳态热阻及有关特性的测定》的规定测试导热系数。测试压缩强度用的同条件试块的尺寸为100mm×100mm×100mm，养护时间为28d，试块数量为每个检验批至少制作1组。

（10）墙体节能工程各类饰面层的基层及面层施工，应符合设计和《建筑装饰装修工程质量验收规范》的要求，并应符合下列规定：

①饰面层施工的基层应无脱层、空鼓和裂缝，基层应平整、干净，含水率应符合饰面层施工的要求。

②外墙外保温工程不宜采用粘贴饰面砖做饰面层。当采用时，必须保证保温层与饰面砖的安全性与耐久性。饰面砖应做黏结强度拉拔试验，试验结果应符合设计和有关标准的规定。

③外墙外保温工程的饰面层不应渗漏。当外墙外保温工程的饰面层采用饰面板开缝安装时，保温层表面应具有防水功能或采取其他相应的防水措施。

因为外墙外保温的饰面层一旦渗漏，水分进入保温层内，将明显破坏保温效果。加之水分滞留在保温层内难以散发，可能出现内墙结露、发霉等问题。

④外墙外保温层及饰面层与其他部位交接的收口处，应采取密封措施。

检验方法：观察检查，核查试验报告和隐蔽工程验收记录。

检查数量：全数检查。

（11）采用保温砌块砌筑的墙体，应采用具有保温功能的砂浆砌筑。砌筑砂浆的强度等级应符合设计要求。砌体的水平灰缝饱满度不应低于90%，竖直灰缝饱满度不应低于80%。

检验方法：对照设计核查施工方案和砌筑砂浆强度试验报告，用百格网检查灰缝砂浆饱满度。

检查数量：每楼层的每个施工段至少抽查一次，每次抽查5处，每处不少于3个砌块。

（12）采用预制保温墙板现场安装的墙体，应符合下列规定：

①保温墙板应有型式检验报告，型式检验报告中应包含安装性能的检验。

②保温墙板的结构性能、热工性能及与主体结构的连接方法应符合设计要求，与主体结构连接必须牢固。

③保温墙板的板缝、构造节点及嵌缝做法应符合设计要求。

④保温墙板板缝不得渗漏。

检验方法：核查型式检验报告、出厂检验报告、对照设计观察和淋水试验检查，核查隐蔽工程验收记录。

检查数量：型式检验报告、出厂检验报告全数核查，其他项目每个检验批应抽查5%，并不少于3件（处）。

（13）当设计要求在墙体内设置隔汽层时，隔汽层的位置、使用的材料及构造做法应符合设计要求和相关标准的规定。隔汽层应完整、严密，穿透隔汽层处应采取密封措施。隔汽层冷凝水排水构造应符合设计要求。

检验方法：对照设计观察检查，核查材料质量证明文件和隐蔽工程验收记录。

检查数量：每个检验批应抽查5%，并不少于3件（处）。

墙体内隔汽层的作用，主要防止空气中的水分进入保温层造成保温效果下降，进而形成结露等问题。

（14）外墙和毗邻不采暖空间墙体上的门窗洞口四周墙侧面，凸窗四周墙侧面或地面，应按设计要求采取隔断热桥或节能保温措施。

检验方法：对照设计观察检查，必要时抽样剖开检查，核查隐蔽工程验收记录。

检查数量：每个检验批应抽查5%，并不少于5个洞口。

施工前门窗框或附框应安装完毕。

（二）一般项目

（1）进场节能保温材料与构件的外观和包装应完整无破损，符合设计要求和产品标准的规定。

检验方法：观察检查。

检查数量：全数检查。

（2）当采用加强网作防止开裂的加强措施时，玻纤网格布的铺贴和搭接应符合设计和施工方案的要求。砂浆抹压应严实，不得空鼓，加强网不得皱褶、外露。

检验方法：观察检查，核查隐蔽工程验收记录。

检查数量：每个检验批抽查不少于 5 处，每处不少于 $2m^2$。

（3）设置空调的房间，其外墙热桥部位应按设计要求采取隔断热桥措施。

检验方法：对照设计和施工方案观察检查，核查隐蔽工程验收记录。

检查数量：按不同热桥种类，每种抽查 10%，并不少于 5 处。

（4）施工产生的墙体缺陷，如穿墙套管、脚手眼、孔洞等，应按照施工方案采取隔断桥措施，不得影响墙体热工性能。

检验方法：对照施工方案观察检查。

检查数量：全数检查。

（5）墙体保温板材接缝方法应符合施工工艺要求。保温板拼缝应平整严密。

检验方法：观察检查。

检查数量：按墙体检验批检查，每个检验批抽查不少于 3 处。

（6）墙体采用保温浆料时，保温浆料层宜连续施工；保温浆料厚度应均匀、接槎应平顺密实。

检验方法：观察，尺量检查。

检查数量：每个检验批抽查 10%，并不少于 10 处。

（7）墙体上容易碰撞的阳角、门窗洞口及不同材料基体的交接处等特殊部位，其保温层应采取防止开裂和破损的加强措施。

检验方法：观察检查，核查隐蔽工程验收记录。

检查数量：按不同部位，每类抽查 10%，并不少于 5 处。

（8）采用现场喷涂或模板浇筑有机类保温材料做外保温时，有机类保温材料应达到陈化时间后方可进行下道工序施工。

检查方法：对照施工方案和产品说明书进行检查。

检查数量：全数检查。

二、屋面节能工程

（一）主控项目

（1）用于屋面节能工程的保温隔热材料，其品种、规格应符合设计要求和相关标准的规定。

检验方法：观察、尺量检查，核查质量证明文件。

检查数量：按进场批次，每批随机抽取 3 个试样进行检查，质量证明文件应按照其出厂检验批进行核查。

（2）屋面节能工程使用的保温隔热材料，其导热系数、密度、抗压强度或压缩强度、燃烧性能应符合设计要求。

检验方法：核查质量证明文件及进场复验报告。

检查数量：全数检查。

（3）屋面节能工程使用的保温隔热材料，进场时应对其导热系数、密度、抗压强度或压缩强度、燃烧性能进行复验，复验为见证取样送检：

①板材、块材及现浇等保温材料的导热系数、密度、压缩（10%）强度；

②松散保温材料的导热系数、干密度。

检验方法：随机抽样送检，核查复验报告。

检查数量：同一厂家同一品种的产品各抽查不少于 3 组。

（4）屋面保温隔热层的敷设方式、厚度、缝隙填充质量及屋面热桥部位的保温隔热做法，必须符合设计要求和有关标准的规定。

检验方法：观察、尺量检查。

检查数量：每 100m² 抽查一处，每处 10m²，整个屋面抽查不少于 3 处。

对于屋面热桥部位如天沟、檐沟、女儿墙以及凸出屋面结构部位，均应做保温处理。如果处理不当，可能会引起屋顶结露，这不仅将降低室内环境的舒适度，破坏室内装饰，严重时还将对人们正常的居住生活带来影响。

（5）屋面的通风隔热架空层，其架空高度、安装方式、通风口位置及尺寸应符合设计及有关标准要求。架空层内不得有杂物。架空面层应完整，不得有断裂和露筋等缺陷。

检验方法：观察、尺量检查。

检查数量：每 100m² 抽查一处，每处 10m²，整个屋面抽查不少于 3 处。

（6）采光屋面的传热系数、遮阳系数、可见光透射比、气密性应符合设计要求。节点的构造做法应符合设计要求和相关标准的要求。采光屋面的可开启部分应按本规范第六章的要求验收。

检验方法：核查质量证明文件，观察检查。

检查数量：全数检查。

（7）采光屋面的安装应牢固、坡度正确，密封严密，嵌缝处不得渗漏。

检验方法：观察、尺量检查，淋水检查，核查隐蔽工程验收记录。

检查数量：全数检查。

（8）屋面的隔汽层的位置应符合设计要求，隔汽层应完整、严密。

检验方法：对照设计观察检查，核查隐蔽工程验收记录。

检查数量：每 $100m^2$ 抽查一处，每处 $10m^2$，整个屋面抽查不少于 3 处。

（二）一般项目

（1）屋面保温隔热层应按施工方案施工，并应符合下列规定：

①松散材料应分层敷设、按要求压实、表面平整、坡向正确。

②现场喷、浇、抹等工艺施工的保温层，其配合比应计量准确、搅拌均匀、分层连续施工，表面平整，坡向正确。

③板材应粘贴牢固、缝隙严密、平整。

检验方法：观察、尺量检查，称重检查。

检查数量：每 $100m^2$ 抽查一处，每处 $10m^2$，整个屋面抽查不少于 3 处。

（2）金属板保温夹芯屋面应铺装牢固、接口严密、表面洁净、坡向正确。

检验方法：观察、尺量检查，核查隐蔽工程验收记录。

检查数量：全数检查。

（3）坡屋面、内架空屋面当采用敷设于屋面内的保温材料做保温层时，保温隔热层应有防潮措施，其表面应有保护层，保护层的做法应符合设计要求。

检验方法：观察、尺量检查，核查隐蔽工程验收记录。

检查数量：每 $100m^2$ 抽查一处，每处 $10m^2$，整个屋面抽查不少于 3 处。

三、地面节能工程

（一）主控项目

（1）用于地面节能工程的保温材料，其品种、规格应符合设计要求和相关标准的规定。

检验方法：观察、尺量或称重检查，核查质量证明文件。

检查数量：按进场批次，每批随机抽取 3 个试样进行检查，质量证明文件应按照出厂检验批进行核查。

（2）地面节能工程的保温材料，其导热系数、密度、抗压强度或压缩强度、燃烧性能应符合设计要求。

检验方法：核查质量证明文件和复验报告。

检查数量：全数检查。

（3）地面节能工程采用的保温材料，进场时应对导热系数、密度、抗压强度或压缩强度燃烧性能进行复验，复验应为见证取样送检。

检验方法：随机抽样送检，核查复验报告。

检查数量：同一厂家同一品种的产品抽查不少于3组。

（4）地面节能工程施工前，应对基层进行处理，使其达到设计和施工方案要求。

检验方法：对照设计和施工方案观察检查。

检查数量：全数检查。

（5）建筑地面保温层、隔热层、保护层等各层的设置和构造做法以及保温层的厚度应符合设计要求。并应按施工方案进行施工。

检验方法：对照设计和施工方案观察检查，尺量检查。

检查数量：全数检查。

（6）地面节能工程的施工质量应符合下列规定：

①保温板与基层之间、各构造层之间的黏结应牢固，缝隙应严密；

②保温浆料层应分层施工；

③穿越地面直接接触室外空气的各种金属管道应按设计要求，采取隔断热桥的保温绝热措施。

检验方法：观察检查，核查隐蔽工程验收记录。

检查数量：每个检验批抽查2处，每处 $10m^2$，穿越地面的金属管道处全数检查。

（7）有防水要求的地面，其节能保温做法不得影响地面排水坡度，保温层面层不得渗漏。

检验方法：用长度500mm水平尺检查，观察检查。

检查数量：全数检查。

（8）严寒、寒冷地区的建筑首层直接与土壤接触的地面、采暖地下室与土壤接触的外墙、毗邻不采暖空间的地面以及底面直接接触室外空气的地面应按设计要求采取隔热保温措施。

检验方法：对照设计观察检查。

检查数量：全数检查。

（9）保温层的表面防潮层、保护层应符合设计要求。

检验方法：观察检查。

检查数量：全数检查。

（二）一般项目

采用地面辐射供暖工程的地面，其地面节能做法应符合设计要求，并应符合《地面辐射供暖技术规程》的规定。

检验方法：观察检查。

检查数量：全数检查。

第十一章　建筑工程施工质量验收

第一节　建筑工程施工质量验收的划分

一、施工质量验收划分的层次

随着经济发展和施工技术进步，自改革开放以来，又涌现了大量建筑规模较大的单体工程和具有综合使用功能的综合性建筑物，几万平方米的建筑物比比皆是，十万平方米以上的建筑物也不少。这些建筑物的施工周期一般较长，受多种因素的影响，诸如后期建设资金不足，部分停缓建，已建成可使用部分需投入使用，以发挥投资效益等；投资者为追求最大的投资效益，在建设期间，需要将其中一部分提前建成使用；规模特别大的工程一次性验收也不方便等。因此，原标准整体划分一个单位工程验收已不适应当前的情况，故本标准规定，可将此类工程划分为若干个子单位工程进行验收。同时，随着生产、工作、生活条件要求的提高，建筑物的内部设施也越来越多样化；建筑物相同部位的设计也呈多样化；新型材料大量涌现；加之施工工艺和技术的发展，使分项工程越来越多，因此，按建筑物的主要部位和专业来划分分部工程已不适应要求。可将建筑规模较大的单体工程和具有综合使用功能的综合性建筑物工程划分为若干个子单位工程进行验收。在分部工程中，按相近工作内容和系统划分为若干个子分部工程。每个子分部工程中包括若干个分项工程。每个分项工程中包含若干个检验批，检验批是工程施工质量验收的最小单位。

二、单位工程的划分

单位工程的划分应按下列原则确定：

（1）具备独立施工条件并能形成独立使用功能的建筑物及构筑物为一个单位工程。

（2）规模较大的单位工程，可将其能形成独立使用功能的部分划分为一个子单位工程。

子单位工程的划分一般可根据工程的建筑设计分区、使用功能的显著差异、结构缝的设置等实际情况，在施工前由建设、监理、施工单位自行商定，并据此收集整理施工技术资料和验收。

（3）室外工程可根据专业类别和工程规模划分单位（子单位）工程。室外单位（子单位）工程、分部工程按表11-1采用。

表11-1　室外工程划分

单位工程	子单位工程	分部（子分部）工程
室外建筑环境	附属建筑	车棚，围墙，大门，挡土墙，收集站
	室外	建筑小品，道路，亭台，连廊，花坛，场坪绿化
室外安装	给排水与采暖	室外给水系统，室外排水系统，室外供热系统
	电气	室外供电系统，室外照明系统

三、分部工程的划分

分部工程的划分应按下列原则确定：

（1）分部工程的划分应按专业性质、建筑部位确定。如建筑工程划分为地基与基础、主体结构、建筑装饰装修、建筑屋面、建筑给水排水及采暖、建筑电气、智能建筑、通风与空调、电梯等九个分部工程。

（2）当分部工程较大或较复杂时，可按施工程序、专业系统及类别等划分为若干个子分部工程。如智能建筑分部工程中就包含了火灾及报警消防联动系统、安全防范系统、综合布线系统、智能化集成系统、电源与接地、环境、住宅（小区）智能化系统等子分部工程。

四、分项工程的划分

分项工程应按主要工种、材料、施工工艺、设备类别等进行划分。如混凝土结构工程中按主要工种分为模板工程、钢筋工程、混凝土工程等分项工程；按施工工艺又分为预应力、现浇结构、装配式结构等分项工程。

建筑工程分部（子分部）工程、分项工程的具体划分如表11-2所示。

表11-2　建筑工程分部工程、分项工程划分

序号	分部工程	子分部工程	分项工程
1	地基与基础	无支护土方	土方开挖、土方回填
		有支护土方	排桩、降水、排水、地下连续墙、锚杆、土钉墙、水泥土桩、沉井与沉箱，钢及混凝土支撑
		地基处理	灰土地基、砂和砂石地基、碎砖三合土地基，土工合成材料地基，粉煤灰地基，重锤夯实地基，强夯地基，振冲地基，砂桩地基，预压地基，高压喷射注浆地基，土和灰土挤密桩地基，注浆地基，水泥粉煤灰碎石桩地基，夯实水泥土桩地基
		桩基	锚杆静压桩及静力压桩，预应力离心管桩，钢筋混凝土预制桩，钢桩，混凝土灌注桩（成孔、钢筋笼、清孔、水下混凝土灌注）
		地下防水	防水混凝土，水泥砂浆防水层，卷材防水层，涂料防水层，金属板防水层，塑料板防水层，涂料防水层，塑料板防水层，细部构造，喷锚支护，复合式衬砌，地下连续墙，盾构法隧道；渗排水、盲沟排水，隧道、坑道排水；预注浆、后注浆，衬砌裂缝注浆
		混凝土基础	模板、钢筋、混凝土、后浇带混凝土，混凝土结构缝处理
		砌体基础	砖砌体，混凝土砌块砌体，配筋砌体，石砌体
		劲钢（管）混凝土	劲钢（管）焊接，劲钢（管）与钢筋的连接，混凝土
		钢结构	焊接钢结构、检接钢结构，钢结构制作，钢结构安装，钢结构涂装
2	主体结构	混凝土结构	模板、钢筋、混凝土，预应力、现浇结构，装配式结构
		劲钢（管）混凝土结构	劲钢（管）焊接，螺栓连接，劲钢（管）与钢筋的连接，劲钢（管）制作、安装，混凝土
		砌体结构	砖砌体，混凝土小型空心砌块砌体，石砌体，填充墙砌体，配筋砖砌体
		钢结构	钢结构焊接，坚固件连接，钢零部件加工，单层钢结构安装，多层及高层钢结构安装，钢结构涂装，钢构件组装，钢构件预拼装，钢网架结构安装，压型金属板
		木结构	方木和原木结构，胶合木结构，轻型木结构，木构件防护
		网架和索膜结构	网架制作，网架安装，索膜安装，网架防火，防腐涂料

序号	分部工程	子分部工程	分项工程
3	建筑装饰装修	地面	整体面层：基层，水泥混凝土面层，水泥砂浆面层，水磨砂浆面层，水磨石面层，防油渗面层，水泥钢（铁）屑面层，不发火（防爆的）面层；板块面层：基层，砖面层（陶瓷锦砖、缸砖、陶瓷地砖和水泥花砖面层），大理石面层和花岗岩面层，预制板块面层（预制水泥混凝土、水磨石板块面层），料石面层（条石、块石面层），塑料板面层，活动地板面层，地毯面层）。木竹面层：基层、实木地板面层（条材、块材面层），实木复合地板面层（条材、块材面层），中密度（强化）复合地板面层（条材面层），竹地板面层
		抹灰	一般抹灰，装饰抹灰，清水砌体勾缝
		门窗	木门窗制作与安装，金属门窗安装，塑料门窗安装，特种门安装，门窗玻璃安装
		吊顶	暗龙骨吊顶，明龙骨吊顶
		轻质隔墙	板材隔墙，骨架隔墙，活动隔墙，玻璃隔墙
		饰面板（砖）	饰面板安装，饰面砖粘贴
		幕墙	玻璃幕墙，金属幕墙，石材幕墙
		涂饰	水性涂料涂饰，溶剂型涂料涂饰，美术涂饰
		裱糊与软包	裱糊、软包
		细部	橱柜制作与安装，窗帘盒、窗台板和暖气罩制作与安装，门窗套制作与安装，护栏和扶手制作与安装，花饰制作与安装
4	建筑屋面	卷材防水屋面	保温层，找平层，卷材防水层，细部构造
		涂膜防水屋面	保温层，找平层，涂膜防水层，细部构造
		刚性防水屋面	细石混凝土防水层，密封材料嵌缝，细部构造
		瓦屋面	平瓦屋面，油毡瓦屋面，金属板屋面，细部构造
		隔热屋面	架空屋面，蓄水屋面，种植屋面
5	建筑给水、排水及采暖	室内给水系统	给水管道及配件安装，室内消火栓系统安装，给水设备安装，管道防腐，绝热
		室内排水系统	排水管道及配件安装，雨水管道及配件安装
		室内热水供应系统	管道及配件安装，辅助设备安装，防腐，绝热
		卫生器具安装	卫生器具安装，卫生器具给水配件安装，卫生器具排水管道安装
		室内采暖系统	管道及配件安装，辅助设备及散热器安装，金属辐射板安装，低温热水地板辐射采暖系统安装，系统水压试验及调试，防腐，绝热

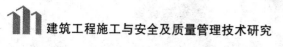

续表

序号	分部工程	子分部工程	分项工程
5	建筑给水、排水及采暖	室外给水管网	给水管道安装,消防水泵接水器及室外消火栓安装,管沟及井室
		室外排水管网	排水管道安装,排水管沟与井池
		建筑中水系统及游泳池系统	建筑中水系统管道及辅助设备安装,游泳池水系统安装
		供热锅炉及辅助设备安装	锅炉安装,辅助设备及管道安装,安全附件安装,烘炉、煮炉和试允许,换热站安装,防腐,绝热
6	建筑电气	室外电气	架空线路及杆上电气设备安装,变压器、箱式变电所安装,成套配电柜、控制柜(屏、台)和动力、照明配电箱(盘)及控制柜安装,电线、电缆导管和线槽敷设,电线、电缆穿管和线槽敷设,电缆头制作、导线连接和线路电气试验,建筑物外部装饰灯具、航空障碍标志灯和庭院路灯安装,建筑照明通电试运行,接地装置安装
		变配电室	变压器、箱式变电所安装,成套配电柜、控制柜(屏、台)和动力、照明配电箱(盘)及控制柜安装,裸母线、封闭母线、插接式母线安装,电缆沟内和电缆竖井内电缆敷设,电缆头制作、导线连接和线路电气试验,接地装置安装,避雷引下线和变配电室接地干线敷设
		供电干线	裸母线、封闭母线、插接式母线安装,桥架安装和桥架内电缆敷设,电缆沟内和电缆竖井内电缆敷设,电线、电缆导管和线槽敷设,电线、电缆穿管和线槽敷线,电缆头制作、导线连接和线路电气试验
		电气动力	成套配电柜、控制柜(屏、台)和动力、照明配电箱(盘)及控制柜安装,低压电动机、电加热器及电动执行机构检查、接线,低压气动力设备检测、试验和空载试运行,桥架安装和桥架内电缆敷设,电线、电缆导管和线槽敷设,电线、电缆穿管和线槽敷线,电缆头制作、导线连接和线路电气试验,插座、开关、风扇安装
		电气照明安装	成套配电柜、控制柜(屏、台)和动力、照明配电箱(盘)安装,电线、电缆导管和线槽敷设,电线、电缆导管和线槽敷设,电线、电缆导管和线槽敷线,槽板配线,钢索配线,电缆头制作、导线连接和线路气试验,普通灯具安装,专用灯具安装,插座、开关、风扇安装,建筑照明通电试运行
		备用和不间断电源安装	成套配电柜、控制柜(屏、台)和动力、照明配电箱(盘)安装,柴油发电机安装,不间断电源的其他功能单元安装,裸母线、封闭母线、插接式母线安装,电线、电缆导管和线槽敷设,电线、电缆导管和线槽敷线,电缆头制作、导线连接和线路气试验,接地装置安装

序号	分部工程	子分部工程	分项工程
6	建筑电气	防雷及接地安装	接地装置安装，避雷引下线和变配电室接地干线敷设，建筑物等电位连接，接闪器安装
7	智能建筑	通信网络系统	通信系统，卫星及有线电视系统，公共广播系统
		办公自动化系统	计算机网络系统，信息平台及办公自化应用软件，网络安全系统
		建筑设备监控系统	空调与通风系统，变配电系统，照明系统，给排水系统，热源和热交换系统，冷冻和冷却系统，电梯和自动扶梯系统，中央管理工作站与操作分站，子系统通信接口
		火灾报警及消防联动系统	火灾和可燃气体探测系统，火灾报警控制系统，消防联动系统
		安全防范系统	电视监控系，入侵报警系统，巡更系统，出入口控制（门禁）系统，停车管理系统
		综合布线系统	缆线敷设和终接，机柜、机架、配线架的安装，信息插座和光缆芯线终端的安装
		智能化集成系统	集成系统网络，实时数据库，信息安全，功能接口
		电源与接地	智能建筑电源，防雷及接地
		环境	空间环境，室内空调环境，视觉照明环境，电磁环境
		住宅（小区）智能化系统	火灾自动报警及消防动系统，安全防范系统（含电视临近系统，入侵报警系统，巡更系统、门禁系统、楼宇对讲系统、停车管理系统），物业管理系统（多表现场计量及与远程传输系统、建筑设备监控系统、公共广播系统、小区建筑设备监控系统、物业办公自动化系统），智能家庭信息平台
8	通风与空调	送排风系统	风管与配件制作，部件制作，风管系统安装，空气处理设备安装，消声设备制作与安装，风管与设备防腐，风机安装，系统调试
		防排烟系统	风管与配件制作，部件制作，风管系统安装，防排烟风口、常闭正压风口与设备安装，风管与设备防腐同，风机安装，系统调试
		除尘系统	风管与配件制作，部件制作，风管系统安装，除尘器与排污设备安装，风管与设备防腐，风机安装，系统调试
		空调风系统	风管与配件制作，部件制作，风管系统安装，空气处理设备安装，消声设备制作与安装，风管与设备防腐，风机安装，风管与设备绝热，系统调试

续表

序号	分部工程	子分部工程	分项工程
8	通风与空调	净化空调系统	风管与配件制作，部件制作，风管系统安装，空气处理设备安装，消声设备制作与安装，风管与设备防腐，风机安装，风管与设备绝热，高效过滤器安装，系统调试
		制冷设备系统	制冷组安装，制冷剂管道及配件安装，制冷附属设备安装，管道及设备的防腐与绝热，系统调试
		空调水系统	管道冷热（媒）水系统安装，冷却水系统安装，准凝水系统安装，阀门及部件安装，冷却塔安装，水泵及附属设备安装，管道与设备的防腐与绝热，系统调试
9	电梯	电力驱动的曳引式或强制式电梯安装	设备进场验收，土建交接检验，驱动主机，导轨，门系统，轿厢，对重（平衡重），安全部件，悬挂装置，随行电缆，补偿装置，电气装置，整机安装验收
		液压电梯安装	设备进场验收，土建交接检验，驱动主机，导轨，门系统，轿厢，对重（平衡重），安全部件，悬挂装置，随行电缆，补偿装置，整机安装验收
		自动扶梯、自动人行道安装	设备进场验收，土建交接检验，整机安装验收。
10	建筑节能（无子分部）	墙体节能工程	
		幕墙节能工程	
		门窗节能工程	
		屋面节能工程	
		地面节能工程	
		采暖节能工程	
		通风与空调节能工程	
		空调与采暖系统的冷热源及管网节能工程	
		配电与照明节能工程	
		监测与控制节能工程	

五、检验批的划分

分项工程可由一个或若干个检验批组成，检验批可根据施工及质量控制和专业验收需要按楼层、施工段、变形缝等进行划分。

建筑工程的地基基础分部工程中的分项工程一般划分为一个检验批；有地下层

的基础工程可按不同地下层划分检验批；屋面分部工程中的分项工程不同楼层屋面可划分为不同的检验批；单层建筑工程中的分项工程可按变形缝等划分检验批，多层及高层建筑建筑工程中主体分部的分项工程可按楼层或施工段来划分检验批；其他分部工程中的分项工程一般按楼层划分检验批；对于工程量较少的分项工程可统一划分为一个检验批。安装工程一般按一个设计系统或组别划分为一个检验批。室外工程统一划分为一个检验批。散水、台阶、明沟等含在地面检验批中。

第二节　建筑工程施工质量验收

一、检验批的质量验收

（一）检验批合格质量规定

（1）主控项目和一般项目的质量经抽样检验合格。

（2）具有完整的施工操作依据、质量检验记录。

从上面的规定可以看出，检验批的质量验收包括了质量资料的检查和主控项目、一般项目的检验两方面的内容。

（二）检验批按规定验收

1. 资料检查

质量控制资料反映了检验批从原材料到验收的各施工工序的施工操作依据，检查情况以及保证质量所必需的管理制度等。对其完整性的检查，实际是对过程控制的确认，这是检验批合格的前提。所要检查的资料主要包括：

（1）图纸会审、设计变更、洽商记录；

（2）建筑材料、成品、半成品、建筑构配件、器具和设备的质量证明书及进场检（试）验报告；

（3）工程测量、放线记录；

（4）按专业质量验收规范规定的抽样检验报告；

（5）隐蔽工程检查记录；

（6）施工过程记录和施工过程检查记录；

（7）新材料、新工艺的施工记录；

（8）质量管理资料和施工单位操作依据等。

2. 主控项目和一般项目的检验

为确保工程质量，使检验批的质量符合安全和使用功能的基本要求，各专业质量验收规范对各检验批的主控项目和一般项目的子项合格质量都给予了明确规定。如砖砌体工程检验批质量验收时主控项目包括砖强度等级、砂浆强度等级、斜槎留置、直槎拉结钢筋及拉槎处理、砂浆饱满度、轴线位移、每层垂直度等内容；而一般项目则包括组砌方法、水平灰缝厚度、顶（楼）面标高、表面平整度、门窗洞口高宽、窗口偏移、水平灰缝的平直度以及清水墙游丁走缝等内容。

检验批的合格质量主要取决于对主控项目和一般项目的检验结果。主控项目是对检验批的基本质量起决定性影响的检验项目，因此必须全部符合有关专业工程验收规范的规定。这意味着主控项目不允许有不符合要求的检验结果，即这种项目的检查具有否决权。鉴于主控项目对基本质量的决定性影响，从严要求是必须的。如混凝土结构工程中混凝土分项工程的配合比设计其主控项目要求，混凝土应按国家现行标准《普通混凝土配合比设计规程》的有关规定，根据混凝土强度等级、耐久性和工作性等要求进行配合比设计。对有特殊要求的混凝土，其配合比设计应符合国家现行有关标准的专门规定。其检验方法是检查配合比应进行开盘鉴定，其工作性应符合满足设计配合比的要求。开始生产时应至少留置一组标准养护试件，作为验证配合比依据。并通过检查开盘鉴定资料和试件强度试验报告进行检验。混凝土拌制前，应测定砂、石含水率并根据测试结果调整材料用量，提出施工配合比，并通过检查含水率测试结果和施工配合比通知单进行检查，每工作班检查一次。

3. 检验批的抽样方案

合理的抽样方案的制定对检验批的质量验收有十分重要的影响。在制定检验批的抽样方案时，应考虑合理分配生产方风险（或错判概率 α）和使用方风险（或漏判概率 β），对于主控项目，对应于合格质量水平的 α 和 β 均不宜超过 5%；对于一般项目，对应于合格质量水平的 α 不宜超过 5%，β 不宜超过 10%。检验批的质量检验，应根据检验项目的特点在下列抽样方案中进行选择。

（1）计量、计数或计量—计数等抽样方案。

（2）一次、二次或多次抽样方案。

（3）根据生产连续性和生产控制稳定性等情况，尚可采用调整型抽样方案。

（4）对重要的检验项目可采用简易快速的检验方法时，可选用全数检验方案。

（5）经实践检验有效的抽样方案，如砂石料、构配件的分层抽样。

4. 检验批的质量验收记录

检验批的质量验收记录由施工项目专业质量检查员填写，监理工程师（建设单位技术负责人）组织项目专业质量检查员等进行验收。

二、分项工程质量验收

分项工程的验收在检验批的基础上进行。一般情况下，两者具有相同或相近的性质，只是批量的大小不同而已。因此，将有关的检验批汇集构成分项工程。分项工程合格质量的条件比较简单，只要构成分项工程的各检验批的验收资料文件完整，并且均已验收合格，则分项工程验收合格。

（一）分项工程质量验收合格应符合的规定

（1）分项工程所含的检验批均应符合合格质量规定。

（2）分项工程所含的检验批的质量验收记录应完整。

（二）分项工程质量验收记录

分项工程质量应由监理工程师（建设单位项目专业技术负责人）组织项目专业技术负责人等进行验收。

三、分部（子分部）工程质量验收

（一）分部（子分部）工程质量验收合格应符合的规定

（1）分部（子分部）工程所含分项工程的质量均应验收合格。

（2）质量控制资料应完整。

（3）地基与基础、主体结构和设备安装等分部工程有关安全及功能的检验和抽样检测结果应符合有关规定。

（4）观感质量验收应符合要求。

分部工程的验收在其所含各分项工程验收的基础上进行。首先，分部工程的各分项工程必须已验收且相应的质量控制资料文件必须完整，这是验收的基本条件。此外，由于各分项工程的性质不尽相同，因此作为分部工程不能简单地组合而加以验收，尚需增加以下两类检查。

涉及安全和使用功能的地基基础、主体结构、有关安全及重要使用功能的安装分部工程，应进行有关见证取样送样试验或抽样检测。如建筑物垂直度、标高、全高测量记录，建筑物沉降观测测量记录，给水管道通水试验记录，暖气管道、散热器压力试验记录，照明动力全负荷试验记录等。关于观感质量验收，这类检查往往难以定量，只能以观察、触摸或简单量测的方式进行，并由个人的主观印象判断，检查结果并不给出"合格"或"不合格"的结论，而是综合给出质量评价。评价的结论为"好""一般"和"差"三种。对于"差"的检查点应通过返修处理等进行补救。

（二）分部（子分部）工程质量验收记录

分部（子分部）工程质量应由总监理工程师（建设单位项目专业负责人）组织施工项目经理和有关勘察、设计单位项目负责人进行验收。

四、单位（子单位）工程质量验收

单位（子单位）工程质量验收合格应符合下列规定：

（1）单位（子单位）工程所含分部（子分部）工程的质量应验收合格。

（2）质量控制资料应完整。

（3）单位（子单位）工程所含分部工程有关安全和功能的检验资料应完整。

（4）主要功能项目的抽查结果应符合相关专业质量验收规范的规定。

（5）观感质量验收应符合要求。

单位工程质量验收也称质量竣工验收，是建筑工程投入使用前的最后一次验收，也是最重要的一次验收。验收合格的条件有五个：除构成单位工程的各分部工程应该合格，并且有关的资料文件应完整以外，还应进行以下三方面的检查。

涉及安全和使用功能的分部工程应进行检验资料的复查。不仅要全面检查其完整性（不得有漏检缺项），而且对分部工程验收时补充进行的见证抽样检验报告也要复核。这种强化验收的手段体现了对安全和主要使用功能的重视。

此外，对主要使用功能还需进行抽查。使用功能的检查是对建筑工程和设备安装工程最终质量的综合检查，也是用户最为关心的内容。因此，在分项、分部工程验收合格的基础上，竣工验收时再做全面检查。抽查项目是在检查资料文件的基础上由参加验收的各方人员商定，并用计量、计数的抽样方法确定检查部位。检查要求按有关专业工程施工质量验收标准的要求进行。最后，还需由参加验收的各方人员共同进行观感质量检查。检查的方法、内容、结论等应在分部工程的相应部分中阐述，最后共同确定是否通过验收。

五、工程施工质量不符合要求时的处理

一般情况下，不合格现象在检验批的验收时就应发现并及时处理，所有质量隐患必须尽快消灭在萌芽状态，否则将影响后续检验批和相关的分项工程、分部工程的验收。但非正常情况可按下述规定进行处理：

（1）经返工重做或更换器具、设备的检验批，应重新进行验收。这种情况是指主控项目不能满足验收规定或一般项目超过偏差限制的子项不符合检验规定的要求时，应及时进行处理的检验批。其中，严重的缺陷应推倒重来；一般缺陷通过返修

或更换器具、设备予以解决，应允许施工单位在采取相应的措施后重新验收。如能够符合相应的专业工程质量验收规范，则应认为该检验批合格。

（2）有资质的检测单位鉴定达到设计要求的检验批，应予以验收。这种情况是指个别检验批发现试块强度等不满足要求等问题，难以确定是否验收时，应请具有资质的法定检测单位检测，当鉴定结果能够达到设计要求时，该检验批允许通过验收。

（3）有资质的检测单位鉴定达不到设计要求但经原设计单位核算认可能满足结构安全和使用功能的检验批，可予以验收。

这种情况是指，一般情况下，规范标准给出了满足安全和功能的最低限度要求，而设计往往在此基础上留有一定余量。不满足设计要求和符合相应规范标准的要求，两者并不矛盾。

（4）经返修或加固的分项、分部工程，虽然改变外形尺寸但仍能满足安全使用要求，可按技术处理方案和协商文件进行验收。

这种情况是指更为严重缺陷或范围超过检验批更大范围内的缺陷，可能影响结构的安全性和使用功能。如经法定检测单位检测鉴定以后认为达不到规范标准的相应要求，即不能满足安全使用的基本要求。这样会造成一些永久性的缺陷，如改变结构的外形尺寸，影响一些次要的使用功能等。为了避免社会财富更大的损失，在影响安全和主要功能条件下可按处理技术方案和协商文件进行验收，但不能作为轻视质量而回避责任的一种出路，这是应该特别注意的。

（5）通过返修或加固仍不能满足安全使用的分部工程、单位（子单位）工程，严禁验收。

第三节　建筑工程施工质量验收的程序和组织

一、检验批及分项工程的验收程序与组织

检验批由专业监理工程师组织项目专业质量检验员等进行验收；分项工程由专业监理工程师组织项目专业技术负责人等进行验收。

检验批和分项工程是建筑工程施工质量的基础，因此，所有检验批和分项工程均应由监理工程师或建设单位项目技术负责人组织验收。验收前，施工单位先填好"检验批和分项工程的质量验收记录"（有关监理记录和结论不填），并由项目专业质量检查员和项目专业技术负责人分别在检验批和分项工程质量检验验收记录中相

关栏目中签字，然后由监理工程师组织，严格按规定程序进行验收。

二、分部工程的验收程序与组织

分部工程应由总监理工程师（建设单位项目负责人）组织施工单位项目负责人和项目技术、质量负责人等进行验收；由于地基基础、主体结构技术性能要求严格，技术性强，关系到整个工程的安全，因此规定与地基基础、主体结构分部工程相关的勘察、设计单位工程项目负责人和施工单位技术、质量部门负责人也应参加相关分部工程验收。

三、单位（子单位）工程的验收程序与组织

（一）竣工初验收的程序

单位工程达到竣工验收条件后，施工单位应在自查、自评工作完成后，填写工程竣工报验单，并将全部竣工资料报送项目监理机构，申请竣工验收。总监理工程师应组织各专业监理工程师对竣工资料及各专业工程的质量情况进行全面检查，对检查出的问题，应督促施工单位及时整改。对需要进行功能试验的项目（包括单机试车和无负荷试车），监理工程师应督促施工单位及时进行试验，并对重要项目进行监督、检查，必要时请建设单位和设计单位参加；监理工程师应认真审查试验报告单并督促施工单位搞好成品保护和现场清理。

经项目监理机构对竣工资料及实物全面检查、验收合格后，由总监理工程师签署工程竣工报验单，并向建设单位提出质量评估报告。

（二）正式验收

建设单位收到工程验收报告后，应由建设单位（项目）负责人组织施工（含分包单位）、设计、监理等单位（项目）负责人进行单位（子单位）工程验收。单位工程由分包单位施工时，分包单位对所承包的工程项目按规定的程序检查评定，总包单位应派人参加。分包工程完成后，应将工程有关资料交总包单位。建设工程经验收合格的，方可交付使用。

建设工程竣工验收应当具备下列条件：

（1）完成建设工程设计和合同约定的各项内容；

（2）有完整的技术档案和施工管理资料；

（3）有工程使用的主要建筑材料、建筑构配件和设备的进场试验报告；

（4）有勘察、设计、施工、工程监理等单位分别签署的质量合格文件；

（5）有施工单位签署的工程保修书。

在一个单位工程中，对满足生产要求或具备使用条件施工单位已预检，监理工程师已初验通过的子单位工程，建设单位可组织进行验收。有几个施工单位负责施工的单位工程，当其中的施工单位所负责的子单位工程已按设计完成，并经自行检验，也可组织正式验收，办理交工手续。在整个单位工程进行全部验收时，已验收的子单位工程验收资料应作为单位工程验收的附件。

在竣工验收时，对某些剩余工程和缺陷工程，在不影响交付的前提下，经建设单位、设计单位、施工单位和监理单位协商，施工单位应在竣工验收后的限定时间内完成。

参加验收各方对工程质量验收意见不一致时，可请当地建设行政主管部门或工程质量监督机构协调处理。建筑工程质量验收组织及参加人员如表11-3所示。

表11-3　建筑工程质量验收组织及参加人员

序号	工程	组织者	参加人员
1	检验批	监理工程师	项目专业质量（技术）负责人
2	分项工程	监理工程师	项目专业质量（技术）负责人
3	分部（子分部）工程	总监理工程师	项目经理、项目技术负责人、项目质量负责人
	地基与基础、主体结构分部	总监理工程师	施工技术部门负责人 施工质量部门负责人 勘察项目负责人 设计项目负责人
4	单位（子单位）工程	建筑单位（项目）负责人	施工单位（项目）负责人 设计单位（项目）负责人 监理单位（项目）负责人

四、单位工程竣工验收备案

单位工程质量验收合格后，建设单位应在规定时间内将工程竣工验收报告和有关文件，报建设行政管理部门备案。

（1）凡在中华人民共和国境内新建、扩建、改建各类房屋建筑工程和市政基础设施工程的竣工验收，均应按有关规定进行备案。

（2）国务院建设行政主管部门和有关专业部门负责全国工程竣工验收的监督管理工作，县级以上地方人民政府建设行政主管部门负责本行政区域内工程的竣工验收备案管理工作。

第十二章　建筑工程施工质量问题和质量事故的处理

第一节　建筑工程施工质量问题

一、工程质量问题的成因

（一）常见问题的成因

由于建筑工程工期较长，所用材料品种繁杂；在施工过程中，受社会环境和自然条件方面异常因素的影响；产生的工程质量问题表现形式千差万别，类型多种多样。这使得引起工程质量问题的成因也错综复杂，一项质量问题往往是由于多种原因引起。虽然每次发生质量问题的类型各不相同，但是通过对大量质量问题调查与分析发现，其发生的原因有不少相同或相似之处，归纳其最基本的因素主要有表12-1中的几个方面：

表12-1　常见问题的成因

主要因素	具体内容
违反法规行为	例如，无证设计；无证施工；越级设计；越级施工；工程招、投标中的不公平竞争；超常的低价中标；非法分包；转包、挂靠；擅自修改设计等行为
违背建设程序	建设程序是工程项目建设过程及其客观规律的反映，不按建设程序办事。例如，未搞清地质情况就仓促开工；边设计、边施工；无图施工；不经竣工验收就交付使用等；这些常是导致工程质量问题的重要原因
设计差错	例如，盲目套用图纸，采用不正确的结构方案，计算简图与实际受力情况不符，荷载取值过小，内力分析有误，沉降缝或变形缝设置不当，悬挑结构未进行抗倾覆验算，以及计算错误等，都是引发质量问题的原因
地质勘察失真	例如，未认真进行地质勘察或勘探时钻孔深度、间距、范围不符合规定要求，地质勘察报告不详细、不准确、不能全面反映实际的地基情况等，从而使得地下情况不清，或对基岩起伏、土层分布误判，或未查清地下软土层、墓穴、孔洞等，它们均会导致采用不恰当或错误的基础方案，造成地基不均匀沉降、失稳，使上部结构或墙体开裂、破坏，或引发建筑物倾斜、倒塌等质量问题

续表

主要因素	具体内容
自然环境因素	空气温度、湿度、暴雨、大风、洪水、雷电、日晒和浪潮等均可能成为质量问题的诱因
施工与管理不到位	不按图施工或未经设计单位同意擅自修改设计。例如，将铰接做成刚接，将简支梁做成连续梁，导致结构破坏；挡土墙不按图设滤水层、排水孔，导致压力增大，墙体破坏或倾覆；不按有关的施工规范和操作规程施工，浇筑混凝土时振捣不良，造成薄弱部位；砖砌体上下通缝，灰浆不饱满等均能导致砖墙或砖柱破坏。施工组织管理紊乱，不熟悉图纸，盲目施工；施工方案考虑不周，施工顺序颠倒；图纸未经会审，仓促施工；技术交底不清，违章作业
使用不当	对建筑物或设施使用不当也易造成质量问题。例如，未经校核验算就任意对建筑物加层；任意拆除承重结构部位；任意在结构物上开槽、打洞、削弱承重结构截面等也会引起质量问题

（二）成因分析方法

1. 基本步骤

（1）进行细致的现场调查研究，观察记录全部实况，充分了解与掌握引发质量问题的现象和特征。

（2）收集调查与质量问题有关的全部设计和施工资料，分析摸清工程在施工或使用过程中所处的环境及面临的各种条件和情况。

（3）找出可能产生质量问题的所有因素。

（4）分析、比较和判断，找出最可能造成质量问题的原因。

（5）进行必要的计算分析或模拟试验予以论证确认。

2. 分析要点

（1）确定质量问题的初始点，即所谓原点，它是一系列独立原因集合起来形成的爆发点。因其反映出质量问题的直接原因，而在分析过程中具有关键性作用。

（2）围绕原点对现场各种现象和特征进行分析，区别导致同类质量问题的不同原因，逐步揭示质量问题萌生、发展和最终形成的过程。

（3）综合考虑原因复杂性，确定诱发质量问题的起源点即真正原因。工程质量问题原因分析是对一堆模糊不清的事物和现象客观属性和联系的反映，它的准确性和监理工程师的能力学识、经验和态度有极大关系，其结果不单是简单的信息描述，而是逻辑推理的产物，其推理可用于工程质量的事前控制。

二、工程质量问题的处理方式

在各项工程的施工过程中或完工以后，现场监理人员如发现工程项目存在着不合格项或质量问题，应根据其性质和严重程度按如下方式处理：

（1）当因施工而引起的质量问题在萌芽状态，应及时制止，并要求施工单位立即更换不合格材料设备或不称职人员，或要求施工单位立即改变不正确的施工方法和操作工艺。

（2）当因施工而引起的质量问题已出现时，应立即向施工单位发出监理通知，要求其对质量问题进行补救处理，并采取足以保证施工质量的有效措施后，填报监理通知回复单报监理单位。

（3）当某道工序或分项工程完工以后，出现不合格项，监理工程师应填写不合格项处置记录，要求施工单位及时采取措施予以整改。监理工程师应对其补救方案进行确认，跟踪处理过程，对处理结果进行验收，否则不允许进行下道工序或分项工程的施工。

（4）在交工使用后的保修期内发现的施工质量问题，监理工程师应及时签发监理通知，指令施工单位进行修补、加固或返工处理。

第二节　建筑工程质量事故的特点及分类

一、工程质量事故的特点

1. 严重性

工程项目一旦出现质量事故，其影响较大。轻者影响施工顺利进行、拖延工期、增加工程费用，重者则会留下隐患成为危险的建筑，影响使用功能或不能使用，更严重的还会引起建筑物的失稳、倒塌，造成人民生命、财产的巨大损失。所以对于建设工程质量问题和质量事故均不能掉以轻心，必须予以高度重视，加强对工程建设质量的监督管理，防患于未然，力争将事故消灭在萌芽中，确保建筑物的安全作用。

2. 可变性

许多工程的质量问题出现后，其质量状态并非稳定于发现的初始状态，而是有可能随着时间而不断地发展、变化。例如，地基基础的超量沉降可能随上部荷载的不断增大而继续发展；混凝土结构出现的裂缝可能随环境温度的变化而变化，或随荷载的变化及持续时间的变化而变化等。因此，有些在初始阶段并不严重的质量问题，如不能及时处理和纠正，有可能发展成一般质量事故，一般质量事故有可能发展成为严重或重大质量事故。所以，在分析、处理工程质量问题时，一定要注意质量问题的可变性，应及时采取可靠的措施，防止其进一步恶化而发生质量事故，或加强观测与试验，取得数据，预测未来发展的趋势。

3. 多发性

建设工程中的质量事故，有两层意思，一是有些事故像"常见病""多发病"一样经常发生，而成为质量通病。例如，混凝土、砂浆强度不足，预制构件裂缝等；二是有些同类事故一再发生。例如，悬挑结构断塌事故，近几年在全国十几个省、市先后发生数十起，一再重复出现。因此，总结经验，吸取教训，采取有效措施予以预防十分必要。

4. 复杂性

建筑生产与一般工业相比有产品固定，生产流动；产品多样，结构类型不一；露天作业多，自然条件复杂多变；材料品种、规格多，材料性能各异；多工种、多专业交叉施工，相互干扰大；工艺要求不同、施工方法各异、技术标准不一等特点。因此，影响工程质量的因素繁多，造成质量事故的原因错综复杂，即使是同一类质量事故，原因却可能多种多样截然不同。例如，就墙体开裂质量事故而言，其产生的原因就可能是：设计计算有误；地基不均匀沉降；或温度应力、地震力、冻胀力的作用；也可能是施工质量低劣、偷工减料或材料不良等。原因的多样性使得对质量事故进行分析，判断其性质、原因及发展，确定处理方案与措施等都增加了复杂性及困难。

二、工程质量事故的分类

建设工程质量事故的分类方法有多种，既可按造成损失严重程度划分，又可按其产生的原因划分，也可按其造成的后果或事故责任区分等（见表12-2）。

表12-2　工程质量事故的分类

分类依据	具体内容
按事故产生的原因划分	（1）技术原因引发的质量事故。指在工程项目实施中由于设计、施工在技术上的失误而造成的事故。例如，结构设计计量错误；地质情况估计错误；采用了不适宜的施工方法或施工工艺等。 （2）管理原因引发的质量事故主要指管理上的不完善或失误引发的质量事故。例如，施工单位或监理方的质量体系不完善；检验制度不严密；质量控制不严格；质量管理措施落实不力；检测仪器设备管理不善而失准；进场材料检验不严格等。

续表

分类依据	具体内容
按事故产生的原因划分	（3）社会、经济原因引发的质量事故。主要指由于社会、经济因素及在社会上存在的弊端和不正之风引起建设中的错误行为，而导致出现质量事故。例如，某些施工企业盲目追求利润而置工程质量不顾，在建筑市场上随意压价投标，中标后则依靠违法手段或修改方案追加工程款，或偷工减料，或层层转包，凡此种种，这些因素常常是导致重大工程质量事故的主要原因，应当给予充分的重视
按事故责任划分	（1）指导责任事故。工程实施指导或领导失误而造成的质量事故。例如，由于工程负责人片面追求施工进度，放松或不按质量标准进行控制和检验，降低施工质量标准等。 （2）操作责任事故。指在施工过程中，由于实施操作者不按规程或标准实施操作，而造成的质量事故。例如，浇筑混凝土时随意加水；混凝土拌和料产生了离析现象仍浇筑入模；压实土方含水量及压实遍数未按要求控制操作等
按事故造成的后果划分	（1）未遂事故。及时发现质量问题，经及时采取措施，未造成经济损失、延误工期或其他不良后果者，均属未遂事故。 （2）已遂事故。凡出现不符合标准或设计要求，造成经济损失、延误工期或其他不良后果者，均属已遂事故
按事故损失的严重程度划分	（1）一般事故，是指造成3人以下死亡，或者10人以下重伤，或者1000万元以下直接经济损失的事故； （2）较大事故，是指造成3人以上10人以下死亡，或者10人以上50人以下重伤，或者1000万元以上5000万元以下直接经济损失的事故； （3）重大事故，是指造成10人以上30人以下死亡，或者50人以上100人以下重伤，或者5000万元以上1亿元以下直接经济损失的事故； （4）特别重大事故，是指造成30人以上死亡，或者100人以上重伤（包括急性工业中毒，下同），或者1亿元以上直接经济损失的事故

第三节　工程质量事故处理的依据和程序

一、工程质量事故处理的依据

（一）质量事故的实况资料

1. 施工单位的质量事故调查报告

质量事故发生后，施工单位有责任就所发生的质量事故进行周密的调查、研究掌握情况，并在此基础上写出调查报告，提交监理工程师和业主。在调查报告中首先就与质量事故有关的实际情况做详尽的说明，其内容应包括：

（1）质量事故发生的时间、地点。

（2）质量事故状况的描述。

（3）质量事故发展变化的情况。

（4）有关质量事故的观测记录、事故现场状态的照片或录像。

2. 监理单位调查研究所获得的第一手资料

其内容大致与施工单位调查报告中的有关内容相似，可用来与施工单位所提供的情况对照、核实。

（二）有关合同及合同文件

（1）涉及的合同文件可以是：工程承包合同；设计委托合同；设备与器材购销合同；监理合同等。

（2）有关合同和合同文件在处理质量事故中的作用是：确定在施工过程中有关各方是否按照合同有关条款实施其活动，借以探寻产生事故的可能原因。

（三）有关的技术文件和档案

1. 有关的设计文件

如施工图纸和技术说明等，它是施工的重要依据。在处理质量事故中，其作用一方面是可以对照设计文件，核查施工质量是否完全符合设计的规定和要求；另一方面是可以根据发生的质量事故情况，核查设计中是否存在问题或缺陷，成为导致质量事故的一方面原因。

2. 与施工有关的技术文件、档案和资料

属于这类文件、档案有：

（1）施工组织设计或施工方案、施工计划。

（2）施工记录、施工日志等。

（3）有关建筑材料的质量证明资料。

（4）现场制备材料的质量证明资料。

（5）质量事故发生后，对事故状况的观测记录、试验记录或试验报告等。

（6）其他有关资料。

上述各类技术资料对于分析质量事故原因，判断其发展变化趋势，推断事故影响及严重程度，考虑处理措施等都是不可缺少的，起着重要的作用。

二、工程质量事故处理的程序

监理工程师应熟悉各级政府建设行政主管部门处理工程质量事故的基本程序，特别是应把握在质量事故处理过程中如何履行自己的职责。

工程质量事故发生后，监理工程师可按以下程序进行处理，如图 12-1 所示。

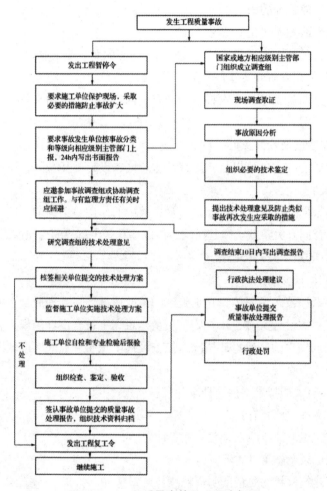

图12-1 工程质量事故处理程序框图

第四节 工程质量事故处理方案的确定及鉴定验收

一、工程质量事故处理方案的确定

（一）工程质量事故处理方案类型

1. 修补处理

这种方法主要适用于通过修补可以不影响工程的外观和正常使用的质量事故。

它是利用修补的方法对工程质量事故予以补救，这是最常用的一类处理方案。工程的某个检验批、分项或分部的质量虽未达到规定的规范、标准或设计要求，存在一定缺陷，但通过修补或更换器具、设备后还可达到要求的标准，又不影响使用功能和外观要求，在此情况下，可以进行修补处理。属于修补处理这类的具体方案很多，诸如封闭保护、复位纠偏、结构补强、表面处理等。某些事故造成的结构混凝土表面裂缝，可根据其受力情况，仅做表面封闭保护。某些混凝土结构表面的蜂窝、麻面，经调查分析，可进行剔凿、抹灰等表面处理，一般不会影响其使用和外观。

对较严重的质量问题，可能影响结构的安全性和使用功能，必须按一定的技术方案进行加固补强处理，这样往往会造成一些永久缺陷，如改变结构外形尺寸，影响一些次要的使用功能等。

2．返工处理

工程质量未达到规定的标准和要求，存在的严重质量问题，对结构的使用和安全构成重大影响，且又无法通过修补处理的情况下，可对检验批、分项、分部甚至整个工程返工处理。例如，某砖墙在砌筑时，经抽查发现其垂直度超出规范的规定，可采取对该部位的墙体拆除后重砌，进行返工处理。对某些存在严重质量缺陷，且无法采用加固补强等修补处理或修补处理费用比原工程造价还高的工程，应进行整体拆除，全面返工。

3．不做处理

某些工程质量问题虽然不符合规定的要求和标准构成质量事故，但视其严重情况，经过分析、论证、法定检测单位鉴定和设计等有关单位认可，对工程或结构使用及安全影响不大，也可不做专门处理。通常不用专门处理的情况有以下几种：

（1）经法定检测单位鉴定合格

例如，某检验批混凝土试块强度不满足规范要求，强度不足，在法定检测单位，对混凝土实体采用非破损检验等方法测定其实际强度已达规范允许和设计要求值时，可不做处理。经检测未达要求值，但相差不多，经分析论证，只要使用前经再次检测达设计强度，也可不做处理，但应严格控制施工荷载。

（2）出现的质量问题，经检测鉴定达不到设计要求，但经原设计单位核算，仍能满足结构安全和使用功能。

例如，某一结构构件截面尺寸不足，或材料强度不足，影响结构承载力，但按实际检测所得截面尺寸和材料强度复核验算，仍能满足设计的承载力，可不进行专门处理。这是因为一般情况下，规范标准给出了满足安全和功能的最低限度要求，而设计往往在此基础上留有一定余量，这种处理方式实际上是挖掘了设计潜力或降低了设计的安全系数。

（3）不影响结构安全和正常使用

例如，某建筑物出现放线定位偏差，且严重超过规范标准规定，若要纠正会造成重大经济损失，若经过分析、论证其偏差不影响生产工艺和正常使用，在外观上也无明显影响，可不做处理。又如，某隐蔽部位结构混凝土表面裂缝，经检查分析，属于表面养护不够的干缩微裂，不影响使用及外观，也可不做处理。

（4）有些质量问题，经过后续工序可以弥补

例如混凝土墙表面轻微麻面，可通过后续的抹灰、喷涂或刷白等工序弥补，亦可不做处理。

（二）选择最适用工程质量事故处理方案的辅助方法

选择工程质量处理方案，是复杂而重要的工作，它直接关系到工程的质量、费用和工期。

处理方案选择不合理，不仅劳民伤财，严重的会留有隐患，危及人身安全，特别是对需要返工或不做处理的方案，更应慎重对待。表 12-3 中给出一些可采取的选择工程质量事故处理方案的辅助决策方法。

表 12-3　工程质量事故处理方案的辅助决策方法

方法名称	具体内容
定期观测法	有些有缺陷的工程，短期内其影响可能不十分明显，需要较长时间的观测才能得出结论。对此，监理工程师应与建设单位及施工单位协商，是否可以留待责任期解决或采取修改合同，延长责任期的办法
方案比较法	这是比较常用的一种方法。同类型和同一性质的事故可先设计多种处理方案，然后结合当地的资源情况、施工条件等逐项给出权重，作出对比，从而选择具有较高处理效果又便于施工的处理方案
专家论证法	对于某些工程质量问题，可能涉及的技术领域比较广泛，或问题很复杂，有时仅根据合同规定难以决策，这时可提请专家论证。实践证明，采取这种方法，对于监理工程师正确选择重大工程质量缺陷的处理方案十分有益
实验验证法	即对某些有严重质量缺陷的项目，可采取合同规定的常规试验以外的试验方法进一步进行验证，以便确定缺陷的严重程度。例如，混凝土构件的试件强度低于要求的标准不太大（例如10%以下时），可进行加载试验，证明其是否满足使用要求。监理工程师可根据对试验验证结果的分析、论证，再研究选择最佳的处理方案

二、工程质量事故处理的鉴定验收

1. 检查验收

工程质量事故处理完成后，监理工程师在施工单位自检合格报验的基础上，应严格按施工验收标准及有关规范的规定进行，结合监理人员的旁站、巡视和平行检验结果，依据质量事故技术处理方案设计要求，通过实际量测，检查各种资料数据进行验收，并应办理交工验收文件，组织各有关单位会签。

2. 必要的鉴定

为确保工程质量事故的处理效果，凡涉及结构承载力等使用安全和其他重要性能的处理工作，常需做必要的试验和检验鉴定工作。如质量事故处理施工过程中建筑材料及构配件保证资料严重缺乏，或对检查验收结果各参与单位有争议时，常见的检验工作有：混凝土钻芯取样，用于检查密实性和裂缝修补效果，或检测实际强度；结构荷载试验，确定其实际承载力；超声波检测焊接或结构内部质量r池、罐、箱柜工程的渗漏检验等。检测鉴定必须委托政府批准的有资质的法定检测单位进行。

3. 验收结论

对所有质量事故无论经过技术处理，通过检查鉴定验收还是不需专门处理的，均应有明确的书面结论。若对后续工程施工有特定要求，或对建筑物使用有一定限制条件，应在结论中提出。

验收结论通常有以下几种：

（1）事故已排除，可以继续施工。

（2）隐患已消除，结构安全有保证。

（3）经修补处理后，完全能够满足使用要求。

（4）基本上满足使用要求，但使用时应有附加限制条件，例如限制荷载等。

（5）对耐久性的结论。

（6）对建筑物外观影响的结论。

（7）对短期内难以作出结论的，可提出进一步观测检验意见。

第十三章 建筑工程质量的统计分析方法

第一节 质量统计基本知识

一、总体、样本及统计推断工作过程

（一）总体

总体也称母体，是所研究对象的全体。个体，是组成总体的基本元素。总体中含有个体的数目通常用 N 表示。在对一批产品质量检验时，该批产品是总体，其中的每件产品是个体，这时 N 是有限的数值，称之为有限总体。若对生产过程进行检测时，应该把整个生产过程过去、现在以及将来的产品视为总体。随着生产的进行 N 是无限的，称之为无限总体。实践中一般把从每件产品检测得到的某一质量数据（强度、几何尺寸、重量等）即质量特性值视为个体，产品的全部质量数据的集合即为总体。

（二）样本

样本也称子样，是从总体中随机抽取出来，并根据对其研究结果推断总体质量特征的那部分个体。被抽中的个体称为样品，样品的数目称样本容量，用 n 表示。

（三）统计推断工作过程

质量统计推断工作是运用质量统计方法在生产过程中或一批产品中，随机抽取样本，通过对样品进行检测和整理加工，从中获得样本质量数据信息，并以此为依据，以概率数理统计为理论基础，对总体的质量状况作出分析和判断。

二、质量数据的收集方法

（一）全数检验

全数检验是对总体中的全部个体逐一观察、测量、计数、登记，从而获得对总体质量水平评价结论的方法。

（二）随机抽样检验

抽样检验是按照随机抽样的原则，从总体中抽取部分个体组成样本，根据对样品进行检测的结果，推断总体质量水平的方法。

抽样检验抽取样品不受检验人员主观意愿的支配，每一个体被抽中的概率都相同，从而保证了样本在总体中的分布比较均匀，有充分的代表性；同时它还具有节省人力、物力、财力、时间和准确性高的优点；它又可用于破坏性检验和生产过程的质量监控，完成全数检测无法进行的检测项目，具有广泛的应用空间。抽样的具体方法见表13-1：

表13-1　抽样的具体方法

方法	主要内容
分层抽样	分层抽样又称分类或分组抽样，是将总体按与研究目的有关的某一特性分为若干组，然后在每组内随机抽取样品组成样本的方法
等距抽样	等距抽样又称机械抽样、系统抽样，是将个体按某一特性排队编号后均分为n组，这时每组有K=N/n个个体，然后在第一组内随机抽取第一件样品，以后每隔一定距离（K号）抽出其余样品组成样本的方法。如在流水作业线上每生产100件产品抽出一件产品做样品，直到抽出n件产品组成样本
多阶段抽样	多阶段抽样又称多级抽样。上述抽样方法的共同特点是整个过程中只有一次随机抽样，因而统称为单阶段抽样。但是当总体很大时，很难一次抽样完成预定的目标。多阶段抽样是将各种单阶段抽样方法结合使用，通过多次随机抽样来实现的抽样方法。如检验钢材、水泥等质量时，可以对总体按不同批次分为R群，从中随机抽取r群，而后在所选的r群中的M个个体中随机抽取m个个体，这就是整群抽样与分层抽样相结合的二阶段抽样，它的随机性表现在群间和群内，有两次
整群抽样	整群抽样一般是将总体按自然存在的状态分为若干群，并从中抽取样品群组成样本，然后在所选群内进行全数检验的方法。如对原材料质量进行检测，可按原包装的箱、盒为群随机抽取，对所选箱、盒做全数检验；每隔一定时间抽出一批产品进行全数检验等。 　　由于随机性表现在群间，样品集中，分布不均匀，代表性差，产生的抽样误差也大，同时有周期性变动时，也应注意避免系统偏差
简单随机抽样	简单随机抽样又称纯随机抽样、完全随机抽样，是对总体不进行任何加工，直接进行随机抽样，获取样本的方法

三、质量数据的分类

质量数据是指由个体产品质量特性值组成的样本（总体）的质量数据集，在统计上称为变量，个体产品质量特性值称变量值。根据质量数据的特点，可以将其分为计量值数据和计数值数据。

（一）计量值数据

计量值数据是可以连续取值的数据，属于连续型变量。其特点是在任意两个数值之间都可以取精度较高一级的数值。它通常由测量得到，如重量、强度、几何尺寸、标高、位移等。此外，一些属于定性的质量特性，可由专家主观评分、划分等级而使之数量化，得到的数据也属于计量值数据。

（二）计数值数据

计数值数据是只能按 0，1，2，…数列取值计数的数据，属于离散型变量。它一般由计数得到。计数值数据又可分为计件值数据和计点值数据。

（1）计件值数据，表示具有某一质量标准的产品个数。如总体中合格品数、一级品数。

（2）计点值数据，表示个体（单件产品、单位长度、单位面积、单位体积等）上的缺陷数、质量问题点数等。如检验钢结构构件涂料涂装质量时，构件表面的焊渣、焊疤、油污、毛刺数量等。

四、质量数据的特征值

（一）描述数据集中趋势的特征值

1. 算术平均数

算术平均数又称均值，是消除了个体之间个别偶然的差异，显示出所有个体共性和数据一般水平的统计指标，它由所有数据计算得到，是数据的分布中心，数据的代表性好。其计算公式如下。

（1）总体算术平均数 μ

$$\mu = \frac{1}{N}\left(X_1 + X_2 + \cdots + X_N\right) = \frac{1}{N}\sum_{i=1}^{N} X_i$$

式中：N——总体中个体数；

X——总体中第 i 个的个体质量特性值。

（2）样本算术平均数 $\bar{x}$

$$\bar{x} = \frac{1}{n}\left(x_1 + x_2 + \cdots + x_N\right) = \frac{1}{n}\sum_{i=1}^{n} x_i$$

式中：n——样本容量；

x_i——样本中第 i 个样品的质量特性值。

2．样本中位数

样本中位数是将样本数据按数值大小有序排列后，位置居中的数值。当样本数 n 为奇数时，数列居中的一位数即为中位数；当样本数"为偶数时，取居中两个数的平均值作为中位数。

（二）描述数据离中趋势的特征值

1．极差（R）

极差是数据中最大值与最小值之差，是用数据变动的幅度来反映其分散状况的特征值。

极差计算简单、使用方便，但粗略，数值仅受两个极端值的影响，损失的质量信息多，不能反映中间数据的分布和波动规律，仅适用于小样本。其计算公式为：

$$R = x_{max} - x_{min}$$

2．标准偏差

标准偏差简称标准差或均方差，是个体数据与均值之差平方和的算术平均数的算术根，是大于 0 的正数。总体的标准差用 σ 表示；样本的标准差用 S 表示。标准差值小说明分布集中程度高，离散程度小，均值对总体（样本）的代表性好。标准差的平方是方差，有鲜明的数理统计特征，能确切说明数据分布的离散程度和波动规律，是最常用的反映数据变异程度的特征值。

（1）总体的标准偏差 σ

$$\sigma = \sqrt{\frac{\sum_{i=1}^{n}\left(x_i - \mu\right)^2}{N}}$$

（2）样本的标准偏差 S

$$S = \sqrt{\frac{\sum_{i=1}^{n}\left(x_i - \overline{x}\right)^2}{n-1}}$$

样本的标准偏差 S 是总体标准差 σ 的无偏估计。在样本容量较大（$n \geqslant 50$）时，上式中的分母（n-1）可简化为 n。

3．变异系数 C_v

变异系数又称离散系数，是标准差除以算术平均数得到的相对数。它表示数据的相对离散波动程度。变异系数小，说明分布集中程度高，离散程度小，均值对总体（样本）的代表性好。由于消除了数据平均水平不同的影响，变异系数适用于均值有较大差异的总体之间离散程度的比较，应用更为广泛。其计算公式为：

$$C_v = \sigma / \mu \ \text{或} \ C_v = S / \bar{x}$$

五、质量数据的分布特征

（一）质量数据的特性

质量数据具有个体数值的波动性和总体（样本）分布的规律性。

在实际质量检测中，我们发现即使在生产过程是稳定正常的情况下，同一总体（样本）的个体产品的质量特性值也是互不相同的。这种个体间表现形式上的差异性，反映在质量数据上即为个体数值的波动性、随机性，然而当运用统计方法对这些大量丰富的个体质量数值进行加工、整理和分析后，我们又会发现这些产品质量特性值（以计量值数据为例）大多都分布在数值变动范围的中部区域，即有向分布中心靠拢的倾向，表现为数值的集中趋势；还有一部分质量特性值在中心的两侧分布，随着逐渐远离中心，数值的个数变少，表现为数值的离中趋势。质量数据的集中趋势和离中趋势反映了总体（样本）质量变化的内在规律性。

（二）质量数据波动的原因

1. 偶然性原因

在实际生产中，影响因素的微小变化具有随机发生的特点，是不可避免、难以测量和控制的，或者是在经济上不值得消除的，它们大量存在但对质量的影响很小，属于允许偏差、允许位移范畴，引起的是正常波动，一般不会因此造成废品，生产过程正常稳定。通常把4M1E因素的这类微小变化归为影响质量的偶然性原因、不可避免原因或正常原因。

2. 系统性原因

当影响质量的4M1E因素发生了较大变化，如工人未遵守操作规程、机械设备发生故障或过度磨损、原材料质量规格有显著差异等情况发生时，没有及时排除，生产过程不正常，产品质量数据就会离散过大或与质量标准有较大偏离，表现为异常波动，次品、废品产生。这就是产生质量问题的系统性原因或异常原因。由于异常波动特征明显，容易识别和避免，特别是对质量的负面影响不可忽视，生产中应该随时监控，及时识别和处理。

（三）质量数据分布的规律性

对于每件产品来说，在产品质量形成的过程中，单个影响因素对其影响的程度和方向是不同的，也是在不断改变的。众多因素交织在一起，共同起作用的结果，使各因素引起的差大多互相抵消，最终表现出来的误差具有随机性。对于在正常生产条件下的大量产品，误差接近零的产品数目要多些，具有较大正负误差的产品要相对少些，偏离很大的产品就更少了，同时正负误差绝对值相等的产品数目非常接近。于是就形成了一个能反映质量数据规律性的分布，即以质量标准为中心的质量数据分布，它可用一个"中间高、两端低、左右对称"的何图形表示，即一般服从正态分布。

概率数理统计在对大量统计数据研究中，归纳总结出许多分布类型，如一般计量值数据服从正态分布，计件值数据服从二项分布，计点值数据服从泊松分布等。实践中只要是受许多微小作用因素影响的质量数据，都可认为是近似服从正态分布的，如构件的几何尺寸、混凝土强度等；如果是随机抽取的样本，无论它来自的总体是何种分布，在样本容量较大时，其样本均值也将服从或近似服从正态分布。因而，正态分布最重要、最常见、应用最广泛。正态分布概率密度曲线如图13-1所示。

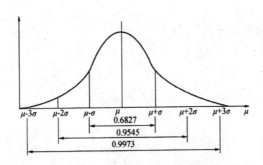

图13-1　正态分布概率密度曲线

第二节　调查表法、分层法、排列图法与因果图法

一、统计调查表法

统计调查表法又称统计调查分析法，它是利用专门设计的统计表对质量数据进行收集、整理和粗略分析质量状态的一种方法。

在质量控制活动中，利用统计调查表收集数据，简便灵活，便于整理，实用有效。它没有固定格式，可根据需要和具体情况，设计出不同统计调查表。常用的有：

（1）分项工程作业质量分布调查表；

（2）不合格项目调查表；

（3）不合格原因调查表；

（4）施工质量检查评定用调查表等。

应当指出，统计调查表往往同分层法结合起来应用，可以更好、更快地找出问题的原因，以便采取改进的措施。

二、分层法

分层法又叫分类法，是将调查收集的原始数据，根据不同的目的和要求，按某一性质进行分组、整理的分析方法。分层的结果使数据各层间的差异突出地显示出来，层内的数据差异减少。在此基础上再进行层间、层内的比较分析，可以更深入地发现和认识质量问题的原因。由于产品质量是多方面因素共同作用的结果，因而对同一批数据，可以按不同性质分层，我们能从不同角度来考虑、分析产品存在的质量问题和影响因素。

常用的分层标志有：

（1）按操作班组或操作者分层；

（2）按使用机械设备型号分层；

（3）按操作方法分层；

（4）按原材料供应单位、供应时间或等级分层；

（5）按施工时间分层；

（6）按检查手段、工作环境等分层。

分层法是质量控制统计分析方法中最基本的一种方法。其他统计方法一般都要与分层法配合使用，如排列图法、直方图法、控制图法、相关图法等，常常是首先利用分层法将原始数据分门别类，然后再进行统计分析的。

三、排列图法

（一）排列图法的概念

排列图法是利用排列图寻找影响质量主次因素的一种有效方法。排列图又叫帕累托图或主次因素分析图，它是由两个纵坐标、一个横坐标、几个连起来的直方形和一条曲线组成，如图 13-2 所示。左侧的纵坐标表示频数，右侧纵坐标表示累计频率，横坐标表示影响质量的各个因素或项目，按影响程度大小从左至右排列，直方形的高度示意某个因素的影响大小。实际应用中，通常按累计频率划分为（0%-80%）、（80%-90%）、（90%-100%）三部分，与其对应的影响因素分别为A、B、C三类。A类为主要因素，B类为次要因素，C类为一般因素。

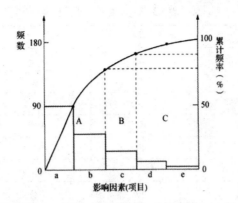

图13-2 排列图示意

（二）排列图的做法

下面结合实例加以说明。

【例1】某工地现浇混凝土构件尺寸质量检查结果是：在全部检查的8个项目中不合格点（超偏差限值）有150个，为改进并保证质量，应对这些不合格点进行分析，以便找出混凝土构件尺寸质量的薄弱环节。

1. 收集整理数据

首先收集混凝土构件尺寸各项目不合格点的数据资料，如表13-2所示。各项目不合格点出现的次数即频数。然后对数据资料进行整理，将不合格点较少的轴线位置、预埋设施中心位置、预留孔洞中心位置三项合并为"其他"项。按不合格点的频数由大到小顺序排列各检查项目，"其他"项排在最后。以全部不合格点数为总数，计算各项的频率和累计频率，

结果如表13-3所示。

表13-2 不合格点统计表

序号	检查项目	不合格点数	序号	检查项目	不合格点数
1	轴线位置	1	5	平面水平度	15
2	垂直度	8	6	表面平整度	75
3	标高	4	7	预埋设施中心位置	1
4	截面尺寸	45	8	预留孔洞中心位置	1

表13-3　不合格点项目

序号	项目	频数	频率（%）	累计频率（%）
1	表面平整度	75	50.0	50.0
2	截面尺寸	45	30.0	80.0
3	平面水平度	15	10.0	90.0
4	垂直度	8	5.3	95.3
5	标高	4	2.7	98.0
6	其他	3	2.0	100.0
合计		150	100	

2．排列图的绘制

（1）画横坐标。将横坐标按项目数等分，并按项目频数由大到小顺序从左至右排列，该例中横坐标分为六等份。

（2）画纵坐标。左侧的纵坐标表示项目不合格点数即频数，右侧纵坐标表示累计频率。要求总频数对应累计频率100%。该例中150应与100%在一条水平线上。

（3）画频数直方形。以频数为高画出各项目的直方形。

（4）画累计频率曲线。从横坐标左端点开始，依次连接各项目直方形右边线及所对应的累计频率值的交点，所得的曲线即为累计频率曲线。

（5）记录必要的事项。如标题、收集数据的方法和时间等。

本例中混凝土构件尺寸不合格点排列图如图13-3所示。

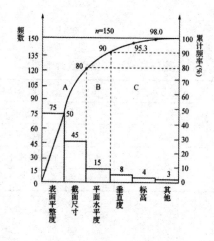

图13-3　混凝土构件尺寸不合格点排列图

（三）排列图的观察与分析

（1）观察直方形，大致可看出各项目的影响程度。排列图中的每个直方形都表示一个质量问题或影响因素。影响程度与各直方形的高度成正比。

（2）利用ABC分类法，确定主次因素。将累计频率曲线按（0%～80%）、（80%～90%）、（90%～100%）分为三部分，各曲线下面所对应的影响因素分别为A、B、C三类因素。该例中A类即主要因素是表面平整度（2m长度）、截面尺寸（梁、柱、墙板、其他构件），B类即次要因素是水平度，C类即一般因素有垂直度、标高和其他项目。综上分析结果，应重点解决A类质量问题。

（四）排列图的应用

排列图可以形象、直观地反映主次因素。其主要应用有：

（1）按不合格点的内容分类，可以分析出造成质量问题的薄弱环节。

（2）按生产作业分类，可以找出生产不合格品最多的关键过程。

（3）按生产班组或单位分类，可以分析比较各单位技术水平和质量管理水平。

（4）将采取提高质量措施前后的排列图对比，可以分析措施是否有效。

（5）此外还可以用于成本费用分析、安全问题分析等。

四、因果分析图法

（一）因果分析图的概念

因果分析图法是利用因果分析图来系统整理分析某个质量问题（结果）与其产生原因之间关系的有效工具。因果分析图也称特性要因图，又因其形状常被称为树枝图或鱼刺图。

因果分析图基本形式如图13-4所示。

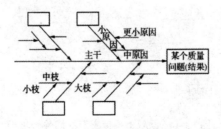

图13-4　因果分析图的基本形式

从图13-4可见，因果分析图由质量特性（即质量结果、指某个质量问题）、要因（产生质量问题的主要原因）、枝干（指一系列箭线表示不同层次的原因）、主干

（指较粗的直接指向质量结果的水平箭线）等组成。

（二）因果分析图的绘制

下面结合实例加以说明。

【例2】绘制混凝土强度不足的因果分析图。

因果分析图的绘制步骤与图中箭头方向恰恰相反，是从"结果"开始将原因逐层分解的，具体步骤如下：

（1）明确质量问题—结果。该例分析的质量问题是"混凝土强度不足"，作图时首先由左至右画出一条水平主干线，箭头指向一个矩形框，框内注明研究的问题，即结果。

（2）分析确定影响质量特性大的方面原因。一般来说，影响质量因素有五大方面，即人、机械、材料、方法、环境。另外还可以按产品的生产过程进行分析。

（3）将每种大原因进一步分解为中原因、小原因，直至分解的原因可以采取具体措施加以解决为止。

（4）检查图中的所列原因是否齐全，可以对初步分析结果广泛征求意见，并作必要的补充及修改。

（5）选择出影响大的关键因素，作出标记"△"。以便重点采取措施。

混凝土强度不足的因果分析图如图13–5所示。

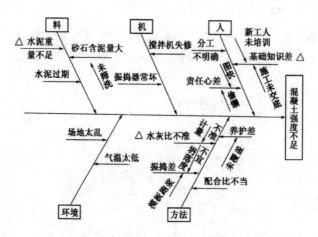

图13–5　混凝土强度不足的因果分析图

（三）绘制和使用因果分析图时应注意的问题

（1）集思广益。绘制时要求绘制者熟悉专业施工方法技术，调查、了解施工现场实际条件和操作的具体情况。要以各种形式，广泛收集现场工人、班组长、质量检查员、工程技术人员的意见，集思广益，相互启发，相互补充，使因果分析更符合实际。

（2）制定对策。绘制因果分析图不是目的，而是要根据图中所反映的主要原因，制订改进的措施和对策，限期解决问题，保证产品质量。具体实施时，一般应编制一个对策计划表。

第三节　直方图法、图法与相关图法

一、直方图法

（一）直方图的用途

直方图法即频数分布直方图法，它是将收集到的质量数据进行分组整理，绘制成频数分布直方图，用以描述质量分布状态的一种分析方法，所以又称质量分布图法。

通过直方图的观察与分析，可了解产品质量的波动情况，掌握质量特性的分布规律，以便对质量状况进行分析判断。同时可通过质量数据特征值的计算，估算施工生产过程总体的不合格品率，评价过程能力等。

（二）直方图的绘制方法

1. 收集整理数据

用随机抽样的方法抽取数据，一般要求数据在 50 个以上。

【例3】某建筑施工工地浇筑 C30 混凝土，为对其抗压强度进行质量分析，共收集了 50 份抗压强度试验报告单，经整理如表 13-6 所示。

表 13-6　数据整理表（N/mm²）

序号	抗压强度数据					最大值	最小值
1	39.8	37.7	33.8	31.5	36.1	39.8	31.5
2	37.2	38.0	33.1	39.0	36.0	39.0	33.1
3	35.8	35.2	31.8	37.1	34.0	37.1	31.5
4	39.9	34.3	33.2	40.4	41.2	41.2	33.2
5	39.2	35.4	34.4	38.1	40.3	40.3	34.4
6	42.3	37.5	35.5	39.3	37.3	42.3	35.5

序号	抗压强度数据					最大值	最小值
7	35.9	42.4	41.8	36.3	36.2	42.4	35.9
8	46.2	37.6	38.3	39.7	38.0	46.2	37.6
9	36.4	38.3	43.4	38.2	38.0	42.4	36.4
10	44.4	42.0	37.9	38.4	39.5	44.4	37.9

2．计算极差（R）

极差是数据中最大值和最小值之差，本例中：

$x_{max}=46.2N/mm^2$

$x_{min}=31.5N/mm^2$

$R=x_{max}-x_{min}=46.2-31.5=14.7N/mm^2$

3．对数据分组

包括确定组数、组距和组限。

（1）确定组数 k。确定组数的原则是分组的结果能正确地反映数据的分布规律。组数应根据数据多少来确定。组数过少，会掩盖数据的分布规律；组数过多，数据过于零乱分散，也不能显示出质量分布状况。一般可参考表 13-7 的经验数值确定。

表 13-7　数据分组参考值

数据总数 n	分组数 k	数据总数 n	分组数 k	数据总数 n	分组数 k
50 ~ 100	6 ~ 10	100 ~ 250	7 ~ 12	250 以上	10 ~ 20

本例中取 k=8。

（2）确定组距 h。组距是组与组之间的间隔，即一个组的范围。各组距应相等，于是有：

$$极差 \approx 组距 \times 组数$$

即
$$R \approx h \times k$$

因而组数、组距的确定应结合级差综合考虑，适当调整，还要注意数值尽量取整，使分组结果能包括全部变量值，同时也便于以后的计算分析。

本例中：

$$h=R/k=14.7/8=1.8 \approx 2N/mm^2$$

（3）确定组限。每组的最大值为上限．最小值为下限，上、下限统称组限。确定组限时应注意使各组之间连续，即较低组上限应为相邻较高组下限，这样才不致使有的数据被遗漏。对恰恰处于组限值上的数据，其解决的办法有二：①规定每组上（或下）组限不计在该组内，而计入相邻较高（或较低）组内；②将组限值较原始数据精度提高半个最小测量单位。

本例采取第一种办法划分组限，即每组上限不计入该组内。

首先确定第一组下限：

$$x_{min}-h/2=31.5-2.0/2=30.5$$

第一组上限：30.5+A=30.5+2=32.5

第二组下限：第一组上限=32.5

第二组上限：32.5+A=32.5+2=34.5

以下依次类推，最高组限为 5 ~ 46.5，分组结果覆盖了全部数据。

4．编制数据频数统计表

统计各组频数，可采用唱票形式进行，频数总和应等于全部数据个数。本例频数统计结果如表 13-8 所示。

表 13-8　频数统计表

组号	组限（N/mm²）	频数
1	30.5 ~ 32.5	2
2	32.5 ~ 34.5	6
2	34.5 ~ 36.5	10
4	36.5 ~ 38.5	15
5	38.5 ~ 40.5	9
6	40.5 ~ 42.5	5
7	42.5 ~ 44.5	5
8	44.5 ~ 46.5	1
合计		50

从表 13-8 中可以看出，浇筑 C30 混凝土，50 个试块的抗压强度是各不相同的，这说明质量特性值是有波动的。但这些数据分布是有一定规律的，就是数据在一个有限范围内变化，且这种变化有一个集中趋势，即强度值在 36.5 ~ 38.5 的试块最多，可把这个范围即第四组视为该样本质量数据的分布中心，随着强度值的逐渐增大和逐渐减小频数而逐渐减少。为了更直观、更形象地表现质量特征值的这种分布规律，

应进一步绘制出直方图。

在频数分布直方图中，横坐标表示质量特性值，本例中为混凝土强度，并标出各组的组限值。根据表 13-8 可以画出以组距为底，以频数为高的 6 个直方形，便得到混凝土强度的频数分布直方图，如图 13-6 所示。

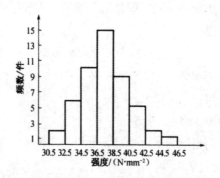

图 13-6　混凝土强度分布直方图

5. 绘制频数分布直方图。

（三）直方图的观察与分析

1. 观察直方图的形状、判断质量分布状态

作完直方图后，首先要认真观察直方图的整体形状，看其是否属于正常型直方图。正常型直方图就是中间高，两侧低，左右接近对称的图形，如图 13-7（a）所示。

出现非正常型直方图时，表明生产过程或收集数据作图有问题。这就要求进一步分析判断，找出原因，从而采取措施加以纠正。凡属非正常型直方图，其图形分布有各种不同缺陷，归纳起来一般有五种类型，如图 13-7（b）～（f）所示。

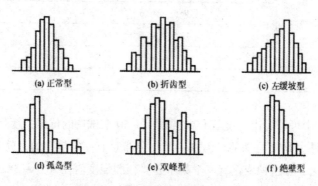

图 13-7　常见的直方图图形示意

（1）折齿型如图 13-7（b）所示，是由于分组组数不当或者组距确定不当出现的直方图。

（2）左（或右）缓坡型如图 13-8（c）所示，主要是由于操作中对上限（或下限）控制太严造成的。

（3）孤岛型如图 13-7（d）所示，是原材料发生变化，或者临时他人顶班作业造成的。

（4）双峰型如图 13-7（e）所示，是由于用两种不同方法或两台设备或两组工人进行生产，然后把两方面数据混在一起整理产生的。

（5）绝壁型如图 13-7（f）所示，是由于数据收集不正常，可能有意识地去掉下限以下的数据，或是在检测过程中某种人为因素所造成的。

2. 将直方图与质量标准比较，判断实际生产过程能力

作出直方图后，除了观察直方图形状，分析质量分布状态外，应将正常型直方图与质量标准比较，从而判断实际生产过程能力。正常型直方图与质量标准相比较，一般有如图 13-8 所示六种情况。其中，T 表示质量标准要求界限；B 表示实际质量特性分布范围。

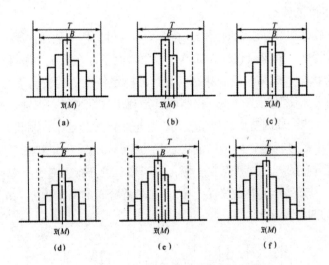

图 13-8　实际质量分析与标准比较

（1）图 13-8（a），B 在 T 中间，质量分布中心与质量标准中心 M 重合，实际数据分布与质量标准相比较两边还有一定余地。这样的生产过程质量是很理想的，说明生产过程处于正常的稳定状态。在这种情况下生产出来的产品可认为全都是合格品。

（2）图 13-8（b），B 虽然落在 T 内，但质量分布中心与 T 的中心 M 不重合，偏向一边。这样如果生产状态一旦发生变化，就可能超出质量标准下限而出现不合格品。出现这种情况时应迅速采取措施，使直方图移到中间来。

（3）图 13-8（c），B 在 T 中间，且 B 的范围接近了 T 的范围，没有余地，生产过程一旦发生小的变化，产品的质量特性值就可能超出质量标准。出现这种情况时，必须立即采取措施，以缩小质量分布范围。

（4）图 13-8（d），B 在 T 中间，但两边余地太大，说明加工过于精细，不经济。在这种情况下，可以对原材料、设备、工艺、操作等控制要求适当放宽些，有目的地使 B 扩大，从而有利于降低成本。

（5）图 13-8（e），质量分布范围 B 已超出标准下限之外，说明已出现不合格品。此时必须采取措施进行调整，使质量分布位于标准之内。

（6）图 13-8（f），质量分布范围完全超出了质量标准上、下界限，散差太大，产生许多废品，说明过程能力不足，应提高过程能力，使质量分布范围 B 缩小。

二、控制图法

（一）控制图的原理

影响生产过程和产品质量的原因，可分为系统性原因和偶然性原因。

在生产过程中，如果仅仅存在偶然性原因，而不存在系统性原因，这时生产过程是处于稳定状态，或称为控制状态。其产品质量特性值的波动是有一定规律的，即质量特性值分布服从正态分布。控制图就是利用这个规律来识别生产过程中的异常原因，控制系统性原因造成的质量波动，保证生产过程处于控制状态。

如何衡量生产过程是否处于稳定状态呢？我们知道，一定状态下生产的产品质量是具有一定分布的，过程状态发生变化，产品质量分布也随之改变。观察产品质量分布情况，一是看分布中心位置（μ）；二是看分布的离散程度（σ）。这可通过图 13-9 所示的四种情况来说明。

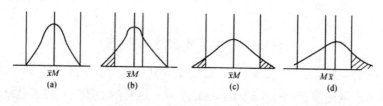

图 13-9　质量特性值分布变化

图 13-9（a），反映产品质量分布服从正态分布，其分布中心与质量标准中心 M 重合，散差分布在质量控制界限之内，表明生产过程处于稳定状态，这时生产的产品基本上都是合格品，可继续生产。

图 13-9（b），反映产品质量分布散差没变，而分布中心发生偏移。

图 13-9（c），反映产品质量分布中心虽然没有偏移，但分布的散差大。

图 13-9（d），反映产品质量分布中心和散差都发生了较大变化，即 μ 值偏离标准中心，σ 值增大。

后三种情况都是由于生产过程中存在异常原因引起的，都出现了不合格品，生产过程处于不稳定状态，应及时分析，消除异常原因的影响。

综上所述，我们可依据描述产品质量分布的集中位置和离散程度的统计特征值，随时间（生产进程）的变化情况来分析生产过程是否处于稳定状态。在控制图中，只要样本质量数据的特征值是随机地落在上、下控制界限之内，就表明产品质量分布的参数 μ 和 σ 基本保持不变，生产中只存在偶然原因，生产过程是稳定的。而一旦质量数据点飞出控制界限之外，或排列有缺陷，则说明生产过程中存在系统原因，μ 和 σ 发生了改变，生产过程出现异常情况。

（二）控制图的观察与分析

绘制控制图的目的是分析判断生产过程是否处于稳定状态。这主要是通过对控制图上点子的分布情况的观察与分析进行。因为控制图上点子作为随机抽样的样本，可以反映出生产过程（总体）的质量分布状态。

当控制图同时满足以下两个条件：一是点子几乎全部落在控制界限之内；二是控制界限内的点子排列没有缺陷。我们就可以认为生产过程基本上处于稳定状态。如果点子的分布不满足其中任何一条，都应判断生产过程异常。

（1）点子几乎全部落在控制界线内，是指应符合下述三个要求：

①连续 25 点以上处于控制界限内。

②连续 35 点中仅有 1 点超出控制界限。

③连续 100 点中不多于 2 点超出控制界限。

（2）点子排列没有缺陷，是指点子的排列是随机的，而没有出现异常现象。这里的异常现象是指点子排列出现了"链""多次同侧""趋势或倾向""周期性变动""接近控制界限"等情况。

①链。是指点子连续出现在中心线一侧的现象。出现五点链，应注意生产过程发展状况。出现六点链，应开始调查原因。出现七点链，应判定工序异常，需采取处理措施，如图 13-10（a）所示。

②多次同侧。是指点子在中心线一侧多次出现的现象，或称偏离。下列情况说明生产过程已出现异常：在连续 11 点中有 10 点在同侧，在连续 14 点中有 12 点在同侧。在连续 17 点中有 14 点在同侧。在连续 20 点中有 16 点在同侧。如图 13-10（b）所示。

③趋势或倾向。是指点子连续上升或连续下降的现象。连续 7 点或 7 点以上上升或下降排列，就应判定生产过程有异常因素影响，要立即采取措施，如图 13-10（c）所示。

④周期性变动。即点子的排列显示周期性变化的现象。这样即使所有点子都在控制界限内，也应认为生产过程为异常，如图 13-10（d）所示。

⑤接近控制界限。是指点子落在了 $\mu \pm 2\sigma$，以外和 $\mu \pm 3\sigma$ 以内。如属下列情况的判定为异常：连续 3 点至少有 2 点接近控制界限。连续 7 点至少有 3 点接近控制界限。连续 10 点至少有 4 点接近控制界限。如图 13-10（e）所示。

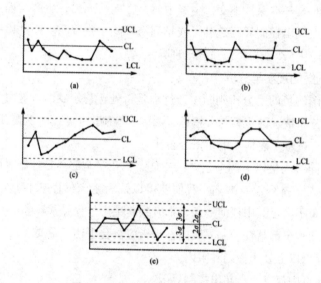

图 13-10　有异常现象的点子排列

以上是分析用控制图判断生产过程是否正常的准则。如果生产过程处于稳定状态，则把分析用控制图转为管理用控制图。分析用控制图是静态的，而管理用控制图是动态的。随着生产过程的进展，通过抽样取得质量数据把点描在图上，随时观察点子的变化，点子落在控制界限外或界限上，即判断生产过程异常，点子即使在控制界限内，也应随时观察其有无缺陷，以对生产过程正常与否作出判断。

三、相关图法

（一）相关图的绘制方法

【例4】分析混凝土抗压强度和水灰比之间的关系。

1. 收集数据

要成对地收集两种质量数据，数据不得过少。本例收集数据如表13-9所示。

表13-9　混凝土抗压强度与水灰比统计资料

	序号	1	2	3	4	5	6	7	8
x	水灰比（W/C）	0.4	0.45	0.5	0.55	0.6	0.65	0.7	0.75
y	强度（N/mm²）	36.3	35.3	28.2	24.0	23.0	20.6	18.4	15.0

2. 绘制相关图

在直角坐标系中，一般 x 轴用来代表原因的量或较易控制的量，本例中表示水灰比；y 轴用来代表结果的量或不易控制的量，本例中表示强度。然后将数据在相应的坐标位置上描点，便得到散布图，如图 13-11 所示。

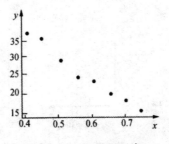

图13-11　相关图示意

（二）相关图的观察与分析

相关图中点的集合，反映了两种数据之间的散布状况，根据散布状况我们可以分析两个变量之间的关系。归纳起来，有以下六种类型，如图 13-12 所示。

（1）正相关如图 13-12（a）所示。散布点基本形成由左至右向上变化的一条直线带，即随 x 值的增加，y 值也相应增加，说明 x 与 y 有较强的制约关系。此时，可通过对 x 的控制而有效控制 y 的变化。

（2）弱正相关如图 13-12（b）所示。散布点形成向上较分散的直线带。随 x 值的增加，y 值也有增加趋势，但 x、y 的关系不像正相关那么明确。说明 y 除受 x 影响外，还受其他更重要的因素影响。需要进一步利用因果分析图法分析其他的影响因素。

（3）不相关如图 13-12（c）所示。散布点形成一团或平行于 x 轴的直线带。说明 x 变化不会引起 y 的变化或其变化无规律，分析质量原因时可排除 x 因素。

（4）负相关如图 13-12（d）所示。散布点形成由左向右向下的一条直线带。说明 x 对 y 的影响与正相关恰恰相关。

（5）弱负相关如图 13-12（e）所示。散布点形成由左至右向下分布的较分散的直线带。说明 x 与 y 的相关关系较弱，且变化趋势相反，应考虑寻找影响 y 的其他更重要的因素。

（6）非线性相关如图 13-12（f）所示。散布点呈一曲线带，即在一定范围内 x 增加，y 也增加；超过这个范围 x 增加，y 则有下降趋势，或改变变动的斜率呈曲线形态。

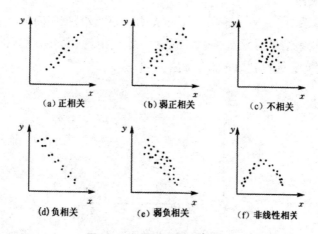

图 13-12　散布图的相关类型

从图 13-12 可以看出，本例水灰比对强度影响是属于负相关。初步结果时，在其他条件不变的情况下，混凝土强度随着水灰比增大有逐渐降低的趋势。

参考文献

[1] 赵资钦 . 房屋建筑工程施工技术指南 [M]. 北京：中国建筑工业出版社 , 2005.

[2] 王守剑 . 建筑工程施工技术 [M]. 北京：北京理工大学出版社 , 2011.

[3] 王宗昌 , 青丽 . 建筑工程施工技术与管理 [M]. 北京：中国电力出版社 , 2014.

[4] 英鹏程 , 闫兵 . 建筑工程施工技术 [M]. 西安：西北工业大学出版社 , 2014.

[5] 张建新 , 张洪军 . 建筑工程新技术及应用 [M]. 北京：中国建材工业出版社 , 2014.

[6] 梁朝松 . 浅谈建筑工程施工技术质量控制措施 [J]. 技术与市场 , 2011, 18(2):2.

[7] 孙叶秋 . 加强建筑工程施工技术管理的措施探讨 [J]. 科技致富向导 , 2011(23):1.

[8] 常记周 , 狄献锋 . 建筑工程施工技术及其现场施工管理探讨 [J]. 河南科技 , 2013(8X):2.

[9] 汤亦 . 建筑工程施工技术及其现场施工管理措施研究 [J]. 城市建筑 , 2014(2):1.

[10] 王玉风 . 建筑工程安全管理 [M]. 北京：北京大学出版社 , 2011.

[11] 高向阳 , 秦淑清 . 建筑工程安全管理与技术 [M]. 北京：北京大学出版社 , 2013.

[12] 余景良 , 胡先国 . 建筑工程质量与安全控制 [M]. 北京：北京理工大学出版社 , 2012.

[13] 李静 . 建筑工程安全管理 [M]. 北京：高等教育出版社 , 2016.

[14] 陈营根 . 建筑安全管理 : 建筑工程安全技术与管理 [M]. 南昌：江西科学技术出版社 , 2010.

[15] 张世怀 . 浅谈建筑工程安全管理的现状及其对策 [J]. 现代物业（下旬刊）, 2011(5):2.

[16] 陈登忠 . 建筑工程安全管理问题探析 [J]. 科技资讯 , 2010(34):1.

[17] 孙广 . 浅谈建筑工程安全管理与控制 [J]. 城市建设理论研究（电子版）, 2013, 000(035):219-220.

[18] 韦丹特, 刘颖. 浅析建筑工程安全管理中存在的问题及解决方法 [J]. 改革与开放, 2011(4):1.

[19] 马喜宏. 浅析建筑工程安全管理存在问题及应对措施 [J]. 中国电子商务, 2010(6):1.

[20] 程桢. 建筑工程质量管理与质量控制 [M]. 北京: 中国质检出版社, 2012.

[21] 张瑞生. 建筑工程质量与安全管理 [M]. 北京: 中国建筑工业出版社, 2009.

[22] 白翔宇, 刘继鹏. 建筑工程质量管理 [M]. 哈尔滨: 哈尔滨工业大学出版社, 2012.

[23] 周连起, 刘学应. 建筑工程质量与安全管理 [M]. 北京: 北京大学出版社, 2010.

[24] 王磊. 建筑工程质量管理问题及对策 [J]. 商情, 2012(2):1.

[25] 靖凤君. 浅析加强建筑工程质量管理的有效途径 [J]. 河南建材, 2011(5):2.

[26] 李虹. 建筑工程质量管理有效性分析及研究 [D]. 内蒙古大学, 2012.

[27] 洪华俊, 朱惠敏. 探讨建筑工程质量管理之影响因素及质量控制 [J]. 科技资讯, 2009(26):161-161.

[28] 吴华振. 建筑工程质量管理存在的问题及应对措施 [J]. 居业, 2017(1):2.